Dieses Buch des visionären Gründers der Energiewendebewegung
ist eine Pflichtlektüre, die den Stempel »eilig« trägt. Immer mehr Menschen,
die die Dringlichkeit des Peak-Oil-Problems erkannt haben, kommen zu
der Überzeugung, dass uns vor der letzten großen Energiekrise
nur noch sehr wenig Zeit bleibt, unsere Städte und Gemeinden autarker
zu machen. Dieses Thema geht jeden an, dem unsere Kinder am Herzen liegen,
und jeden, der hofft, dass es auch nach dem Ende des Ölzeitalters eine
lebenswerte Zukunft für die menschliche Gesellschaft gibt.

JEREMY LEGGETT, Autor von *Peak Oil. Die globale Energiekrise,*
die Klimakatastrophe und das Ende des Ölzeitalters,
Gründer von Solarcentury, der größten britischen Firma
für Solaranlagen, und von SolarAid, einer aus Gewinnen
dieser Firma finanzierten gemeinnützigen Stiftung

Das Energiewendekonzept ist eine der großen Ideen unserer Zeit.
Wie oft fühlen wir uns angesichts von Klimawandel und schwindenden Ölressourcen
deprimiert und machtlos. Was mir an der Energiewendebewegung so gut gefällt,
ist der positive Ansatz, den sie vertritt: dass sie Hoffnung gibt statt Schuldgefühle,
Optimismus statt Angst. Das vorliegende Handbuch wird als eines der
wegweisenden Bücher gesehen werden, die das Ende des Ölzeitalters begleiten,
ein Buch, das wie eine helfende Hand den Übergang zu einer
relokalisierten, sehr menschlichen und letztendlich gesünderen
und bekömmlicheren Zukunft erleichtert.

PATRICK HOLDEN, Leiter der Soil Association, des größten
britischen Verbandes für Bio-Landwirtschaft

Rob Hopkins beschreibt so gründlich wie keiner vor ihm, wie wir aus dem
gegenwärtigen Chaos der Städte und Metropolen, die tödlich sind für ihre Bewohner
und für den ganzen Planeten, zu neuen, lebensfähigen, ökologisch nachhaltigen urbanen
und ländlichen Systemen gelangen. Sein Buch ist mehr als ein praktischer Ratgeber;
es basiert auf der Pionierarbeit seines eigenen Teams, das ganze Städte und Gemeinden erfolgreich
in einen Prozess des Umdenkens und des Kurswechsels einbezieht.
Es ist ein Leitfaden für ein Leben in einer Welt, in der die Grenzen der Natur
ebenso respektiert werden wie die elementaren Bedürfnisse und Freuden einer Gemeinschaft,
deren Mitglieder ein großes gemeinsames Ziel vor Augen haben. Für Menschen,
die in ihrer Kommune eine Umkehr zur ökologischen Nachhaltigkeit bewirken
und erleben wollen, gibt es kein wichtigeres Buch.

JERRY MANDER, Präsident des International Forum on Globalization und Autor
von *Schwarzbuch Globalisierung. Eine fatale Entwicklung mit vielen Verlierern
und wenigen Gewinnern*

Rob Hopkins ist der sanfte Riese der Umweltschutzbewegung, und sein wichtiges,
hochaktuelles Buch zeigt erfrischend und anschaulich, wie sich der Übergang zu einem
materiell bescheideneren, aber geistig und seelisch reicheren Leben gestalten kann.
Dieses Buch mit seinem verlässlichen, verständlich vermittelten, breit gefächerten Wissen
und seinen vielen praktischen Ratschlägen zur Verwirklichung und Verbreitung
des Energiewendegedankens wird die Liebe des Lesers zu seiner Stadt,
seiner Gemeinde und dem einfachen Leben wecken und bestärken.
Es gibt keinen besseren Aufruf zum Handeln und keine bessere Anleitung
zur aktiven Gestaltung einer lebenswerten Zukunft als dieses Buch.

STEPHAN HARDING, Koordinator des Masters-Studiengangs Ganzheitliche Wissenschaft
am Schumacher College, Totnes, und Autor des Buches *Lebendige Erde. Gaia –
vom respektvollen Umgang mit der Natur*

ROB HOPKINS

ENERGIEWENDE DAS HANDBUCH

Anleitung für zukunftsfähige Lebensweisen

Aus dem Englischen von Waltraud Götting, Xenia Osthelder,
Edgar Peinelt, Andreas Simon dos Santos

Zweitausendeins

Für meine Familie: meine Mutter, meinen Vater, Jo, Ian, Jake, William, Steve,
Hilary, Tessa, Robert, Harriet und Helen.
Für Colin Campbell, Richard Heinberg, David Holmgren, David Fleming und Howard Odum,
weil sie die Saat für dieses Buch gelegt haben.
Für David Heath, Alan Langmaid, Barrington Weekes, Muriel Langford und Douglas Matthews,
weil sie ihr Wissen über Nachhaltigkeit mit mir geteilt haben.
Für alle, die dazu beigetragen haben, das Energiewendemodell zu erproben, zu hegen
und zu pflegen und zur Blüte zu bringen.
Für Geshe Jampa Gyatso, der mich alles gelehrt hat, worauf es ankommt.
Für Omeli, weil sie so schnell wieder auf die Beine gekommen ist.
Für meine Söhne Rowan, Finn, Arlo und Cian: Mögen sie die schöne und reiche Ernte
dieses Buches erben.
Für Emma: Kameradin, Geliebte, Freundin und Ehefrau.

Deutsche Erstausgabe.
1. Auflage, September 2008. 2. Auflage, Februar 2010.

Die englische Originalausgabe ist 2008 unter dem Titel »The Transition Handbook. From oil dependency to local resilience« erschienen bei Green Books Ltd, Foxhole, Dartington, Totnes, Devon, in association with www.transitionculture.org
Copyright © 2008 by Rob Hopkins.

Alle Rechte für die deutsche Ausgabe und Übersetzung Copyright © 2008 by Zweitausendeins, Postfach, D-60381 Frankfurt am Main.
www.Zweitausendeins.de

Lektorat und Register der deutschen Ausgabe:
Ekkehard Kunze, Büro Z, Wiesbaden.
Korrektorat: Florian Kohl, Berlin.
Umschlagillustration: Jennifer Johnson.
Satz und Herstellung: Dieter Kohler GmbH, Wallerstein.
Druck und Einband: Offizin Andersen Nexö Leipzig.
Printed in Germany.

Dieses Buch gibt es nur bei Zweitausendeins im Versand, Postfach, D-60381, Frankfurt am Main, Telefon 069-420 8000, Fax 069-415003. Internet www.Zweitausendeins.de, E-Mail Service@Zweitausendeins.de.
Oder in den Zweitausendeins-Läden 2 x in Berlin, Düsseldorf, Frankfurt am Main, Freiburg, 2 x in Hamburg, Hannover, Köln, Leipzig, Mannheim, München, Nürnberg und Stuttgart.
Oder in den Zweitausendeins-Shops in Aachen, Augsburg, Bamberg, Bochum, Bonn, Braunschweig, Bremen, Darmstadt, Dortmund, Dresden, Duisburg, Erfurt, Essen, Gelsenkirchen, Göttingen, Gütersloh, Herford, Karlsruhe, Kiel, Koblenz, Konstanz, Ludwigsburg, Marburg, Mönchengladbach, Münster, Neustadt an der Weinstraße, Oldenburg, Osnabrück, Speyer, Trier, Tübingen, Ulm, Wuppertal-Barmen und Würzburg.

In der Schweiz über buch 2000, Postfach 89, CH-8910 Affoltern a. A.

ISBN 978-3-86150-882-3

Inhalt

Dank

Wegbereiter und Quellen der Inspiration

Sharif Abdullah, Christopher Alexander, Peter Andrews, Peter Bane, Albert Bates, Graham Bell, David Boyle, Lester Brown, Colin Campbell, Fritjof Capra, Skye and Robin Clayfield, Alec Clifton-Taylor, Phil Corbett, Martin Crawford, Guy Dauncey, Josh Davis, Chris Day, Charles Dickens, Carlo DiClemente, Chris Dixon, Richard Douthwaite, Matt Dunwell, Paul Ekins, Ianto Evans, Simon Fairlie, David Fleming, Elizabeth Fraser, Masanobu Fukuoka, Chellis Glendinning, Stephan Harding, Tim and Maddy Harland, Peter Harper, Lea Harrison, Robert Hart, Matt Haynes, Emilia Hazelip, Richard Heinberg, Colin Hines, Arthur Hollins, David Holmgren, Barbara Jones, Ken Jones, Martin Luther King, David Korten, Satish Kumar, Andy Langford, John Lane, Jeremy Leggett, Aldo Leopold, Bernard Lietaer, Jan Lundberg, Mark Lynas, Richard Mabey, Lucas Macfadden, Joanna Macy, Marcus McCabe, Dennis Meadows, Bill Mollison, George Monbiot, Helena Norberg-Hodge, Howard und Elisabeth Odum, Harrison Owen, Rosa Parks, Stephen Rollnick, Mark Rudd, Kirkpatrick Sale, E. F. Schumacher, John Seymour, Vandana Shiva, Michael Shuman, Andrew Simms, Chris Skrebowski, Linda Smiley, Gary Snyder, Ruth Stout, Tom Vague und Meg Wheatley.

Mitarbeiter, Ideengeber und Mitstreiter

Paul Allen, Bart Anderson, Teresa Anderson, Sharon Astyk, Tom Atkins, Sophy Banks, Karen Blincoe, Ben Brangwyn, Lou Brown, Lynn Burke, Adrienne Campbell, Molly Scott Cato, Sky Chapman, Matthieu Daum, Catherine Dunne, Emma, Adam Fenderson, Naresh Giangrande, Brian Goodwin, Jennifer Gray, Mike Grenville, Pamela Grey, Stephan Harding, Colin Hines, Patrick Holden, Mike Jones, David Johnson, Chris Johnstone, Tessa King, Marjana Kos, William Lana, Peter Lipman, Noel Longhurst, Caroline Lucas, Noni McKenzie, Rob Scott McLeod, Gavin Morris, Aaron Newton, Iain Oram, Dave Paul, Davie Philip, Tamzin Pinkerton, Adrian Porter, Hilary Prentice, Sarah Pugh, Thomas und Ulrike Riedmuller, Tom Rivett-Carnac, Louise Rooney, Mary-Jayne Rust, Chris Salisbury, Schumacher College, Simon Snowden, David Strahan, Graham Strouts, John Thuillier, Jill Tomalin, Nigel Topping, Totnes Sustainability Group, Robert Vint, Anne Ward und Patrick Whitefield. Die Einwohner von Totnes und die Studenten und Ex-Studenten des Permakultur-Seminars in Kinsale.

Andere, ohne die das Buch nicht zustande gekommen wäre

Die tapferen Seelen, die meine ersten Entwürfe gelesen haben: Ben Brangwyn, Colin Campbell, David Fleming, Naresh Giangrande, Charles Hall, Stephan Harding, Tessa King, Peter Lipman, Mark Lynas, Rob Scot McLeod, Tamzin Pinkerton, Janet Richardson, David Strahan, Chris Vernon, Carol Wellwood und Mitglieder verschiedener Energiewendeinitiativen.

Meine verdienstvollen Lektoren John Elford und Amanda Cuthbert von Green Books. Louise Rooney und Catherine Dunne, die den Begriff »Transition Town« erfunden haben.

Fotografen und Illustratoren

Dank an Ron Hanna für die Captain-Future-Bilder, Tony Eriksen von »The Oil Drum«, *The Ecologist*, Colin Campbell von der ASPO, Asgeir Sorteberg und dem National Snow and Ice Data Center der Universität Colorado für Grafiken, Andy Goldring für Fotos aus Osteuropa, das Imperial War Museum für das Doctor-Carrot-Bild und weitere Illustrationen sowie an die Bilddatenbank und das Landwirtschaftliche Archiv Totnes für die Benutzung von Archivfotos.

Außerdem an Tulane Blyth, Adrienne Campbell, Stephen Gascoigne, Greenpeace und Ray Giguere, Nicholas Harvey, Sally Hewitt, istockphoto.com, Arthur Kay, Noel Longhurst, Nevenka Mulej, Rosalie Portman, Clare Richardson, Sally Stiles und Frankie Wellwood.

Vorwort

Von der Energiewendebewegung erfuhr ich im November 2006. Rob Hopkins hatte mich zu einem Vortrag in Totnes, Devon, eingeladen. Ich wusste, dass Totnes keine sehr große Stadt ist, und hoffte auf vielleicht 50 Zuhörer. Aber an diesem Abend drängten sich 400 Menschen in der größten Versammlungshalle der Stadt. Ähnlich erging es mir einige Tage danach in Penzance, Cornwall, wohin mich Jennifer Gray gebeten hatte, um beim Start der Energiewende-Initiative Penwith dabei zu sein, und abermals, ein paar Monate später, bei einer Veranstaltung in Stroud, Gloucestershire.

Das konnte kein Zufall sein. Die Menschen, die zu den Veranstaltungen kamen, waren nicht einfach nur neugierig – sie brannten geradezu darauf, in ihrer Gemeinde etwas gegen den Klimawandel und die Folgen der Ölverknappung, des »Peak Oil«, zu unternehmen. Mir wurde ziemlich rasch klar, dass diese ansteckende Idee der Energiewende das Aufregendste war, das Großbritannien zu bieten hatte. Am 5. August 2007 brachte BBC Radio Scotland eine Sendung mit dem Titel »Städte bereiten sich auf den Peak Oil vor«. Zu Beginn der Sendung erklärte Rob Hopkins, dass die Bemühungen um eine Energiewende »eine der bedeutendsten und dynamischsten sozialen Bewegungen des 21. Jahrhunderts« seien, was auch im Verlauf der Sendung wiederholt zum Ausdruck kam.

Dass so viel von den Energiewendestädten, den Transition Towns, die Rede ist, liegt nicht zuletzt an Rob Hopkins. Er ist Spezialist für ökologische Planung und gibt Universitätskurse in Permakultur – ein freundlicher, kluger und praktisch begabter Mann, ein Familienvater, dem die Erhaltung der Ökosysteme offenbar sehr am Herzen liegt. Er wünscht, dass seine Kinder in einer lebenswerten Welt aufwachsen.

Vom Problem des Ölfördermaximums hörte Rob Hopkins erstmals 2003, als er in Kinsale, Irland, unterrichtete. Allerdings hatte er gleich den weltweit besten Experten als Gewährsmann, den auf Erdölfragen spezialisierten Geologen Colin Campbell. Rob Hopkins gab die Informationen an seine Studenten weiter und entwickelte gemeinsam mit ihnen den »Kinsale Energy Descent Plan«, ein Konzept zur Energieeinsparung, das der Stadtrat von Kinsale später in die Praxis umsetzte. Es war die erste derartige Energieplanung einer Kommune. Inzwischen gibt es solche Pläne zur Energiesenkung in vielen kleineren und größeren Städten (z. B. in Portland, Oregon, und Oakland, Kalifornien), und wenigstens eine Industrienation (Schweden) hat sich das Konzept schon zu eigen gemacht.

Rob Hopkins organisierte im Juni 2005 in Kinsale eine Peak-Oil-Konferenz unter dem Motto »Antrieb für die Zukunft«; dort lernten wir uns kennen. Nachdem er zurück nach Großbritannien gezogen war, um seine Dissertation zu schreiben, beschloss er Anfang 2006, die Vorbereitung auf den Peak Oil nicht mehr nur zu lehren, sondern zu praktizieren: Er gründete die Energiewende-Initiative »Transition Town Totnes«, die auf Anhieb so erfolgreich war, dass bald viele Bürgerinitiativen in anderen Städten dem Beispiel folgten.

Worin besteht das Erfolgsgeheimnis dieser Bewegung? Weltweit werden bereits in mehr als hundert Kommunen praktische Anstrengungen unternommen, um mit den drohenden Peak-Oil-

Problemen fertig zu werden. Aber das Konzept der »Transition Towns« ist etwas Besonderes – mehr als jede andere scheint diese Bewegung Begeisterung, Engagement und den Glauben an neue Möglichkeiten zu fördern. Vielleicht liegt es ja an Rob Hopkins und seinem ansteckenden Optimismus. Das hat nichts mit Personenkult zu tun, denn er drängt sich nicht ins Rampenlicht und er hatte ja auch den Wunsch, dass die Bewegung mehr von unten getragen als von oben gelenkt wird. Ich glaube, er hat einfach eine Strategie gefunden, die vielen Menschen nachvollziehbar erscheint und ihnen Gelegenheit gibt, ihre Fähigkeiten, Hoffnungen und positiven Energien einzubringen. Und er hat dieses Konzept vorgestellt, als es dringend gebraucht wurde.

Uns stehen harte Zeiten bevor. Nach allem, was wir wissen, dürfte der Gipfel der maximalen Ölförderung schon erreicht sein – von nun an werden die Vorräte knapp. Und die Prognosen für die künftigen Fördermengen der Gasfelder in der Nordsee, in Nordamerika und Russland sehen äußerst düster aus. Aus neuen Untersuchungen zu den weltweiten Kohlevorkommen ergibt sich, dass auch diese Ressource vielleicht schon in 15 Jahren ihr Fördermaximum erreicht haben wird. Die Erzeugung von Phosphaten (die für die Landwirtschaft unverzichtbar sind) ist bereits ebenso rückläufig wie die weltweite Getreideproduktion. Das globale Klima wird instabil; in der Arktis schmilzt das Eis schneller, als es selbst in sehr pessimistischen wissenschaftlichen Studien vorausgesagt wurde, und in vielen Ländern mangelt es bereits an Trinkwasser. Die Liste ließe sich fortsetzen. Das 20. Jahrhundert hat uns ungeahnte Wachstumsraten beschert: Bevölkerung, Energieverbrauch, Konsumrate pro Kopf usw. Das neue Jahrhundert dürfte uns einen Rückgang in fast allen diesen Bereichen bringen – außerdem Wetterkatastrophen, die Überflutung von Küstengebieten usw.

Die Energie steht im Zentrum des Übergangs, den die »Transition Towns«-Bewegung einleiten will. Es war vor allem das außerordentlich reiche Angebot an billiger Energie, zumeist aus fossilen Brennstoffen, das den Anstieg der Bevölkerungszahlen, des Pro-Kopf-Verbrauchs – und auch den technologischen Wandel im 20. Jahrhundert bewirkte. Kohle, Öl und Gas ermöglichten die ständig zunehmende Förderung und Verarbeitung anderer natürlicher Ressourcen. Daraus entstand nicht nur gewaltiger Reichtum, sondern folgten zugleich die Zerstörung alter Lebensweisen, die Verschmutzung der Umwelt und die Destabilisierung des Klimas.

Angesichts der erschreckenden Schäden, die die Nutzung dieser Brennstoffe für die Umwelt bedeuten, müsste man die Verknappung der Ressourcen eigentlich begrüßen. Aber die Abhängigkeit unserer Gesellschaft von Kohle, Öl und Gas hat uns alle sehr verwundbar gemacht; noch wissen wir nicht genau, wie wir die Leistungen dieser Energieträger angemessen ersetzen könnten. Es wäre denkbar, dass mit dem Schwinden der fossilen Brennstoffe ein Jahrhundert der rückläufigen Konsumraten anbricht, die Weltwirtschaft könnte zusammenbrechen und künftige Generationen müssten um ihr Überleben kämpfen. Gelingt es uns nicht, eine aktive Strategie zur Überwindung dieser Abhängigkeit zu entwickeln, dann werden die sozialen Sicherungssysteme irgendwann versagen – spätestens dann, wenn die globale Erwärmung die kritische Marke erreicht hat und wir nichts mehr gegen die dramatischen Folgen wie Ernteverluste und das Ansteigen des Meeresspiegels tun können. Schwindende Ressourcen und Klimawandel sind eine eindeutige Warnung: Im Zentrum unserer Überlebensstrategie im 21. Jahrhundert muss die bewusste und gemeinschaftlich organisierte Überwindung der Abhängigkeit von fossilen Energieträgern stehen.

Regierungen brauchen in der Regel lange, um solche Herausforderungen zu begreifen und angemessen zu handeln – es gibt einfach zu viele Interessengruppen, denen an der Erhaltung des Status quo gelegen ist. Wenn die meisten Politiker die größte Krise in der Menschheitsgeschichte nicht wahrhaben wollen, was bleibt uns dann zu tun?

Die Antwort liegt auf der Hand: Verantwortungsvolle Bürger und Bürgerinnen müssen vor Ort aktiv werden. Ein wichtiger Grund für dieses Vorgehen ist der absehbare Zusammenbruch eines Verkehrs- und Verteilungssystems, das auf billigem Treibstoff beruht. Bei der bevorstehenden Ölverknappung ist eine Relokalisierung der Wirtschaft unverzichtbar: Wenn wir also künftig alle wichtigen Produkte für unseren Alltag ohnehin lokal erzeugen müssen, warum sollten wir auf diesem Prinzip der engen Gemeinschaftsbeziehungen nicht eine übergreifende Strategie der Energiewende gründen?

Rob Hopkins hat mit seinem Konzept der Energiewende eine einfache Formel für den Umgang mit all diesen Problemen gefunden, die vielen Kommunen den Ansatz für ein begeistertes Engagement bietet. Er verlässt sich auf die Grundsätze der Permakultur, die Psychologie der sozialen Verantwortung (Sozialmarketing) und offene Austauschformen wie die Open-Space-Diskussionen. Offenbar bringt das Menschen, die eine Umweltkatastrophe fürchten, dazu, sich kollektiven Aktivitäten anzuschließen – und das Ganze kommt nicht wie ein Protestmarsch daher, sondern wirkt eher wie eine Party.

Das vorliegende Buch ist ein praktischer Ratgeber für alle, die in diesem Sinne handeln wollen. Es hat viel von dem, was auch Rob Hopkins auszeichnet: Es ist zugänglich, eindeutig und optimistisch. Wenn Sie in einer Stadt leben, in der es noch keine Energiewende-Initiative gibt – hier erfahren Sie, wie man das ändern könnte. Und wenn Sie schon Mitglied der Energiewendebewegung sind, dann haben Sie bestimmt schon von diesem Buch gehört. Wie auch immer: Nutzen Sie dieses Angebot. Es gibt viel zu tun, und die Zeit läuft uns davon. Rob Hopkins bietet uns hier vielfältige Möglichkeiten, die vor uns liegenden Aufgaben mutig anzupacken.

RICHARD HEINBERG
Post Carbon Institute, Santa Rosa, Kalifornien
Autor von *The Party's Over*, *Powerdown*,
Peak Everything und *The Oil Depletion Protocol*

Eine Low-Carbon-Society wäre, so meine ich, eine Gesellschaft, die nicht vergessen hat,
dass unser Planet ein einzigartiges Geschenk ist – möglicherweise das einzige
seiner Art im gesamten Universum – und dass es ein unglaubliches Privileg ist, in diese Welt
hineingeboren zu sein. Es wäre eine Gesellschaft, die auf das alptraumhafte Szenario
der Erderwärmung um sechs Grad zurückblicken und genau das darin sehen könnte –
einen Alptraum, aus dem die Menschheit erwacht ist und den sie verhindert hat,
bevor es zu spät war. Mehr als alles andere wäre es eine Gesellschaft, die lebt und gedeiht
und die ihr glorreiches Erbe – die Polkappen, die Regenwälder und blühende Kulturen –
bis in ferne Zukunft an unzählige Generationen weitergeben wird.

MARK LYNAS, Journalist und Autor von *Sturmwarnung. Berichte von den Brennpunkten
der globalen Klimakatastrophe*, München 2004. Sein Buch *Six Degrees*, das 2008
mit dem renommierten Preis der Royal Society ausgezeichnet wurde,
diente als Vorlage für den National-Geographic-Film
Sechs Grad bis zur Klimakatastrophe.

Wenn ein kritischer Punkt erreicht ist, wenn die gewohnte Art und Weise,
in der Welt zu sein, mit anderen und mit der Natur umzugehen, nicht mehr funktioniert,
wenn das Leben von unüberwindlichen Problemen bedroht ist, stirbt der Mensch –
oder eine ganze Spezies – oder er überwindet mit einem Entwicklungssprung seine Grenzen.
An diesem Punkt steht die Menschheit gegenwärtig, und darin besteht
ihre Herausforderung.

ECKHART TOLLE, Autor von *Eine neue Erde. Bewusstseinssprung anstelle
von Selbstzerstörung*

Sag mir, was willst du anfangen mit deinem einen wilden
und kostbaren Leben?

MARY OLIVER, Lyrikerin und Trägerin
des Pulitzer-Preises

Einführung
Verlockende Aussichten auf Resilienz

In diesem Buch geht es vor allem um »Resilienz«, ein Begriff, der den meisten Menschen weniger vertraut sein dürfte als etwa Ökologen. Resilienz, im Sinne von Widerstandsfähigkeit, Anpassungsfähigkeit oder Elastizität, meint die Fähigkeit eines Systems – damit kann auch eine Gruppe von Menschen oder eine ganze Volkswirtschaft gemeint sein –, im Falle von Veränderungen oder heftigen äußeren Einwirkungen seinen Zusammenhalt zu bewahren und weiter zu funktionieren. Im vorliegenden Handbuch soll gezeigt werden, dass unsere (längst überfälligen) Bemühungen um eine drastische Senkung der CO_2-Emissionen unbedingt ergänzt werden müssen von ebenso ernsthaften Anstrengungen zum Aufbau – oder besser: Wiederaufbau – von Widerstandsfähigkeit, also von Resilienz. Ich werde sogar zeigen, dass ohne dieses Konzept auch die Reduzierung der Schadstoffemissionen letztlich keinen Sinn macht. Aber wie könnte diese Widerstandsfähigkeit beschaffen sein?

1990 reiste ich ins Hunza-Tal in Nordpakistan, eine Region, die bis 1978, als die Karakorum-Fernstraße fertiggestellt wurde, kaum Kontakt zur Außenwelt gehabt hatte. Ich wusste damals noch nichts von Permakultur oder der Idee der Resilienz – ich war auch kein Experte für Umwelt, Landwirtschaft und Nahrung. Aber als ich ankam, begriff ich sofort, dass ich mich an einem ganz außergewöhnlichen Ort befand.

Während der Fahrt hinauf ins Hunza-Tal las ich ein Buch (den Titel habe ich vergessen), in dem sich das Zitat fand: »Wenn es auf Erden einen Garten der Glückseligkeit gibt, dann hier, hier, hier!« Das ging mir in den zwei Wochen bei den Hunzukuc nicht mehr aus dem Kopf. Ich sah dort eine Gesellschaft, die ein einfaches und zugleich ausgeklügeltes System entwickelt hatte, im Rahmen ihrer Möglichkeiten zu leben. Alle Arten von Abfall, einschließlich der menschlichen Ausscheidungen, wurden kompostiert und zur Düngung verwendet. Vielfach verzweigte Rinnen leiteten mineralreiches Wasser aus einem Gletscher exakt auf die seit Jahrhunderten bewirtschafteten Terrassenfelder an den Berghängen. Überall standen Aprikosenbäume, auch Apfel-, Kirsch- und Mandelbäume sowie andere Nuss- und Obstbäume. Und im Umkreis der Bäume wurden Gerste, Weizen, Kartoffeln und anderes Gemüse angebaut. Die Felder waren gut gepflegt, aber nicht streng voneinander abgegrenzt: Verschiedene Nutzpflanzen standen in kleinen Gruppen zusammen, es gab keine großen Flächen von nur einer Art. In dieser Bergregion gibt es nur Pfade, die steil bergan oder bergab gehen, und ich begriff, warum man dem Volk der Hunzukuc besondere körperliche Leistungsfähigkeit nachsagt. Die von Trockensteinmauern gesäumten Pfade sind gerade breit genug für Mensch und Lasttier, aber nicht für Fahrzeuge.

Die Menschen hier schienen Zeit zu haben – für ein Gespräch, für die Kinder, die barfuß durch die Felder rannten. Nach der Aprikosenernte lagen die Früchte zum Trocknen auf den Hausdächern, ein malerischer Anblick. Alle Häuser sind aus Lehmziegeln, die vor Ort hergestellt werden; sie schützen im kurzen Sommer vor der Hitze und im langen Winter vor der Kälte. Für mich ist das Hunza-Tal mit der atemberaubenden Szenerie seiner gewaltigen Berggipfel der schönste, friedlichste, glücklichste und vielfältigste Ort, den ich jemals besucht habe.

Ich war damals Künstler und verbrachte die Tage mit Wanderungen durch die Terrassenfelder und die Pfade entlang, immer mit dem Skizzenblock unter dem Arm. Das Licht und die Farben faszinierten mich, oft saß ich stundenlang an einer Zeichnung und konnte doch die Schönheit nicht erfassen. Ich will hier kein romantisch idealisiertes Bild der Hunzukuc zeichnen, aber mein Aufenthalt bei ihnen hat etwas in mir berührt, eine Art archaischer Erinnerung. Ich bin in England aufgewachsen, in einer Zeit, als die fossilen Brennstoffe bedenkenlos verheizt wurden, in einer Kultur, die die lokale Selbstversorgung restlos beseitigt hat und schon die Idee einer örtlichen Resilienz für lächerlich erklärte: Die Leute vom Land galten als dumm, wer Traditionen pflegte, war altmodisch. Was zählte, waren Wachstum und Fortschritt. Aber in jenem abgelegenen Tal ist bei mir der Wunsch nach etwas entstanden, das ich nicht genau benennen konnte. Heute denke ich, es war der Wunsch nach dieser Resilienz und Flexibilität, nach einer Zivilisation, die im Kontext ihrer Umgebung fortbestehen kann.

Aber bereits damals, 1990, zeigten sich Veränderungen: Am Rand mancher Felder lagen schon die Säcke mit Stickstoffdünger, in den Siedlungen konnte man Zement in Säcken kaufen, und es gab Süßwaren und Brausegetränke. Offenbar hatte auch hier die Zersetzung lokaler Resilienz eingesetzt. Ich war nie wieder im Hunza-Tal, aber der wirtschaftliche »Fortschritt« dürfte dort sicher nicht zur Erhaltung der Selbstversorgung beigetragen haben. Wenn ich mir heute die vielen Internetseiten ansehe, auf denen »Hunza-Produkte« angeboten werden, scheint auch dieses Tal der exportorientierten Wirtschaft verfallen zu sein.

Es ist längst keine akademische Frage mehr, ob wir unsere Resilienz vernachlässigen oder sie erhalten und stärken wollen – dazu sind zu viele zwingende Faktoren im Spiel. Es geht auch nicht mehr nur darum, die Kräfte der wirtschaftlichen Globalisierung für die Erzeugung von Ungleichheit, Ungerechtigkeit und ihre Unersättlichkeit bei der Vernichtung von Kulturen und Ökosystemen zu kritisieren. Wir müssen heute die entscheidende Schwachstelle der Globalisierung in den Blick nehmen: ihre Abhängigkeit vom Öl. Und dagegen hilft allein die Stärkung unserer Resilienz. Ohne den Nachschub an billigen fossilen Brennstoffen hätte es die Globalisierung nicht gegeben, aber für unseren gegenwärtigen Bedarf finden sich einfach nicht genug alternative Energiequellen. Wir müssen darum zu stärker lokal orientierten, energieeffizienten und selbstversorgenden Lebensumständen zurückfinden. Das ist für die Menschheit eine Überlebensfrage.

Ich verstehe mein Energiewende-Handbuch nicht nur als Erörterung von Problemen und Vorstellungen. Es geht mir auch um Lösungen und ein Modell der Energiewende, das vielleicht das Fundament für die entscheidenden sozialen, politischen und kulturellen Bewegungen des 21. Jahrhunderts liefern kann. Lassen Sie mich das an einem kleinen Beispiel verdeutlichen.

Ein kühler Märzabend in der Kleinstadt Totnes in Devon, Großbritannien: Rund 160 Menschen haben sich auf den Kirchenbänken der St John's Church eingefunden, um eine Veranstaltung mit dem Titel »Lokales Geld, lokale Kulturtechniken, lokale Stärke« zu besuchen. Veranstalter ist »Transition Town Totnes« (TTT), die erste Energiewende-Initiative in Großbritannien. Der Abend kann schon wegen der Teilnehmerzahl als Erfolg gelten: Ein Vortrag über Wirtschaftsfragen lockt die Menschen normalerweise nicht von ihrem heimischen Sofa runter.

Zu Beginn der Veranstaltung erhält jeder Anwesende ein »Totnes Pound« – einen von 300 Geldscheinen, die wir haben drucken lassen, um zu testen, ob eine solche neue Währung in der Stadt angenommen wird. Die Vorderseite der Scheine ziert die Reproduktion einer Banknote von 1810, als Totnes noch seine eigene Währung hatte. Das Bild dieses Geldscheins war schon vier Wochen zuvor von einem örtlichen Filmemacher auf eine Hauswand projiziert worden. Während meiner Einführungsrede forderte ich die Zuhörer auf, ihr Totnes Pound hochzuhalten. Ein schöner Anblick: 160 Menschen schwenken die neuen Scheine. Es ist der Anfang einer Geschichte von einem neuen Verhältnis zum Geld, von der Zukunft und ihren Möglichkeiten und von neuen Beziehungen innerhalb der Kommune.

Geschichten zu erzählen ist ein zentraler Bestandteil dieses Buches. Man könnte das ganze Buch wie eine Geschichte lesen – die Geschichte der Energiewendebewegung, des wichtigsten Projekts, das heute in Großbritannien durchgeführt wird. Aber es geht um noch mehr. Unsere Zivilisation speist sich aus vielen Geschichten, aus Legenden, die wir für bare Münze nehmen: dass uns die Zukunft noch mehr Wohlstand bringt, dass unser Wirtschaftswachstum niemals enden wird, dass in unserer individuierten Gesellschaft

Gemeinschaftsaufgaben keinen Platz mehr haben, dass uns Besitz glücklich machen kann und dass die wirtschaftliche Globalisierung eine unvermeidliche Entwicklung ist, die wir billigen. Wir werden noch sehen, dass uns all diese Versprechen in eine falsche Richtung lenken, dass sie uns schaden, weil sie keine Hilfe für die anstehenden großen Probleme bieten. Wir brauchen andere Geschichten, wir brauchen Visionen, in denen uns neue Möglichkeiten gezeigt werden, in denen wir eine neue Rolle im Verhältnis zu unserer Umwelt spielen. Wir brauchen Geschichten, die Lust machen auf künftige Veränderungen mit all ihren Möglichkeiten, die uns die nötige Kraft geben, um durchzuhalten auf dem Weg in eine neue und reichhaltigere Welt.

Ich war gerührt, als ich damals diesen Saal voller lachender und begeisterter Menschen sah, die

Aprikosen trocknen auf den Dächern im Hunza-Tal. Zeichnung des Autors, 1990.

ihr Totnes Pound schwenkten. Da ist eine Kraft, dachte ich, die noch brachliegt. Peak Oil und Klimawandel sind Probleme, die einen das Fürchten lehren können – aber hier war eine Versammlung, die sich angesichts dieser Herausforderungen voller Tatendrang zeigte.

Da stellte sich die Frage: Wie würde eine Umweltbewegung aussehen, die nicht auf Abschreckung, auf Betroffenheit, Entsetzen und Wut setzt, sondern lediglich Begeisterung zu wecken versucht, die nicht Horrorszenarien an die Wand malt, sondern auf die inspirierenden neuen Möglichkeiten abzielt? Bislang verfügen wir über keine gesicherten Erkenntnisse, aber vielleicht ist die Energiewendebewegung der richtige Ansatz. Sie versucht Wege zu zeigen, die unseren Abstieg vom »Oil Peak« – vom höchsten Niveau der Ölförderung – erleichtern, und sie will neue Geschichten erzählen: davon, was uns am Ende dieser Rückkehr an neuer Lebensqualität erwarten könnte und dass wir unsere Zukunftspläne mit der Stärkung unserer regionalen Resilienz verwirklichen können.

Natürlich können die Energiewende-Initiativen die Probleme von Peak Oil und Klimawandel nicht im Alleingang lösen. Regierung und Wirtschaft müssen auf allen Ebenen Vorschläge einbringen, um einen vernünftigen Plan im nationalen Rahmen zu ermöglichen. Aber ohne ein allgemeines Gefühl der Hoffnung, ohne Begeisterung und die Bereitschaft, etwas Neues zu wagen, werden alle von oben verordneten Maßnahmen letztlich an der abwartenden und skeptischen Haltung der Bevölkerung scheitern. Der Gegenentwurf wäre die Förderung des Engagements und der Begeisterung für neue Optionen in den Kommunen oder gar in der ganzen Gesellschaft. Genau darum geht es in diesem Buch: um die Kraft und die vielfältigen Möglichkeiten eines optimistischen Zugangs zu den heutigen Verhältnissen, wie sie nun einmal sind. Und es geht um die Vorstellung einer Bewegung, die weiter gewachsen sein wird, wenn Sie dieses Buch zu Ende gelesen haben.

Die Zeiten, als die Globalisierung als ein übermächtiges und unbesiegbares Monster galt und die Bemühungen um Lokalisierung nur als ein Lifestyle-Phänomen wahrgenommen wurden, sind definitiv vorbei. Wir nähern uns dem Ende des Ölzeitalters, und das bedeutet zwangsläufig dramatische Veränderungen in unserem Leben. In diesem Buch sollen neue Sichtweisen auf eine Zukunft mit weniger Energie, aber mehr Lebensqualität vorgestellt werden. Wenn wir das Heft des Handelns ergreifen und nicht nur reagieren, dann haben wir heute noch die Chance, die Zukunft in einer Weise zu gestalten, dass sie den gegenwärtigen Verhältnissen vorzuziehen sein wird.

Es gibt zahlreiche Möglichkeiten, wieder resilient zu werden und sogar einen wirtschaftlichen, kulturellen und spirituellen Aufschwung zu bewirken: die Rückkehr zur lokalen Landwirtschaft und Nahrungsmittelerzeugung, neue Konzepte der Gesundheitsfürsorge, Wiederentdeckung lokaler Baustoffe für die Errichtung energieneutraler Gebäude, neue Formen der Abfallwirtschaft. Ich fürchte mich nicht vor einer Welt, in der nicht mehr blind konsumiert wird, in der es weniger beliebige Produkte gibt und vielleicht kein Wirtschaftswachstum. Mir macht das Gegenteil mehr Angst: dass sich eine Entwicklung fortsetzt, die den Kunstdünger auf fruchtbare Felder brachte und die die Gesellschaft ihrer Fähigkeit zur Selbstversorgung innerhalb einer kurzen Zeitspanne beraubte, in welcher die Industrie Kunstdünger aus Naturgas erzeugen konnte und das Auto zum wichtigsten aller Güter machte.

In meinem Buch werden nicht die Schrecken der Zukunft geschildert. Ich möchte Sie aber einladen, sich dem Bemühen von Hunderten von Kommunen anzuschließen, die bereits weltweit an einer Zukunft der Vielfalt und Reichhaltigkeit arbeiten.

Rob Hopkins
Dartington, 2008

Erster Teil

DER KOPF

Ölverknappung und Klimawandel.
Zwei große Probleme, die viele kleine Lösungen erfordern

»Die Zeitspanne bis zum Eintreten des globalen Peak Oil dürfte wohl kürzer sein als die Zeit, in der sich unsere Gesellschaften ohne Entbehrungen auf einen anderen Umgang mit der Energie einstellen können.« Richard Heinberg[1]

»Jeder intelligente Narr kann Sachen größer, komplexer und gefährlicher machen. Es braucht etwas Genialität – und viel Mut –, um die Gegenrichtung einzuschlagen.« Albert Einstein

»Angesichts des sozialen und wirtschaftlichen Chaos, das die Überschreitung des Peak Oil zweifellos hervorrufen wird, halte ich es für meine Pflicht, nur wirklich gesicherte Annahmen vorzutragen. Wenn Sie meine persönliche Meinung hören wollen: Ich glaube, dass wir nicht einmal bis 2010 so weitermachen können. Dagegen sprechen Murphys Gesetz und viele Zufallsfaktoren. Aber das ist nicht belegbar, nur aus dem Bauch kalkuliert. Meine Analyse sagt 2010, mein Gefühl sagt 2008.« Chris Skrebowski[2]

Wir leben in bewegten Zeiten. Sie ändern sich so rasch, dass uns schwindlig werden kann, wenn wir bedenken, was uns droht, wenn wir nichts tun, und welche großartigen Möglichkeiten sich uns bieten, wenn wir handeln. Meine beiden Grundannahmen sind ganz einfach. Erstens: Die Periode von 1859 bis heute, die man das »Zeitalter des Billigöls« nennen könnte, geht zu Ende, und das wird für eine so stark vom Erdöl abhängige Zivilisation wie die unsere gewaltige Veränderungen bedeuten. Und zweitens: Wenn wir rechtzeitig und einfallsreich vorausplanen, könnte sich eine Zukunft mit weniger Öl als weitaus angenehmer als die Gegenwart erweisen.

Der erste Teil des Buches heißt »Der Kopf«, weil hier die wichtigsten Fragestellungen und Theorien verhandelt werden, die der Blick in eine radikal veränderte Zukunft auf die Tagesordnung setzt. Zunächst geht es um den »Peak Oil« und den »Klimawandel«: Beide Begriffe stehen für große Herausforderungen (es gibt noch viele andere), die sich der Menschheit am Beginn des 21. Jahrhunderts stellen, und sie sind genau deshalb der wichtigste Antrieb für das Projekt, eine »Energiewende« herbeizuführen. Beide Probleme sollen hier allgemeinverständlich dargestellt werden. Ferner wird es darum gehen, dass wir vieles, was wir als selbstverständlich annehmen, und auch unsere bisherigen Herangehensweisen radikal in Frage stellen müssen, wenn wir den Herausforderungen der Ölverknappung und des Klimawandels gewachsen sein wollen. Zunächst wird der Peak Oil, das sogenannte Ölfördermaximum, ausführlich erläutert; denn darüber dürften viele Leser weniger wissen als über den in den Medien diskutierten Klimawandel. Der dramatisch steigende Ölpreis wird aber auch das Peak-Oil-Problem in den gesellschaftlichen Diskurs rücken, denn in naher Zukunft brauchen wir dafür dringend Lösungen.

In den folgenden Kapiteln will ich einerseits beschreiben, was uns in Zukunft erwartet, wenn wir auf die doppelte Herausforderung nicht mit neuen Ideen reagieren. Zum anderen soll deutlich werden, welche Vorstellungen bereits entwickelt wurden. Das Konzept, das die Energiewende-Initiativen in England vertreten, ist flexibel und gewinnt immer mehr Anhänger: Es geht hier im Wesentlichen um neue »Techniken« zur deutlichen Reduzierung der CO_2-Emissionen und um neue Antworten auf Klimawandel und Ölverknappung.

Kapitel 1

Ölverknappung und Klimawandel:
Zwei unterschätzte Probleme der Gegenwart[3]

Was ist Peak Oil? Warum wir nicht bis zum letzten Tropfen warten können

2006 wird der Ölverbrauch der Menschheit die Marke von 86 Millionen Barrel pro Tag übersteigen – unglaubliche 1000 Barrel pro Sekunde! Ein Wettbewerbsschwimmbecken voller Öl hätten wir dann in 15 Sekunden geleert, und täglich würden wir fast 5500 solcher Becken verbrauchen.

Peter Tertzakian,
A Thousand Barrels a Second: the coming oil break point and the challenges facing an energy-dependent world, New York 2006

Vermutlich können andere viel besser als ich erklären, was es mit dem »Peak Oil«, dem Erdölfördermaximum, auf sich hat.[4] Ich war nie in der Ölindustrie beschäftigt, ich bin kein Geologe und meine persönlichen Erfahrungen mit diesen Bereichen beschränken sich darauf, dass ich in einem Land aufgewachsen bin, dessen Ölförderung heute stärker zurückgeht als die der meisten anderen Nationen. Bis zum September 2004 hatte ich den Begriff »Peak Oil« noch nie gehört und war irgendwie davon ausgegangen, dass Öl für die Wirtschaft so etwas ist wie das Benzin im Tank eines Autos: Der Motor läuft, ob der Tank nun voll oder fast leer ist. Also rumpelt man weiter, bis irgendwann in ferner Zukunft der letzte Tropfen aufgebraucht ist – so wie in dem Kinderbuch *Der Lorax*[5] von Dr. Seuss irgendwann der letzte Truffula-Baum gefällt wird. Erst später, als ich mich mit diesem so wichtigen Thema genauer beschäftigte, wurde mir klar, wie naiv diese Vorstellung war.

Dieser Lernprozess hat mich zu ganz neuen Einsichten in die Wirkungszusammenhänge unserer Welt geführt: Ich sehe nicht nur, wie fragwürdig unsere herkömmlichen Vorstellungen vom Funktionieren der Gesellschaft sind, ich sehe auch, welche Elemente für jede Art von Antwort auf die Probleme unverzichtbar sein werden, die künftig in der menschlichen Gemeinschaft gefunden werden kann. Ich will nicht den Propheten spielen – lesen Sie andere Bücher, informieren Sie sich. Der Klimawandel ist ein ernstes Problem, aber ohne Einsicht in die Folgen des Ölförder-

maximums lässt er sich nicht wirklich verstehen: Klimawandel und Peak Oil sind so eng miteinander verknüpft, dass man sie nicht isoliert betrachten darf, ohne einen Teil des Problems aus dem Blick zu verlieren. Tatsächlich gibt es für diesen Zusammenhang längst ein Schlagwort: Es erscheint in der Literatur als »Hydrocarbon Twins« (Kohlenwasserstoff-Zwillinge).

Ohne preiswertes Öl könnten Sie dieses Buch vermutlich jetzt nicht lesen – oder es wäre eine Kostbarkeit unter den wenigen Büchern, die Sie besäßen. Verlagshäuser und ihr Vertrieb sind auf einen niedrigen Ölpreis ebenso angewiesen wie ich als Autor: Ich hätte nicht in einem gut geheizten Haus an meinem Laptop arbeiten und dabei noch Musik von CDs hören können. Bei genauerer Überlegung werden Sie feststellen, dass Ihnen nicht nur dieses Buch fehlen würde. Fast alle Gegenstände unseres täglichen Gebrauchs können nur hergestellt und vertrieben werden, solange das Erdöl billig ist. Nahrungsmittel, Möbel, Haushaltsgeräte, Medikamente, Kosmetika und die Unterhaltung in unserer Freizeit – alles hängt ab von diesem wunderbaren Stoff, dem Öl. Das ist gar nicht kritisch gemeint. Wir alle kennen es ja nicht anders und könnten uns ein anderes Leben kaum vorstellen.

Und es ist leicht nachzuvollziehen, wie diese Selbstverständlichkeit sich eingestellt hat. Öl ist wahrhaft ein bemerkenswerter Stoff. Es entstand vor 90 bis 150 Millionen Jahren – ausgerechnet in zwei Perioden der globalen Erwärmung – aus Zooplankton und Algen, die auf den Grund der Meere sanken und von Sediment bedeckt wurden, das von den Küsten der Kontinente ins Meer gelangte. Die zunehmende Sedimentschicht und der extreme Druck durch andere geologische Prozesse heizten dieses Material auf und verwandelten es in Öl.[6] Auf ähnliche Weise entstand auch Erdgas, allerdings bestand hier das Ausgangsmaterial aus Pflanzen oder aus Öl, das so tief in die Erdkruste gedrückt wurde, dass es sich »überhitzte«. Eine Gallone Öl enthält die Sonnenenergie, die 98 Tonnen Algen und Plankton einst an der prähistorischen Meeresoberfläche gespeichert haben.[7] Man bezeichnet diese fossilen Brennstoffe darum auch als »Sonnenlicht aus der Vorzeit«. Ihre Energiedichte ist wirklich erstaunlich.

Mir erscheinen die fossilen Brennstoffe ein wenig wie der Zaubertrank in den Geschichten von Asterix und Obelix. In den Comics von Goscinny und Udérzo kann sich das kleine gallische Dorf durch diese Mixtur, deren geheime Formel nur der Druide Miraculix kennt, gegen die römischen Besatzer behaupten. Sehr zum Verdruss von Julius Cäsar entwickeln die Gallier damit übermenschliche Kräfte und werden unbesiegbar. Für uns ist Öl der Zaubertrank. Es macht uns stärker, schneller und produktiver als je zuvor in unserer Geschichte. Unsere Gemeinwesen leisten das 70- bis 100-Fache dessen, was sie ohne Öl bewirken könnten.[8] Seit nunmehr 150 Jahren kennen wir dieses Wundermittel, und wie Asterix und Obelix gehen wir davon aus, dass es jederzeit zur Verfügung steht. Also haben wir unser ganzes Leben darauf eingerichtet.

Wer 40 Liter Benzin tankt, hat damit etwa die Energie erworben, die in vier Jahren menschlicher Handarbeit erzeugt wird.[9] Kein Wunder also, dass der durchschnittliche Pro-Kopf-Verbrauch von Öl in den westlichen Ländern bei 16 Barrel im Jahr liegt. In Kuwait sind es unglaubliche 36 Barrel (badet man dort darin?), in China bislang nur zwei und in Indien weniger als ein Barrel.[10] Fünfzig Menschen auf Fahrradgeneratoren müssten rund um die Uhr in die Pedale treten, um den durchschnittlichen Tagesverbrauch an Energie eines einzigen US-Bürgers zu erzeugen.[11] Auf solche »Energiesklaven« sind wir längst angewiesen.[12]

Andererseits können wir uns glücklich schätzen, in einem Zeitalter zu leben, das uns Rohmaterialien, Produkte und Möglichkeiten bietet, von denen unsere Vorfahren nicht zu träumen wagten.

Den Verlauf dieser »Petroleum-Phase«[13] von knapp 200 Jahren, in denen wir den Wunderstoff Öl aus dem Boden geholt und verbrannt haben, illustriert Schaubild 1 – basierend auf neuesten Forschungsergebnissen. Im Kontext der Erdgeschichte erscheint die Kurve zwar nur als ein geringfügiger Ausschlag, aber von da aus gesehen, wo wir heute stehen, wie der Gipfel eines Gebirges.

Das Öl machte große Entdeckungen möglich und war die Grundlage außerordentlicher sozialer Errungenschaften in Technik und Kultur – von der Mondlandung bis zur Entwicklung immer besserer »Pop Tarts« zum Aufbacken im Toaster. So kann das natürlich nicht weitergehen. Öl ist eine endliche Ressource – je mehr wir konsumieren, umso schneller wird sie verbraucht sein. Da geht es uns wie Asterix und Obelix, die mit flauem Gefühl im Magen vor dem letzten Topf Zaubertrank stehen und sich fragen, wie sie ohne das Wundermittel auskommen sollen.

Um im Bild zu bleiben: Es geht natürlich nicht darum, wann der letzte Tropfen des Zaubertranks aufgebraucht ist, sondern um die Einsicht, dass es einen Umschlagpunkt gibt: Ab diesem Peak Oil wird Öl stetig knapper und teurer werden. Zu Beginn des Jahres 2008 stieg der Preis für ein Barrel Rohöl erstmals über die magische Grenze von 100 US-Dollar – und er steigt tendenziell weiter (auf 144 Dollar Anfang Juni 2008). Chris Skrebowski, der Herausgeber der Zeitschrift *Petroleum Review*, hat diesen Umschlagpunkt so definiert: Peak Oil markiert »den Punkt, an dem die Erhöhung der Fördermengen unmöglich wird, weil der Rückgang bestehender Kapazitäten nicht mehr durch die Erschließung neuer Lagerstätten ausgeglichen werden kann«[14]. Es geht also um den Übergang vom Aufstieg zum Abstieg: Die Hälfte der Ressourcen ist verbraucht, wir erleben den historischen Augenblick, den »Umschlag«, der auch

VIELE HAUSHALTSGEGENSTÄNDE SIND AUS ÖL GEMACHT

Aspirin, Klebeband, Sportschuhe, Socken, Klebstoff, Farben und Lacke, Schaumstoffmatratzen, Teppiche, Nylon und Polyester, CDs und DVDs, Plastikflaschen, Kontaktlinsen, Haargel, Bürsten, Zahnbürsten, Gummihandschuhe, Waschschüsseln, Stecker und Steckdosen, Schuhcreme, Möbelwachs, Computer und Drucker, Kerzen, Taschen, Mäntel, Luftpolsterfolie, Fahrradluftpumpen, Fruchtsafttüten, Dübel, Kreditkarten, Dachisolierung, Kunststofffenster, Einkaufstüten, Lippenstift … die Liste ließe sich noch lange fortsetzen. Und ich habe hier nur Gegenstände genannt, die direkt aus Öl erzeugt werden, nicht all die anderen, bei deren Herstellung Energie aus fossilen Brennstoffen verbraucht wird – also so ziemlich alle Industrieprodukte.

Entwicklung der Öl- und Gasförderung
Stand 2006

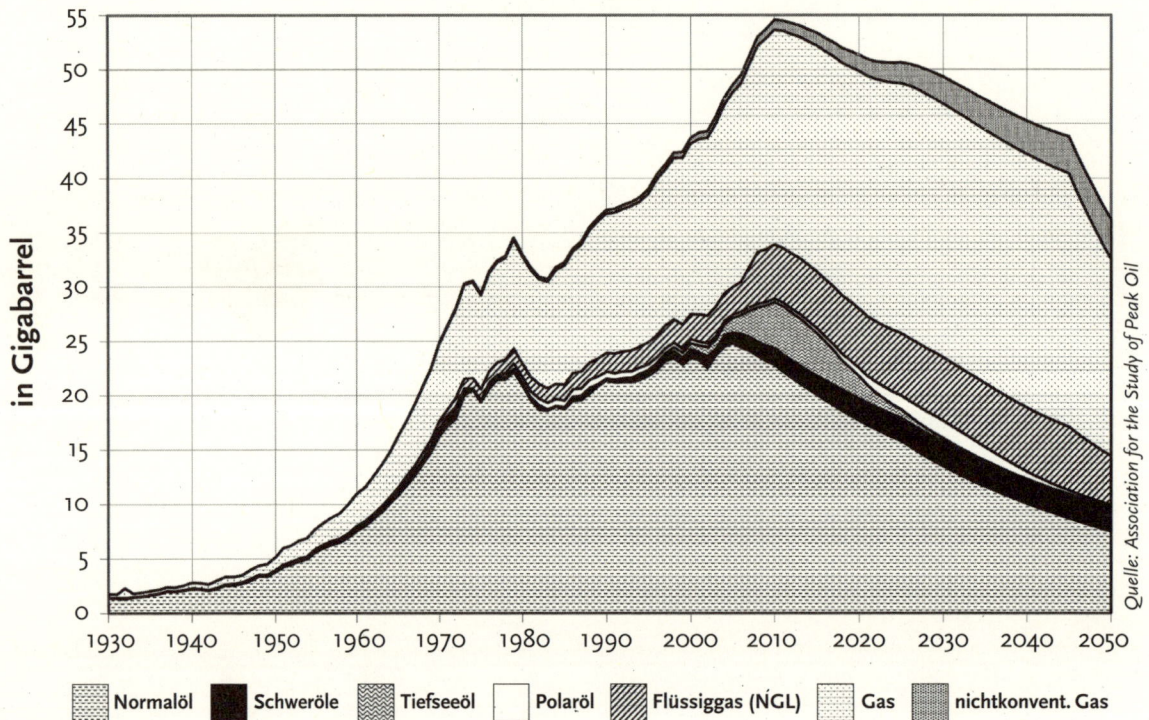

Quelle: Association for the Study of Peak Oil

| Normalöl | Schweröle | Tiefseeöl | Polaröl | Flüssiggas (NGL) | Gas | nichtkonvent. Gas |

Schaubild 1. Bisherige und prognostizierte Entwicklung der Öl- und Gasförderung in der Petroleum-Phase

Die Politiker zeigen sich bemerkenswert unfähig, irgendwelche Pläne für diesen unausweichlichen Wandel zu entwickeln – oder gar ihre Wähler auf das Unvermeidliche vorzubereiten.

Jonathan Porritt, *Capitalism as if the Earth Matters*, 2007

Der Peak Oil ist auch ein beispielloser historischer Wendepunkt: Nie zuvor drohte einer Gesellschaft eine so entscheidende Ressource wie das Öl auszugehen, ohne dass bereits bessere Energiequellen gefunden waren.

Colin Campbell

als »Fördermaximum« oder Peak Oil bezeichnet wird. Seit Edwin Drake 1859 in Pennsylvania die erste Ölquelle ausbeutete, ging es stetig aufwärts, die Nachfrage bestimmte das Angebot. Die Ölindustrie konnte immer genug liefern, um den Energiehunger der Weltwirtschaft zu befriedigen.

Und es gab die »Swing Producers«, die Förderländer, deren große Ölreserven es ihnen erlaubte, durch Erhöhung der Fördermengen kurzfristig auf steigenden Bedarf zu reagieren. In den 1930er und 1940er Jahren waren die USA der wichtigste »flexible Erzeuger« oder »Ausgleichsproduzent«, heute ist es Saudi-Arabien. Sobald aber das Ölfördermaximum überschritten ist, kehrt sich das Verhältnis um: Die Nachfrage steht unter dem Verdikt des Angebots, die Preise ziehen sprung-

haft an, und wer über die verbleibenden Ölmengen verfügt, kann nun die Gewinnspannen diktieren.

Deutliche Anzeichen: Wir nähern uns dem Umschlagpunkt

Woran erkennt man, dass der Peak Oil erreicht ist? Zum einen lässt sich in fast allen Förderländern ein deutliches Entwicklungsmuster ausmachen: Etwa 30 bis 40 Jahre nach dem Gipfelpunkt in der Prospektion neuer Lagerstätten erreichen die Fördermengen ihr Maximum. Man muss zunächst Öllagerstätten entdecken, um Öl fördern zu können, und natürlich beutet jede Nation zuerst die größten und am besten zugänglichen Vorkommen aus. So war das in Großbritannien, den USA, Russland und anderen ölproduzierenden Ländern, die heute den Umschlagpunkt überschritten haben (vgl. die Aufstellung auf dem Rand, S. 22). Wenn wir davon ausgehen, dass weltweit das Maximum der Neuentdeckung von Ölfeldern etwa 1965 erreicht wurde, dann wäre nach diesem Muster heute das globale Ölfördermaximum erreicht. Diese Zusammenhänge hat als Erster der amerikanische Geologe M. King Hubbert erkannt: Er sagte 1956 voraus, dass die USA ihr Fördermaximum in den 1970er Jahren überschreiten würden (deren Höhepunkt der Neuerschließung lag in den 1930er Jahren). Hubbert wurde damals nicht ernst genommen – heute wissen wir, dass er recht hatte.[15]

Ein weiteres Anzeichen: Trotz eines sehr hohen Preisniveaus hat sich die weltweite Ölförderung seit Januar 2005 bei 84 bis 85 Millionen Barrel pro Tag (mb/d) eingependelt.[16] Die Weltwirtschaft verlangt dringend mehr Nachschub (die Internationale Energieagentur hat bereits 120 mb/d prognostiziert, stieß damit aber auf Kritik aus der

Wirtschaft), und der Ölpreis ist von 12 Dollar pro Barrel (1988) auf 144 Dollar (Anfang Juli 2008) gestiegen. Dass die Förderländer die stark wachsende Nachfrage (vgl. Schaubild 4, S. 28) nicht befriedigen können, weist darauf hin, dass inzwischen nicht mehr nur politische und wirtschaftliche Ziele, sondern vor allem geologische Fragen bestimmend sind.[17]

Dass die Neuerschließung von Ölvorkommen seit ihrem Maximum 1965 rückläufig ist, liegt auch an der immer geringeren Größe neu entdeckter Lagerstätten: Wir fanden zwar weitere Vorkommen, aber lediglich kleinere. 1940 betrug die Bilanz der Entdeckungen in den vorausgegangenen fünf Jahren 1,5 Milliarden Barrel, 1960 waren es 300 Millionen, 2004 nur noch 45 Millionen, und die Tendenz ist fallend.[18] Während des gesamten Ölzeitalters wurden 47500 Ölfelder entdeckt – aber bis heute stammen 75 Prozent der Gesamtölmenge aus den 40 größten Vorkommen.[19] Schaubild 2 (siehe unten) macht deutlich, wie sich die Schere zwischen Erschließung und Verbrauch

Vor fünfzig Jahren betrug der weltweite Ölverbrauch 4 Millionen Barrel im Jahr, und jährlich wurden neue Lagerstätten im Umfang von 30 Millionen Barrel entdeckt. Heute verbrauchen wir 30 Millionen Barrel im Jahr und die jährliche Erschließungsquote liegt bei gerade einmal 4 Millionen Barrel Rohöl.

Asia Newspaper, 4. Mai 2005

Die Energieexperten diskutieren heute nicht mehr darüber, ob der »Hubbert's Peak« erreicht wird, sondern über den Zeitpunkt, an dem dies geschieht.

Fox News, 28. April 2006

Wachsende Versorgungslücke bei konventionellem Öl

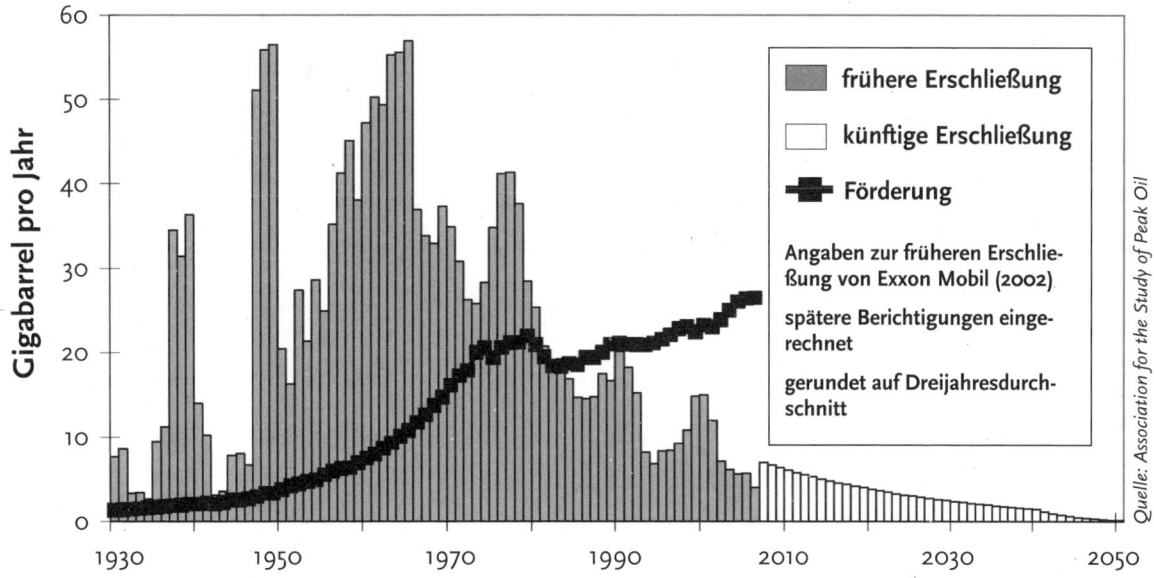

Schaubild 2. Das Ölfördermaximum ist erreicht, wenn sich die Schere zwischen Erschließung und Förderung öffnet.

immer weiter öffnet. 1981 lag der Verbrauch erstmals über der Erschließung, und der Trend setzte sich fort. Heute liegt das Verhältnis von Verbrauch und Erschließung bei etwa 4:1 Barrel.[20] Die Ölfirmen geben sich öffentlich optimistisch und sprechen von großen Ölreserven und guten Gewinnaussichten. Bei British Petroleum (BP) heißt es, »kein Problem mit den Reserven«, bei Exxon »kein Anzeichen für den Peak« und bei Aramco wiederum »kein Problem mit den Vorräten«. Aber hinter den Kulissen ist das Problem längst erkannt. Im November 2006 fand in Colorado Springs (USA) die »Hedberg-Konferenz zur Frage der Welt-Ölreserven« statt.[21] Öffentlichkeit und Presse waren nicht zugelassen, die Redebeiträge nicht zugänglich. Aber es waren alle da, Vertreter der Ölindustrie ebenso wie der Internationalen Energieagentur (IEA), der US-Energieinformationsbehörde (EIA) und des Geologischen Dienstes (USGS) des US-Innenministeriums. Die Diskussionen sollen sehr offen gewesen sein – nach dem Motto »Meine Firma sagt dies, die Fakten sagen das«.

Es ging dabei vor allem um die Frage, wie die enormen Differenzen zwischen den (äußerst optimistischen) Schätzungen des Geologischen Dienstes der USA und den Voraussagen anderer Organisationen über künftige Erschließungen von Lagerstätten zu erklären seien. Die Firmen präsentierten ihre eigenen detaillierten (und nicht öffentlichen) Daten, in der Hoffnung, die Diskrepanzen aufzuklären. Aus diesem Abgleich – meine Daten gegen deine Daten – ergaben sich tatsächlich erstaunliche Einsichten. Im Verlauf der Konferenz wurde die Prognose des USGS, dass es noch 650 Milliarden Barrel zu erschließen gebe, auf 250 Milliarden korrigiert. Und man kam zu dem Schluss, dass die nichtkonventionelle Ölgewinnung (etwa aus Ölsand oder durch Tiefseebohrungen) bestenfalls vier bis fünf Millionen Barrel pro Tag erreichen würde – auch hier weit weniger, als der USGS angenommen hatte. Solche vertraulichen Zusammenkünfte hatten schon bei den ersten Diskussionen über den Klimawandel eine wichtige Rolle gespielt und unter anderem zur Bildung des Zwischenstaatlichen Ausschusses für Klimaänderungen (IPCC) geführt.

Ein Indikator für das Erreichen des Peak Oil sind aber auch jene neuen Erschließungsprojekte, von denen man sich einen Ausgleich für den Rückgang der konventionellen Förderung erhofft und die darum aktuell für viel Aufregung in den Märkten gesorgt haben. So weckt etwa das Projekt, die »Ölsande« in der kanadischen Provinz Alberta auszubeuten, große Hoffnungen. Allerdings findet sich dort eher eine Art Bitumen – das im Sand gebundene Öl besitzt hohe Dichte und Viskosität. Es bieten sich nur zwei Methoden der Förderung an: Man kann den Ölsand mit gewaltigen Baggern abgraben, in haushohen Lastwagen abtransportieren und dann in einer Art Riesenwaschmaschine auswaschen – auf diese Weise werden bisher etwa 20 Prozent des Öls gewonnen. Für die übrigen 80 Prozent greift man auf eine andere Methode zurück: An den Lagerstätten wird Dampf in den Boden geleitet, um das Öl zu verflüssigen und abzupumpen.[22] Damit erhält man aber nur ein Öl geringer Qualität (Synfuel), das aufwendig nachbearbeitet werden muss. Wenn sich alle Hoffnung auf die Vorkommen in Alberta richtet, dann steht es nicht gut um die Ölreserven.

Immerhin sollen diese Lagerstätten 175 Milliarden Barrel Öl enthalten, damit rückt Kanada auf Rang vier oder fünf der ölfördernden Staaten. Die Verarbeitung der Ölsande ist natürlich sehr viel kostspieliger als die Erschließung anderer Vorkommen, doch wenn der Ölpreis weiter steigt, rechnet sich auch dieses Vorhaben. Eine Reihe von Ölfirmen sind schon vor Ort, und die Provinzhauptstadt Fort McMurray wird allmählich zur »Boomtown«. Clive Mather, der Chef von Shell Canada, hat erklärt, hier werde die größte Unternehmung der Firmengeschichte gestartet. Das neue »Ölfieber« in Alberta lockt inzwischen Menschen aus aller Welt an, die hier ihr Glück machen wollen.[23]

ÖLFÖRDERLÄNDER, DIE DEN UMSCHLAGPUNKT BEREITS ÜBERSCHRITTEN HABEN

Ägypten, Albanien, Argentinien, Australien, Bahrain, Barbados, Benin, Bulgarien, Chile, Dänemark, Deutschland, Frankreich, Gabun, Georgien, Ghana, Griechenland, Großbritannien, Indonesien, Iran, Israel, Italien, Japan, Jemen, Kamerun, Kirgisien, Kolumbien, Kongo (Kinshasa), Kroatien, Kuba, Libyen, Marokko, Mexiko, Myanmar, Neuseeland, Niederlande, Norwegen, Oman, Österreich, Pakistan, Papua-Neuguinea, Peru, Polen, Rumänien, Russland, Senegal, Serbien und Montenegro, Slowakei, Spanien, Südafrika, Surinam, Syrien, Tadschikistan, Taiwan, Trinidad und Tobago, Tschechien, Tunesien, Türkei, Turkmenistan, Ukraine, Ungarn, USA, Usbekistan, Weißrussland.

www.EnergyFiles.com

Man kann die Verwertung der Ölsande mit dem Versuch vergleichen, aus einem riesigen Schokoladenkeks Kakaopulver zu gewinnen. Nach Schätzungen von Greenpeace werden bis 2011 die jährlichen CO_2-Emissionen aus diesem Projekt über 80 Millionen Tonnen betragen – mehr als der gegenwärtige CO_2-Ausstoß aller Autos in Kanada.[24] Große Gebiete der alten Wälder im Norden müssen für die Ölsanderschließung abgeholzt werden. In ökologischer Hinsicht stellen sich vor allem zwei große Probleme: Die Erzeugung des Dampfs, der Öl und Sand trennen soll, und die Wassermengen, die dafür benötigt werden.

Man kann zur Dampferzeugung sauberes und teures Erdgas (dessen Lagerstätten auch zur Neige gehen)[25] verwenden und damit ein minderwertiges, verschmutztes Rohöl (Synfuel) gewinnen. So haben sich aber die, die im schwarzen »Goldrausch« sind, das nicht vorgestellt. Matt Simmons, ein Investmentbanker im Energiesektor, brachte es auf den Punkt: »Meine Herren, wir haben hier Gold in Blei verwandelt.«[26] Das ganze Vorhaben ist kaum geeignet, die Prognosen für die Folgen des Peak Oil mit dem Verweis auf reichliche neue Reserven zu widerlegen. Im Gegenteil: Es belegt, dass der Umschlagpunkt des Ölzeitalters erreicht ist und die Zeiten billigen Öls endgültig vorbei sind.

Ein einziger Reifen der riesigen Lastwagen kostet über 50 000 Euro – die Ausbeutung der Ölsande lohnt sich nur, solange der Ölpreis hoch bleibt. Andererseits darf der Preis für Erdgas nicht zu stark steigen. Und neben preiswertem Gas braucht die Ölsandverwertung viel Wasser: zwischen zwei und vier Barrel Wasser pro Barrel synthetischen Rohöls, das aus dem Sand gewonnen wird.[27] Das Wasser wird aus dem Athabasca River entnommen, und die Tatsache, dass dieses Reservoir nicht unendlich ist, begrenzt die Ölsandförderung. Trotz der Irrwitzigkeit des ganzen Projekts wird eine Menge Geld darin investiert, und zum Teil offensichtlich aus dem Grund, weil private Investoren weltweit kaum noch Anlagemöglichkeiten in der Ölförderung finden.

Man kann sich die gegenwärtige Ölförderung ein bisschen so vorstellen wie den Ausschank in der Eckkneipe. Die konventionelle Förderung von süßem (schwefelarmem) Rohöl, etwa in Saudi-Arabien, entspricht einer entspannten Situation am Tresen: Der freundliche Wirt zapft uns ein Glas direkt aus dem Bierfass im Keller. Ölsanderschließung wäre eine völlig andere Situation. Wir kommen in die Kneipe, stellen fest, dass es kein Bier gibt, sind aber so durstig, dass wir überlegen: Die Kneipe gibt es seit dreißig Jahren, da sind mindestens 5000 Gläser auf den Teppich gekippt worden, also schauen wir mal, ob wir den nicht auskochen können, um Bier zu gewinnen. Das sind verzweifelte Fantasien eines Alkoholikers, der ohne den Stoff nicht mehr leben kann. Aber in der Ölbranche ist das ein Geschäft – natürlich nur, weil Öl teuer und Erdgas noch vergleichsweise billig ist (der hohe Ölpreis dürfte uns erhalten bleiben, der niedrige Gaspreis nicht).

Foto: © Ray Giguere, Greenpeace

Ausbeutung der Ölsande in Alberta. Die Suche nach nichtkonventionellem Öl führt zur Zerstörung von Landschaften und zu hohen CO_2-Emissionen. Der Energiegewinn ist bei hohen Investitionskosten relativ gering.

Öl ist das Lebenselixier unserer Wirtschaft. Am Ölpreis kann sich entscheiden, ob es zum Aufschwung oder zur Rezession kommt. Die westliche Welt ist energieabhängig.

Tony Blair, 7. April 2002

Sollten die Fördermengen im Irak bis 2015 nicht drastisch steigen, dann werden wir ernste Probleme bekommen, selbst wenn Saudi-Arabien alle seine Zusagen einhält. Das ist eine sehr einfache Rechnung, man muss dazu kein Experte sein.

Fatih Birol, Chefökonom der Internationalen Energieagentur, 2007

Wie wenig beruhigend auch die neuesten Meldungen über Erdölfunde sind, hat 2006 der Medienrummel um die Entdeckung gewaltiger Lagerstätten im Golf von Mexiko gezeigt. Nach ersten Schätzungen sollten dort »zwischen 3 und 15 Milliarden Barrel« zu finden sein (eine recht weite Spanne), und einige Kommentatoren beeilten sich daraufhin, das Gerede vom Peak Oil für Unsinn zu erklären.[28] Wenn es so riesige unerschlossene Ölvorräte gäbe, wären die »Schwarzseher« natürlich widerlegt, und wir alle dürfen nachts wieder ruhig schlafen. Gehört man allerdings zu denen, die zwischen den Zeilen dieser Meldung lesen können, hat man keinen Grund zur Begeisterung, denn es wäre besser, dass das Öl da bliebe, wo es ist, im Boden. Über diesen Lagerstätten, seien sie nun üppig oder eher mager, liegen vier Meilen Gestein und eine Meile Wasser, und das in einer Region des Golfs, in der es die meisten Wirbelstürme gibt. Allein die Spezialausrüstung für Bohrungen in einem solchen Seegebiet dürfte eine halbe Million Dollar an Mietkosten verschlingen – pro Tag.[29] Betrachtet man dagegen die Bedingungen an Land, etwa die problemlose Ausbeutung der gigantischen Ölfelder in Saudi-Arabien oder Mexiko, und bedenkt, dass die Erschließung neuer Ölfelder seit geraumer Zeit rückläufig ist, dann wird klar, wie verzweifelt sich die Suche nach den letzten Resten Öls schon gestaltet.

In ihrem Bericht[30] von 2007 erwähnte die Internationale Energieagentur eine bevorstehende »Versorgungskrise« im Jahr 2012, deren vielfältige Ursachen komplex seien, die aber nichts mit einem Ölfördermaximum zu tun habe. Dazu schrieb Andrew Leonard auf www.salon.com:

> »Stark verkürzt könnte man den Bericht so zusammenfassen: Das Problem liegt nicht darin, dass der Welt das Öl ausgeht, sondern nur darin, dass heute das Gerät für Offshore-Bohrungen zu teuer und kaum verfügbar ist, dass es an Fachkräften mangelt und an Transportwegen fehlt und dass politische Aspekte, etwa die ›Nationalisierung der Ressourcen‹ in Venezuela oder Russland oder die geopolitischen Risiken in Nigeria oder Iran die Entwicklung und die Investitionen in der Branche behindern. Eigentlich will uns der Bericht sagen, dass wir uns nicht um die Menge des noch unerschlossenen Öls Gedanken machen müssen, sondern um logistische Lösungen. Und folgerichtig heißt es abschließend, dass ›mittelfristig die Gefahr von Versorgungsengpässen eher von oberirdischen als unterirdischen Faktoren ausgeht‹ – obwohl man eingesteht, dass jährlich fast drei Millionen Barrel aus neuen Lagerstätten nötig wären, nur um den Ertragsrückgang aus bestehenden Ölfeldern auszugleichen.«[31]

Andrew Leonard misstraut all diesen Argumenten und meint: »Das riecht ganz stark nach dem Ölfördermaximum.« Peak Oil ist das große unausgesprochene Problem: Es steht im Raum und man kann es kaum noch ignorieren. Zweifellos existieren die Schwierigkeiten, von denen im IEA-Report die Rede ist; aber erst weil die Förderung an geologische Grenzen stößt, gewinnen sie ihre Brisanz.

Für mich sind die neuen finanzpolitischen Strategien der großen Ölfirmen ein entscheidender Hinweis darauf, dass wir uns dem Ölfördermaximum nähern. Die spektakulären Fusionen in der Branche nehmen stetig zu, man spricht schon von der »Wallstreet-Prospektion«. Weil im Ölgeschäft der Börsenwert einer Aktie davon abhängt, welche Ölreserven sich ein Unternehmen gesichert hat (also wie viele Barrels künftig von ihm zu erwarten sind), kommen die Firmen zunehmend in Schwierigkeiten. Seit 1965 zeigt sich ein Abwärtstrend bei den Neuerschließungen (vgl. Schaubild 2, S. 21), und das Verhältnis von Fördermengen und Reserven verschlechtert sich. Darum kaufen die großen Gesellschaften die kleineren auf, um deren Reserven für sich verbuchen zu können. Das ist nichts Neues, aber in jüngster Zeit hat die Zahl der Fusionen dramatisch zugenommen.

David Strahan ist kürzlich in einem Artikel der Frage nachgegangen, ob das Undenkbare geschehen könnte: eine Fusion von BP und Shell.[32]

Wenn die beiden Giganten, die beide versichern, dass das Ölfördermaximum keineswegs ein aktuelles Problem sei, sich zu einem solchen Schritt entschließen würden, dann nur aus einem Grund: Sie sind beide gut im Geschäft, was die Förderung angeht, aber sie haben auch beide das Problem, neue Ressourcen erschließen zu müssen. BP konnte das Problem kurzzeitig durch seine Beteiligung an der russischen TNK-BP-Gruppe beheben. Das brachte ihr die Ölreserven des russischen Partners ein, aber inzwischen kämpft man schon wieder gegen die Unterversorgung mit neuen Lagerstätten.

Äußerst aufschlussreich ist auch die neue Praxis der großen Ölfirmen, an der Börse die eigenen Aktien zurückzukaufen. Wenn zum Beispiel die Chevron Corporation so weitermacht (die für diese Eingriffe in den nächsten drei Jahren 15 Milliarden Dollar bereitgestellt hat), dann wird es vermutlich 2023 keinen Handel mit Chevron-Aktien mehr geben.[33] Exxon verfolgt ein ähnliches Programm und gibt dafür jährlich 30 Milliarden Dollar aus. Bei den hohen Ölpreisen steht den Unternehmen das Geld bis zum Hals, aber es gibt immer weniger Ölfelder, um es dort zu investieren. Seit die Entdeckung neuer Lagerstätten rückläufig ist, gilt die Exploration im Finanzmarkt als schlechtes Geschäft. Dass die Führungsetagen der Ölfirmen das Ölfördermaximum längst als Faktor in ihren Entscheidungen berücksichtigen, konnte man im *2007 Global Upstream Performance Review* lesen:

> »Wir gehen davon aus, dass diese Frage (Peak Oil) in den langfristigen Planungen der Industrie eine Rolle spielt. Wenn die theoretischen Annahmen in Bezug auf das Ölfördermaximum korrekt sind und uns also in Kürze ein Rückgang der globalen Fördermengen bevorsteht, dann bleiben jedem Unternehmen nur vier Möglichkeiten: eine führende Marktposition zu erreichen, sich auf besondere Leistungen zu spezialisieren, aus bestehenden Vermögenswerten möglichst viel Profit zu erlösen oder sich aus dem Markt zurückzuziehen.«[34]

Aktienrückkäufe sind ein deutliches Anzeichen dafür, dass die Erschließung neuer Ressourcen abnimmt und unrentabler wird und die Ölgesellschaften sich allmählich aus zentralen Geschäftsbereichen zurückziehen.

Was ich hier angeführt habe, ist gewissermaßen meine persönliche »Top Five List«: die fünf besten Gründe dafür, dass der Peak Oil unmittelbar bevorsteht. Ein Blick in die eine oder andere Publikation aus der Bibliografie am Ende dieses Buches oder in die einschlägigen Websites zum Thema wird zeigen, dass es noch zahlreiche weitere Argumente gibt.[35] Öl und Gas sind endliche Ressourcen, und wir wissen heute, dass in mindestens 60 der 98 ölfördernden Länder der Welt die Produktion rückläufig ist. Selbst große Exporteure wie Saudi-Arabien haben enorme Probleme, die wachsende Nachfrage zu befriedigen.[36] Der Umschlagpunkt in der Ölproduktion wird ungeahnte Auswirkungen haben. Es stellt sich also die Frage: Wann wird dieser Wendepunkt eintreten?

Wann kommt der Wendepunkt?

Es kann nicht überraschen, dass über den Zeitpunkt des Ölfördermaximums schon viele Voraussagen gemacht wurden. In jüngster Zeit lässt sich die Plausibilität solcher Schätzungen aber etwas besser überprüfen. Dass es überhaupt so viele und äußerst unterschiedliche Meinungen gibt, hat letztlich nur einen Grund: Die Informationen, die für genaue Prognosen nötig wären, sind überwiegend nicht öffentlich zugänglich. Etwa 80 Prozent der globalen Ölvorräte gehören staatlichen Ölgesellschaften, die über ihre Reserven keine Auskunft geben müssen. In Saudi-Arabien und Kuwait zum Beispiel gelten solche Daten als Staatsgeheimnis. Private Gesellschaften, die allerdings nur über einen kleinen Teil der Welt-Ölreserven verfügen, sind dagegen auskunftspflichtig. Für Shell, Total und wie sie alle heißen ist das ein heikles Thema: Einerseits wollen sie keinen Ärger

Dass heute genauere Vorhersagen des Umschlagpunkts möglich sind, liegt auch daran, dass die Bereiche, in denen Ungewissheit herrschte, zunehmend geringer werden. Das hat mir Jason Nunn, der britische Leiter einer Consulting-Firma in Washington (PFC Energy), sehr eindrucksvoll klargemacht: »In den 1970er und 1980er Jahren, als alle erklärten, uns werde das Öl bald ausgehen, gab es nur wenige Länder, deren Produktion stagnierte oder gar rückläufig war. Heute stagniert die Förderung in den meisten Ländern, und in vielen sinkt sie sogar. Vor 30 Jahren hatte in vielen Regionen der Welt noch keine Exploration stattgefunden, heute gibt es kaum ein Land, das nicht geologisch erforscht wäre. Das alles hat sich geändert.«

David Strahan, The Last Oil Shock, a survival guide to the imminent extinction of petroleum man, 2007

Energiewende-Instrumentarium 1: Den Peak Oil begreifen, indem man darüber redet

Es gibt zwei Möglichkeiten, eine Veranstaltung zum Ölfördermaximum zu organisieren. Die eine: Man steht vor dem Publikum und redet. Die andere: Man bringt die Anwesenden dazu, selber darüber zu sprechen. Aber wenn sie doch über dieses Problem gar nichts wissen? Hier ist die Antwort: Man muss darüber reden, um es zu begreifen.

Drucken Sie einfach eine gute PowerPoint-Präsentation zum Thema auf DIN A3 oder A4 aus (im Transition Network gibt es eine gute Vorlage) und schreiben Sie auf die Rückseiten jeweils eine knappe und sachbezogene Erläuterung zu den Bildern. Dann verteilen Sie die Blätter und fordern die Teilnehmer auf, sich untereinander über die erhaltenen Informationen auszutauschen. Das kann am Beginn einer Veranstaltung oder eines Kurses das Eis brechen und alle in einer lockeren Atmosphäre mit dem Thema bekannt machen.

Alles hängt vom Peak Oil ab. Die Menschen sind sich dessen leider nicht bewusst. Wann der Umschlagpunkt kommt oder ob er schon erreicht ist, weiß ich auch nicht, aber wenn uns morgen das Öl ausgeht, sind wir angeschissen. Wir brauchen es, für alles und jedes.

Zac Goldsmith, in: J. P. Flintoff, »You're going green … or else«, *The Sunday Times*, 9. September 2007

mit den Aufsichtsbehörden und natürlich sollen die Aktionäre ein positives Bild gewinnen, andererseits darf die Konkurrenz keine verwertbaren Informationen erhalten. Angesichts der schwerwiegenden globalen Folgen des Ölfördermaximums sollten wir uns fragen, ob wir weiterhin den selbstgefälligen und zunehmend unhaltbaren Behauptungen von Regierungen und Ölgesellschaften Glauben schenken wollen, dass kein Anlass zur Sorge bestehe, oder ob wir uns nicht besser die Praxis der Ölindustrie genauer ansehen müssen.

Der Umweltaktivist und Autor George Monbiot hat es so pointiert: »Die Hoffnung, dass wir einer Katastrophe entgehen, beruht auf genau zwei Annahmen: dass die Angaben der Ölproduzenten stimmen und dass die Regierungen rechtzeitig eingreifen. Ich hoffe, Sie sind jetzt beruhigt.«[37] In seinem Buch *The Upside Down* vergleicht Thomas Homer-Dixon unsere Situation mit der von Insassen in einem Auto, das in dichtem Nebel auf einer Landstraße unterwegs ist.[38] Wir wissen, dass wir schnell sind, wir hören den Motor, aber wir wissen nicht, ob wir zu schnell sind. Der Karte nach geht es immer geradeaus, und außerdem haben wir es eilig. »Im Nebel zu fahren ist unvernünftig«, schreibt Homer-Dixon, »aber genau das tun wir heute.« Wir fahren blind.

Kenneth Deffeyes, der Verfasser von *Beyond Oil*[39], hatte sich öffentlich schon vor 2005 festgelegt: Er sagte den Umschlagpunkt der Ölförderung für den Thanksgiving Day 2005 voraus (für alle Nichtamerikaner: das ist der 24. November).[40] Natürlich wurde Deffeyes genauso verspottet wie einst M. King Hubbert, aber wenn wir uns die Entwicklung beim konventionellen Öl ansehen, dürfte er ziemlich richtiggelegen haben: Im Mai 2005 scheint die Förderung von konventionellem Öl mit 74,3 Millionen Barrel ihren Höchststand erreicht zu haben – sie ist seither stetig zurückgegangen (vgl. Schaubild 3, S. 27).[41] Auch die Produktion von flüssigen Energieträgern insgesamt (also einschließlich Ölsanden, Biotreibstoff, Tiefseeöl und allen anderen schwer zugänglichen Reserven) stagniert seit etwa zwei Jahren, trotz scharfem Preisanstieg und deutlich wachsender Nachfrage aus China und Indien. Aber das bedeutet nicht, dass das Fördermaximum schon überschritten ist.

Aus anderen Quellen bekommen wir andere Prognosen. So hat das Oil Depletion Analysis Centre den Zeitpunkt auf 2007 festgelegt[42], Colin Campbell[43] und Chris Skrebowski[44] sehen ihn 2010, schließlich Jean Laherrère[45] erst 2015. Auch die Skeptiker, wie die Cambridge Energy Research Associates (CERA), debattieren inzwischen nicht mehr die Frage, ob es diesen Umschlagpunkt geben wird, sondern nur noch den Zeitpunkt.[46] Eine CERA-Studie von 2006, die damals in den Medien viele Beiträge mit dem Tenor »Peak Oil ist Unsinn« anregte, ist inzwischen wohl widerlegt:

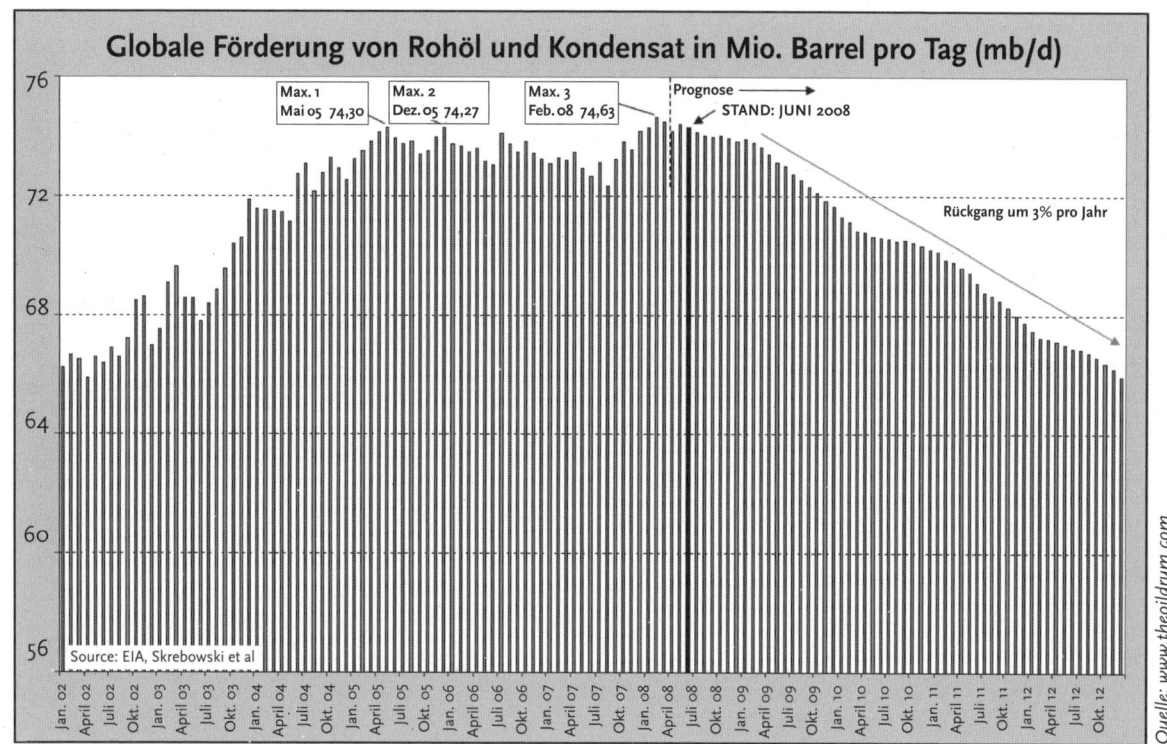

Globale Förderung von Rohöl und Kondensat in Mio. Barrel pro Tag (mb/d)

Max. 1 Mai 05 74,30
Max. 2 Dez. 05 74,27
Max. 3 Feb. 08 74,63
Prognose
STAND: JUNI 2008
Rückgang um 3% pro Jahr
Source: EIA, Skrebowski et al

Quelle: www.theoildrum.com

Schaubild 3. Bei der Förderung von konventionellem Öl scheint das Maximum bereits 2005 eingetreten zu sein, seither sinkt die Förderung tendenziell. Fraglich ist der Versuch, die wachsende Versorgungslücke mit nichtkonventionellem Öl zu schließen.

Dave Cohen hat ihre Argumente in einem brillanten Beitrag gründlich auseinandergenommen.[47]

CERA hatte in der Studie die »vereinfachende Idee« zurückgewiesen, »dass der Umschlagpunkt in der Ölförderung unmittelbar bevorsteht und dass kurze Zeit danach das Öl ›aufgebraucht‹ ist«. Cohen hielt dagegen:

> »Nirgendwo ist die Behauptung aufgestellt worden, dass konventionelles Öl in naher Zukunft ›aufgebraucht‹ sein wird. Bei der Beschäftigung mit dem Peak Oil geht es um etwas anderes: um die fortlaufende komplexe Beobachtung der konventionellen Ölproduktion und der Rentabilität von Ersatzstoffen für diesen wichtigsten fossilen Brennstoff angesichts der zwangsläufig schwindenden Vorräte. Allein die zeitliche Dimension dieses Prozesses steht zur Diskussion. Und ich darf darauf hinweisen, dass die Verdrängung drohender großer Gefahren ein mächtiger Impuls in der Psyche des Menschen ist.«

Ich bin kein Experte und werde hier keine Prognose für das genaue Datum des Ölfördermaximums abgeben. Aber ich neige dazu, eher jenen zu glauben, die ihre Schätzungen auf genaue Datenanalysen stützen und dabei nicht die Interessen von Regierungen und Ölgesellschaften zu berücksichtigen haben. Wir haben heute die Wahl zwischen der Behauptung, der Umschlagpunkt sei längst überschritten, und der Versicherung, er werde niemals eintreten. Aber inzwischen beschäftigt sich auch eine Reihe von Ölgesellschaften mit dem Problem und stellt Berechnungen an. Wer also immer noch glaubt, wir hätten noch genug Öl für die nächsten 200 Jahre, lebt im Wolkenkuckucksheim.

Der Zeitpunkt des Ölfördermaximums ist von entscheidender Bedeutung: Tritt der Peak Oil schon bald ein, so hätte das verheerende Konsequenzen. Öl ist zur wichtigsten Energieressource der Welt geworden, und es gibt zur Zeit keinen Ersatz. Unsere Gemeinwesen würden Jahrzehnte brauchen, um ihre Ölabhängigkeit zu überwinden. Der Peak Oil könnte also zur größten wirtschaftlichen Herausforderung seit Beginn der industriellen Revolution werden.

Richard Heinberg

Thierry Desmarest, Chef des französischen Öl-konzerns Total, hat kürzlich zugegeben, dass er sich eine globale Förderung von mehr als 100 mb/d (Millionen Barrel pro Tag) nie vorstellen konnte.[48] Auf einer Konferenz in den Niederlanden erklärte er: »Nach unserer Schätzung könnte der Peak Oil etwa 2020 eintreten, wenn wir von den gegenwärtigen Zuwächsen in der Förderung ausgehen.«[49] Ähnlich äußerte sich Lord Ron Oxburgh, der frühere Vorstandsvorsitzende von Shell. Die weltweite Ölförderung »könnte in den kommenden zwanzig Jahren stagnieren, alles andere würde mich überraschen«, sagte er. »Vielleicht verschlafen wir hier ein sehr ernstes Problem, und wenn wir aufwachen, könnte es zu spät sein, um etwas dagegen zu unternehmen.«[50]

Ende Oktober 2007 veröffentlichte die deutsche Energy Watch Group einen Bericht, in dem auf der Grundlage einer Neubewertung des Datenmaterials der durchaus überzeugende Schluss gezogen wurde, dass die Weltölförderung bereits 2006 den Umschlagpunkt erreicht habe und nun »jährlich um mehrere Prozentpunkte sinken« werde. Abschließend hieß es in dem Report, der auch die Ölreserven im Nahen Osten wesentlich geringer als bisher einschätzte:

»Die Welt erlebt den Beginn eines wirtschaftlichen Strukturwandels. Diese Veränderung, ausgelöst durch den Rückgang der Vorräte an fossilen Brennstoffen, werden wir in fast allen Bereichen unseres Alltags spüren. Wir treten in eine Übergangsphase ein, die vermutlich ihre ganz eigenen Gesetzmäßigkeiten aufweisen wird. Wir dürften Vorgänge erleben, die wir uns nie vorstellen konnten und die nach Abschluss dieser Phase auch nie wieder auftreten werden. In jedem Fall müssen wir wohl zu einem grundlegend anderen Umgang mit Energiefragen finden.«[51]

Das eigentlich Interessante an der ganzen aufgeregten Debatte über den nahenden Zeitpunkt des Ölfördermaximums (ab dem es mit den goldenen Zeiten der Petroleum-Ära vorbei sein wird) ist doch die Einsicht, dass dieser Umschlagpunkt wirklich eintreten wird.

Christopher Flavin, Präsident des Worldwatch Institute

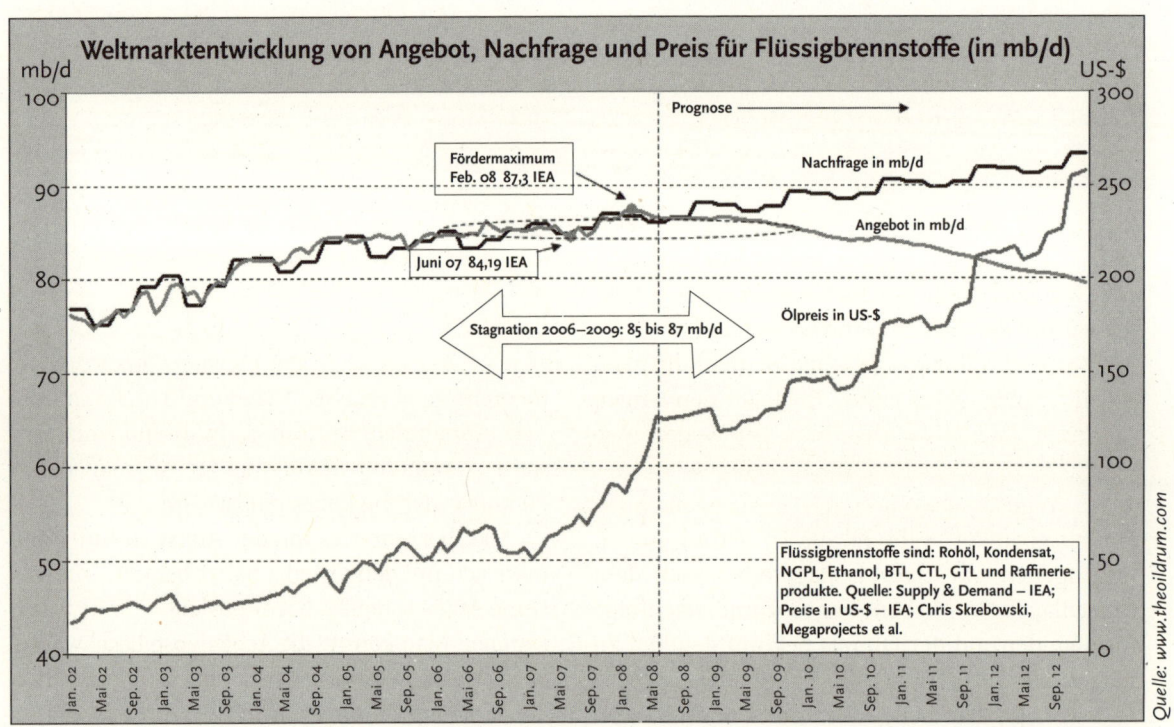

Schaubild 4. Durch die Ergänzung von Nachfrage und steigendem Ölpreis zu den Angaben aus Schaubild 3 wird hier die drohende Lücke zwischen Angebot und Nachfrage noch deutlicher. Die IEA spricht beschwichtigend von einem »Versorgungsengpass«.

Dass die Regierung Großbritanniens, zumindest öffentlich, die Frage des Ölfördermaximums völlig ignoriert, ist ein Skandal. In einer vom britischen Finanzministerium in Auftrag gegebenen Studie über das Verkehrswesen hieß es noch 2007: »Die Treibstoffkosten werden nach Schätzungen bis 2025 um bis zu 26 Prozent sinken, ausgehend von einem Ölpreis von 35 Dollar pro Barrel in 2025.« Als der Report veröffentlicht wurde, lag der Ölpreis bereits bei 50 Dollar pro Barrel.[52] Als Reaktion auf eine Online-Petition zur Frage des Ölfördermaximums erklärte die Regierung im Oktober 2007: »Nach Abwägung von Fakten und verfügbaren Analysen kommt die Regierung zu der Einschätzung, dass die Welt-Öl- und -Gas-Reserven ausreichen, um in absehbarer Zukunft das wirtschaftliche Wachstum zu erhalten.«[53]

Der Zeitraum, wann das Ölfördermaximum erreicht ist, lässt sich inzwischen genauer bestimmen: Die Prognosen von Desmarest und Oxburgh markieren die Bandbreite. Nur wenige ernst zu nehmende Forscher prognostizieren den Peak Oil für eine Zeit nach 2020, die Mehrheit schätzt, dass er zwischen 2010 und 2015 erreicht ist. Aber viel wichtiger als das genaue Datum ist die Einsicht, dass der Umschlagpunkt unvermeidlich eintreten wird, und zwar in naher Zukunft, und dass wir noch kein Konzept vorzuweisen haben, wie wir mit den Folgen fertig werden.

Was es für unsere psychische Befindlichkeit bedeuten mag, einen ersten Blick auf den langen Weg nach unten zu werfen, wird sich zeigen. Wie das Problem beschaffen ist, verdeutlicht Schaubild 4: Angebot und Nachfrage lagen bislang nicht weit auseinander, während die Förderung in den vergangenen zwei Jahren stagnierte. Nach dem Umschlagpunkt streben Angebot und Nachfrage auseinander und der Ölpreis beginnt deutlich zu steigen.

Man sagt, dass neue Ideen immer drei Phasen durchlaufen müssen: Anfangs werden sie verlacht, dann ignoriert und schließlich akzeptiert, als seien sie selbstverständlich. Auf einer Tagung, die im September 2007 von der Association for the Study of Peak Oil in Cork, Irland, ausgerichtet wurde, erklärte der frühere US-Energieminister James Schlesinger: »Die Schlacht ist vorbei, und der Begriff Peak Oil hat sich durchgesetzt. Heute sind wir alle überzeugt vom Peak Oil.«

Klimawandel

Noch vor kaum einem Jahr wollten die meisten Menschen vom Klimawandel nichts wissen – das Thema war einfach zu unerfreulich, um sich näher damit zu beschäftigen. Aber inzwischen ist es gesellschaftsfähig: Prominente, Regierungen und Unternehmen wetteifern darin, sich »kohlenstoff-« oder »CO_2-neutral« zu präsentieren. Das zeigen die »Live Earth«-Konzerte ebenso wie die Kampagne »Global Cool«, in der Prominente für mehr Umweltbewusstsein werben.[54] Die Bewegung gegen den Klimawandel hat großen Zulauf. Supermarktketten lassen ihre Umweltbilanz überprüfen und scheinen es damit ebenso ernst zu meinen wie zumindest manche Politiker und Experten. Mehr noch als beim Thema Peak Oil habe ich Bedenken, hier etwas zum Klimawandel zu schreiben, denn in diesem Bereich ändern sich die Gegebenheiten ständig. Was ich auch zu Papier bringe – es dürfte schon überholt sein, wenn das Buch erscheint. Der Klimawandel vollzieht sich so schnell, dass die meisten Versuche, ihn theoretisch zu erfassen, scheitern. Die Prognosen und Annahmen müssen fortwährend korrigiert werden, während uns das ganze Ausmaß dieser Herausforderung langsam klar wird.

Man bekommt es mit der Angst zu tun, wenn man sich mit dem Thema näher befasst. Und wer keine Angst verspürt, hat offensichtlich nichts verstanden. Man könnte die Apokalypse beschwören, aber ich denke, die nackten Fakten sind erschreckend genug. In einem neueren Beitrag von Sharon Astyk heißt es: »Wenn man sich mit Wissenschaftlern unterhält, die den Klimawandel analysieren, spürt man ihre große Besorgnis in Tonfall

Die großen Ölgesellschaften wissen, dass sie ihre besten Zeiten hinter sich haben, das kann man inzwischen aus ihren öffentlichen Ankündigungen herauslesen. Alle großen Firmen investieren weniger in Förderung und Prospektion und bemühen sich stattdessen um Personalabbau und die Konsolidierung ihrer Holding-Gesellschaften. Für eine Wachstumsindustrie wäre das ganz untypisch. Und den Insidern ist längst klar, dass weltweit kaum noch zusätzliche Lagerstätten zu erschließen sind.

Dale Allen Pfeiffer, *Eating Fossil Fuels; oil, food and the coming crisis in agriculture*, New Society Publishers, 2006

und Wortwahl. Es gibt zu denken, wenn sogar jene, die alles kühl und sachlich betrachten, Angst zeigen. Offenbar machen sich die Wissenschaftler mehr Sorgen als die meisten von uns.«[55]

Wir sollten eine nüchterne Bestandsaufnahme versuchen und uns dann ehrgeizige Ziele setzen. Die Klimaveränderungen haben schon gravierende Ausmaße erreicht, aber noch könnten kollektive Anstrengungen das Schlimmste verhüten. Die Energiewende-Initiativen sind nur einer von vielen wirksamen Ansätzen zur Reduzierung der CO_2-Emissionen. Wenn – und das ist natürlich ein sehr bedeutendes »Wenn« – es uns gelingt, entsprechende Technologien rechtzeitig einzusetzen, könnten wir zumindest die extremsten Auswirkungen des Klimawandels vermeiden. Aber leider sehen die Chancen dafür im Augenblick nicht gut aus.

Dass die Durchschnittstemperaturen global steigen, steht außer Frage. Um das zu kapieren, braucht man keine wissenschaftlichen Abhandlungen, Tabellen und Schaubilder. In meinem Leben findet der Klimawandel statt: In meiner Kindheit waren die Winter viel kälter, wir mussten die Haustür frei schaufeln, und es gab häufig Stromausfälle wegen starker Schneefälle. Auch damals war das Wetter unbeständig, aber heute ist es völlig aus dem Gleichgewicht geraten – und das dürfte so weitergehen. Ständig gibt es Jahrhundertrekorde beim Wetter: 2007 gab es in Großbritannien den heißesten April seit Beginn der Aufzeichnungen und den regenreichsten Juni. Der Herbst 2006 ging als der wärmste in die Annalen ein, ebenso das Frühjahr 2007; der Juli 2006 war der heißeste Monat, und der Sommer 2007 verfehlte nur um Millimeter, der nasseste Sommer aller Zeiten zu werden.[56] In *The Now Show* auf BBC Radio 4 sagte jemand: »Ich habe keine Ahnung von CO_2-Grenzwerten, aber wenn ich eine Wespe auf meinem Weihnachtsgebäck sehe, dann weiß ich, dass etwas nicht stimmt.«

Ich erinnere mich lebhaft an die sintflutartigen Regenfälle des 20. Juli 2007, als große Teile der Midlands nachts überschwemmt wurden. Das Radio meldete, dass innerhalb von zwei Stunden das Vierfache der durchschnittlichen Niederschlagsmenge im Juli gefallen war. Zur gleichen Zeit litt Griechenland unter ungewöhnlicher Hitze, die einen Monat später zu den katastrophalen Waldbränden führte. Auf Satellitenaufnahmen waren die riesigen Rauchfahnen über dem ganzen Land zu erkennen. Jeder hat die Auswirkungen des Klimawandels schon erlebt. Der eine wundert sich über die ungewöhnlich früh einsetzende Blüte der Frühjahrsblüher oder über die Schwalben, die (wie 2007) einen Monat früher als üblich zurückkehrten, der andere darüber, dass er im Winter die Heizung viel weniger aufzudrehen brauchte. Manche Zeitgenossen geben sich allerdings große Mühe, das alles nicht zur Kenntnis zu nehmen (vgl. den Beitrag über die Narzissen, S. 32).

Der Treibhauseffekt

Der Treibhauseffekt ist keineswegs etwas Neues – ohne ihn gäbe es kein Leben auf unserem Planeten. Die Durchschnittstemperatur läge bei −18 °C, wäre da nicht die wärmespeichernde Schicht aus

Uns bleiben allenfalls noch zehn Jahre. Aber nicht, um uns zu überlegen, was wir tun wollen – in diesen zehn Jahren müssen wir die Emission von Treibhausgasen drastisch senken.

James Hansen, Direktor des NASA Goddard Institute for Space Studies

Foto: © istockphoto.com

Kohlendioxid und anderen Gasen in der Atmosphäre. In der Erdgeschichte gab es zahlreiche lange Phasen der Erwärmung und der Abkühlung. Während der letzten Eiszeit, vor 18 000 Jahren, bedeckte eine anderthalb Kilometer dicke Eisschicht die Hälfte der Britischen Inseln. Im Eis war so viel Wasser gebunden, dass der Meeresspiegel etwa 75 Meter tiefer lag als heute. Wissenschaftler entdeckten kürzlich auf dem Meeresboden der Nordsee die Spuren ehemaliger Landschaften mit Siedlungen, Wäldern, Seen, Sümpfen und Hügeln. Entdeckt wurden sie bei seismischen Untersuchungen der Ölindustrie, und die Wissenschaftler gaben der versunkenen Kulturlandschaft den Namen »Doggerland«.[57] Der Leiter dieses Forschungsprojekts, Professor Vince Gaffney vom Institute of Archeology and Antiquity an der Universität Birmingham, sagte: »Während Jahrtausenden gehörten die heute versunkenen Küsten, Flüsse, Sümpfe und Hügel, die wir entdeckten, zu einer Landschaft, in der Hunderttausende Menschen und viele Tierarten lebten.«

Der (natürliche) Treibhauseffekt ist einer der Faktoren, die das Leben auf der Erde ermöglichten und es erhalten, aber er wird zu einem lebensfeindlichen Problem, wenn die für ihn verantwortlichen Gase (z. B. Kohlendioxid, Methan, Lachgas) zunehmen und immer mehr Wärme in der Atmosphäre halten. CO_2 kommt in der Erdatmosphäre nur in sehr geringen Mengen vor, der CO_2-Anteil in der Atmosphäre wird deshalb in Millionsteln, das heißt ppm (Teile pro Millionen), gemessen. Um ein paar Millionstel mehr oder weniger sollte man sich eigentlich keine Gedanken machen müssen. 2007 betrug der atmosphärische CO_2-Anteil 385 ppm, in der Zeit vor der industriellen Revolution lag er bei 278 ppm. Dieser scheinbar unbedeutende Anstieg war die Folge eines ständig wachsenden Ausstoßes von CO_2 aus der Verwertung fossiler Brennstoffe, aus Entwaldung und Veränderungen in der Bodennutzung. Hinzu kam die verstärkte Emission von Methan (durch Bergbau, Viehzucht und die Trockenlegung von

Feuchtgebieten) und Lachgas (durch die Landwirtschaft und den Flugverkehr). Aber diese zusätzlichen Faktoren reichten schon, um das empfindliche Gleichgewicht des Weltklimas nachhaltig zu stören. Anthropogene (d. h. vom Menschen erzeugte) Treibhausgase machen zwar nur 30 Prozent der Gesamtemissionen aus, aber diese genügten, um einen Umschlag zum lebensfeindlichen Treibhauseffekt zu bewirken.

So hat der Anstieg des CO_2-Anteils von 278 ppm auf 384 ppm eine Erhöhung der globalen Durchschnittstemperatur um 0,8 °C über das vorindustrielle Niveau zur Folge gehabt.[58] Auch das klingt zunächst belanglos, aber die globalen Folgen sind besorgniserregend: Abschmelzen der Gletscher im Himalaja, extreme Monsunregen in Indien, Nepal und Bangladesch, Dürrekatastrophen in Australien, immer häufigere Unwetter in den Tropen – und nicht zuletzt müssen in diesem Zusammenhang auch die Wassermassen genannt werden, die im »Sommer« 2007 über den britischen Midlands niedergingen. In Alaska, wo die Durchschnittstemperatur um 3 bis 4 °C anstieg, tauen mittlerweile die Permafrostböden auf und setzen neben Kohlendioxid auch Methan frei, das den Treibhauseffekt viel gefährlicher beschleunigt als Kohlendioxid. Außerdem entstehen durch das Aufweichen der Böden große Schäden an Gebäuden und Straßen. Der Meeresspiegel steigt, und zwar immer schneller: Von 1993 bis 2006 lag der durchschnittliche Anstieg pro Jahr bei 3,3 mm – deutlich über dem Wert von 2 mm, den der Weltklimarat IPCC (Intergovernmental Panel on Climate Change) 2001 prognostiziert hatte.[59] In Großbritannien ändert sich das Klima derart stark, dass wir uns hier schon überlegen müssen, welche Baumarten man künftig anpflanzen sollte. Dass die Welt eine gravierende, wenn nicht gar katastrophale Erwärmung erlebt, lässt sich ernsthaft nicht mehr bestreiten, und unter Wissenschaftlern herrscht eine seltene Einmütigkeit darüber, dass für den Klimawandel unsere ölabhängige Lebensweise verantwortlich ist.[60]

Die wissenschaftlichen Befunde in diesem umfassenden Bericht über den vom Menschen erzeugten Klimawandel sollten die Alarmglocken in jeder nationalen Hauptstadt und jeder Kommune schrillen lassen.

Klaus Töpfer, ehem. Direktor des UN-Umweltprogramms UNEP, in einem Kommentar zum 3. Sachstandsbericht des Weltklimarats (IPCC), Januar 2001

Wir reden hier nicht über einen langsamen, kontrollierten Prozess des Wandels, sondern über rasche, unvorhersehbare Veränderungen, wie es sie in der Geschichte der Menschheit noch nicht gegeben hat.

Adam Markham,
World Wide Fund for Nature

Die 1990er Jahre waren das wärmste Jahrzehnt des vergangenen Jahrhunderts, und in unserem Jahrhundert nimmt die Erwärmung in der nördlichen Hemisphäre stärker zu als in den letzten 1000 Jahren.

Robert Watson,
Weltklimarat (IPCC)

JEDE MENGE PLASTIKNARZISSEN: WIE MAN DEN KLIMAWANDEL ZU VERTUSCHEN VERSUCHT

Der Lake District ist berühmt für seine erstaunliche Vielzahl blühender Narzissen im Frühjahr – nicht zuletzt durch das bekannte Gedicht »Narzissen« von William Wordsworth. Aber in diesem Jahr waren Winter und Frühling so ungewöhnlich warm, dass die Blumen viel früher blühten und verblühten. Zu früh unter wirtschaftlichen Gesichtspunkten, nämlich vor Eintreffen der Touristen. In Fallbarrow am Lake Windermere hat die Verwaltung von South Lakeland Parks für ihren Erholungspark eine Lösung gefunden: Sie »pflanzte« einfach Tausende von Narzissen aus Plastik und Seide.

Unternehmenssprecherin Caroline Guffogg sieht es so: »Wenn unsere Gäste in den Osterfeiertagen hierher kommen, möchten sie blühende Narzissen sehen. Aber in diesem Jahr sind sie schon Mitte Februar aus dem Boden gekommen, und bis April werden sie wohl nicht mehr so gut dastehen. Also haben wir beschlossen, sie durch hochwertige Nachahmungen aus Seide zu ersetzen, die sehr echt wirken – wer nicht so genau hinsieht, wird den Unterschied kaum bemerken.«

Ich finde das sehr interessant: Haben die Eigentümer der Freizeitanlage vielleicht die Zeichen der Zeit erkannt und auf den Klimawandel reagiert? Haben sie vielleicht nicht nur Plastiknarzissen aufgestellt, sondern auch ihre Wohnwagen neu isoliert und Solarzellen installiert, auf Lebensmittel aus der Region umgestellt und Walnussbäume gepflanzt? Oder haben sie sich nur erstaunlich ignorant verhalten und die Wahrheit nicht sehen wollen – wie manche Männer in einem gewissen Alter die Haare nach vorn kämmen, um ihre Stirnglatze zu verdecken?

Was kommt als Nächstes? Vielleicht sollte man am Fuji tonnenweise Kunstschnee aufhäufen, um die Touristen nicht zu enttäuschen? Wir könnten auch Kunststoff-Eisberge zum Nordpol schleppen, damit man nichts von der Eisschmelze bemerkt. Vielleicht gibt es bald Jobs für Studenten, die sich in Affenkostümen von Ast zu Ast schwingen, um die aussterbenden Orang-Utans zu ersetzen. Oder wir hören endlich auf, uns etwas vorzumachen, und beginnen, nach Lösungen zu suchen. Das muss doch möglich sein.

Transition Culture, 20. März 2007

Um wie viel darf die Erderwärmung realistischerweise noch ansteigen? Sie darf gar nicht mehr steigen, und eigentlich müssten wir sofort alle Treibhausgas-Emissionen unterbinden, was aber illusorisch ist. Mark Lynas hat in seinem Buch *Six Degrees*[61] eindrücklich dargelegt, dass bei einer weiteren Erderwärmung jedes Grad uns neue Katastrophen ungeahnten Ausmaßes bescheren wird. Obwohl die globale Erwärmung noch nicht einmal um 1 °C gestiegen ist, sind die Veränderungen unübersehbar. Die arktische Eisdecke schmilzt dramatisch ab, im September 2007 war erstmals in der Geschichte die Nordwestpassage schiffbar[62], weltweit nehmen die Dürreperioden zu, die Zahl der Wirbelstürme wächst ebenso wie die der Hitzewellen. Der Klimawandel vollzieht sich längst, und zwar schneller, als die Wissenschaft ihn analysieren kann.

Wo liegt die Grenze des Erträglichen?

Wenn die globale Erwärmung die 1 °C-Marke überschreitet, was unweigerlich bevorsteht, werden wir den Kilimandscharo ganz ohne Eiskappe sehen, und das Ökosystem am Great Barrier Reef wird kurz vor seinem endgültigen Zusammenbruch stehen. Außerdem dürfte bei weiter steigendem Meeresspiegel eine Reihe von Inselstaaten untergehen. Eine Erwärmung um 2 °C hätte weltweit extreme Hitzewellen und Dürrekatastrophen zur Folge; stiege sie um 3 °C, hätte Norwegen eine Vegetationszeit, wie sie heute in Südengland herrscht, und das Ökosystem am Amazonas würde kollabieren. Überall käme es zu bewaffneten Konflikten um die Trinkwasserversorgung. Europa dürfte von Hitzewellen heimgesucht werden, gegen die sich der Rekordsommer von 2003 gemäßigt ausnehmen würde (in dem bekanntlich 30000 Hitzetote zu beklagen waren).[63]

Zwar will niemand die Folgen eines solchen Klimawandels erleben oder sie als Hypothek der nächsten Generation hinterlassen – gleichwohl steuern wir direkt auf die Katastrophe zu. In den letzten Jahren hat man sich darauf geeinigt, dass eine Erwärmung um mehr als 2 °C unbedingt verhindert werden müsse. Aber was würde uns das garantieren? Vermutlich haben wir längst einen nicht mehr kontrollierbaren Klimawandel ausgelöst. George Monbiot hat dazu angemerkt, zwei Grad seien weniger gefährlich, aber gemessen an dem, was darüber liegt und noch kommt.[64] Und in einer neueren NASA-Studie von James Hansen et al. heißt es, dass angesichts der Eisschmelze auf Grönland und in der Arktis selbst 2 °C viel zu viel sind – allenfalls bei einer Erwärmung um 1,5 bis maximal 1,7 °C könnte man noch an vorbeugende Maßnahmen denken.[65] Das bereits freigesetzte Kohlendioxid wird aufgrund der »thermalen Trägheit« noch jahrelang für eine weitere Erwärmung um mindestens 0,6 °C sorgen. Was auch immer wir jetzt unternehmen, ein Anstieg um insgesamt 1,4 °C steht uns bevor, denn dieser resultiert aus der Emission von Treibhausgasen in den 1970er Jahren.

Auf das Konto eines durchschnittlichen Bürgers Großbritanniens geht schon in den ersten 22 Wochen seines Lebens die gleiche Emissionsmenge des Treibhausgases Kohlendioxid, die ein Einwohner Tansanias in seinem gesamten Leben produziert.

Andrew Simms, *The UK Interdependence Report*, New Economic Foundation, 2006

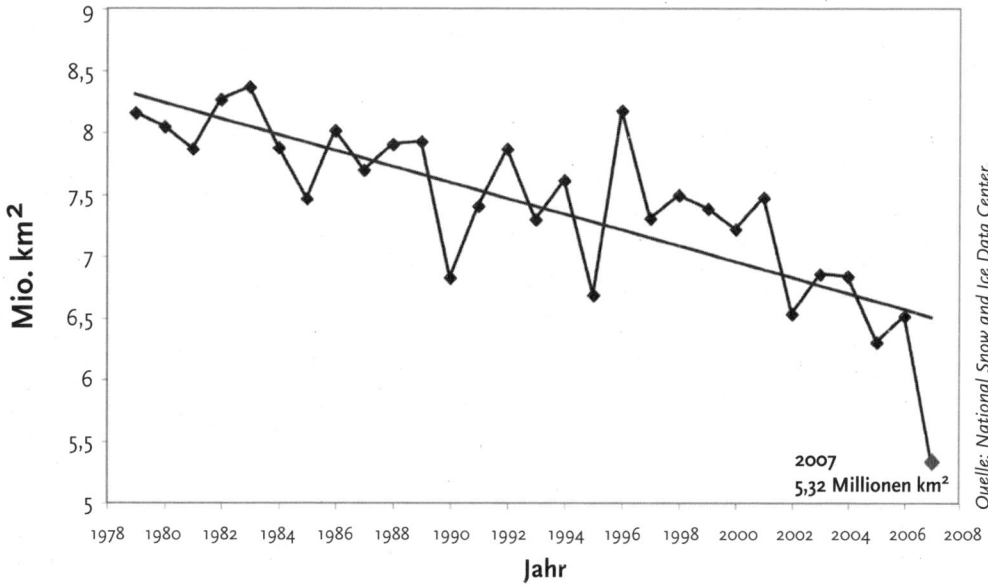

Eisausdehnung im Nordpolarmeer

Quelle: National Snow and Ice Data Center

2007
5,32 Millionen km²

Mio. km²

Jahr

Schaubild 5. Durchschnittliche Eisausdehnung des Nordpolarmeeres im August (1979–2007). Auffällig ist der dramatische Eisrückgang im August 2007 auf 5,32 Mio. km²; das sind 31 Prozent weniger als der Langzeitdurchschnitt von 7,67 Mio. km².

Das Nordpolarmeer könnte die entscheidende Rolle für die Zukunft der Menschheit spielen. Im neusten Sachstandsbericht (2007) des Weltklimarats (IPCC) heißt es: »Das Eis im Nordpolarmeer reagiert deutlich auf die globale Erwärmung. Im Winter zeigen sich nur relativ geringe Veränderungen der Eisdecke, aber nach den Berechnungen wird gegen Ende des 21. Jahrhunderts das Meer im Spätsommer fast völlig eisfrei sein.«[66] Zu diesem Problem erscheinen immer neue Studien[67], denen zu entnehmen ist, dass die Eis-

schmelze weitaus schneller verläuft als erwartet. Die Eismassen sind in den vergangenen zwei Jahren bereits um 22 Prozent zurückgegangen, und ihre Dicke hat sich seit 2001 etwa halbiert.[68] Nach manchen Prognosen könnte das Nordpolarmeer schon 2013 eisfrei sein[69] – fast hundert Jahre früher als nach den Schätzungen des Weltklimarats (IPCC). Dies wiederum würde das Abschmelzen der Grönlandgletscher beschleunigen, mit der wahrscheinlichen Folge, dass der Meeresspiegel um bis zu fünf Meter bis Ende des Jahrhunderts

Ich lebe auf einer Insel, auf der kann man von der einen Seite mit einem Steinwurf die andere Seite erreichen. Für uns ist der Anstieg des Meeresspiegels eine reale Bedrohung. Unsere Regierung hat bereits geprüft, ob wir Grund und Boden in einem Nachbarland erwerben können, wenn uns der Klimawandel zu Flüchtlingen macht.

Teleke Lauti, Umweltminister
von Tuvalu

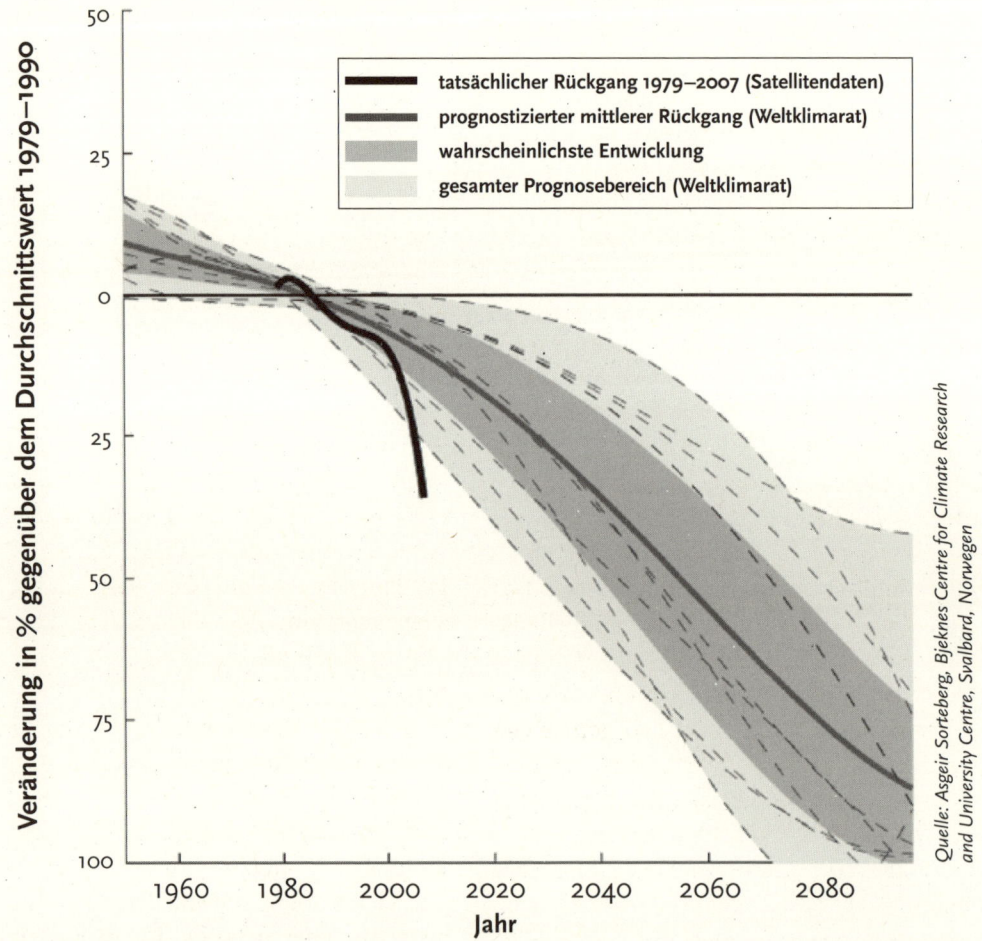

Prognostizierter und tatsächlicher Eisrückgang im Nordpolarmeer

Veränderung in % gegenüber dem Durchschnittswert 1979–1990

— tatsächlicher Rückgang 1979–2007 (Satellitendaten)
— prognostizierter mittlerer Rückgang (Weltklimarat)
  wahrscheinlichste Entwicklung
  gesamter Prognosebereich (Weltklimarat)

Jahr

Quelle: Asgeir Sorteberg, Bjeknes Centre for Climate Research and University Centre, Svalbard, Norwegen

Schaubild 6. Der Vergleich mit dem prognostizierten Eisrückgang zeigt, wie dramatisch die tatsächliche Schmelze im Nordpolarmeer in den letzten Jahren verlief.

ansteigt. Damit wären zwei Millionen km² Tiefland bedroht, Gebiete, in denen 669 Millionen Menschen leben.[70]

Der Grund für die sich verändernden Prognosen liegt vor allem darin, dass die Wissenschaft erst jetzt Modelle für die komplexen interaktiven Prozesse der Eisschmelze entwickelt. James Hansen schreibt in der NASA-Studie, dass »die Eisschicht zunächst langsam abtaut, aber der Abtauprozess durch verschiedene Faktoren eine sich selbst verstärkende Dynamik erhalten kann«.[71] Dass die Erderwärmung unter der 2°C-Marke bleiben muss, ist für den Menschen überlebenswichtig, aber immer öfter hört man das Argument, dass dies nicht genügt, um einen unkontrollierbaren Klimawandel zu verhindern. David Spratt von Carbon Equity zieht aus den jüngsten Daten über die Eisschmelze in der Arktis den Schluss, dass »die grundsätzliche und weithin geteilte Annahme [des IPCC] – ein extremer Klimawandel könne durch Begrenzung der Erwärmung auf 2°C vermieden werden – nicht länger haltbar ist«. Bislang liegt der Temperaturanstieg ja noch unter 1°C, und allein das reichte schon, um das verheerende Abschmelzen des Eises in der Arktis auszulösen. Unter diesen Vorzeichen ist eine 2°C-Marke als Toleranzgrenze geradezu absurd. Wenn man die Zeit zurückdrehen könnte, argumentiert David Spratt, dann hätte sich die Definition einer solchen Toleranzgrenze am damaligen Status quo der arktischen Eisschicht orientieren müssen: Das hätte für die Erderwärmung ein »unbedenkliches« Maximum von etwa 0,5°C bedeutet. Dies vorausgesetzt und auch vorausgesetzt, dass wir damals schon die Folgen einer hausgemachten Erderwärmung hätten prognostizieren können, hätte die industrielle Revolution anders verlaufen müssen oder gar nicht stattfinden dürfen.

Spratt zieht am Ende seiner Studie folgendes Resümee:

»Unsere dringendste Aufgabe besteht einfach darin, … alles zur Reduzierung der extrem hohen CO₂-Emissionen zu unternehmen. Wir müssen unsere Ziele so wählen, dass sie tatsächlich rechtzeitig zur Lösung des Problems beitragen. Noch ist es nicht zu spät, uns selbst und unseren Mitmenschen reinen Wein einzuschenken.«[72]

Eingriffe dieser Größenordnung sind nur möglich in einer gemeinsamen globalen Anstrengung, etwas, was es noch nie gegeben hat. Und die Voraussetzungen sehen nicht günstig aus: Bislang kann keine Region der Welt einen Rückgang der CO₂-Emissionen aufweisen. Noch vor kurzem ging man davon aus, dass der Klimawandel uns zwingen wird, die Emissionen bis 2050 um 90 Prozent zu reduzieren – oder gar bis 2030, das wären nur noch 22 Jahre.[73] Die Emissionen auf nur noch 10 Prozent des heutigen CO₂-Ausstoßes zu reduzieren, das scheint mit unserem heutigen Lebensstil völlig unvereinbar. Inzwischen liegt ein neues Forschungsergebnis vor, etwas versteckt in einem Report des Weltklimarats (IPCC) von Anfang 2007. Mit der Methode des »coupled modelling« (einer Modellrechnung, die auch einige Rückwirkungen einschließt) kamen die Wissenschaftler zu dem Schluss, dass die Menschheit bis 2060 alle Emissionen auf null reduzieren muss, will sie eine Erderwärmung von mehr als 2°C noch abwenden.[74] Damit ist nicht gemeint, dass wir lediglich die Verbrennung fossiler Brennstoffe in Autos, Flugzeugen und Kraftwerken emissionsfrei machen müssen (was kaum erreichbar scheint), sondern es geht um alle Treibhausgas-Emissionen: um die Waldrodung, um die Viehzucht, um den Einsatz von Düngemitteln (die ohne Erdgas nicht hergestellt werden können).

Bezug nehmend auf die jüngsten Einsichten in der Studie von James Hansen über die Eisschmelze in der Arktis, erklärte George Monbiot 2007 vor den Teilnehmern des Climate Camp am Flughafen Heathrow: »Es geht nicht mehr nur um kleine Maßnahmen, die hier und da noch angepasst oder politisch durchgefochten werden müssen, es geht um Maßnahmen, die ohne eine weltweite revolutionäre Veränderung nicht mög-

Wenn Sie glauben, die Reduzierung des Klimawandels sei teuer, dann warten Sie ab, was der ungebremste Klimawandel kostet.

Richard Gammon, University of Washington, in einer Rede vor dem Kapitol in Washington, am 28. Juni 1999

In den letzten beiden Jahren hat die Untersuchung von Klimaveränderungen weit mehr Ergebnisse erbracht, als in den jüngsten Sachstandsbericht des Weltklimarats (IPCC) eingegangen sind. Diese Resultate sind nicht im Stern-Report enthalten. Das derzeit im US-Parlament debattierte Umweltgesetz bezieht sich auf längst überholte Daten und kann darum keinesfalls als ausreichende Antwort auf die gegenwärtige Krise gelten. Wir beobachten bereits eine Beschleunigung des Klimawandels: Fast jeder Parameter verändert sich schneller, als es in allen internationalen Modellrechnungen vorausgesehen war.

David Wasdell, in: »Planet Earth, We Have a Problem; feedback dynamics and the acceleration of climate change«, All Party Parliamentary Climate Change Group

lich sind.« Weder 90 noch 100 Prozent wären die adäquate Antwort, sondern eine Emissionsreduktion um 110 bis 120 Prozent. Das heißt, wir müssen mehr CO_2 binden, als wir erzeugen. Wie so ein Tag aussehen könnte, an dem wir mehr CO_2 eingespart als erzeugt haben, davon wird in diesem Buch noch die Rede sein. Klar ist: Eine Aufgabe dieser Größe hatte die Menschheit noch nie zu bewältigen.[75]

Klimawandel und Ölfördermaximum sind nicht zu trennen

Ganz unbegreiflich ist mir eine Tendenz der letzten Jahre, dass manche im Klimawandel engagierte Aktivisten von einem Ölfördermaximum nichts wissen wollen und dass andererseits Aktivisten, die über das Peak-Oil-Problem aufklären, die Probleme des Klimawandels herunterspielen, als wollte jede Gruppe ihr angestammtes Terrain gegen die Konkurrenz verteidigen. So warnte zum Beispiel der verdienstvolle Vorkämpfer in der Klimafrage George Monbiot, die Debatten um das Ölfördermaximum würden nur dazu führen, dass Biotreibstoff, Ölsandausbeutung, Kohlekraftwerke und andere klimatisch bedenkliche Strategien wieder Auftrieb bekommen. »Um den Sinn und die Logik unseres Ansatzes zu begreifen, müssen wir nicht auf den Peak Oil verweisen«, erklärte er bei einer Veranstaltung in Lampeter[76]. »Den Klimawandel gäbe es auch dann, wenn das Peak-Oil-Problem gar nicht existierte.«[77] In gewisser Weise beschäftigte sich Monbiot dann doch noch mit dem Ölfördermaximum, denn in einem Artikel über die Prognosen der britischen Regierung zur Zunahme des Lkw-Verkehrs stellte er die Frage, mit welcher Energie denn die Fahrzeuge in Zukunft angetrieben würden, und fand es unglaublich, dass »die Regierung bislang keine Studie in Auftrag gegeben hat, um zu klären, ob für den geplanten Güterverkehr auf der Straße überhaupt noch genug Öl vorhanden sein wird«.[78]

Tony Juniper von Friends of the Earth sieht dagegen im Peak Oil die eigentliche Herausforderung:

»Wir müssen uns über die Frage des Ölfördermaximums Gedanken machen. Ganz gleich, was wir gegen den Klimawandel unternehmen, es steht uns ein zusätzlicher, wirtschaftlich bedeutsamer, wenn nicht gefährlicher Schock bevor, wenn der Ölpreis extrem ansteigt – und das wird vermutlich in naher Zukunft geschehen.« Juniper relativiert diese Einsicht durch die abschließende Feststellung: »Obwohl die beiden Probleme zusammenhängen, sollten wir sie je einzeln behandeln und darstellen, um nicht versehentlich nachteilige Reaktionen in der Öffentlichkeit auszulösen.«[79]

Ich bin da ganz anderer Meinung. Im Folgenden möchte ich zeigen, dass man die beiden Probleme eben nicht voneinander trennen kann und dass solche Separierungsversuche unsere Bemühungen um realistische und vielleicht erfolgreiche Gegenmaßnahmen nur behindern können. Jeremy Leggett sprach einmal von den »zwei stark unterschätzten Problemen der Gegenwart«[80], und mit Al Gore könnte man hinzufügen, dass der Klimawandel eine »unbequeme Wahrheit« ist, aber das gilt genauso für den Peak Oil – und zwar insbesondere in der Wahrnehmung der Klima-Aktivisten. Natürlich sind beide Phänomene Ausdruck ein und derselben hoffnungslosen Abhängigkeit unserer Gesellschaften von fossilen Brennstoffen und unseres durch sie ermöglichten Lebensstils. Es wäre aber zu einfach, darauf zu hoffen, dass sich mit dem Ölfördermaximum auch das Problem des Klimawandels erledigt, nämlich wenn wir uns die Flüssigbrennstoffe ohnehin nicht mehr leisten können. Die Dinge liegen etwas anders.

Wir haben die Wahl, wie wir auf das Ölfördermaximum reagieren wollen: Wir können auf es verweisen, um alles zur Fortführung der Verwertung fossiler Brennstoffe zu unternehmen, oder wir können es zum Anlass nehmen, jetzt infrastrukturelle Lösungen zu finden, die auch nach

Peak Oil   # Klimawandel

**Ölverknappung
als isoliertes Problem**
(Lösungen des Hirsch-Reports)

- Kohleverflüssigung
- Gasverflüssigung
- erleichterte Bohr-
  genehmigungen
- massiver Ausbau
  von Biotreibstoffen
- Ölsande und nicht-
  konventionelles Öl
- nationale Programme zur
  Ressourcenerschließung
  und Vorratshaltung

**Ölverknappung und Klimawandel als
zwei Aspekte eines Problems**

Resilienz entwickeln
und
CO$_2$-Emissionen senken

Relokalisierung
(Aufbau örtlicher Resilienz)

- Handel mit Energiequoten
- dezentrale Energieerzeugung
  - Wiederentdeckung
    traditioneller Kulturtechniken
- lokale Nahrungsmittelerzeugung
  - Energieeinsparungen
- lokale medizinische Versorgung
  - lokale Währungen

**Klimawandel
als isoliertes Problem**
(Lösungen des Stern-Reports)

- technische Lösungen zur
  Klimaverbesserung
- CO$_2$-Abtrennung und
  -Speicherung
- CO$_2$-Verringerung durch
  Bäume
- internationaler Handel mit
  Emissionszertifikaten
- Anpassung an den Klima-
  wandel
- bessere Logistik im
  Verkehrswesen
- Atomkraft

Zusammen gesehen erlauben Klimawandel und Ölverknappung eine fast unschlagbare Argumentation. Wir müssen unsere Abhängigkeit von fossilen Brennstoffen reduzieren, um künftige Generationen und die gesamte Biosphäre zu schützen. Aber auch wenn uns das zu teuer erscheint, bleibt die Tatsache, dass der wichtigste dieser Brennstoffe sehr bald immer knapper und teurer werden wird. Nichtstun ist keine Alternative.

Richard Heinberg

Schaubild 7. Im Unterschied zu den fragwürdigen Problemlösungen bei isolierter Betrachtung der Aspekte Ölverknappung und Klimawandel (linke und rechte Spalte) führt die gleichzeitige Betrachtung beider Aspekte zu gangbaren Lösungsstrategien. Quelle: Bryn Davidson: www.dynamiccities.squarespace.com

dem Ende des Ölzeitalters noch funktionieren. George Monbiot hat auf den Punkt gebracht, welche neuen Risiken dabei entstehen. Die zunehmende Knappheit der klassischen Flüssigbrennstoffe könnte zur verstärkten Nutzung anderer Ressourcen führen, die weit schlimmere Wirkung auf die Klimaentwicklung haben: Kohleverflüssigung, Ölsandausbeutung, Biodiesel usw. Wir müssen endlich den Energieverlust zur Kenntnis

nehmen – den grundsätzlichen Trend in allen Gesellschaften, dass mehr Energie verbraucht als erzeugt wird. Wenn es uns nicht gelingt, die sogenannte Versorgungslücke durch Energieeinsparungen und umfassende Anstrengungen im Bereich der Relokalisierung zu schließen, dann werden wir die Klimaveränderungen in einer Weise beschleunigen, die uns das Leben zur Hölle machen wird. Klimawandel und Ölfördermaxi-

Peak Oil und Klimawandel sind in ihrem Zusammenwirken viel gefähr- licher, als es beide Gefahren für sich betrachtet wären. Unsere größte Hoff- nung beruht vor allem darauf, dass wir das Gesamtphänomen besser verstehen lernen und wie wir die Probleme ange- hen können. Man muss Ölverknappung und Klimawandel zusammen sehen und einen umfassenden Ansatz für die Lösung dieser Fragen finden. Die Um- weltbewegungen bieten uns schon seit langem entsprechende Antworten. Der Peak Oil bedeutet auch die große Chance, diese Lösungen durchzusetzen. Es wäre schlimm, wenn es uns nicht gelänge, die Einsicht in die Folgen des Peak Oil in die Debatte um den Klima- wandel einzubringen.

James Howard,
Powerswitch.org.uk

mum nicht im Zusammenhang zu sehen, das könnte zur Folge haben, dass wir zwar die CO_2-Emissionen senken, aber die Abhängigkeit vom Öl nicht überwinden, und das dürfte sich mit stei- genden Ölpreisen noch verschärfen.

Die Stadt New York bietet ein gutes Beispiel für diesen Zusammenhang. In einer neueren Studie wurde ihr bescheinigt, zu den westlichen Groß- städten zu gehören, die einen besonders niedrigen Pro-Kopf-Ausstoß an CO_2 haben: weniger als ein Drittel des Durchschnittswerts in den USA.[81] Das liegt an der Bebauungsdichte, an der Möglichkeit, vieles zu Fuß zu erledigen, am guten öffentlichen Nahverkehrssystem und an dem geringeren Ener- giebedarf pro Wohneinheit in den Wohnblocks. Unter dem Aspekt des Klimawandels könnte man New York als Vorbild für ein Leben mit geringem CO_2-Ausstoß sehen. Nimmt man den Aspekt des Ölfördermaximums hinzu, dann stellen sich andere Fragen: Wie würde es der Stadt ergehen, wenn die Energie knapp wird oder wenn die Preise für die Einfuhr von Lebensmitteln stark ansteigen? Im August 2003 erlebte New York einen Stromaus- fall mit drastischen Auswirkungen, obwohl er nur einen Tag dauerte. New York mag eine günstige CO_2-Bilanz aufweisen, aber auf den Rückgang der Ölvorräte wird die Stadt kaum flexibel reagieren können (dazu mehr in Kapitel 3).

Die Botschaft des Klimawandels lautet, dass wir uns um Veränderung bemühen sollten, das Ölfördermaximum sagt uns, dass wir zu Verände- rungen gezwungen sein werden. Aber aus beiden Problemen lässt sich eindeutig der Schluss zie- hen, dass fossile Brennstoffe in Zukunft keine Rolle mehr spielen. Je früher wir ihre Nutzung aufgeben, umso besser. Es ist also von entschei- dender Bedeutung, dass Klimawandel und Ölför- dermaximum bei allen Entscheidungen über die Zukunft gleich wichtig sind. Viele Firmen, und zunehmend auch Regierungen, berücksichtigen inzwischen den Klimawandel in ihren Strategien. Auf den Etiketten von Kleidungsstücken der Tex- tilfirmen (z. B. Marks and Spencer) kann man

heute lesen: »Wenn nicht verschmutzt – bei 30° waschen«, und die Supermarktketten versuchen die Konkurrenz durch Umweltfreundlichkeit aus- zustechen. Es scheint eine verlockende Vorstel- lung, die Weltwirtschaft zu lassen, wie sie ist, aber jedes Jahr etwas weniger CO_2 zu produzieren – und obendrein erhofft man sich von solchen Kon- zepten noch entscheidende Wettbewerbsvorteile. Aber dem Peak-Oil-Problem hat sich noch keine Firma oder Regierung (ausgenommen in Schwe- den[82] und vielleicht Irland[83]) ernsthaft gestellt oder es auch nur öffentlich zur Kenntnis genom- men. Das Ölfördermaximum passt nicht in die Wirtschaftpläne von Industrie und Regierungen, deshalb kommen »von oben« vor allem Initiativen zur Senkung der CO_2-Emissionen, während »von unten« Vorschläge gemacht werden, wie man sich auf den Peak Oil einstellen kann.

Noch etwas gilt es zu bedenken: Wir dürfen auf keinen Fall Maßnahmen für die Zeit nach dem Peak Oil im Sinne der Sparpläne des »Oil Deple- tion Protocol« von Colin Campbell und Richard Heinberg[84] treffen, denn dann würde die durch immer höhere Ölpreise verursachte Rezession auch alle Maßnahmen gegen den Klimawandel unmöglich machen. Dem Klimawandel angemes- sen zu begegnen bedeutet ja nicht nur eine weltweite Zusammenarbeit, wie es sie in der Ge- schichte bisher noch nie gab, sondern es bedeutet auch, dass dafür sehr viel Geld investiert werden muss. Eine Rezession oder gar eine Weltwirt- schaftskrise würde sehr schnell deutlich machen, wo die Prioritäten liegen; der Klimawandel wäre dann ein zweitrangiges Problem. Schlimmer könnte es nicht kommen: Wirtschaftskrise und verstärkter Klimawandel. Ölfördermaximum und Klimawandel sind eng miteinander verknüpfte Probleme, sie getrennt zu sehen wäre eindeutig zu unserem Schaden. Und noch etwas gilt es zu bedenken: Der Klimawandel bietet der Weltwirt- schaft die Chance, sich allmählich auf neue Ver- fahren einzustellen, die eine Weiterführung des internationalen Austauschs bei geringeren CO_2-

Emissionen ermöglichen. Das Peak-Oil-Problem lässt solche Übergangsfristen kaum zu. Hier stellen sich Probleme, die sofort nach Lösungen verlangen, die es vielleicht nicht gibt.

Schaubild 7 zeigt, zu welchen Resultaten man kommt, wenn Ölfördermaximum und Klimawandel als die zwei Seiten einer Medaille betrachtet werden bzw. wenn man die beiden Probleme isoliert voneinander betrachtet und behandelt. Der Hirsch-Report (auf den wir noch genauer eingehen) kommt zu dem Ergebnis, dass die Peak-Oil-Frage durch ein Sofortprogramm gelöst werden könne, wonach wir jede nur denkbare Methode der Ölgewinnung anwenden sollten. Anders der von der britischen Regierung in Auftrag gegebene Stern-Report: Hier geht es um die wirtschaftlichen Aspekte des Klimawandels, und die Autoren kommen zu dem Schluss, dass Klimaverbesserung und globales Wirtschaftswachstum durchaus vereinbar seien. Von einem Peak-Oil-Problem ist allerdings nicht die Rede, es heißt im Gegenteil: »Bis mindestens 2050 können noch genug Lagerstätten fossiler Brennstoffe erschlossen werden, um den weltweiten Bedarf bei moderaten Preisen zu decken.«[85] Angesichts der bisher genannten Fakten scheint mir diese Vorstellung geradezu absurd. Betrachtet man beide Probleme als zusammengehörig, sind die Schlussfolgerungen ganz andere, wie Schaubild 7 zeigt: Nicht nur die Reduzierung der CO_2-Emissionen ist wichtig, wir müssen auch neue Formen von Flexibilität und Resilienz entwickeln – ein Thema, das wir im Folgenden weiter ausführen wollen.

Klimawandel oder Peak Oil – was kann die Öffentlichkeit stärker mobilisieren?

Wenden wir uns dieser umstrittenen Frage zu. Ich will mich nicht zu weit vorwagen, aber meinen Standpunkt doch deutlich vertreten. In den Jahren meines Engagements für das Energiewendekonzept habe ich die Erfahrung gemacht, dass das Problem des Ölfördermaximums – wenn es so erläutert wird, wie ich es in diesem Buch versuche – bei den Menschen weit mehr Betroffenheit und Aktivität auslöst als das Problem des Klimawandels. Richard Heinberg, Vorkämpfer in Sachen Peak Oil, hat es am Beispiel des Autos verdeutlicht: »Oberflächlich betrachtet ist der Klimawandel ein Problem am Ende des Auspuffrohrs, der Peak Oil dagegen ein Problem am Tankeinfüllstutzen.«[86] Man könnte hinzufügen, dass sich die meisten Menschen von Klimaveränderungen weniger persönlich betroffen fühlen als von der Verteuerung eines wichtigen Guts wie dem Treibstoff.

Das Peak-Oil-Problem zwingt uns zu der Fragestellung: »Ist unsere Gesellschaft weiterhin in der Lage, unsere Grundbedürfnisse zu befriedigen?« Man kann den Menschen schnell klarmachen, wie verwundbar wir durch unsere Ölabhängigkeit sind: Sie brauchen sich bloß vorzustellen, wie ihr Leben ohne den ständigen Nachschub an billigem Öl aussehen würde. Das Peak-Oil-Problem ist leichter zu verstehen, weil es unmittelbar mit unserem Alltag zu tun hat. Vielleicht kann man sich ein Fass Öl besser vorstellen als eine Tonne Abgas.

Wenn die Vertreter der Theorien vom »frühen« Umschlagpunkt (wie z. B. Campbell und Skrebowski) Recht haben, dann werden die Folgen des Peak Oil schon in den nächsten Jahren schmerzlich in unsere Lebensgewohnheiten einschneiden. Was andererseits den Klimawandel betrifft, sehen viele Menschen darin eine eher langsame Entwicklung, trotz der sich häufenden extremen Wetterphänomene (wie die sintflutartigen Regenfälle im Sommer 2003) und der rasant abtauenden Eismassen in der Arktis.

Der Klimawandel gilt als ein Problem, von dem zuerst die Entwicklungsländer betroffen sein werden, bevor es jene entwickelten Länder erreicht, die für seine Entstehung mehr oder weniger verantwortlich sind. Ähnlich hält man es auch mit dem Peak-Oil-Problem. In den westlichen Industrieländern kann man noch einige Zeit getrost über die möglichen Konsequenzen diskutieren, während die Menschen in den Entwicklungsländern die gravierenden Folgen bereits spüren. Ihr erzwungener Konsumverzicht (gelegentlich auch als »Zusammenbruch der Nachfrage« bezeichnet) könnte als Beitrag zur globalen Reduzierung des Verbrauchs gesehen werden, und er könnte den rapiden Preisanstieg für diejenigen bremsen, die sich den Flüssigbrennstoff noch leisten können.

Für die meisten Länder in Afrika, Asien und Südamerika sind die Auswirkungen des Ölfördermaximums längst schmerzliche Realität. Argentinien erlebt die schlimmste Energieknappheit seit zwanzig Jahren; immer wieder fallen Strom- und Erdgasversorgung aus, der öffentliche Verkehr kommt häufig zum Erliegen. In Pakistan kam es wegen Stromausfällen zu Unruhen; im Irak haben lokale Behörden Kraftwerke aus dem nationalen Verbundnetz genommen, um die Energie für ihre Region zu nutzen; im Iran wurde das Benzin rationiert, und in Sri Lanka musste die UNO der Regierung kürzlich mitteilen, dass die humanitäre Hilfe im Land wegen Treibstoffmangels eingestellt werden könnte. In Uganda legten Stromausfälle den Betrieb der Pipeline lahm, die das Land mit Dieselkraftstoff aus Kenia versorgt – eine Art Rückkopplungseffekt des Peak Oil. In Nigeria sind nur 19 von den 79 Kraftwerken des Landes betriebsbereit, Stromausfälle kosten die Wirtschaft jährlich eine Milliarde Dollar. In Nicaragua muss die staatliche Energiegesellschaft den Strom rationieren und ganze Städte für jeweils 6 bis 10 Stunden vom Netz nehmen, um das Energiedefizit von 20 bis 30 Prozent auszugleichen. Auch in Costa Rica gehören regelmäßige Stromausfälle zum Alltag, ebenso in der Dominikanischen Republik, wo von den Blackouts nicht nur die Armenviertel, sondern auch die besseren Wohngegenden betroffen sind.[87]

Bislang konnten die reicheren Nationen das Peak-Oil-Problem noch vor sich herschieben, fühlen sie sich doch wirtschaftlich stark genug, um steigende Preise eine Weile hinzunehmen. Aber wie lange noch? Genau weiß das niemand. Wir wissen aber, dass in den 1970er Jahren ein Preis von 102 Dollar pro Barrel die Marke bedeutete, an der eine Rezession ausgelöst wurde. Bei den heutigen Preisen dürfte jedenfalls wirtschaftlicher Aufschwung nicht von Dauer sein. Ölfördermaximum und Klimawandel sind gewichtige Argumente für die rasche Einleitung von Veränderungen.

Der Hirsch-Report und seine Widersprüche

Als das US-Energieministerium eine Gruppe von Wissenschaftlern um Robert Hirsch mit einer Peak-Oil-Strategie-Studie[88] beauftragte, wussten sie wahrscheinlich nicht, auf was sie sich da einlassen würden. Auch Robert Hirsch war offenbar ahnungslos, wohin ihn die Untersuchung führen würde. In einem Interview nach der Veröffentlichung kommentierte er die Ergebnisse:

>»Für mich besteht kein Zweifel, dass der Umschlagpunkt vermutlich in den nächsten zehn oder fünfzehn Jahren eintreten wird. Wenn der Rückgang der Ressourcen tatsächlich so stark ist, wie manche prognostizieren, dann haben wir ein sehr, sehr ernstes Problem, schlimmer noch, als wir es uns vorgestellt haben. … Je länger man darüber nachdenkt und sich mit den Fakten auseinandersetzt, desto mehr bekommt man auch als Beobachter ein ungutes Gefühl. Man macht sich schnell als Panikmacher verdächtig und ich fürchte, einiges, was ich sage, klingt tatsächlich nach Panikmache. Aber es steht wirklich außer Frage, dass hier Gefahren ungeahnten Ausmaßes drohen. Die Risiken für unsere Wirtschaft und unsere Kultur sind gewaltig. Das wollen die Leute nicht hören, auch ich mag darüber nicht nachdenken. Das ist ein wirklich unangenehmes Thema. Glauben Sie mir, es hat auch bei mir eine Weile gedauert, bis ich nach diesen Einsichten wieder in der Lage war, mich konstruktiv diesem Problem zu widmen.«[89]

Das sind Sätze, die Angst machen. Wie ließe sich die gewaltige Herausforderung auch sonst beschreiben als mit Worten des Entsetzens? Der Hirsch-Report schlug ein wie eine Bombe. Viele Peak-Oil-Aktivisten halten ihn für wegweisend, handelte es sich doch um das erste »offizielle« Dokument, in dem das Problem der Ölverknappung ernst genommen wurde. Es lohnt sich, den Report genauer zu lesen; er befasst sich nicht nur mit dem Ölfördermaximum, er gewährt auch ebenso erhellende wie erschütternde Einblicke in die Vorstellungen vieler Politiker, wie sie mit dem Problem umzugehen gedenken, damit bei uns das Licht nicht ausgeht und die Räder nicht stillstehen.

Die Kritik am Hirsch-Report muss an einem seiner zentralen Begriffe ansetzen, an den »machbaren Gegenmaßnahmen«. Diese Formulierung taucht auch in dem häufig zitierten Absatz aus der Zusammenfassung auf:

> »Der Umschlagpunkt in der weltweiten Ölförderung konfrontiert die USA und die Welt mit einem noch nie da gewesenen Problem für das Risikomanagement. Wenn wir diesen Punkt erreicht haben, werden die Preise für Flüssigbrennstoff explodieren. Ohne rechtzeitige Gegenmaßnahmen müssen wir uns auf wirtschaftliche, soziale und politische Kosten in ungeahnter Höhe gefasst machen. Machbare Gegenmaßnahmen sind sowohl auf der Angebots- wie auf der Nachfrageseite denkbar, sie müssten aber, um Wirkung zu zeigen, wenigstens ein Jahrzehnt vor dem Umschlagpunkt eingeleitet werden.«

Die im Hirsch-Report aufgezeigten Maßnahmen weisen allerdings in eine ganz andere Richtung, als ich sie hier in diesem Buch anvisiere. Hirsch zielt mit seinen »machbaren« Lösungen darauf ab, dass es so weitergehen kann wie bisher – business as usual um jeden Preis. Ich habe kürzlich in einem Interview Richard Heinberg nach seiner Meinung zum Hirsch-Report befragt, er formulierte seine Bedenken so:

> »Das eigentliche Ziel [des Berichts] besteht darin, den üblichen Wirtschaftsbetrieb so lange wie möglich aufrechtzuerhalten, und zwar mit allen Mit-

teln, zum Beispiel auch der Kohleverflüssigung. Würde sich das im großen Stil rentieren, hätte das einen Klimakollaps zur Folge. Davon jedoch ist in diesem Bericht nicht die Rede, denn mit dem Klimawandel beschäftigt er sich ohnehin nicht. Die Autoren wollen nur Vorschläge machen, wie wir die Maschinen von heute so lange wie möglich am Laufen halten können.«[90]

Bei einer Tagung der Association for the Study of Peak Oil in Italien hörte ich 2006 einen Vortrag von Robert Hirsch über die »Maßnahmen gegen den Peak Oil: Argumente, neue Zahlen und einige Fragen«, der auf dem Bericht von 2005 beruhte. Hirsch stellte ein »Notprogramm« vor, das die Autos in den USA am Laufen halten solle. Das Programm würde jährlich eine Billion Dollar kosten und auf der Ausweitung von Kohleverflüssigung, Ölsandausbeutung, Gasverflüssigung usw. beruhen. Abgesehen von mir fand kaum einer der Delegierten seine Vorschläge erschreckend, und ich dachte noch, ich hätte etwas missverstanden. Aber dem war nicht so.

Später machte ich mir in *Transition Culture* noch einmal Gedanken über den Vortrag von Robert Hirsch:

> »Hirsch hat deutlich gemacht, wohin es führt, wenn man allein das Peak-Oil-Problem angeht, ohne den Klimawandel mitzubedenken. Für mich hat Hirsch – ohne dass er sich dessen bewusst war – sehr eindrucksvoll und logisch dargelegt, weshalb wir unsere Autos eben nicht länger am Laufen halten können und warum wir folglich unsere Abhängigkeit vom Auto überwinden müssen.«[91]

Er hat bloß seine Argumente nicht konsequent zu Ende gedacht. Man stelle sich einmal vor, es stünde jährlich eine Billion Dollar für ein weltweites Programm zur Energieeinsparung zur Verfügung. Was könnte man damit nicht alles erreichen? Hirschs Vorschläge enthalten einige Gedanken und Annahmen, die äußerst brisant sind. Die Verdienste des Hirsch-Reports in Anbetracht der Ölverknappung sind die eine Sache, aber eine

DAS WICHTIGSTE AUS DEM HIRSCH-REPORT

Das Ölfördermaximum wird in jedem Fall eintreten, auch wenn der genaue Zeitpunkt noch ungewiss ist.

- *Der Peak Oil wird gravierende wirtschaftliche Folgen haben.*
- *Der Peak Oil ist ein Problem ungeahnten Ausmaßes.*
- *Das Problem wird sich zuerst und am direktesten bei den Flüssigbrennstoffen zeigen, für die nur schwer Ersatz zu finden ist.*
- *Die Gegenmaßnahmen brauchen Zeit, mindestens ein Jahrzehnt, eher 20 Jahre.*
- *Angebot und Nachfrage müssen anders geregelt werden.*
- *Die Vorbereitung auf die Ölverknappung ist eine Herausforderung für das Risikomanagement.*
- *Maßnahmen der Regierungen sind gefordert, aber eine wirtschaftliche Katastrophe ist vielleicht unabwendbar.*

ganz andere Sache sind Hirschs praktische Vorschläge: Wenn die falschen Leute damit Politik machen, könnte uns das in den kollektiven Selbstmord treiben. Letztendlich ist der ganze Hirsch-Report sehr bedenklich. Denn wenn man grundsätzlich davon ausgeht, dass alles so weitergehen soll wie bisher, dann wird man nach entsprechenden Strategien und Technologien suchen, die das zu ermöglichen versprechen. Hirschs »Notprogramm« würde uns auf eine beschleunigte Fahrt ins Klimachaos schicken.

Der Hirsch-Report wie der Stern-Report (vgl. Schaubild 7) machen deutlich, welche Gefahren aus einer isolierten Betrachtungsweise erwachsen können. Sehen wir Klimawandel und Ölfördermaximum zusammen, dann müssen wir uns damit abfinden, dass es eben nicht so weitergehen kann, und entsprechend andere »machbare Gegenmaßnahmen« entwickeln. Wie diese Lösungen aussehen könnten, wird hier noch erörtert, der Hirsch-Report zeigt uns, wie sie auf keinen Fall beschaffen sein dürfen.

Ein zweiter entscheidender Aspekt ist die zeitliche Perspektive im Hirsch-Report: »wenigstens ein Jahrzehnt vor dem Umschlagpunkt«. Besser wäre freilich, wenn die Programme zwanzig Jahre vor der Ölverknappung gestartet werden, damit sich die Wirtschaft auf den Übergang einstellen kann. Das kann uns zwar auch nicht froh stimmen, aber ich glaube, dass sich die Dinge manchmal sehr schnell entwickeln, wenn sich eine Gesellschaft zu einer gemeinsamen Anstrengung entschlossen hat. Lester Brown hat in diesem Zusammenhang auf die umfassende Neuausrichtung der US-Wirtschaft am Anfang des Zweiten Weltkriegs verwiesen. Präsident Roosevelt gab ehrgeizige Ziele in der Rüstungsproduktion vor und erklärte lapidar: »Niemand soll sagen, das sei unmöglich.« 1942 erreichte die Produktion ihren Höchststand: Damals waren Herstellung und Verkauf privater Fahrzeuge verboten, Wohnungs- und Straßenbau gestoppt und private Fahrten nur in Ausnahmefällen erlaubt. Brown schreibt:

»Die Automobilindustrie hatte 1941 noch fast vier Millionen Fahrzeuge produziert, 1942 waren es nur noch 223 000, die meisten zu Jahresbeginn, bevor die Umstellung auf Rüstungsgüter begann. Im restlichen Jahr 1942 wurden 24 000 Panzer und 17 000 gepanzerte Fahrzeuge gebaut. Genau genommen war die Autoindustrie von 1942 bis Ende 1944 stillgelegt. 1940 waren in den USA etwa 4000 Flugzeuge gebaut worden, 1942 lag die Zahl bei 48 000. 1939 bestand die amerikanische Handelsflotte aus 1000 Schiffen, bis Kriegsende waren weitere 5000 Schiffe gebaut worden.«[92]

Wenn also eine Gesellschaft in einer gemeinsamen Kraftanstrengung eine Veränderung vorantreibt, kann viel in kurzer Zeit erreicht werden. Ein paar Änderungen in den gesetzlichen Vorschriften, mehr öffentliche Mittel für die privat erzeugte Energie, um sie im Wettbewerb mit den Energiekonzernen interessant zu machen, CO_2-Einsparungen, neue Planungsrichtlinien (etwa die Förderung der lokalen Landwirtschaft und gemeinsamer Wohnprojekte) – all das würde die Entwicklung beschleunigen. Manches würde Entscheidungen auf Regierungsebene erfordern, vieles könnte aber auch von unten kommen – nicht zuletzt der Veränderungsdruck und die Vielfalt der Initiativen und Projekte, über deren Bewilligung oder Unterstützung die Regierung dann zu entscheiden hätte. Wichtig ist, dass die Menschen solche Veränderungen wirklich wollen und das für besser erachten, als im Status quo zu verharren.

Sich die Konsequenzen des Ölfördermaximums klarzumachen heißt, weit vorauszuschauen. Zugleich sollte man aber auch die vielversprechenden Lösungsvorschläge kritisch hinterfragen, wie sie häufig im Zusammenhang mit der Energiewende gemacht werden. So wie der »Klimawandel« der Bevölkerung oft als schlagendes Argument für den weiteren Ausbau der Atomindustrie verkauft wird – oder gar für eine Wirtschaft auf Wasserstoffbasis –, so dient der »Peak Oil« bestimmten Interessengruppen, die Leute glauben zu machen, man müsse nun den Energiebedarf aus jeder nur erdenklichen Energiequelle befriedigen. Manche sagen gar der Kohleförderung einen neuen großen Aufschwung vorher. All das muss man im Auge behalten. Dass es bei der gegenwärtigen Krise nicht darum gehen kann, womit und ob wir den Tank unseres Autos voll bekommen, das wird im zweiten Teil dieses Buches noch genauer beleuchtet werden.

Aus dem Hirsch-Report kann man zumindest eines lernen: Um angemessene Lösungen für die Probleme des Klimawandels und des Ölfördermaximums zu finden, müssen wir vor allem die richtigen Fragen stellen. Die Frage ist nicht, wie es uns gelingt, so weiterzuwirtschaften wie bisher. Die Frage ist: Wie müssen wir unser Leben organisieren, um mit den notwendigen Energieeinsparungen überleben zu können? Es macht auch keinen Sinn, einen bestimmten Lebensstandard zu definieren und dann zu fragen, mit welchem Energieeinsatz dieser zu realisieren wäre. Wir sollten zuerst feststellen, wie viel Energie und welche Energiequellen wir angesichts von Klimawandel und Ölverknappung überhaupt noch nutzen können, und danach alles Weitere planen.

Im Hirsch-Report sind nicht die richtigen Fragen gestellt worden. Für die Zukunft brauchen wir Lösungen, die sowohl dem Klimawandel als auch dem Ölfördermaximum gerecht werden. Von der richtigen Fragestellung hängt es ab, ob wir die richtige Herangehensweise an die Probleme und damit auch die wirklich »machbaren Maßnahmen« finden. Bleibt zu hoffen, dass ich mit der Kritik am Hirsch-Report zeigen konnte, wie abwegig und auch gefährlich es in der Diskussion um die bevorstehenden großen Herausforderungen ist, Klimawandel und Ölverknappung isoliert zu betrachten.

Kapitel 2

Der Blick vom Gipfel

Man entdeckt keine neue Welt, wenn man nicht bereit ist, für lange Zeit keine Küste zu sehen.

André Gide, *Die Falschmünzer*

Ich erinnere mich an ein Gespräch mit einem älteren Herrn, abends in der Kneipe, dem ich meine Ansichten zum Thema »Peak Oil« vortrug. Er machte ein paar freundliche Bemerkungen, und ich hoffte schon auf eine interessante Unterhaltung, da aber empfahl er sich mit dem netten Kompliment: »Ich habe mal einen Tisch mit Teak Oil behandelt – ist sehr schön geworden.« Nun, ich denke, ich habe meine Leserschaft bislang etwas besser über die großen Herausforderungen durch Peak Oil und Klimawandel unterrichtet. Dass wir unseren durch fossile Brennstoffe gesicherten Lebensstandard nicht mehr so bequem werden weiterführen können, dürfte allen klar sein. Wir werden uns radikal umstellen müssen, ob uns das passt oder nicht. Die Frage ist: Wie könnte eine radikal umgestaltete Lebensweise aussehen?

Wie soll es weitergehen?

Welche Dimensionen die Zwillingskrise, der Klimawandel und das Ölfördermaximum, annehmen

und wie sie sich auswirken wird, das kann niemand genau sagen. Auch ich kann nicht in die Zukunft sehen; weder kenne ich das Datum des Peak Oil, noch weiß ich, ob und wann die Erderwärmung die 2 °C-Marke überschreiten wird und was dann auf uns zukommt. Aber eines ist gewiss: Wir werden es mit einschneidenden Veränderungen zu tun haben, und zwar in allen Lebensbereichen. Um eine radikale Umwandlung werden wir nicht herumkommen, sofern wir unser Gesellschaftssystem aus seiner Abhängigkeit von billigem Öl herausführen wollen, ohne dabei seine Stabilität, seinen sozialen und ökologischen Zusammenhalt aufs Spiel zu setzen, sofern wir auch in Zukunft in einer Welt mit relativ stabilen Klimaverhältnissen leben wollen. Es ist schon eine Vielzahl möglicher Zukunftsszenarien entwickelt worden, und ich habe mir eine ganze Reihe davon genauer angesehen, um eine gewisse Vorstellung vom Leben nach dem Peak Oil zu bekommen.

Schaubild 8 (vgl. S. 46 f.) gibt eine Übersicht über die unterschiedlichsten Zukunftsszenarien; sie reichen auf der einen Seite von solchen, die alle Probleme mit neuen Technologien zu lösen hoffen, bis zu jenen auf der anderen Seite, die jeglicher Technologie misstrauen und die Fragmentierung und Dezentralisierung der Gesellschaften für zwangsläufig halten. Ich ging ursprünglich davon aus, dass es sich um eine lineare Skala von der einen zur anderen Position handele, stellte aber bald fest, dass beide Extreme, wenn man sie konsequent zu Ende denkt, zum gesellschaftlichen Zusammenbruch führen. David Holmgren nannte dieses Phänomen »Atlantis-Szenarium«: Die Gesellschaft implodiert und löst sich auf.[1] Für einen ersten Überblick habe ich die Szenarien in drei Denkrichtungen unterteilt:

- **Anpassung:** Szenarien, die auf neue Technologien zur Lösung aller Probleme setzen.
- **Evolution:** Szenarien, die eine gewisse kollektive Weiterentwicklung und auch veränderte Vorstellungen voraussetzen, die aber annehmen, dass die Gesellschaften auch mit weniger Energie und mit starker lokaler Orientierung ihren Zusammenhalt nicht verlieren.
- **Zusammenbruch:** Szenarien, die davon ausgehen, dass Klimawandel und Peak Oil zwangsläufig zu einer sofortigen oder allmählichen Auflösung der Gesellschaft führen.

Schaubild 8 macht deutlich, dass alle auf Anpassung gerichteten Ansätze (von links oben zu lesen) mehr oder weniger auf technologischen Fortschritt, Wirtschaftswachstum und anhaltende Globalisierung setzen, um damit die Probleme einer Ölverknappung zu lösen. In einigen Szenarien sind nicht einmal Maßnahmen gegen den Klimawandel vorgesehen. Kurz gesagt: Wir brauchen unser Verhalten nicht zu ändern, sondern müssen nur die Glühbirnen auswechseln. Solchen Vorstellungen trat der Zukunftsforscher Pierre Wack mit dem Argument entgegen, dass sie leider nur funktionieren, wenn »drei Wunder« eintreten:[2]

1) **Ein technologisches Wunder:** Unverhoffte Entdeckungen neuer Ölvorkommen und ungeahnte Fördermengen oder ein Durchbruch bei der Nutzung kostenloser Energie aus Wasserstoff.

2) **Ein sozialpolitisches Wunder:** Die Regierungen weltweit und eine neue Wertordnung unterbinden jede soziale Diskriminierung.

3) **Ein finanzielles Wunder:** Alle notwendigen Veränderungen können aus den Staatshaushalten finanziert werden.

Die auf Evolution setzenden Szenarien gehen davon aus, dass unsere Zivilisation sich wie bislang evolutionär weiterentwickelt und für die drängendsten Probleme die technischen und sonstigen Lösungen finden wird. Man fühlt sich an Albert Einsteins berühmten Ausspruch gemahnt: »Wir können Probleme nicht mit den Denkmustern lösen, die zu ihnen geführt haben.« Diesem Dilemma entgehen wir also nur durch Weiterentwicklung.

Am aussichtsreichsten scheinen mir die Evolutionsszenarien, denn auf die Wahrscheinlichkeit, dass die von Pierre Wack genannten drei Wunder zugleich eintreten und damit Anpassungsszenarien möglich machen, würde ich nicht setzen. Dass es so oder so zu einem gesellschaftlichen Zusammenbruch kommen kann, lässt sich nicht ausschließen. Aber in dieser Hinsicht halte ich mich lieber an das Szenario mit dem »Geist der zukünftigen Weihnacht« in der *Weihnachtsgeschichte* von Charles Dickens: Man sieht, welche Zukunft einen erwartet, wenn man sich nicht ändert – man hat also eine Chance auf eine andere Zukunft, und im Folgenden will ich diese darlegen. Nichts, was irgendwie geeignet ist, einen Zusammenbruch zu verhindern, dürfen wir unversucht lassen. Man soll den Menschen keine Schreckensszenarien vorführen, um sie zum Umdenken zu bewegen, sondern man muss ihnen evolutionäre Visionen geben und die ganze Gesellschaft für den Wandel gewinnen.

Die Szenarien im Bereich der evolutionären Lösungen reichen von der einfachen Vorstellung, man müsse nur einen nationalen Aktionsplan zur Befreiung aus der Abhängigkeit von fossilen Brennstoffen beschließen (Heinberg nennt das »Powerdown«), bis zu Konzepten der Relokalisierung: Der Einfluss der zentralen Steuerungssysteme wird schwinden, wenn wir den lokalen Kräften wieder mehr Gewicht geben. Wenn wir in unseren Strategien die Maßnahmen gegen den Klimawandel und die Antworten auf den Peak Oil als gleich wichtig erachten, dann werden sich die Vorstellungen von der Fortführung des normalen Geschäftsbetriebs und andere Anpassungsszenarien als unrealistisch erweisen.

DAS LEBEN NACH

Städtische Kolonien (Foresight)
Ein System künftiger kleinerer Städte, auf Nachhaltigkeit ausgerichtet, mit energieeffizientem öffentlichen Nahverkehr; ergänzt durch stärker getrennte ländliche Gebiete, bei allgemeiner Reduzierung des Konsums.

Konventionelle Welten (Gallopin)
Weitermachen wie bisher; in diesem Szenarium gibt es kaum Veränderungen gegenüber der heutigen Situation.

Business as usual (FEASTA)
Nach diesem Konzept wird das Ölfördermaximum um 2030 erwartet; bis dahin sind staatliche Maßnahmen nicht vorgesehen.

Warten auf ein Wundermittel (Heinberg)
Es gilt die Annahme, dass eine neue Energiequelle gefunden wird, ebenso reichhaltig, leicht verfügbar und vielfältig nutzbar wie Öl. Die Hoffnungen richten sich auf die »kalte Kernfusion« oder den Mythos von der »kostenlosen Energie«.

Perpetuum mobile (Foresight)
Voraussetzung: eine emissionsfreie Hightech-Wirtschaft auf der Grundlage von Energie aus Wasserstoff. Die Globalisierung geht weiter, die Mobilität nimmt zu.

Technologischer Durchbruch (Holmgren)
Der technologische Fortschritt wird alle gegenwärtigen Probleme lösen und der Welt unbeschränkte Energievorräte durch kalte Fusion usw. bescheren: Urlaub auf dem Mond für jeden.

Der Stärkste siegt (Heinberg)
Die letzten Energieressourcen aus Kohlenwasserstoff werden weltweit mit militärischen Mitteln gesichert. Das ist der »Krieg, dessen Ende wir nicht mehr erleben werden« (Dick Cheney).

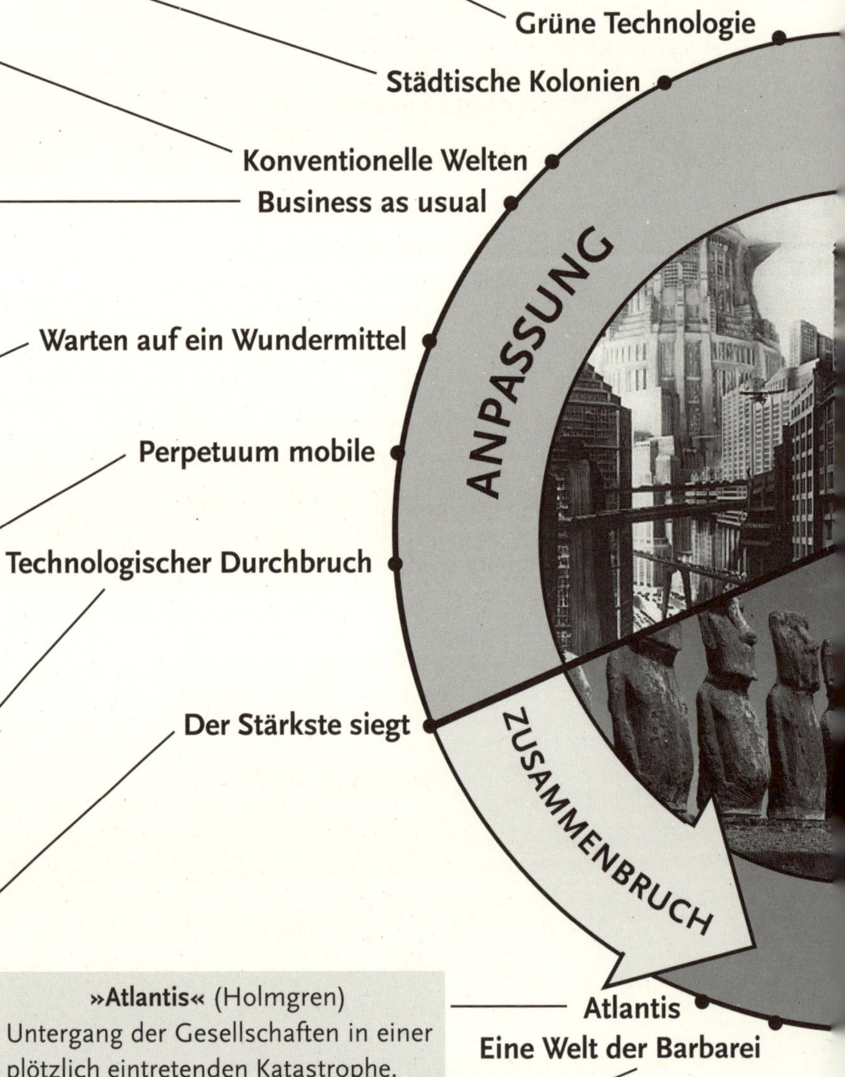

Grüne Technologie (Holmgren)
Auch hier soll es wie üblich weitergehen, allerdings unter der Annahme, dass erneuerbare die konventionelle Energie ersetzen wird – also Autos mit Wasserstoffantrieb usw.

»Atlantis« (Holmgren)
Untergang der Gesellschaften in einer plötzlich eintretenden Katastrophe.

Eine Welt der Barbarei (Gallopin)
Wie im »Atlantis«-Szenarium wird angenommen, dass die Probleme weder durch den Markt noch durch staatliche Steuerung zu kontrollieren sind: Die Zivilisation verfällt.

Grüne Technologie
Städtische Kolonien
Konventionelle Welten
Business as usual
Warten auf ein Wundermittel
Perpetuum mobile
Technologischer Durchbruch
Der Stärkste siegt
Atlantis
Eine Welt der Barbarei

ANPASSUNG

ZUSAMMENBRUCH

Schaubild 8. Mögliche Szenarien nach dem Peak Oil.[3]

Vernünftige Energiewende (FEASTA)

Annahme: Die (irische) Regierung beschließt, »die heute verfügbare Energie, die künftig immer teurer wird, zur Entwicklung neuer Energiequellen zu nutzen und den Energieaufwand zu senken, der für eine stabile Wirtschaft nötig ist«. Ein solches Wirtschaftssystem wäre auf die Folgen des Ölfördermaximums besser vorbereitet.

Energieeinsparung (Heinberg)

Hier geht es um einen »Weg der Zusammenarbeit, des Teilens und der Bewahrung« – gemeint ist eine Politik, die alle verfügbaren Ressourcen nutzt, um den Pro-Kopf-Verbrauch zu reduzieren und eine Wirtschaft und eine Infrastruktur zu schaffen, die für die Zeit nach dem Peak Oil gerüstet sind.

Gute Vorsätze (Foresight)

Es gelten strenge Beschränkungen des CO_2-Ausstoßes. Der Individualverkehr ist weitgehend durch öffentliche Transportmittel ersetzt worden.

Gelungener Ausgleich (FEASTA)

Der Peak Oil war schon 2007. Man geht davon aus, dass die Regierungen rasch handeln werden: Begrenzung der CO_2-Emissionen, umfassende Anstrengungen zur Senkung des Energieverbrauchs, Umstellung der Versorgung auf regionale Ressourcen.

Große Energiewende (Gallopin)

Hier geht es um »visionäre Antworten auf die Probleme der Nachhaltigkeit, um den grundlegenden Wertewandel und neue Formen der sozioökonomischen Übereinkunft«.

Verwaltung des Planeten (Holmgren)

Die Gesellschaft soll »einen kreativen Weg für den Energieabschwung finden, eine Art Pendant des kreativen Energieaufschwungs, der seit der industriellen Revolution bis dato stattfand«.

Erzwungene lokale Produktion (FEASTA)

Unter der Annahme, das Ölfördermaximum sei bereits 2007 erreicht worden, geht dieses Szenario von einem drastischen Wirtschaftsabschwung aus. Nach dem wirtschaftlichen Zusammenbruch ist die Zukunft von lokal eng begrenzter Produktion bestimmt, die – auf einem wesentlich geringeren Energieniveau – allmählich wieder komplexere Strukturen ausbildet.

Rettungsinseln (Heinberg)

Das Programm zur Erstellung von Rettungsinseln »geht davon aus, dass die Industriekultur in ihrer gegenwärtigen Form auf keinen Fall zu retten ist«. Darum sollen Prozesse zum Aufbau von Solidargemeinschaften und einer lokalen Infrastruktur die Grundbedürfnisse des Lebens sichern.

Verbund von Stammesgesellschaften (Foresight)

Ein »plötzlicher und dramatischer Energieschock«: Abermillionen sind durch eine globale Rezession arbeitslos geworden. Für die meisten Menschen ist »die Welt auf ihren Wohnort geschrumpft«: Fahrrad und Pferd sind die üblichen Transportmittel.

ENTWICKLUNG

ZUSAMMENBRUCH

- Vernünftige Energiewende
- Energieeinsparung
- Gute Vorsätze
- Gelungener Ausgleich
- Große Energiewende
- Verwaltung des Planeten
- Erzwungene lokale Produktion
- Rettungsinseln
- Verbund von Stammesgesellschaften

ATOMKRAFT IST KEINE LÖSUNG – DREI GRÜNDE

1. Die Zeitdauer bis zur Inbetriebnahme

Neue Atomkraftwerke zu bauen ist ein langwieriger Prozess von mindestens 20 Jahren. In dieser Zeit können sie nichts zur Senkung der Schadstoffemissionen oder zur Lösung der Peak-Oil-Probleme beitragen.

2. Das unversicherbare Risiko

Da keine Versicherungsgesellschaft Atomkraftanlagen versichert, steht der Staat für die Risiken ein, und das ist eine verdeckte Subventionierung der Atomindustrie.

3. Der Atommüll

Die Entsorgung nuklearen Abfalls ist ein großes ungelöstes Problem. Allein in Großbritannien fallen jährlich 10000 Tonnen an, und die Menge radioaktiven Mülls dürfte auf das 25-Fache steigen, wenn die bestehenden Kraftwerke irgendwann stillgelegt werden. Bislang gibt es für die Entsorgung keine andere Lösung, als den Atommüll möglichst tief zu vergraben. Dieses Verfahren ist sehr energieintensiv, vor allem, wenn man auch einrechnet, welche Energiemengen in die Materialien (z.B. Beton und Stahl) eingehen, die in den Endlagerstätten verbaut werden. Die Halbwertzeit der nuklearen Abfälle wird auf 100000 Jahre geschätzt – man sollte sich vielleicht daran erinnern, dass Stonehenge vor gerade einmal 4000 Jahren entstand.

Eine Gesellschaft, die sich auf Energiesenkung und die Verwendung lokal erzeugter, weniger energieintensiver Baumaterialien eingerichtet hat, dürfte vor dem Problem stehen, die Endlager mit Lehmziegeln und Strohballen betreiben zu müssen.

(Fortsetzung nächste Seite)

Warum wir in Zukunft mit weniger Energie auskommen müssen

Bryn Davidson vom Dynamic Cities Project in Vancouver hat in zahlreichen Veröffentlichungen eine leicht verständliche Zuordnung der Szenarien für die Zeit nach dem Ölfördermaximum entwickelt. Schaubild 9 zeigt seine Darstellung, die mit zwei Achsen auskommt. Entlang der horizontalen Achse werden die Antworten auf die zunehmende Erschöpfung der fossilen Brennstoffvorräte aufgeführt. Wie in Kapitel 1 dargelegt, spricht vieles dafür, dass der Umschlagpunkt schneller erreicht ist, als wir bislang glaubten[4] (wir befinden uns in der Grafik wohl eher links von der Mittelachse). Entlang der vertikalen Achse sind die Initiativen und Reaktionen von Regierungen und Wirtschaftsunternehmen verzeichnet.

Davidson argumentiert, dass ein bloßes Reagieren auf den allmählichen Rückgang der Ressourcen eine Art »Burn-out« zur Folge hätte: Das Festhalten am gewohnten Wirtschaftssystem würde direkt in die Klimakatastrophe führen. Zunehmende Verknappung und passive Reaktionen darauf bedeuten also die Katastrophe, nämlich den Zusammenbruch ganzer Gesellschaften, für den das Römische Reich oder die Maya historische Beispiele sind. Wie das aussehen könnte, haben Jared Diamond in seinem jüngsten Buch *Kollaps*[5] und William R. Catton in *Overshoot*[6] geschildert. Ein langsamer Rückgang der Ressourcen bei gleichzeitigen aktiven Gegenmaßnahmen könnte eine Art technologiegestützter nachhaltiger Entwicklung hervorbringen; Davidson spricht hier von »Techno-Märkten«. Voraussetzung wäre allerdings, dass mit solchen Maßnahmen schon zehn oder besser zwanzig Jahre vor dem Ölfördermaximum begonnen wird (vgl. den Hirsch-Report), aber so viel Zeit dürften wir kaum noch haben. Als letzte Möglichkeit nennt Davidson das Szenarium einer »schlanken Ökonomie« (Lean Economy)[7] und Energieeinsparung (Powerdown)[8]. Wenn man Davidsons Argumentation folgt, wird schnell klar, dass sinnvolle Sofortmaßnahmen zur Reduzie-

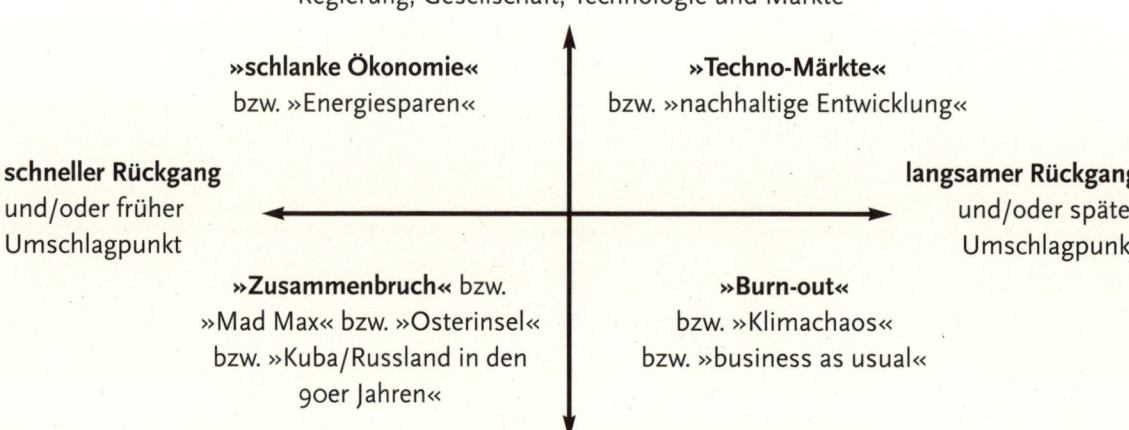

Schaubild 9. Vier Energieszenarien von Bryn Davidson: www.dynamiccities.squarespace.com.
Quelle: The Ecologist Magazine

rung des Energieverbrauchs unsere einzige realistische Chance sind. »Burn-out« oder »Zusammenbruch« können nicht das Ziel sein.

Um einmal das Wesentliche in den verschiedenen Szenarien herauszustellen, möchte ich mich auf einen Bericht beziehen, den die Stadt Portland (Oregon) 2007 von ihrer Peak Oil Task Force erstellen ließ. In dem Report »Descending the Oil Peak« werden alle möglichen Auswirkungen des Ölfördermaximums auf die Stadt untersucht.[9] Ich habe daraus drei denkbare Szenarien zusammengefasst, die unsere realistischen Zukunftsmöglichkeiten zeigen:

1) **Allmählicher Übergang.** Dieses Szenarium geht von einem allmählichen Ressourcenrückgang und Preisanstieg aus, so dass Gegenmaßnahmen möglich sind. Die Grundannahme ist eine Senkung des Ölverbrauchs um 50 Prozent innerhalb der nächsten 20 Jahre. Zu Beginn der Maßnahmen wird es gemessen am gegenwärtigen Niveau ein Mehr oder Weniger an Verbrauch geben, der aber langfristig immer deutlicher sinkt.

2) **Ölschock.** Nach diesem Szenarium rechnet man damit, dass es wiederholt zu »plötzlichen Störungen und kräftigen Preiserhöhungen kommt, wodurch längere Not- und Krisensituationen eintreten«.

3) **Zerfall.** Hier gilt die Annahme, dass die Konsequenzen der Ölverknappung so gravierend sind, dass sich die Gesellschaftssysteme auflösen und »Kämpfe um die knappen Ressourcen, Energie, Nahrung und Unterkunft, mit katastrophalen humanitären Folgen« stattfinden.

Das letzte Szenarium wäre für die Menschen die schlimmste Zukunftsperspektive. Wir können vor keinem dieser drei Szenarien sicher sein, wenn wir unsere Maßnahmen ausschließlich gegen den Klimawandel ergreifen und die Folgen der Ölverknappung ignorieren. In jedem Fall wird entschei-

dend sein, wie viel Resilienz wir bis dahin gewonnen haben (vgl. Kapitel 3). Vandana Shiva, die indische Umweltaktivistin und Vorkämpferin für eine nachhaltige Landwirtschaft, hat bei Besuchen in den von der Tsunami-Katastrophe 2004 betroffenen Gebieten festgestellt, dass manche Dörfer große Widerstandsfähigkeit bewiesen und relativ rasch wieder aufgebaut und bewohnt waren, während andere Dorfgemeinschaften, die ihre alte, flexible Wirtschaftsweise zugunsten eines importabhängigen und auf den Tourismus ausgerichteten Systems aufgegeben hatten, sich kaum erholten:

> »Unter den Stämmen auf den Andamanen und Nikobaren (den Onge, Jawara, Sentinelesen und Shompen), deren Lebensweise kaum das Ökosystem stört, gab es die wenigsten Opfer, obwohl sie gerade in der Region des Indischen Subkontinents leben, die dem Epizentrum des Erdbebens am nächsten lag.«[10]

Aus den drei genannten Szenarien wird ersichtlich, dass wir längst besser auf die Zukunft vorbereitet sein müssten. Wir werden eine stabilere und stärker lokal orientierte Infrastruktur brauchen und neue Möglichkeiten, unsere Grundbedürfnisse vor Ort abzudecken. Niemand möchte Szenarium 2 oder 3 herbeireden, aber indem wir uns auch gegen die schlimmsten Szenerien wappnen, können wir eine weniger dramatische Entwicklung wie Szenarium 1 eher bestehen: Eine positive Lösung wird umso wahrscheinlicher, je stärker wir uns darum bemühen. Gerade in schweren Zeiten, wenn die Menschen einander brauchen, ist es keine kluge Überlebensstrategie, wenn jeder nur an sich selber denkt. Alle Lösungen sollten gemeinsam angestrebt werden.

Um angesichts dieser Herausforderungen gemeinsam einen erfolgreichen Weg des Übergangs zu finden, darf man die Menschen nicht ständig mit Schreckensszenarien konfrontieren; das ist eines der Hauptanliegen dieses Buchs. Die Psychologen D. Winter und S. Kroger haben zu diesem Problem festgestellt:

ATOMKRAFT IST KEINE LÖSUNG – DREI WEITERE GRÜNDE

4. Kosten

Neue Atomenergieprogramme wären außerordentlich teuer. Armory Lovins hat folgende Rechnung aufgemacht: 10 Cent in die Atomkraft investiert, erbringen eine Kilowattstunde (1 kWh) Energie, in Windkraftanlagen: 1,2–1,7 kWh und in kleinen Blockheizkraftwerken: 2,2–6,5 kWh. Dass viel Geld in ein weniger effizientes Verfahren wie die Atomkraft investiert wird, setzt weiteres Wirtschaftswachstum voraus – und das scheint immer unwahrscheinlicher.

5. Begrenzte Uranvorräte

Heute schätzt man, dass die weltweiten Uranvorräte für die nächsten 60 Jahre reichen. Sollte die Stromerzeugung aus Kernkraft stetig zunehmen, dann würde sich diese Frist entsprechend ändern: Bei weltweiter vollständiger Umstellung auf Atomkraft würden die Uranvorräte noch etwa drei Jahre reichen.

6. CO_2-Emission

Ein beliebtes Argument für die Atomenergie lautet, sie erzeuge keinen CO_2-Ausstoß. Das mag zutreffen, wenn man nur die Kraftwerke selbst betrachtet. Im gesamten Prozess, vom Uranbergbau über die Verarbeitung, Anreicherung, Aufbereitung und Entsorgung, wird sehr wohl Treibhausgas erzeugt – etwa ein Drittel der Emission eines durchschnittlichen Gaskraftwerks.

(Eine vernichtende Kritik der Atomkraft im Kontext von Peak Oil und Klimawandel liefert D. Fleming, *The Lean Guide to Nuclear Energy: A life cycle in trouble*, The Lean Economy Connection, 2007)

Wenn wir uns den Umschlagpunkt der Energieerzeugung als eine Art spektakulären, aber gefährlichen Berggipfel vorstellen, den zu erklimmen der Menschheit gelungen ist, dann sollte es uns auch als eine vernünftige und annehmbare Idee erscheinen, einen sicheren Rückweg nach unten zu finden.

Der Aufstieg erforderte heldenhafte Anstrengungen und große Opfer, er brachte uns mit jedem Schritt neue Ausblicke und Möglichkeiten. Wir haben ein paar falsche Gipfel erklommen, aber ganz oben angekommen, liegt uns die Welt zu Füßen. Manche glauben, dass irgendwo in der nebligen Ferne noch höhere Gipfel warten, aber es droht ein Wetterumschlag. Der Blick vom Gipfel lässt uns eins werden mit der Welt, wir sehen ihre majestätische Schönheit. Aber leider können wir nicht lange da oben bleiben – wir müssen den Ausblick nutzen, um den Rückweg zu finden, bevor es dunkel wird und das Wetter sich verschlechtert.

Der Abstieg wird gefährlicher als der Aufstieg, vielleicht müssen wir unterwegs öfter biwakieren und Stürme überstehen. Nachdem wir so lange auf dem Gipfel waren, können wir uns kaum noch erinnern, wie es im Tal aussieht, aus dem wir geflohen sind, als es von uns unerklärlichen Kräften zunehmend verwüstet wurde. Dennoch wissen wir, dass uns jeder Schritt zurück in ein sicheres Tal bringt, in dem wir eine neue Heimat finden werden.

David Holmgren,
Permaculture, 2002

»Normales Verhalten setzt voraus, dass der Mensch an eine Zukunft glaubt, in der seine Bedürfnisse erfüllt werden. Verliert er diesen Glauben, verliert er auch das Vertrauen in diese Welt. Wir kennen vier neurotische Reaktionen auf diesen Vertrauensverlust, die auch das Umweltverhalten betreffen: narzisstisches, depressives, paranoides und zwanghaftes Verhalten.«[11]

Ich glaube, wenn sich die Menschen überzeugen und begeistern lassen, dann haben wir noch die besten Chancen, auf den Klimawandel und die Ölknappheit zu reagieren: Wir müssen alle unsere Hoffnungen und Anstrengungen darauf ausrichten, dass die Entwicklung Richtung Szenarium 1 läuft. Und wie das zu machen wäre, soll hier gezeigt werden.

Was können wir tun, damit das »evolutionäre« Szenarium Realität wird? David Korten sagt, die Funktion der Aktivisten müsse eine Mischung von »Hebamme und Herbergsvater« sein.[12] Das heißt, wir müssen den Menschen helfen, dass sie mit den überall wegbrechenden ölabhängigen Infrastrukturen fertig werden, wir müssen ihnen aber auch Alternativen aufzeigen, die zu neuen, lokal orientierten Wirtschaftsformen führen. Sharif Abdullah hat es so formuliert:

»Unsere Aufgabe bei der Formierung einer neuen Gesellschaft … besteht darin, mitfühlend und helfend zum Entstehen neuer Verhaltensweisen beizutragen. Wie bei einer Geburt wird es nicht ohne Schmerzen und Traumata abgehen, aber wir können den Schmerz lindern und der neuen Gesellschaft ein gesundes Wachstum sichern.«[13]

Nach meiner Ansicht gibt es nur einen Weg, um den Übergangsprozess zu bewerkstelligen, der mit dem Ende des »Billigöl-Zeitalters« notwendig wird: Wir müssen neue Formen finden, um die Menschen in dieses gewaltige Projekt einzubinden. Die alten Ansätze funktionieren nicht mehr, ein neues Selbstverständnis muss her, und ebenso müssen neue Methoden her. Hier könnte der Aus-

spruch eines Künstlers hilfreich sein, der von Umweltfragen noch nichts wusste, nämlich des französischen Malers und Bildhauers Jean Dubuffet: »Die Kunst legt sich nicht in gemachte Betten; sie ergreift die Flucht, sobald ihr Name ausgesprochen wird, denn sie liebt das Inkognito. Am besten geht es ihr, wenn sie vergessen hat, wie sie heißt.«[14]

Vielleicht müssen wir uns auch bei unserem Engagement für eine Energiewende ständig neu erfinden und alle Etiketten vergessen: Es geht um einen kreativen, spielerischen, mitreißenden Prozess, in dessen Verlauf wir unseren Mitbürgern helfen, den Verlust vertrauter Verhältnisse zu verwinden, und vielleicht dazu beitragen, eine neue, weniger energiehungrige Infrastruktur zu schaffen, die sich irgendwann als die bessere Lösung erweist.

Wozu eine »Energiesenkung«?

Der Begriff »Energiesenkung« kommt in diesem Buch häufig vor, und er wird wohl nicht jedem Leser vertraut sein. Ich versuche eine Erklärung. Als ich auf das Peak-Oil-Problem stieß, fiel mir auf, dass sich alle Welt mit dem oberen Teil der Kurve auf den Diagrammen beschäftigte – eben mit dem »Peak«, dem Ölfördermaximum. Unzählige Geologen, Wissenschaftler und Autoren untersuchten den Gipfel dieser klassischen Normalverteilung: Würde der absteigende Teil eher sanft, mit einigem Auf und Ab, oder gar steil abfallen? Für den weiteren Verlauf zeigte offenbar niemand Interesse. Viel wichtiger als der Gipfelpunkt schien mir der untere Bereich der Kurve auf der rechten Seite der Zeitachse: Hier, in dem unbekannten Terrain, von dem offenbar niemand etwas wissen wollte, würden wir ja irgendwann ankommen.

Eine Gesellschaft ohne Zugriff auf fossile Brennstoffe wird zwangsläufig ganz anders aussehen als die heutige, schon weil sie siebzig bis hundert Mal weniger Arbeitsleistung erbringen kann.[15]

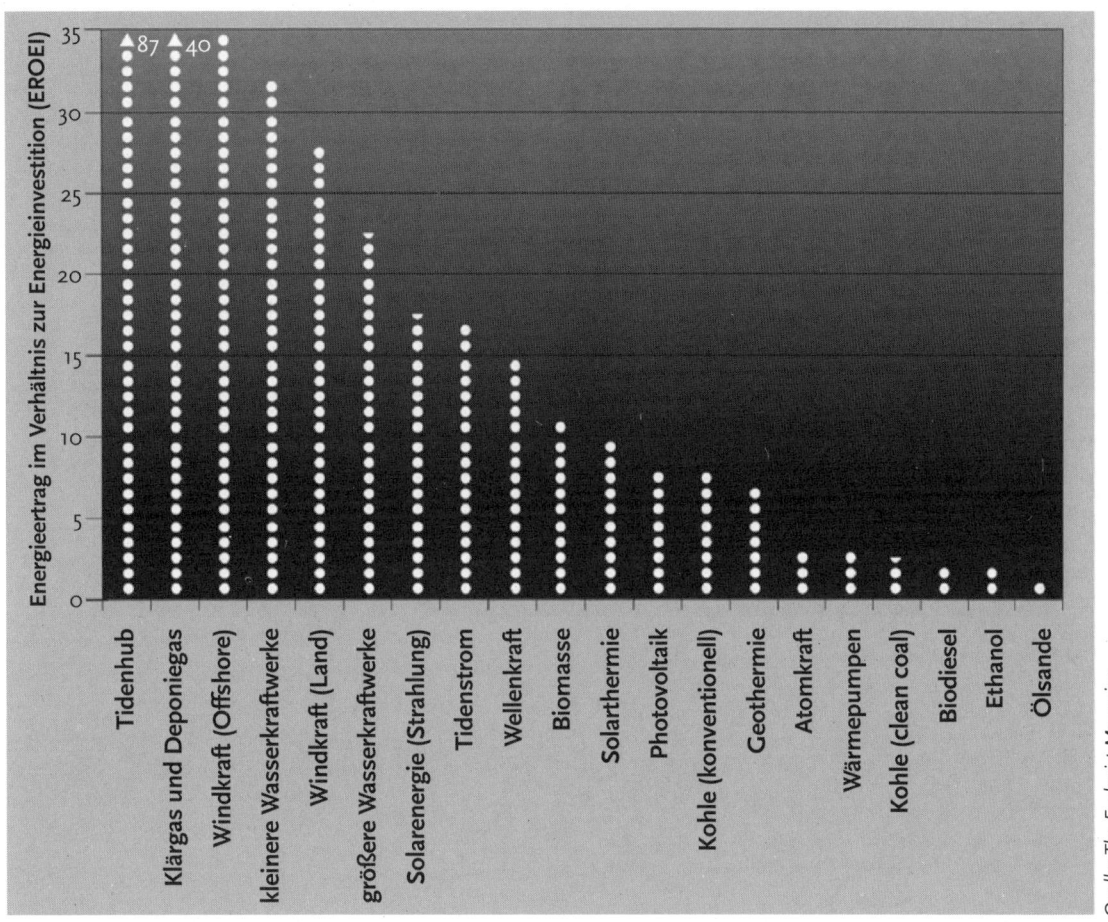

Schaubild 10. Im Vergleich mit der Energieeffizienz anderer Energiequellen schneiden die Flüssigbrennstoffe sehr schlecht ab.

Quelle: The Ecologist Magazine

Nicht weniger wichtig als die Frage, wann das Ölfördermaximum erreicht wird, ist das Problem des Energieertrags. Der Energiegewinn aus eingebrachter Energie (engl. Energy Return on Energy Invested, EROEI), also der Nettoertrag, ist per Definition »die Energie, die sich aus einer Aktivität zur Energiegewinnung ergibt, im Verhältnis zur dabei aufgewendeten Energie«.[16] In den 1930er Jahren erreichte die Ölförderung in den USA das sagenhafte Ertragsverhältnis von mehr als 100:1 – das heißt, jede Energieeinheit, die zur Ölförderung eingesetzt wurde, erbrachte mehr als hundert Energieeinheiten. Diese Traumquote wurde nie wieder erreicht. Der zunehmende Aufwand bei

der Förderung und die intensivere Nachbearbeitung von Öl minderer Qualität ließen die Quote bis 1970 auf 30:1 fallen, heute beträgt sie zwischen 11:1 und 18:1, der weltweite Durchschnitt liegt bei 20:1.[17] Und die Zahlen gelten im Wesentlichen für die erschlossenen Ölfelder – bei neuen Lagerstätten scheint die Quote noch schlechter zu sein.

Windenergie zum Beispiel hat einen Nettoertrag von 11:1; allerdings wäre dieser Wert deutlich geringer, würde der Aufwand für die Energiespeicher eingerechnet, um windarme Perioden zu überbrücken. Die Photovoltaik erreicht Werte zwischen 2,5:1 und 4,3:1. Mit mehr als 23:1 schneiden Wasserkraftwerke noch am besten ab, aber die meisten Quellen dieser Energie sind weltweit bereits erschlossen und bestehende Anlagen haben zunehmend Probleme mit den anfallenden Schlamm- und Geröllmassen. Hinzu kommt, dass der Klimawandel mit seinen trockeneren Sommern die Energieeffizienz mancher Stauseen reduziert. So ist im trockenen Sommer 2007 die Stromerzeugung aus Wasserkraft in Costa Rica um 25 Prozent zurückgegangen.[18] Hinsichtlich der Nettobilanz (EROEI) sehen die vermeintlichen Alternativen für Flüssigbrennstoff, mit denen unsere Gesellschaft über die Runden zu hoffen glaubt, gar nicht so gut aus: Biodiesel kommt auf eine Quote von etwa 2:1, Ethanol aus Zuckerrohr auf etwa 4:1 (lediglich in Brasilien macht das Klima bis zu 8:1 möglich), und Bio-Ethanol aus Getreide erreicht nur Werte zwischen 0,8:1 und 1,6:1. Diese Quoten liegen weit unter dem Energieertrag von Öl und erfüllen nicht die Kriterien, die Charles Hall von der University of New York errechnet hat: Ein Flüssigbrennstoff gilt nur dann als wirtschaftlich sinnvoller Beitrag zum Überleben der Gesellschaft, wenn seine Erzeugung nicht von Petroleumderivaten abhängt und er einen EROEI-Wert von mindestens 5:1 aufweist. Angesichts des Rückgangs der Energieertragsquoten und der anstehenden Förderungsmaxima bei Öl, Gas, Kohle und Uran (etwa in dieser zeitlichen

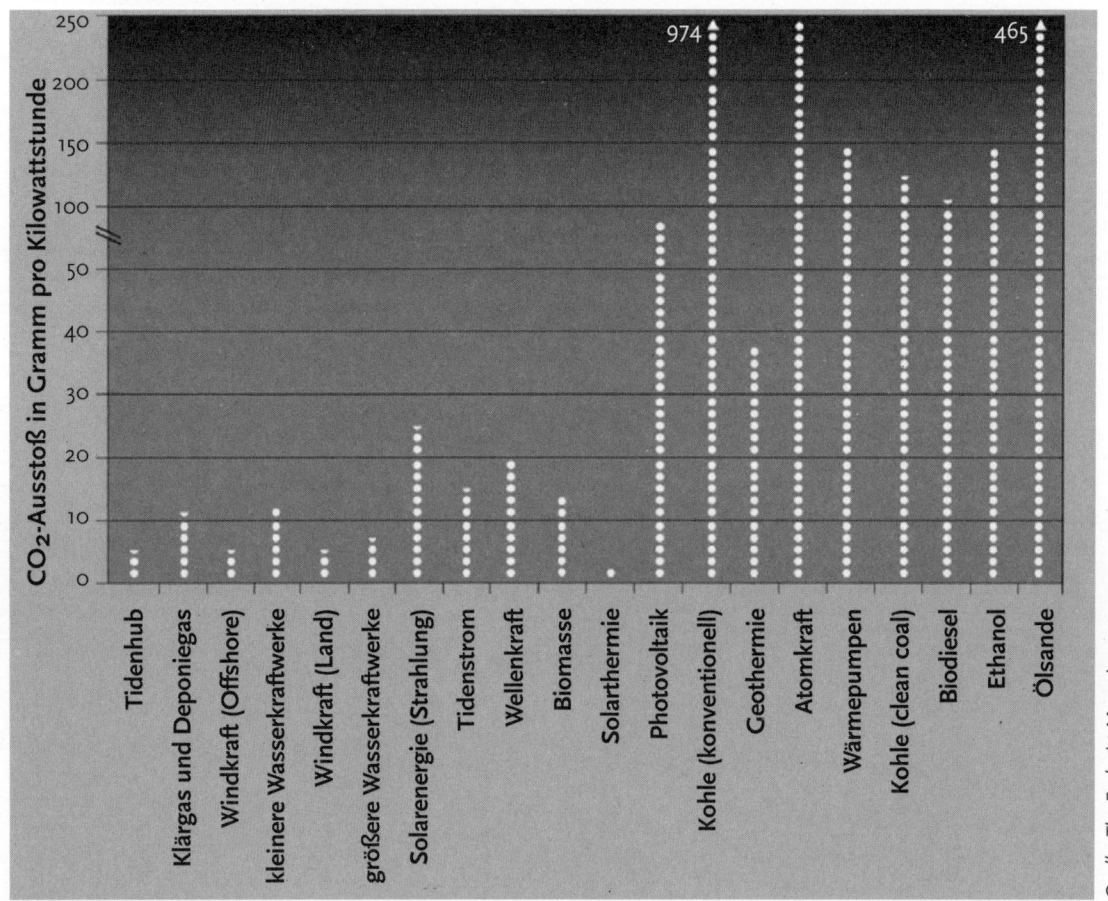

Quelle: The Ecologist Magazine

Schaubild 11. CO$_2$-Ausstoß verschiedener Energieträger im Vergleich. Auch hier zeigt sich, dass Biotreibstoffe nicht zu empfehlen sind und dass keinesfalls mehr Kohle gefördert werden sollte.

Reihenfolge)[19] bleibt nur ein Schluss: Das heutige Niveau der Energieversorgung werden unsere Gesellschaften wohl niemals überschreiten.[20]

Es gab schon einige wenige Fachleute, die sich Gedanken über den Verlauf unserer Reise auf dem absteigenden Ast der Statistikkurve gemacht haben. Howard und Elisabeth Odum schrieben 2001 in ihrem Buch *A Prosperous Way Down*:

> »Dass wir aus dem Weg nach unten auch Vorteile ziehen können, ist eine begeisternde Vorstellung, die nun immer deutlicher wird. Man muss sich der neuen Herausforderung, der Energiesenkung, mit großer Entschlossenheit stellen. ... Wenn erst einmal alle begriffen haben, dass wir mit weniger auskommen müssen, dann kann die Gesellschaft sich ein neues gemeinsames Ziel setzen – zu entscheiden, was wirklich wichtig ist. Präsidenten, Gouverneure und Lokalpolitiker könnten es als gemeinsame Führungsaufgabe begreifen, das Problem zu vermitteln. Würden sie erkennen, welche Chancen sich ihnen bieten, dann könnten Millionen von Menschen weltweit für die gemeinsame Anstrengung gewonnen werden, den Weg nach unten für alle zum Vorteil zu gestalten. Die Alternative wäre eine Welt selbstsüchtiger Kämpfe um die letzten verbleibenden Ressourcen.«[21]

In solchen Beiträgen wird betont, wie wichtig es ist, sich rechtzeitig auf den unabweisbaren Rückgang der Nettoenergieerträge vorzubereiten. Diese Vorstellung hat auch die unmissverständliche Feststellung im Hirsch-Report geprägt, dass jede gesamtgesellschaftliche Reaktion auf das Ölfördermaximum »wenigstens ein Jahrzehnt vor dem Eintreten des Umschlagpunkts beginnen muss«.[22]

Der Begriff »Energiesenkung« wurde von David Holmgren propagiert, einem der Permakultur-Gründer. Er schrieb 2003: »Den Begriff ›Senkung‹ wähle ich, weil er kaum negativ besetzt ist und dennoch deutlich beschreibt, was unausweichlich scheint: die radikale Reduzierung des Verbrauchs und/oder der Zahl der Verbraucher, die in den kommenden Jahrzehnten und Jahrhunderten der abnehmenden Verfügbarkeit von fossilen Brennstoffen unser Leben bestimmen wird.«[23]

Ted Trainer von der University of New South Wales hat kürzlich in seiner Arbeit »Renewable Energy Cannot Sustain a Consumer Society«[24] darauf hingewiesen, dass künftig nach dem Peak Oil erneuerbare Energien sicherlich eine größere Rolle spielen werden, dass aber die Vorstellung absurd sei, damit die westliche Konsumgesellschaft zu unterhalten oder gar ihr weiteres Wachstum zu gewährleisten. Es sei vielmehr unabdingbar, neue Konzepte für eine Welt auf niedrigerem Energieniveau zu entwickeln:

> »Es besteht weithin die Annahme, man könne eine kapitalistische Konsumgesellschaft – mit ihren Zielen der möglichst schnellen und endlos fortgesetzten Steigerung von Produktion, Absatz, Handelsvolumen, ›Lebensstandard‹ und Bruttoinlandsprodukt – auch auf der Basis erneuerbarer Energien betreiben. ... Sollte sich diese Annahme als falsch erweisen, werden wir schon in naher Zukunft mit katastrophalen Problemen konfrontiert sein. Wir sollten uns daher schleunigst Gedanken über radikale gesellschaftliche Alternativen machen.«[25]

»Energiesenkung« ist noch kein eingeführter Begriff. Ich möchte ihn wie folgt definieren:

> »Eine ständige Senkung des Energiebedarfs der Menschheit, in Umkehrung des seit der industriellen Revolution steigenden Nettoenergieverbrauchs. Der Begriff bezieht sich auch auf eine Zukunft, in der es der Menschheit gelungen ist, sich von der Verfügbarkeit eines Nettoenergieertrags aus fossilen Brennstoffen zu verabschieden und stärker auf lokale Selbstversorgung zu setzen. Energiesenkung ist der Schlüsselbegriff für alle, die das Ölfördermaximum nicht als Beginn einer unabwendbaren Katastrophe, sondern als den Anfang einer Veränderung zum Besseren begreifen.«[26]

Colin Campbell von der Association for the Study of Peak Oil hat darauf hingewiesen, dass der entscheidende Aspekt des Konzepts der Energiesenkung nicht der Zeitpunkt des Ölfördermaximums ist, sondern der Zeitpunkt, an dem die Menschen begreifen, dass die Ära des Billigöls zu Ende geht. Wichtiger als die Geschwindigkeit des Wandels ist seine Richtung. Energiesenkung und Energiewende sind die Leitbegriffe einer einfachen Botschaft: Wenn rechtzeitig genug Erfindungsreichtum und Vorstellungskraft zur Wirkung kommen, dann kann eine Zukunft mit weniger Öl sehr erstrebenswert sein.

Noch haben wir die Wahl. Mit der gleichen Entschlossenheit und Erfindungsgabe, die uns auf den heutigen Gipfel geführt hat, können wir auch den Rückweg meistern. Tatsächlich bleibt uns (angesichts der Entwicklung der Nettoenergie) nur noch dieser Weg nach unten, aber »nach unten« muss nicht Entbehrung, Elend und Zusammenbruch bedeuten. Wir sollten nicht versuchen, auf dem Gipfel noch eine Art Heath-Robinson-Turm zu errichten, der sich auf die Kohleverflüssigung, die Ölsande usw. gründet – ein sehr unsicheres Bauwerk, unter Missachtung aller geologischen Gutachten. Unser Absturz wäre nur umso tiefer. »Energiesenkung« soll heißen, dass uns der Weg vom Gipfel Schritt für Schritt zu mehr Vernunft, Verortung und Ganzheit führt. Es könnte eine Rückkehr zu unserem wahren Selbst werden – so, als würden sich die stets sehr beschäftigten Mitglieder einer Familie bei einem Stromausfall plötzlich wieder kennenlernen. Letztlich geht es bei der Energiesenkung um die Aufwertung von Energie – Energie für Gemeinschaften und ihre Kultur. Darin liegt die Chance, nicht vor den Herausforderungen der gegenwärtigen Krise zu erstarren, sondern ganz realistisch die Zukunftsmöglichkeiten zu ergreifen.

Kapitel 3

Unsere Widerstandsfähigkeit zu stärken ist so wichtig wie die Senkung der Emissionen

Was ist Resilienz?

Der Begriff »Resilienz«, im Sinne von Widerstandsfähigkeit, Anpassungsfähigkeit oder Elastizität, spielt eine wichtige Rolle in diesem Buch. Auf Fragen der Ökologie bezogen, meint er die Fähigkeit eines Ökosystems, Veränderungen abzufedern, die sich aus extremen äußeren Einflüssen oder versuchten Eingriffen ergeben. Bei Walker et al. findet sich folgende Definition:

> »Resilienz meint die Fähigkeit eines Systems, auf Störungen durch Veränderung und Neuformierung zu reagieren, ohne dabei seine wesentlichen Funktionen, seine Struktur, Identität und interne Verknüpfung zu verlieren.«[1]

Soweit es um menschliche Gemeinschaften und Siedlungen geht, ist hier ihre Fähigkeit gemeint, nicht bei den ersten Anzeichen von Öl- oder Nahrungsmittelknappheit zu kollabieren, sondern sich solchen Störungen durch Anpassung gewachsen zu zeigen. Ein gutes Beispiel sind die Aktionen der Lkw-Fahrer gegen die Kraftstoffsteuer in Großbritannien im Jahr 2000. Innerhalb von drei Tagen brachte der Streik die britische Wirtschaft an den Rand des Zusammenbruchs – nur einen Tag später wären Nahrungsmittelrationierungen fällig und Unruhen zu erwarten gewesen.

Kurz bevor es zu einer Einigung in diesem Konflikt kam, hatte Sir Peter Davis, Vorstandsvorsitzender der Supermarktkette Sainsbury's, in einem Brief an Premierminister Tony Blair darauf hingewiesen, dass Nahrungsmittelknappheit nun »nicht mehr eine Frage von Wochen, sondern von Tagen« sei.[2] Das zeigt auch deutlich, wie unangemessen die Einschätzung des britischen Ministeriums für Umwelt, Ernährung und Landwirtschaft (DEFRA) von 2003 ist, die »Einrichtung nationaler Bevorratung im Nahrungsmittelbereich« sei »weder notwendig noch wünschenswert«.[3] Ganz offensichtlich sind wir hier nicht flexibel – nur drei Tage trennen uns vom Hunger. Dazu gibt es ja schon die sprichwörtliche Einsicht: »Die Zivilisation reicht nur drei Mahlzeiten weit.« Wir sind völlig abhängig geworden von äußerst unzuverlässigen Einrichtungen, und es gibt keinen Plan B.

Widerstandsfähigkeit oder Resilienz meint viel mehr als das bekannte Konzept der Nachhaltigkeit. Eine Gemeinde kann sich zum Beispiel für ein Programm entscheiden, das die Sammlung aller Plastikabfälle aus Industriebetrieben und Haushalten und ihre Wiederverwertung vorsieht. Das ist sicherlich umweltpolitisch sinnvoll, aber kein Beitrag zur Widerstandsfähigkeit vor Ort. Abgesehen von der besten Lösung – nämlich

Während in Westeuropa die Resilienz immer weiter geschwächt wurde, gehören flexible Systeme der Selbstversorgung in Teilen Osteuropas noch zum Alltag. Man sieht es hier deutlich auf einem Straßenschild in Rumänien.

Foto: © Andy Goldring

Ein resilientes System ist anpassungsfähig und vielfältig. Es verfügt über eine gewisse Redundanz. Ein solcher flexibler Ansatz geht davon aus, dass eine komplexe und dynamische Welt in ständigem Wandel begriffen ist und Vorhersagen schwierig sind; er rechnet damit, dass Eingriffe in bestimmte Teile eines Systems zu nicht gewünschten Veränderungen des gesamten Systems führen können. Die Idee der Resilienz bietet einen neuen Fokus für den Blick auf die Welt der Natur, in der wir leben, und die Welt der Menschen, die wir ihr aufgezwungen haben.

C. Ward, »Diesel-Driven Bee Slums and Impotent Turkeys: The Case for Resilience«, 2007, www.tomdispatch.com

Untersuchungen der Thames Valley University haben gezeigt, dass überall im Land die Zahl kleiner Läden in den Dörfern, Ortschaften und Kleinstädten dramatisch zurückgegangen ist. Seit den 1940er Jahren mussten etwa 100000 dieser Läden schließen, heute beträgt der Rückgang jährlich um die 10 Prozent. Von 1995 bis 2000 erlebten die selbstständigen Anbieter frischer Lebensmittel – Bäcker, Metzger, Fisch- und Gemüsehändler – einen Umsatzrückgang von 40 Prozent – die Supermärkte übernahmen den Lebensmittelhandel.

New Economics Foundation, Report *Ghost Town Britain*

weniger Plastikmüll zu erzeugen – wäre es vermutlich besser, diesen Müll einer Verwendung zuzuführen, die weniger Verarbeitungsaufwand braucht. Vielleicht könnte er zu Baumaterial gepresst werden, zu Isolierstoff oder Kunststoffbausteinen, die lokal Verwendung finden. Den Müll nur zu sammeln und irgendwohin zu verfrachten hilft der Gemeinde nicht weiter – vor allem wenn es um ihre Möglichkeiten geht, auf plötzliche Veränderungen flexibel zu reagieren. Das gilt im größeren Maßstab auch für einige Kampagnen gegen den Klimawandel, die das Ölfördermaximum ignorieren. Natürlich nützt es der Artenvielfalt, wenn eine Gemeinde beschließt, einen Wald auf öffentlichem Grund aufzuforsten, vielleicht trägt es auch zur CO_2-Abscheidung bei (die Wissenschaft ist sich da noch nicht sicher). Die Resilienz dieser Gemeinde wird damit nicht gestärkt – dazu müsste ein sorgfältig geplantes Programm zur Agroforstwirtschaft umgesetzt werden, also die Pflanzung von Bäumen mit essbaren Früchten. In diesem Punkt hat auch die Initiative »People's Millennium Forests« eine große Chance verpasst: Wären im Rahmen dieses Projekts silvo-arable Lösungen gefördert worden, dann hätten wir vielleicht heute schon überall Wälder, die (im übertragenen wie buchstäblichen Sinn) Früchte tragen.

Der Wirtschaftswissenschaftler David Fleming hat die Vorteile verbesserter Resilienz für eine Gemeinschaft so zusammengefasst:

- Die plötzliche Zerstörung eines Teils wird nicht die gesamte Gemeinschaft erschüttern.

- Eine Vielfalt von Lösungsansätzen wird möglich, angepasst an die lokalen Gegebenheiten.

- Die Gemeinschaft kann für die wichtigsten Grundbedürfnisse einstehen, auch wenn Reisen und Gütertransport nicht mehr möglich sind.

- Die großen bürokratischen und infrastrukturellen Lenkungsapparate werden durch zweckgebundene lokale Einrichtungen ersetzt, die deutlich billiger sind.[4]

Mehr Resilienz und die Stärkung der lokalen Ökonomie bedeutet natürlich nicht, dass wir um unsere Ortschaften und Städte einen Zaun ziehen und nichts mehr herein- oder herauslassen. Wir wollen nicht den Handel abschaffen oder eine idealisierte Vergangenheit neu inszenieren. Es geht allein darum, für eine Zukunft gerüstet zu sein, in der man mit weniger auskommt: also mehr Selbstversorgung, mehr lokal erzeugte Produkte statt Importe.

Drei Bestandteile eines resilienten Systems

Wissenschaftliche Arbeiten über die Widerstandskraft ökologischer Systeme[5] zeigen deutlich drei Merkmale, die über die Fähigkeit entscheiden, sich nach einer Katastrophe zu regenerieren:

- **Vielfalt**
- **modulare Struktur**
- **schnelle Rückkopplung**

Vielfalt meint zuerst die Zahl der Komponenten eines Systems: Menschen oder Arten ebenso wie Geschäftszweige, Institutionen oder Nahrungsquellen. Wie flexibel sich ein System erweist, hängt aber nicht nur von der Zahl der Arten ab, die es umfasst, sondern auch von seiner internen Vernetzung. Weiterhin bedeutet Vielfalt hier die Zahl unterschiedlicher Funktionen in einer Gemeinschaft (also nicht etwa Abhängigkeit allein von Bergbau oder Tourismus): Je mehr unterschiedliche Reaktionen auf eine Herausforderung möglich sind, desto höher der Grad an Flexibilität. Vielfältige Nutzung des Bodens – durch Bauernhöfe ebenso wie Gemüsegärten, Aquakultur, Waldwirtschaft und die Pflanzung von Walnussbäumen usw. – ist entscheidend für die Resilienz einer Ansiedlung. Leider ist diese Praxis in den vergangenen Jahren zunehmend aufgegeben worden – zugunsten von Monokulturen, die ja per Definition das Gegenteil von Vielfalt bedeuten.[6]

Vielfalt meint aber auch das Nebeneinander verschiedener Systeme. Lösungen, die sich an einem Ort als erfolgreich erwiesen haben, müssen anderswo nicht unbedingt genau so funktionieren. Jede Kommune wird ihre spezifischen Antworten und Ansätze finden. Das ist aus zwei Gründen sehr wichtig: Zum einen wird damit klar, dass von oben verordnete Lösungen unsinnig sind, weil die Planer über die Bedingungen vor Ort nicht genug wissen. Zum anderen geht es bei der Stärkung der Resilienz ja genau darum, kleine standortspezifische Veränderungen vorzunehmen. Nicht die großen Eingriffe sind entscheidend, sondern die vielen kleinen Anpassungen.[7]

Modulare Struktur bedeutet, nach einer Definition der Ökologen Brian Walker und David Salt, »die Art der Verknüpfung von Bestandteilen eines Systems«.[8] Ende 2007 erlebte das britische Bankensystem eine Krise, die von der Northern Rock Bank ausging. Das Geldinstitut hatte sich mit unsicheren Krediten an Hauskäufer in den USA übernommen – der Anfang des Problems lag also tausende von Meilen entfernt, aber die Folgewirkungen erfassten sehr rasch ein Finanzsystem

nach dem anderen. Die weltweite Vernetzung, gern als eine der großen Stärken der Globalisierung gerühmt, zeigte sich hier als Schwachstelle. Moderne, vielfach vernetzte Systeme geben auch jede Erschütterung sehr schnell intern weiter – unter Umständen mit katastrophalen Folgen.

Ein modular aufgebautes System ist besser in der Lage, sich in Teilen selbst zu stabilisieren, wenn es eine Erschütterung erfährt. Ein Beispiel: Die Globalisierung der Nahrungsmittelindustrie hat dazu geführt, dass Tiere und Fleisch weltweit transportiert werden, die Folge ist das verstärkte Auftreten von Infektionskrankheiten wie Vogelgrippe oder Maul- und Klauenseuche. Eine Reduzierung der Tiertransporte und die Wiedereinführung von Schlachthöfen und Verarbeitung vor Ort ergäben ein stärker modular strukturiertes System: Heimische Arten würden für den lokalen Markt gezüchtet, das Risiko einer schnellen Ausbreitung von Seuchen, wie wir sie in jüngster Zeit erlebt haben, würde deutlich verringert.

Das Prinzip modularer Strukturen spielt eine entscheidende Rolle bei der Planung der Energiesenkung in den Energiewende-Initiativen: Auf diese Weise erreicht man mehr interne Verbindungen, ohne sich der Gefahr von Störungen in größeren Netzwerken auszusetzen. Nahrungsmittelerzeugung vor Ort, lokale Investitionspläne usw. – all das ist Ausdruck des modularen Prinzips. Wir wollen Verbindungen mit der Welt, aber keine Abhängigkeit: Interne Vernetzung und Informationsaustausch sind unsere ethischen Grundsätze.

Schnelle Rückkopplung bedeutet die Fähigkeit eines Systems, Veränderungen in einem seiner Teile rasch und effektiv an andere Teile zu übermitteln, damit diese auf die Folgen angemessen reagieren können. Walker und Salt schreiben dazu: »Die Globalisierung mit ihren zentralen Len-

Foto: © Andy Goldring

Auf diesem Markt in Slowenien kann eine Vielzahl lokaler Erzeugnisse angeboten werden, da die Landwirtschaft noch weitaus differenzierter ist als in den Industrieländern.

In einem resilienten System können die einzelnen vernetzten Komponenten – Menschen, Firmen, Kommunen oder sogar Länder – Unterstützung und Ressourcen von außen beziehen, sie sind aber auch autark genug, um im Notfall für die Grundbedürfnisse selbst sorgen zu können. Den zweiten Teil dieser Feststellung haben wir in unserem Wahn, alle wirtschaftlichen und technologischen Netzwerke der Welt zu verknüpfen und zu globalisieren, offenbar vergessen.

Thomas Homer-Dixon,
The Upside of Down: catastrophe, creativity and the renewal of civilisation, Souvenir Press, 2007

Ich möchte mein Haus nicht von Mauern umgeben und die Fenster verriegelt wissen. Ich will, dass die Kulturen aller Länder mein Haus so frei wie möglich umwehen, aber ich will auch nicht von ihnen fortgeweht werden.

Mahatma Gandhi,
Young India, 1921

kungsinstanzen kann die Rückkopplung entscheidend schwächen. Je länger es dauert, eine Rückmeldung zu bekommen, desto größer wird die Gefahr, nicht mehr rechtzeitig reagieren zu können.«[9] In stärker lokal orientierten Systemen zeigen sich die Folgen unserer Handlungen unmittelbar: Vor Ort können wir beschließen, die Folgen von zu viel Pestiziden oder anderen Schadstoffen nicht zu dulden – ganz gleich, wie anderswo verfahren wird. In einem globalen System braucht es vielleicht zu viel Zeit, bis die Auswirkungen von Bodenerosion, Pestiziden oder schlechter Bezahlung von Arbeitskräften als Rückmeldung in der Zentrale ankommen. Kürzere Rückmeldungszeiten helfen uns, die Folgen unserer Handlungen schneller zu begreifen: Wir verstehen, was bestimmte Entwicklungen für uns bedeuten, und müssen nicht länger verständnislos auf ferne Ereignisse schauen. Wenn Menschen an einem lokalen Energienetz hängen, werden sie sich mehr Gedanken über den Verbrauch machen – einfach weil die Rückkopplung weniger Zeit braucht.

Das gute Leben fing nicht erst mit dem Öl an

Ich habe hier nichts Neues zu berichten, ich will nur darauf verweisen, welche althergebrachten Grundsätze im Alltag vor dem Ölzeitalter galten. Ein Blick in die Geschichte des menschlichen

Apfelernte im Zweiten Weltkrieg

Zusammenlebens zeigt, wie erfindungsreich und vernünftig das Leben organisiert wurde, bevor die billigen fossilen Brennstoffe solche Kenntnisse überflüssig machten. In den 1950er und 1960er Jahren wurde in Großbritannien alles, was als provinziell, einfach, klein und ländlich galt, systematisch abgewertet – es war einfach »altmodisch«. In den letzten Jahren gab es ein ähnliches Phänomen in Irland, und besonders heftig zeigt sich diese Tendenz heute in China und Indien. Autos sind gut, Pferdewagen schlecht; Beton ist gut, Lehmziegel schlecht; Büroarbeit ist gut, Landarbeit schlecht; Fernsehen ist gut, Geschichtenerzählen schlecht. Man muss die Vergangenheit nicht idealisieren oder ein romantisches Bild autarker Wirtschaftsgemeinschaften zeichnen, aber es scheint heute doch eine sehr fragwürdige Vorstellung vom Leben vor dem Ölzeitalter zu herrschen: Entweder man glaubt, alle hätten im Dreck gelebt und der Inzest sei üblich gewesen, oder man stellt sich ein idyllisches Gemeinwesen vor, in dem alle Haustüren mit Rosen bekränzt waren und die Kinder Respekt vor den Eltern hatten.

Wir könnten eine Menge aus unserer Geschichte lernen. Zunächst steht fest, dass die Menschen über viel mehr praktische Fähigkeiten und Kenntnisse verfügten, die lokalen Wirtschaftssysteme waren flexibler und vielfältiger, und alle wussten, woher ihre Nahrung und Energie kamen. In der Stadt Totnes in Devon gab es in den 1930er Jahren noch zahlreiche Schreber- und Gemüsegärten, deren Ertrag die Stadtbevölkerung mehrheitlich mit Gemüse und auch mit einigen Früchten versorgte. Nur der Bahnhof war staatlich, alle Erwerbsbetriebe der Stadt hatten private Eigner. Dagegen kommt eine neuere Studie der New Economics Foundation zu dem Schluss, dass 42 Prozent der 103 untersuchten Kleinstädte und Dörfer das Prädikat »geklont« verdienen: Orte, »in denen der einstige individuelle Charakter der Hauptgeschäftsstraße durch die Niederlassung von Filialen nationaler und internationaler Handelsketten so gesichtslos wurde, dass man sie mit dem Ge-

Schnitter in Devon, um 1900

schäftszentrum Dutzender anderer Ortschaften verwechseln könnte«.[10] Ortsansässige Inhaber von Einzelhandelsgeschäften sind eine aussterbende Gattung. Wir haben noch nicht begriffen, wie wichtig solche Kleinunternehmer für die örtliche Gemeinschaft und die Resilienz ihrer Wirtschaft sind.

Natürlich gab es damals viel Elend und Schwäche, und das geringe Maß an Selbstbestimmung würden wir uns heute nicht mehr gefallen lassen. Das Leben war weniger bequem, und die Menschen starben früher. Wir sollten uns also keineswegs die Vergangenheit zum Vorbild für die Zukunft nehmen, aber dennoch: Schauen wir uns die öden Straßenzüge, Einkaufszentren, Parkplätze und die Asphaltwüsten des heutigen London an und vergleichen wir sie mit dem Bild, das Charles Dickens in seinem Roman *Große Erwartungen* gezeichnet hat:

»Wemmicks Haus war ein kleines Landhaus aus Holz inmitten kleiner Gärtchen. Sein Giebel war geschnitzt und bemalt wie eine mit Kanonen bestückte Batterie …

›Auf der Rückseite haben wir ein Schwein und Geflügel und Kaninchen; und dann hämmere ich mir mein eigenes kleines Treibhaus zusammen, sehen Sie, und ziehe Gurken; und beim Abendessen werden Sie beurteilen, was ich für einen Salat anbauen kann. Wenn Sie, Sir‹, sagte Wemmick, wiederum lächelnd, doch zugleich auch ernsthaft, während er den Kopf schüttelte, ›sich

dieses kleine Anwesen unter Belagerung vorstellen können, so würde es verteufelt lange aushalten, was die Verpflegung angeht.‹

Dann führte er mich zu einer Gartenlaube, die etwa ein Dutzend Yards entfernt lag, der man sich jedoch auf so kunstvoll gewundenen Pfaden näherte, dass es eine ganze Weile dauerte, bis man dort anlangte; und in diesem Schlupfwinkel standen unsere Gläser schon bereit. Unser Punsch kühlte in einem Zierteich ab, an dessen Rand die Laube erbaut war. Dies Stückchen Wasser (mit einer Insel in der Mitte, die der Salat fürs Abendessen hätte sein können) war von kreisrunder Form, und er hatte darin einen Springbrunnen errichtet, der, wenn man eine kleine Mühle in Gang setzte und einen Korken aus einer Röhre zog, so kräftig sprudelte, dass er einem tatsächlich den Handrücken nass spritzte.

Bevor das Straßen- und Schienennetz ausgebaut wurde, versorgten Schiffe die Städte an der Küste mit Waren. Das Bild zeigt kleine Frachtschiffe, um 1900.

›Ich bin mein eigener Ingenieur und mein eigener Zimmermann, mein eigener Klempner, mein eigener Gärtner und mein eigener Hansdampf in allen Gassen‹, sagte Wemmick als Bestätigung meiner Komplimente. ›Na ja, es tut gut, wissen Sie. Es wischt die Newgate-Spinnweben fort ...‹« [11]

Dickens beschreibt hier Stadtteile, die man 1870 von der Stadtmitte Londons zu Fuß erreichen konnte. Wemmick erscheint als Konsument, aber zugleich als Produzent – davon können die meisten von uns nur noch träumen. Heute würde man Wemmicks Wohnstätte wohl als »umweltschonendes Gebäude aus örtlichen Baumaterialien innerhalb einer biodiversen urbanen Anbaufläche« bezeichnen, in der sowohl »geschützte Aussaat und Aquakultur wie auch Hühner- und Schweinehaltung möglich sind«. Bis 2008 ist wohl ein Parkplatz daraus geworden.

Die Sache mit dem Kuchen

Nehmen wir als Metapher einen Kuchen, den man backen will. Die Stadt Totnes und ihr Umland zum Beispiel waren weitgehend auf Selbstversorgung eingestellt, bis um 1850 die Eisenbahn solche Gebiete erschloss. Milch, Käse, Fleisch, Gemüse und Früchte der Saison, die meisten Baustoffe und sogar viele Tuche – alles vor Ort erzeugt. Die Tuchproduktion wurde während der industriellen Revolution nach Nordengland verlagert. Auf dem Fluss Dart schafften kleine Segelschiffe die Importwaren heran: Holz aus dem Baltikum, Äpfel aus der Bretagne (man trank viel Apfelwein, hatte aber nicht genug Apfelbäume) und Wolle. Blieben die Lieferungen aus irgendeinem Grund aus, war man flexibel genug, ohne sie auszukommen. Man konnte seinen Kuchen backen, musste nur auf die importierten Extras verzichten, den Zuckerguss und die Kirschen.

Heute läuft das genau andersherum: Der Kuchen wird importiert, von irgendeinem Ort der Welt, wo man ihn am billigsten bekommt. Dafür gibt es jetzt Zuckerguss und Kirschen aus heimischer Produktion (die an den Kuchenproduzenten geliefert werden, irgendwo in der Welt). Wir haben also einfache und flexible Versorgungssysteme durch komplexe und höchst instabile ersetzt. Dank der rastlosen Globalisierung sind die vielfältigen und ganz natürlich auf Resilienz gestellten ländlichen Wirtschaftsformen in den letzten 40 bis 50 Jahren vollständig abgebaut und im Müllcontainer der Geschichte entsorgt worden. Der Ökologe Aldo Leopold hat es so formuliert: »Nur ein Narr wirft alles weg, was scheinbar gerade nicht mehr gebraucht wird. Ein kluger Bastler hebt alle die kleinen Teile auf – für den Fall der Fälle ...« [12] Wir haben fast nichts aufgehoben, und allmählich wird uns klar, dass wir manches heute brauchen könnten.

Spuren vergangener Autarkie

Zwei Beispiele aus der jüngeren Vergangenheit von Totnes machen deutlich, wie das Zusammenleben in den Kommunen vor der Ära des billigen Öls organisiert war und mit welchen infrastrukturellen Strategien es in der Zukunft wieder so funktionieren könnte. In der Stadtmitte gibt es einen Parkplatz, der »Heath's Nursery Car Park« heißt. Die Fläche sieht aus wie jeder andere Parkplatz, interessant ist aber, was sich hier zuvor befand: nämlich ein florierender innerstädtischer Gartenbaubetrieb. Noch zwei weitere Gemüsegärtnereien sind in Totnes in Parkplätze verwandelt worden. Aber das ist kein Spezifikum von Totnes: Überall in den britischen Kleinstädten sind Obst- und Gemüsegärten, Waldstücke, Nussbaumhaine und Fischzuchten dem unersättlichen Urbanisierungsprozess zum Opfer gefallen, der das heutige Stadtbild prägt. Nur die Straßennamen erinnern noch an das Vergangene: »Orchard Rise« (Obsthügel), »Nursery Lane« (Gärtnereiweg), »Sawpit Lane« (Sägewerksgasse). James Howard Kunstler hat wiederholt darauf hingewiesen [13], dass Orte oft die Namen ihrer früheren Nutzung tragen. [14]

Foto: © Stephen Gascoigne

Oft bezeichnen die Namen der Straßen das, was zerstört wurde, um sie zu bauen. An dieser »Waldhügelstraße« in Bradford-on-Avon gibt es längst keine Waldstücke mehr.

Die Heath-Gärtnerei wurde 1920 von George Heath begründet. Er hatte mitten in der Stadt Grundstücke gekauft, um seinen Betrieb aufzubauen. Im Stadtmuseum von Totnes findet sich noch eine Rechnung über die Zerlegung, den Transport und Wiederaufbau eines Gewächshauses – des ersten, das in »Heath's Nursery« in Betrieb genommen wurde. In den 1930er Jahren übernahm George Heath Jr. das Geschäft und baute es aus; es wurde auch ein Ladengeschäft auf der Totnes High Street eröffnet.

Zur Gärtnerei gehörte eine größere Anbaufläche mit nur einem beheizten Gewächshaus für Setzlinge und, etwas unterhalb, ein weiteres Grundstück mit mehreren beheizten Gewächshäusern. George Heath Jr. betrieb auf dem Gelände von 1940 bis Ende der 1950er Jahre auch eine Schweinezucht. Ich habe noch mit Leuten gesprochen, die sich erinnern, wie sie in ihrer Schulzeit freibekamen, um Abfälle aus der Schulküche zu den Schweinen in der Gärtnerei zu bringen; auf diese Weise kam Schweinefutter aus vielen Schulen, Geschäften oder Krankenhäusern zusammen. Auch Dünger bezog man aus der örtlichen Verarbeitung der Schweine, entweder als Schweinedung oder – die Vegetarier mögen es verzeihen – in Form von geronnenem Blut, das bei der Bewässerung der Gewächshäuser als Nährstoff im Wasser diente.

In der Gärtnerei wurden Tomaten, Rote Beete, Kohl, Kopfsalat, Saubohnen und grüne Bohnen angebaut, außerdem Blumen, zum Beispiel Chrysanthemen und Dahlien. All diese Erzeugnisse waren im Laden an der High Street erhältlich, Kartoffeln jedoch nicht, denn diese boten die Bauern der Gegend sehr preisgünstig an. Die Gärtnerei verkaufte aber Saatkartoffeln und in Tüten verpackte Samen aller Art, die von den Gartenbesitzern in der Stadt gerne genommen wurden. Die Gärtnerei bezog auch Holz aus der Sägemühle

Weil es sehr schwierig war, schwere Baumaterialien zu transportieren, konnten sich bis zum Ende des 18. Jahrhunderts nur die Reichen Gebäude leisten, die nicht mit den vor Ort verfügbaren Baustoffen errichtet wurden, auch wenn das lokale Material von geringerer Qualität war ... Wollte man Stein aus anderen Gegenden verwenden, musste er mühsam mit dem Fuhrwerk angeliefert werden. Wie teuer das war, zeigen die erhaltenen Dokumente über den Bau des Hospital of St John bei Sherborne (1438–1448): Auf fünf Pergamentrollen sind die Baukosten genau aufgezeichnet. Das sehr schöne Armenspital wurde vorwiegend aus dem örtlichen Oolith-Kalkstein gebaut, aber für die Außenverkleidung verwendete man schwarzen Lias aus Ham Hill. Der Transport über eine Strecke von zwölf Meilen kostete mehr als das Material selbst.

Alec Clifton-Taylor,
The Pattern of English Building,
Faber and Faber, 1987

Was nicht hilft	**Was hilft**
zentrale Recyclinganlagen	Komposthaufen anlegen
Bäume zur Zierde pflanzen (z.B. Millennium Forests)	Nutzbäume pflanzen
Nahrungsmittel internationaler Herkunft	Versorgung aus lokalen Quellen und Förderung neuer Erwerbszweige
importierte »grüne« Baumaterialien	Verwendung örtlicher Baumaterialien (Lehm, Hanf usw.)
Niedrigenergie-Gebäude	Passivhäuser entsprechend den lokalen Gegebenheiten
Handel mit CO_2-Zertifikaten	gezielte Investitionen innerhalb der eigenen Kommune
Investitionen nach ethischen Grundsätzen	lokale Währung
Gregorianik von CD hören	im Chor der Gemeinde singen
Fallschirmspringen	Fußball spielen
Konsumrausch	Nachbarschaftshilfe

Schaubild 12. Resilienz aufzubauen heißt zu prüfen, was am besten funktioniert.

Energiewende-Instrumentarium 2:
Das resiliente Netz erproben

Wenn ich bei einer Veranstaltung ein anschauliches Beispiel brauche, um das Energiewendekonzept zu vermitteln, fange ich immer mit einer Übung an, die ich in ähnlicher Form zu Beginn meiner Permakultur-Kurse erprobt habe. Sie hat immer gut funktioniert, auch mit sehr heterogen zusammengesetzten Gruppen. Man bildet kleine Gruppen von etwa 12 Personen, aber nicht mehr als 15 und nicht weniger als 6. Die Gruppen stellen sich in einem engen Kreis auf, so dass sich die Teilnehmer mit den Schultern berühren.

Material: Man braucht eine große Rolle Schnur und Etiketten (wie man sie auf Pakete klebt), auf denen in deutlichen Buchstaben steht, was typischerweise im heimatlichen Wald existiert. Jeder Teilnehmer erhält ein Etikett mit einem solchen Begriff. Man sollte also immer den Bezug zur jeweiligen Umgebung im Auge behalten. So habe ich – in England – häufig folgende Bezeichnungen gewählt: Eiche, Boden, Hecke, Dachs, Wurm, Haselmaus, Regen, Eule, Trockenlaub, Fuchs, Rotkehlchen, Sumpf, Haselnuss, Käfer, Pilze, Heidelbeeren usw.

Anweisungen: Der gedachte Ort für diese Übung ist ein Wald (ideal wäre, tatsächlich im Wald zu üben, etwa unter einer alten Eiche, aber das wird bei Abendkursen schwer möglich sein). Die Teilnehmer stellen sich also vor, sie seien im Wald. Die Etiketten werden verteilt, jeder klebt sich seines an die Brust (der eine wird zur Eiche, der andere zum Sumpf).

Dann wird die Schnur ausgerollt: Einer beginnt, er wendet sich an einen anderen in der Runde, und während er ihm erklärt, in welcher (Wechsel-)Beziehung er (Eiche) zu ihm (Sumpf) steht, reicht er die Rolle an diesen weiter, wobei sich die Schnur abwickelt. Wer immer die Rolle bekommt, hält die Schnur fest und gibt die Rolle weiter. Während die Schnur kreuz und quer und rundum im Kreis gespannt wird, kann der Kursleiter weitere Details zum Ökosystem Wald beitragen.

Hat sich ein kompliziertes Geflecht im Kreis der Teilnehmer gebildet, ziehen alle das Netz straff und prüfen mit der Hand seine Tragfähigkeit (so mancher wird stolz auf das Ergebnis sein). Der Kursleiter hat nun die Gelegenheit zu ein paar weiterführenden Erläuterungen etwa folgenden Inhalts:

»In der Natur bestehen solche Beziehungsgeflechte in allen Ökosystemen, und nur durch die Vielfalt der Beziehungen können diese Systeme funktionieren. Die Netze sind sehr komplex und resilient, aber auch anfällig. Wenn wir in sie eingreifen, laufen wir Gefahr, unerwünschte Folgen auszulösen – eben weil wir nicht genug über die Vernetzung wissen. Unsere Übung bezieht sich auf ein Waldgebiet, wir hätten aber auch ein Stadtgebiet zum Modell nehmen können mit: Fleischer, Kirche, Schule, Bauer usw. Bevor wir uns vom billigen Öl abhängig machten, beruhten unsere Gemeinschaften und Wirtschaftssysteme auf solchen Netzwerken, auf den Verbindungen und Beziehungen, die sie boten. Erst das Öl versetzte uns in die fragwürdige Lage, auf diese Netze verzichten zu

Teilnehmer des Kurses: Wissensaufrüstung für Energie-abrüstung

können. Heute kennen die Menschen oft nicht einmal ihre nächsten Nachbarn. Solche Verbindungen müssen wieder aufgebaut werden, um das Leben nach dem Ölzeitalter zu bewältigen, und darum geht es auch bei der Permakultur.

Permakultur meint explizit die erneute Knüpfung eines komplexen Netzwerks nützlicher Beziehungen, und unser Spiel kann uns vorführen und begreifbar machen, was wir aufgegeben haben und was uns die Öl-abhängigkeit gebracht hat.«

Ich weise darauf hin, dass manche Teilnehmer im Kreis viel mehr Schnüre in der Hand halten als andere.

»Hier haben wir die wesentlichen Bestandteile eines Ökosystems. Wenn wir in solche Systeme eingreifen, zum Beispiel als Bauer, der beschließt, die Eichen zu fällen und den Sumpf trockenzulegen, ist das riskant. Wir könnten uns auch als Stadtplaner in einer Kommune mit gesunder lokaler Wirtschaft für den Bau eines Einkaufszentrums am Stadtrand entscheiden. Die Folgen solcher Eingriffe zeigen sich uns häufig nicht sofort.

Was geschieht, wenn wir die Eichen fällen? (Nun lässt die Person, die für die Eichen steht, die Schnur los.) Zunächst einmal passiert nicht viel. Also legen wir den Sumpf trocken. (Die Teilnehmer, die den Sumpf darstellen, lassen die Schnüre los.) Das sieht immer noch nicht dramatisch aus.«

Nun erzählt man eine plausible Geschichte über Einzelentscheidungen (der Bauer tat dies, dann jenes …) und bringt die Teilnehmer dazu, immer mehr Schnüre loszulassen – irgendwann verliert das Netz seine Tragfähigkeit. Es geht also darum zu zeigen, dass wir nicht voraussagen können, wann dieser Punkt erreicht ist.

»Sie haben zum Beispiel dieses Einkaufszentrum bauen lassen, und drei Jahre später stehen die Geschäfte in der Fußgängerzone der Stadt leer. Vor der Ära des billigen Öls verließen sich die Menschen auf gute Planung und ein Netzwerk von Beziehungen, um etwas zu bewirken. Heute fehlt uns das, aber wir müssen es wiedergewinnen.«

Wer es theatralisch liebt, kann auch ein paar Schnüre mit der Schere zerschneiden. Im Wesentlichen geht es bei dieser Übung darum, den Menschen zu zeigen, wie das billige Öl unsere Gesellschaft verändert hat und nach welchen Grundsätzen die Permakultur funktioniert. Ich kann dieses Übungsspiel nur empfehlen.

George Heath in seiner Gärtnerei, um 1970

So sieht Heath's Nursery heute aus

Ich war immer der Meinung, dass die Ablösung des Pferdes durch den Verbrennungsmotor eine sehr traurige Errungenschaft in der Entwicklung der Menschheit war.

Winston Churchill,
Churchill Reader: a self-portrait,
Eyre and Spottiswoode, 1954

Aus Großbritanniens Gärten und kleinen Pachtgrundstücken kam nicht nur Gemüse. Ungefähr ein Viertel der offiziell verzeichneten Versorgung mit frischen Eiern stammte aus der privaten Hühnerhaltung. Und es gab landesweit 6900 Schweinezüchtervereine, die ihre Tiere auf Stroh im Hinterhof oder Schrebergarten hielten – oder an so ungewöhnlichen Orten wie dem (leeren) Swimmingpool des Ladies' Carlton Club in Pall Mall.

Juliet Gardiner, *Wartime Britain 1939–1945*, Headline Book Publishing, 2004

Reeves, um daraus Pflanzkästen und Kisten für den Verkauf lokaler landwirtschaftlicher Produkte herzustellen.

Es war harte Arbeit, eine solche Gärtnerei zu betreiben – sieben Tage die Woche. Aber man konnte davon leben, und für die Stadt war der Betrieb ein Segen. Als George Heath Anfang der 1980er Jahre aufs Altenteil ging, wollte keiner seiner Söhne die Gärtnerei übernehmen; der Betrieb wurde nach und nach aufgelöst. Die Gewächshäuser wurden abgebaut (wie damals auch in anderen Gärtnereien der Stadt), die Gemeinde kaufte schließlich die Grundstücke und legte darauf Parkplätze an. Das Areal, seit Generationen als fruchtbares Ackerland ausgewiesen, war verloren. 1980 galt der alte George Heath mit seiner Gärtnerei als rückständig, aber eigentlich war er seiner Zeit dreißig Jahre voraus, wie wir heute wissen: Die aus der Zeit vor dem Ölboom stammende regionale Lebensmittelversorgung, bei der die Nahrung nicht kilometerweit transportiert werden musste, werden wir in den kommenden Jahren für uns wiederentdecken müssen. Und die seitherige Entwicklung wird es uns nicht einfach machen. In Totnes werden heute ehemalige Gärtnereigrundstücke bebaut, auf einen Rückbau ist in absehbarer Zukunft nicht zu hoffen.[15]

Schaut man sich die Stadtgeschichte von Totnes an, findet man weitere Beispiele, die illustrieren, wie das Leben vor der Ölschwemme funktionierte und wie es nach dieser Periode wieder zu organisieren wäre. Die Familie Blight unterhielt einen Pferdestall; sie verkaufte vor allem Zugpferde, die damals, bevor die Verbrennungsmotoren aufkamen, die tatsächlichen »PS« der Stadt stellten. So wie wir heute auf eine globalisierte, energieintensive Infrastruktur vertrauen, damit der Fahrzeugverkehr funktioniert, so verließ man sich bis in die 1930er Jahre auf eine lokale, energieeffiziente und differenzierte Infrastruktur, um eine auf Pferdestärke gestützte Wirtschaft am Laufen zu halten. Wo immer man sich befand, der nächste Hufschmied war höchstens zehn Kilometer entfernt.[16] Und das galt auch für Sattler, Geschirrmacher, Pferde- und Stallknechte, Stellmacher, Fährleute, Kutscher und Tierärzte.

Der Laden der Gärtnerei Heath auf der High Street, mit Festdekoration für das Silberjubiläum der Queen, 1977

David Blight hatte das Familienunternehmen um 1870 gegründet, er vermietete damals Pferde für den Bau der South-Devon-Eisenbahnstrecke. Später zogen seine Pferde die Straßenbahn, die vom Bahnhof von Totnes zum Hafen führte. Als er 1899 starb, übernahm sein Sohn Robert das Geschäft. In den besten Jahren hatten die Blights acht eigene Pferde im Stall, das war ein Anbau hinter ihrem Wohnhaus mitten in der Stadt. Damals hatten die meisten Gasthäuser eigene Ställe, um für die Kutschen der Durchreisenden frische Pferde zur Verfügung zu haben. Das Unternehmen der Blights bestand bis 1930, als die Feuerwehr von Totnes, einer ihrer Hauptkunden, Löschfahrzeuge mit Benzinmotor anschaffte. Robert Blight verkaufte das Geschäft an eine örtliche Spedition und wurde dort leitender Angestellter.

Was uns an den Geschichten der Familien Blight und Heath interessiert, ist die damalige Infrastruktur, auf die man sich vor der Ära der Verbrennungsmotoren verlassen konnte. Brach ein Feuer aus, brauchte die Feuerwehr Pferde für ihre Löschfahrzeuge – und zwar sofort. Es hätte viel zu lange gedauert, die Pferde erst von den Weiden in der Umgebung zu holen. Blights Pferde standen zwar zumeist im Stall des städtischen Anwesens, sie waren aber ein entscheidender Faktor für das Funktionieren des Lebens in der Stadt. Als Autos und Traktoren aufkamen, verfiel die gesamte Infrastruktur für die Versorgung von Pferden sehr rasch.

Einmal hatte ich einen Bauern gefragt, der in den 1930er Jahren seine Äcker noch mit Pferden bestellte, ob er das Verschwinden der Arbeitspferde bedauert habe. Er sagte: »Es kam darauf an, wo man stand. Wer wirtschaften musste, für den kam die Abschaffung der Pferde sehr gelegen. Wer aber ein Liebhaber von Kunst und Poesie war, der bedauerte es. Ich habe ab 1934, als der erste Traktor kam, auf Pferde verzichtet, indem ich einfach keine neuen mehr kaufte. Aus den Pferdeführern wurden eben Traktorfahrer.«

Robert Blight und sein Sohn mit einem ihrer Zugpferde hinter ihrem Haus in Totnes

Foto: © Totnes Image Bank and Rural Archive

Die flexible ländliche Wirtschaft war damals eine Art Netzwerk, dessen Fäden die verschiedensten Bereiche einer Gemeinschaft verbanden. Aber dieses Netz war auch sehr anfällig: Als das Ölzeitalter begann, genügten einige Einschnitte, um alle seine Funktionen durch neue energieintensive Varianten zu ersetzen. Es ist leicht zu verstehen, warum das funktionierte und die Menschen davon begeistert waren: Alles ging schneller, war weniger mühsam, bot neue Möglichkeiten und Entwicklungschancen – wir hätten damals genauso gehandelt. Es schien, als würden es die kommenden Generationen besser haben; niemand ahnte, welche Folgen sich fünfzig Jahre später zeigen würden.

Vergessen sind die Faktoren, die bei den Veränderungen eine große Rolle gespielt haben. Dass man die Kohle schnell durch einen anderen Energieträger ersetzen wollte, lag unter anderem auch daran, dass man in den Städten an manchen Tagen die Hand nicht mehr vor den Augen sah und dass jährlich Tausende an den Folgen des Rauchs aus den Schloten starben.[17] Heute wird uns allmählich klar, dass wir nicht endlos mit dem billigen Öl gesegnet sein werden, und wir beginnen darüber nachzudenken, in welcher Weise die Netzwerke von einst für die Zeit bevorstehender

Auf die einfache Frage, ob ich grundsätzlich lieber mit dem Traktor oder mit Pferden pflüge, wüsste ich keine rechte Antwort. Es macht mir wirklich Spaß, mit dem Traktor und einem Pflug zu arbeiten, der drei Furchen zieht. Aber die einfache harte Arbeit mit den Pferden ist unvergleichlich. Es gibt keine andere körperliche Arbeit, die so großartig ist, kein Spiel der Welt gibt einem nur annähernd ein so gutes Gefühl. Eine Maschine zu bedienen ist auch faszinierend, aber man hat eben nicht die Hand am Pflug. Genau das verschafft mir aber irgendwie die größte Befriedigung: mit ausgestreckten Armen und mit aller Kraft den Pflug zu lenken. Also wenn ich das jetzt so schreibe – ich möchte am liebsten sofort die Hände um die beiden Griffe des Pfluges schließen und mir ein Feld vornehmen! Bitte, ich will nicht mehr auf diesem Stuhl sitzen! Es ist so viel einfacher, etwas zu tun, als darüber zu schreiben, etwas zu machen, statt es zu vermitteln.

John Stewart Collis,
The Worm Forgives the Plough,
Penguin, 1973

Ölverknappung wieder zu nutzen wären. Das ist unser Ansatz für die Energiewende: das Netz neu zu knüpfen, herauszufinden, welche Knoten in einer resilienten Wirtschaft nach dem Ölzeitalter tragfähig sein könnten. Jede neue geglückte Verbindung wird uns einen Schritt weiterbringen auf dem Weg zurück zu einer vernünftigen Lebensweise.

Können wir aus der britischen Mobilmachung im Zweiten Weltkrieg lernen?

Der Zweite Weltkrieg bedeutete für Großbritannien auch ein groß angelegtes nationales Programm zur »Energieeinsparung«, das gewisse Ähnlichkeiten mit unserer aktiven, vorwärtsgewandten Planung für die Energiesenkung zeigt. Können wir aus dem damaligen Sparprogramm vielleicht etwas für die Zukunft lernen? Unsere Gesellschaft hat sich seit dem Weltkrieg stark verändert, wir haben heute andere Werte und Erwartungen und verfügen über neue Fähigkeiten. Auch die Herausforderung, vor der wir jetzt stehen, ist eine ganz andere. Gleichwohl könnte ein Blick zurück lehrreich sein. Andrew Simms von der New Economics Foundation hat dazu angemerkt:

> »Die jüngere Geschichte zeigt, dass ganze Volkswirtschaften in kurzer Zeit auf einen neuen Kurs gebracht werden können. Genau diese Aufgabe stellt sich nun durch die globale Erwärmung. ... Vielleicht finden wir ja in den Erfahrungen, die in Kriegszeiten mit der umfassenden sozialen und militärischen Mobilisierung gemacht wurden, die Antwort auf die entscheidende Frage: Sind wir angesichts der globalen Erwärmung in der Lage, unsere Lebens- und Wirtschaftsweise schnell und umfassend genug zu verändern, um diese Entwicklung zu stoppen?«[18]

Aus den Jahren vor und während des Zweiten Weltkriegs können wir durchaus einiges lernen, da es ja damals wie heute um den Einsatz aller Gesellschaftsschichten und Wirtschaftsbereiche in einer lebensbedrohenden Situation geht. So zeigen die Vorsorgemaßnahmen Großbritanniens hinsichtlich der Folgen des Kriegs für die Lebensmittelversorgung, dass die Regierung notfalls durchaus sehr schnell reagieren kann.

Schon im April 1936 setzte das britische Parlament zwei Ausschüsse ein: Der eine sollte einen Plan für Nahrungsmittelrationierungen ausarbeiten, der andere sollte klären, welche Einrichtungen für ein Programm der Lebensmittelbevorratung nötig wären. Aus diesen Überlegungen entstand die Abteilung »Lebensmittelnotfallpläne« beim Handelsministerium, zuständig für alle kriegsvorbereitenden Maßnahmen im Ernährungssektor. Aber erst 1940 legte die Regierung einen langfristigen Maßnahmenkatalog vor, wie Alan Wilt festgestellt hat.[19] In 476 Verwaltungsbezirken des Landes wurden Ausschüsse eingerichtet, die eine Umstellung der Landwirtschaft koordinieren sollten. Neben der Ausweitung der Bevorratung ging es auch darum, die Selbstversorgung zu steigern. 1936 importierte Großbritannien noch zwei Drittel seiner Lebensmittel aus dem Ausland, außerdem diente ein großer Teil des Ackerlands als Weidefläche.[20]

Bis 1944 hatte sich die landwirtschaftliche Anbaufläche von 5,2 Millionen Hektar (1939) auf 8 Millionen Hektar erweitert, die Nahrungsmittel-

Foto: © Totnes Image Bank and Rural Archive

Kinder, die während des Zweiten Weltkriegs aus Acton (London) aufs Land verschickt wurden, legen in der Totnes High School einen Gemüsegarten an.

Ende Mai 1941 gab es in Bristol mehr als 15 000 Kleingärten, in Nottingham waren es 6500, mit einer Gesamtfläche von 230 Hektar, in Norwich 4000, mit einer Fläche von über 160 Hektar. In Swansea hatte sich die Zahl solcher Grundstücke seit Kriegsbeginn verdoppelt, und auch in Tottenham, im Norden von London, gab es fast 3000, mit einer Fläche von 60 Hektar. Kleingärten wurden auf Schulsportplätzen angelegt; manche Fabrikbesitzer hielten ihre Angestellten an, auf dem Firmengelände etwas Land umzugraben. Die LMS-Eisenbahngesellschaft unterhielt 22 000 solcher kleinen Grundstücke – man hat damals ausgerechnet, dass sie, hintereinandergelegt, von London bis weit hinter Dumfries gereicht hätten. Und im Vorgarten des British Museum wuchsen Bohnen, Erbsen, Zwiebeln und Rettich – eine Initiative der Gattin des Leiters der Abteilung Münzen und Medaillen.

Juliet Gardiner, *Wartime Britain 1939–1945*, Headline Book Publishing, 2004

Doktor Karotte – der beste Freund der Kinder

produktion war um 91 Prozent gestiegen. Großbritannien konnte sich nun 160 Tage im Jahr ohne Importe versorgen – 1939 waren es 120 Tage gewesen.[21] Von 1939 bis 1944 halbierten sich die Nahrungsmitteleinfuhren. Überall in den Kommunen wurden Beratungsgremien eingerichtet, die den Bürgern Ratschläge für den Nahrungsmittelanbau gaben; es gab ein umfassendes staatliches Programm, das Einsparungsmöglichkeiten aufzeigte und Hilfen beim Überlebenstraining anbot. Einige der Plakate, die damals verbreitet wurden, können heute als Beispiele einer effektiven Kampagne für Einsparungen, Einschränkung und Selbstversorgung dienen.

In Bristol gab es 1942 rund 15000 Schrebergärten. Mehr als die Hälfte der Arbeiter in Großbritannien hatte damals einen eigenen Garten oder ein kleines Pachtgrundstück; die einfachen Leute erzeugten damals etwa 10 Prozent der Lebensmittel im Land. Gelegentlich hört man den Einwand, in den Kriegsjahren seien »nur« 10 Prozent der Nahrung durch den privaten Anbau abgedeckt worden. Es waren aber eben entscheidende 10 Prozent: Aus der Landwirtschaft kamen Kohlehydrate und Fette, aus den Gärten frisches Obst und Gemüse.

Am 8. Januar 1940 verordnete die Regierung eine Lebensmittelrationierung, zunächst nur für Speck, Butter und Zucker, später für fast alle Nahrungsmittel (ausgenommen natürlich Fish and Chips!) und auch für Treibstoff und Kleidung. Ein positiver Nebeneffekt dieser Bewirtschaftung war die Nivellierung der unterschiedlichen Lebensstandards: Für die Reichen bedeutete sie Einschränkung, für die Armen, vor allem in den Industriestädten, sogar eine Verbesserung ihrer Versorgung gegenüber der Vorkriegszeit. Der gesamte Nahrungsmittelkonsum ging bis 1944 um 11 Prozent zurück, in gleichem Maße der Fleischverzehr. Aber auch die Kindersterblichkeit sank, und viele sind der Ansicht, im nationalen Gesundheitswesen habe es niemals bessere Werte gegeben als in diesen Jahren. 1939 wurde das Benzin

... every available piece of land must be cultivated

GROW YOUR OWN FOOD
supply your own cookhouse

Jedes Stück Land muss bewirtschaftet werden
Pflanzen Sie Nahrungsmittel an und sorgen Sie für Essen auf dem Tisch

Im Ersten Weltkrieg hatte König George V. angeordnet, dass die üblichen Geranien in den Blumenrabatten um den Buckingham Palace und in den königlichen Gärten durch Kartoffeln, Kohl und anderes Gemüse zu ersetzen seien. Der Premierminister ließ damals verlauten, dass er King-Edward-Kartoffeln in seinem Garten in Walton Heath anbaue. Und der Erzbischof von Canterbury gab in einem Hirtenbrief Dispens für die Sonntagsarbeit.

Juliet Gardiner, *Wartime Britain 1939–1945*, Headline Book Publishing, 2004

rationiert. Zunächst galt für Fahrzeugbesitzer ohne Sondergenehmigung eine Beschränkung von 1800 Meilen im Jahr, diese Vorschriften verschärften sich aber immer weiter: 1942 erhielten private Autobesitzer überhaupt kein Benzin mehr. Von 1938 bis 1944 wurde der private Autoverkehr um 95 Prozent reduziert.

Die staatlichen Maßnahmen zur Vorbereitung auf die veränderten Versorgungsverhältnisse im Zweiten Weltkrieg können uns heute durchaus als Modell dienen. Von 1936, als die Abteilung für Lebensmittelnotstand im Handelsministerium eingerichtet wurde, bis zum Kriegsbeginn 1939 schaffte es die Regierung, im Land eine äußerst knappe, aber ausreichende Notfallversorgung zu garantieren.[22] Was wir aus den Kriegsjahren lernen können, resümiert Andrew Simms, sei die Tatsache, dass »Regierungen fast alles zustande bringen, wenn sie es wirklich wollen – sogar gute Lösungen«.

Freilich gelten Ölverknappung und Klimawandel in Großbritannien – sowohl in der Bevölkerung als auch bei den Politikern – lange nicht als so bedrohlich wie einst die Gefahr einer deutschen Invasion. Nicht ohne Grund stellt der Hirsch-Report fest, dass es zu spät sein wird, wenn Regierungen endlich beschließen, etwas gegen die Folgen der Ölverknappung zu unternehmen. Nach den Begriffen im Schaubild 8 (vgl. S. 46 f.) dürften die Maßnahmen der britischen Regierung während des Zweiten Weltkriegs ziemlich genau dem »Energiesparmodell« von Richard Heinberg entsprechen, im Hinblick der Betonung von lokalen Initiativen und der Erlernung überlebenswichtiger Fertigkeiten vielleicht auch dem Szenarium »Rettungsinseln«. Großbritannien hatte damals nicht nur Kriegsanstrengungen unternommen, auch die allgemeine Stärkung der nationalen Widerstandsfähigkeit wurde damals von der Regierung in hohem Maße gefördert.

Kapitel 4

Warum wir viele kleine Lösungen brauchen

Lokalisierungsstrategien

In den Arbeiten von Journalisten und Theoretikern findet sich immer häufiger das Argument, dass sinkende Verfügbarkeit und folglich steigende Preise von fossilen Brennstoffen zwangsläufig der Produktion »vor Ort«, auf der lokalen Ebene, mehr Gewicht verleihen werden. David Fleming erklärt: »Lokalisierung gilt heute allenfalls als der letzte Ausweg, aber eines spricht für diese Lösung: Irgendwann wird es keine andere Möglichkeit mehr geben.«[1]

In einer neueren Untersuchung über die Chancen einer Wiederbelebung lokaler Produktion in der kalifornischen Bay Area wird »Relokalisierung« so definiert:

>»Ein Prozess, durch den sich eine Region, ein Verwaltungsbezirk, eine Stadt oder ein Stadtviertel aus der überhöhten Abhängigkeit von der globalen Wirtschaft befreit und die eigenen Möglichkeiten einsetzt, um einen erheblichen Anteil der Energie sowie der Güter, Nahrungsmittel und Dienstleistungen aus den vor Ort verfügbaren finanziellen und natürlichen Ressourcen und dem lokalen Humankapital zu erzeugen.«[2]

Ich wäre dafür, dass wir uns in die Lage versetzen, alles, was, irgendwie machbar ist, vor Ort zu erzeugen. Natürlich kann man dagegenhalten, dass etwa Computer oder Bratpfannen nicht überall aus heimischer Produktion stammen können. Viele andere Produkte aber durchaus: Obst und Gemüse der Saison, frischer Fisch, Bauholz, Pilze, Farbstoff, viele Arzneien, Möbel, Keramik, Dämmmaterial, Seife, Brot, Glas, Milchprodukte, Wolle und Leder, Papier, Baumaterial, Parfüm, Blumen – die Liste ließe sich fortsetzen. Es geht dabei nicht um eine Wirtschaft ohne Ein- und Ausfuhr, sondern darum, die Wege vom Erzeuger zum Verbraucher zu verkürzen und möglichst viele Waren lokaler Herkunft anzubieten.

Damit stellen sich viele bedeutende Fragen: Wie würde der verarbeitende Sektor der Wirtschaft funktionieren, wenn er auf lokale Produktion umgestellt wäre? Könnte man auf diese Weise wieder ohne CO_2-Ausstoß (oder gar mit CO_2-Abscheidung) produzieren – etwa in Branchen, die seit zwei Jahrzehnten abgebaut und, vor allem nach China, ausgelagert wurden? China hat inzwischen den Ruf, der unersättlichste Verbraucher von Öl, Kohle, Gas und so gut wie allen anderen Primärmaterialien zu sein, doch es gilt zu bedenken, dass mehr als die Hälfte seines Bedarfs an Energie und Rohstoff für die Herstellung von Exportprodukten verwendet wird. Betrachtet man im Vergleich die Senkung der CO_2-Emissionen in Großbritannien, dann sollte man auch einrechnen, wie diese Bilanz aussehen könnte, wenn wir wieder mehr Produkte im eigenen Land erzeugen – was uns ganz sicher bevorsteht. Ob und wie eine solche Neuorientierung des Produktionssektors zu machen wäre, kann ich hier nicht erörtern: Mein Buch soll nicht zeigen, wie das geht, sondern nur, dass es irgendwann unbedingt gelingen muss.

In der heutigen Gesellschaft sind Ansätze zur Stärkung der örtlichen Resilienz (vgl. Kap. 3) nicht vorgesehen. Wir konnten das in Totnes erleben: Als wir bei der Behörde für Regionalentwicklung Zuschüsse für unser Buch über Nahrungsmittel aus der Region beantragten, erhielten wir die Auskunft, dass die Förderung von Projekten ausgeschlossen sei, die auf die Vorzüge lokaler Nah-

Falls es zu einer ernsten Ölkrise kommt, was sehr wahrscheinlich ist, wird das auch das Denken wunderbar beflügeln. Wir sind so extrem abhängig vom Öl, dass jede deutliche Verknappung oder Verteuerung die Menschen zu der Einsicht zwingt, sich um radikal andere soziale Formen Gedanken machen zu müssen. Ohne den Ölnachschub wird die Notwendigkeit lokaler Wirtschaftssysteme für jeden offensichtlich sein.

Ted Trainer, *Renewable Energy Cannot Sustain a Consumer Society*, Springer Verlag, 2007

Wir sind erst dann ganz Mensch, wenn wir aufeinander eingehen, und für die meisten von uns sind gemeinsame Leistungen eine Quelle von Glück. Wenn wir uns gemeinsam mit unseren Nachbarn in das Abenteuer stürzen, eine lokale Wirtschaft aufzubauen, die uns alle versorgt und trägt, dann können wir auch Glück und große Freude finden.

Richard Douthwaite, *Short Circuit: Strengthening local economies for security in an unstable world*, Green Books, 1996

Es ist simpel, das Prinzip der Selbstversorgung mit dem Hinweis auf die vielen komplizierten Güter abzulehnen, die eine kleine Kommune nicht selbst herstellen kann. Aber das Ziel einer resilienten Gemeinschaft kann nicht sein, zu wirtschaften wie Robinson Crusoe, auf einer Insel, die vom Austausch von Gütern und Rohstoffen abgeschnitten ist und die Menschen weder betreten noch verlassen können. Es geht einfach darum, die eigene Wirtschaft, soweit es machbar ist, selbst zu kontrollieren.

Michael Shuman, *Going Local*,
Simon & Schuster, 2000

Die politische Ökonomie der Zukunft wird schlank, flexibel und auf lokale Selbstversorgung abgestellt sein, sie wird erfinderisch, belastbar und intelligent sein – und sich von unserer heutigen Wirtschaft sehr stark unterscheiden.

David Fleming, *Lean Logic:
A Dictionary of Environmental
Manners*, unveröffentlicht, 2007

rungsmittel gegenüber Importerzeugnissen abstellten – so seien die Vereinbarungen mit der Welthandelsorganisation (WTO).

Es geschah nicht ganz freiwillig, dass sich die Industriestaaten von den lokalen Erzeugnissen abwandten. An dieser Entwicklung waren und sind mächtige Interessengruppen beteiligt. Man kann dies heute in einem Schwellenland wie Indien beobachten, wo die ländliche Wirtschaft systematisch zerstört wird und immer wieder Menschen von ihrem Grund und Boden vertrieben werden. Aber vom Schwinden der fossilen Brennstoffe ist auch der internationale Warenverkehr betroffen. Irgendwann müssen wir die Infrastruktur für die lokale Nahrungsmittelversorgung aufbauen. Auch das ist keine freiwillige Entscheidung – es geht nicht mehr darum, ob, sondern wann wir uns dem Problem stellen.

Natürlich wird es auch in Zukunft Handel zwischen den Nationen geben, aber unter veränderten Voraussetzungen: Mehr Dinge, die unsere Grundbedürfnisse abdecken, werden aus örtlicher Erzeugung stammen, die Handelswege der Importgüter werden sich verkürzen. Computer und elektronische Geräte zu importieren macht viel mehr Sinn als etwa die Einfuhr von Äpfeln oder Hühnern. Natürlich bilden die Nahrungsmittel den Kernbereich bei der Wiederherstellung der Resilienz einer Kommune, aber Baumaterialien, Stoffe, Nutzholz, Energie und Währung sind kaum weniger wichtig.

Schon in den 1960er und 1970er Jahren traten kommunitäre Bewegungen für die Dezentralisierung der Gesellschaft ein, die Idee lässt sich aber viel weiter zurückverfolgen, mindestens bis zu den Sozialreformern der Viktorianischen Zeit, wie etwa Ebenezer Howard und William Morris. Heute argumentieren Autoren wie Helena Norberg-Hodge[3], Paul Ekins[4] und Kirkpatrick Sale[5] für ein stärker lokal orientiertes Leben als beste Option für die Nachhaltigkeit in der Zukunft, verbunden mit Umverteilung von Kompetenzen an die Kommunen. Die Debatte um Lokalisierung

oder Globalisierung wird also schon seit langem geführt, und ohne die neuen äußeren Umstände (vor allem Klimawandel und Peak Oil) wäre es vermutlich dabei geblieben – bei einer theoretischen Auseinandersetzung. Schließlich sind die Kräfte der Globalisierung weitaus stärker aufgestellt als die Anhänger der Lokalisierung.

Andere, wie der Autor und Umweltaktivist George Monbiot, haben bereits davor gewarnt, die Lokalisierung als Allheilmittel zu sehen. Damit sei niemandem gedient, weil die Welt nicht überall den gleichen Reichtum an Mineralen und anderen Rohstoffen aufweise – Spezialisierung habe durchaus ihren Sinn. Man kann eben nicht überall Kochtöpfe herstellen. Monbiot sieht in der umfassenden Lokalisierung eine »ungerechte und zerstörerische Zwangsmaßnahme«.

»Die armen Länder müssen irgendwoher ihr Einkommen beziehen. Wenn unsere Bewegung glaubt, der Handel sei nicht die richtige Lösung, dann ist es ihre Pflicht, einen anderen Weg zu zeigen.«[6]

Eigentlich sollte es nicht um eine umfassende Lokalisierung gehen, sondern um die Stärkung der lokalen Resilienz in beiden Welten, im Norden wie im Süden – parallele Entwicklungen, die sich wechselseitig stabilisieren. Vandana Shiva betont diese wechselseitige Abhängigkeit. In einem Vortrag bei der Soil Association hat sie 2007 deutlich gemacht, dass die lokale Wirtschaft in den Entwicklungsländern nur Erfolg haben kann, wenn auch in den Ländern des Westens eine Relokalisierung der Landwirtschaft stattfindet:

»Im Ackerbau wird die Zukunft der Welt davon abhängen, dass lokal mehr verschiedene Nahrungsmittel erzeugt werden. Und das ist nur machbar, wenn fossile Brennstoffe durch erneuerbare Energie, einschließlich der menschlichen Arbeitskraft, ersetzt werden. Dann hätten wir, zum ersten Mal seit 500 Jahren, seit der Kolonialismus uns in Norden und Süden, in Kolonialherren und Kolonisierte gespalten hat, die Chance, wie eine große Familie die Äcker der ganzen Welt zu bestellen.«[7]

Vandana Shiva erinnert auch daran, dass ursprüngliche lokale Wirtschaftsgemeinschaften ihre Erzeugnisse natürlich nicht per Luftfracht exportieren. Wenn solche Praktiken in einem Gebiet eingeführt werden, müssten in der Regel alle eingeborenen Bauern längst ihr Land verlassen haben, um einer exportorientierten Intensivlandwirtschaft Platz zu machen. Mit anderen Worten: Wir sollten uns nicht gegeneinander abschotten, sondern den ungleichen Tausch von »Sachen«, der noch in der kolonialen Tradition steht, durch nützlichere und gerechtere Austauschbeziehungen ablösen.

Das Ölfördermaximum bedeutet auch einen Schlusspunkt in der jahrelangen Diskussion über die wirtschaftlichen Vor- und Nachteile der Lokalisierung. David Korten schreibt dazu in seinem neusten Buch, *The Great Turning*:

> »Ich höre schon den Einwand: ›Korten will alles ändern.‹ Das geht an der Sache vorbei. Es wird sich alles ändern – die Frage ist nur, ob wir diesen Veränderungen und ihren zunehmend zerstörerischen Folgen ihren Lauf lassen oder ob wir die Verschärfung der Krise als Chance begreifen. … Es handelt sich um die größte Probe auf die Erfindungsgabe unserer Spezies, die in der Menschheitsgeschichte je vorkam.«[8]

Sobald die Folgen des Peak Oil einkalkuliert werden, erscheint die Lokalisierung nicht länger als Wahlmöglichkeit, sondern als unausweichliches Resultat der Entwicklung. Wir können diesen Prozess nicht aufhalten, uns bleibt die Entscheidung, ob wir die neuen Möglichkeiten nutzen oder nur

die absehbaren Verluste beklagen wollen. Das Ölzeitalter war eine Periode von etwa 200 Jahren, in der wir uns von vorwiegend lokal geprägten Lebensweisen entfernen konnten. Nun wird es Zeit, diese Formen wiederzuentdecken.

Warum das so ist, zeigt sich vor allem im Transportwesen. Das Ölfördermaximum betrifft zunächst die Flüssigbrennstoffe, die in Großbritannien kaum noch zur Energieerzeugung genutzt werden. Aus Kohle gewinnt man Strom, aus Gas Strom und Wärme, auch für private Heizungen, aber der entscheidende Verwendungszweck für die flüssigen Treibstoffe ist der Fahrzeugverkehr.[9] 2004 flossen 74 Prozent aller Petroleumprodukte ins Verkehrswesen, die Statistik für 2005 zeigt, dass diese Erzeugnisse 98,8 Prozent der im Transportwesen verbrauchten Energie ausmachten.[10] Einen Teil dieses Verbrauchs kann man als notwendig bezeichnen: Notdienste, öffentliche Verkehrsmittel, Landmaschinen. Der größere Anteil ist allerdings die Folge veränderter Arbeits- und Wohnformen, des seit fünf Jahrzehnten systematisch betriebenen Abbaus der lokalen Wirtschaftsformen und unserer kulturellen Prägung: Wir nehmen uns das Recht, jederzeit irgendwohin zu reisen mit dem Verkehrsmittel unserer Wahl. Wie das Zitat von Kunstler zeigt, hat die Verfügbarkeit billigen Treibstoffs auch ein System der Lebensmittelversorgung hervorgebracht, zu dem ein ungeheurer Energieverbrauch für den beliebigen Transport von Waren gehört. Herman Daly meint dazu: »Rezepte auszutauschen wäre sicherlich energieeffizienter.«[11]

Der entscheidende Aspekt unseres künftigen Lebens besteht darin, dass es sich zunehmend in kleinerem und stärker örtlichem Rahmen vollziehen wird. Diese Entwicklung hängt ab vom stetigen Rückgang der verfügbaren billigen Energie und dem verstärkten weltweiten Kampf um die letzten Reserven. Mit dem Schwinden der Energievorräte werden alle menschlichen Aktivitäten an Umfang verlieren. Wir müssen uns auf eine lang dauernde Notstandssituation einstellen, in der wir unseren Alltag auf niedrigerem Niveau organisieren. Auch wenn uns das nicht gefällt – sich darauf vorzubereiten ist die einzig vernünftige Haltung.

James Howard Kunstler,
The Long Emergency: Surviving the converging catastrophes of the twenty-first century,
Atlantic Monthly Press, 2005

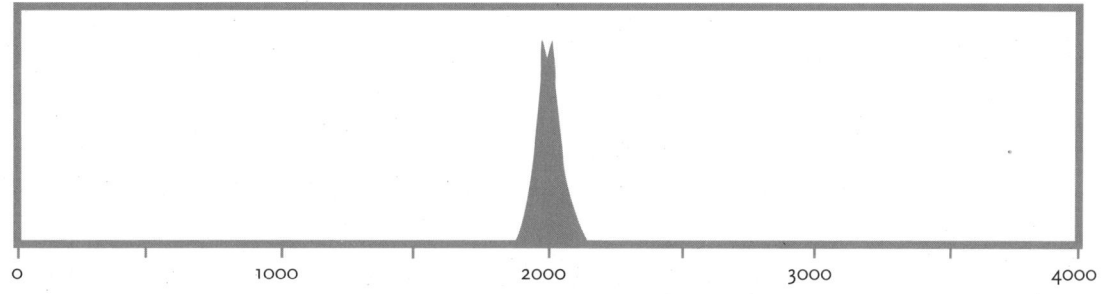

Schaubild 13. Die Petroleumära auf der Zeitschiene

2004 hat Großbritannien 17,2 Millionen Kilo Schokoladenwaffeln importiert und 17,6 Millionen Kilo exportiert. Wir haben 10,2 Millionen Kilo Milch und Sahne aus Frankreich eingeführt und zugleich 9,9 Millionen Kilo dieser Produkte ausgeführt. Die Handelsbilanz mit Deutschland betrug für diese Waren 15,5 Millionen Kilo Import und 17,2 Millionen Kilo Export. Aus Deutschland bekamen wir auch 1,5 Millionen Kilo Kartoffeln und im Gegenzug exportierten wir tatsächlich genau 1,5 Millionen Kilo. Kanada erhielt von uns 39000 Schals und schickte uns dafür 43000. Noch besser ist der internationale Getränkekreislauf. Großbritannien hat 2004 Bier im Wert von 310 Millionen Pfund eingeführt, der Bierexport belief sich auf 313 Millionen Pfund; bei den Spirituosen ergab sich ein Verhältnis von 344 zu 463 Millionen Pfund. Außerdem haben wir 44000 Tonnen gefrorenes Hühnerfleisch ohne Knochen importiert, dafür aber 53000 Tonnen frisches Hühnerfleisch ohne Knochen exportiert.

Andrew Simms et al.,
The UK Interdependence Report,
New Economics Foundation, 2006

Fareed Zakariah schrieb kürzlich in der *New York Times*:

> »Diese Kräfte (der wirtschaftlichen Globalisierung) lassen sich nicht einfach ausschalten, will man nicht große Einbußen bei unserem wirtschaftlichen Wohlstand in Kauf nehmen. Seit hundert Jahren mussten alle Länder, die ihr System, ihre Arbeitsplätze, ihre Kultur und Tradition durch Abschottung zu schützen versuchten, den Preis der Stagnation bezahlen. Länder, die sich der Welt öffneten, wurden mit wachsendem Wohlstand belohnt.«[12]

Dagegen ließe sich vieles einwenden, der entscheidende Schwachpunkt der Argumentation liegt jedoch darin, dass sie ganz auf einer Voraussetzung beruht: der Verfügbarkeit billiger Treibstoffe. Die 30 Millionen Pkws und etwas über 2 Millionen Lkws in Großbritannien[13] kann man nicht auf immer am Laufen halten – das gilt natürlich für alle 600 Millionen Fahrzeuge weltweit. Es wird einfach nicht funktionieren. Und damit zeigt sich die vollständige Abhängigkeit von zentralisierter Logistik und vom Gütertransport auf der Straße als die Achillesferse der wirtschaftlichen Globalisierung. Vor allem von jenen, die eine systematische Abkehr von Individualverkehr und zentralisierter Verteilung eben nicht für eine »machbare Möglichkeit der Anpassung« halten, kommen diverse Vorschläge, wie »alternative« Treibstoffe einzusetzen wären. Einer genaueren Prüfung halten diese Konzepte nicht stand. Die am häufigsten angeführten Ersatzstoffe für die konventionellen Flüssigbrennstoffe sind Biodiesel und Wasserstoff.

Biodiesel

Eigentlich klingt das ganz gut: Man baut Pflanzen an und gewinnt aus ihnen Treibstoff, der dann aus dem Zapfhahn an der Tankstelle fließt. Die Bauern haben eine neue Einkommensquelle, und zumindest theoretisch ist das Ganze auch noch CO_2-neutral. Die Praxis sieht etwas anders aus.

Zunächst einmal fehlt es einfach am Ackerland. Um den heutigen Fahrzeugpark in Großbritannien zu versorgen, wären knapp 26 Millionen Hektar Anbaufläche nötig. Leider verfügt die Insel insgesamt nur über 6 Millionen Hektar.[14]

In jeder Diskussion um die Biotreibstoffe stellt sich auch ein ethisches Problem. Soll die Bodennutzung der Erzeugung von Nahrung oder Treibstoff dienen? – Schärfer formuliert: Wollen wir essen oder Auto fahren? Angesichts von weltweit 800 Millionen Menschen, die nicht genug zu essen haben, ist das keine Nebensache. Als deutlichstes Negativbeispiel kann die Gewinnung von Bio-Ethanol aus Mais in den USA gelten: Die zunehmende Nachfrage ließ die Weltmarktpreise für Mais so stark ansteigen, dass es zum Beispiel in Mexiko zu Unruhen kam, weil die Menschen sich das Maismehl für die Tortillas nicht mehr leisten konnten. Je mehr Ackerflächen für die Erzeugung von Biotreibstoff genutzt werden, desto weniger bleibt für den Anbau von Getreide für Nahrungsmittel und (noch unrentableren) Futtermitteln. Die Biodieselerzeugung hat nicht ganz so schlimme Folgen wie die Gewinnung von Bio-Ethanol aus Mais, aber grundsätzlich gilt, dass es ein Gebot der Vernunft in jeder Gesellschaft sein sollte, die Erzeugung von Treibstoff nicht über den Anbau von Nahrungsmitteln zu stellen. David Strahan hat es in *The Last Oil Shock* auf eine knappe Formel gebracht:

> »Selbst wenn wir unsere gesamte Anbaufläche auf die Erzeugung von Biotreibstoff umstellen würden, hätten wir erst ein Viertel des gegenwärtigen Treibstoffbedarfs gedeckt. Wir könnten alle verhungern, während wir im Stau stecken.«[15]

1975 wurde letztmals untersucht, ob Großbritannien die natürlichen Voraussetzungen für eine Selbstversorgung mit Nahrungsmitteln biete.[16] Die Studie befand, diese Autarkie sei grundsätzlich möglich, aber nur, wenn der Durchschnittsverbrauch, vor allem an Fleisch, auf das Niveau des Zweiten Weltkriegs gesenkt würde und wenn viele ungenutzte Ackerflächen erschlossen würden. Abschließend hieß es in der Untersuchung: »Mit entsprechender Planung, etwas Opferbereitschaft unter den Liebhabern von Fleischgerichten und gemeinsamen Anstrengungen aller Gesellschaftsschichten könnten wir den Briten ein schöneres Land und eine bessere Ernährung versprechen.« Von Anbauflächen für Biotreibstoff war nicht die Rede.

Die Befürworter von Biodiesel haben den falschen Ansatz gewählt. Wir müssen Prioritäten setzen, und der beste Weg, sie zu bestimmen, wäre eine nationale Kommission zur Nahrungsmittelsicherung, wie sie von der Europaabgeordneten Caroline Lucas bereits vorgeschlagen wurde.[17] Den Vorrang sollten die Nahrungsmittel haben, dann Pflanzen für medizinische Zwecke, gefolgt vom Anbau von Pflanzen für Tuche, Baumaterial usw. Erst ganz am Schluss der Liste, kurz vor dem Material zum Bau von Superkasinos, könnten die Biotreibstoffe auftauchen – falls dafür noch Anbaufläche übrig wäre.

Wasserstoff

Wasserstoff ist das Science-Fiction-Produkt im Energiebereich: stark, glanzvoll, irgendwie unschlagbar – ein vielversprechendes und faszinierendes Spielzeug für Jungs in einem bestimmten Alter. Aber wie so viele Sci-Fi-Fantasien von gestern wird es künftigen Generationen als eine etwas lächerliche Idee erscheinen. Bei genauerer Betrachtung zeigen sich die Schwächen des Wundermittels schon heute.[18] Das Hauptproblem: Wasserstoff ist nur ein Energieträger, keine Energiequelle; man findet ihn nicht irgendwo im Boden, man kann ihn nicht einfach fördern und an die Tankstelle bringen. Um reinen Wasserstoff zu gewinnen, braucht man Strom und Wasser. Es stellt sich also die Frage, wie der nötige Strom erzeugt wird. Von David Strahan stammt die Schätzung, dass man, um alle Fahrzeuge in Großbritannien mit Wasserstoff zu betreiben, »67 Atomkraft-

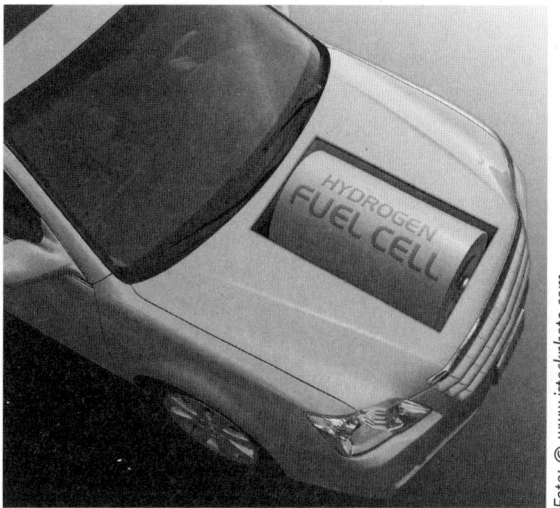

Foto: © www.istockphoto.com

Das Auto der Zukunft – oder ein völlig überschätztes Konzept? Wasserstoff lässt uns davon träumen, mit dem Auto immer weiter bis zum Horizont zu reisen. Aber woher soll der Strom kommen, den man zur Erzeugung von Wasserstoff braucht?

werke vom Typ Sizewell B« brauchen würde »oder eine Solaranlage, die ganz Norfolk und Derbyshire komplett bedeckt, oder aber einen Windpark größer als der gesamte Südwesten Englands«.[19] Das ist weder wünschenswert noch machbar. Wenn man überhaupt auf diese Weise Energie erzeugt, sollte sie besser zur Versorgung von Wohnungen eingesetzt werden.

Als ich in der Gegend um Totnes Interviews zur mündlich überlieferten Regionalgeschichte machte, erzählten mir die Menschen oft von der Benzinrationierung im Zweiten Weltkrieg und dass sie dadurch wieder viel mehr auf ihre Nachbarn und die Handwerker und Bauern der Gegend angewiesen waren. Ich denke, eine solche Umorientierung auf lokale Verhältnisse werden wir erneut erleben, wenn die Preise für Flüssigbrennstoff weiter steigen. Wenn jene Kräfte, die einst für die Schwächung und Zerstörung der lokalen Wirtschaftsformen sorgten, selbst zu schwinden beginnen, könnten die Verhältnisse wieder menschliches Maß gewinnen. Das soll nicht das Ende von Export und Import bedeuten – solche

Eine Rasse, die sich von dieser primitiven Gabe lossagt oder sie verächtlich macht, die sich vor der Berührung des Bodens fürchtet, die keine Fußwege kennt und keine gemeinsamen Rechte am Grundbesitz, die jeden Wanderer als Eindringling sieht, die nur die großen Straßen für die Fuhrwerke will und die Fußgängerbrücken und kleinen Steige vergisst – sie ist auf dem Weg des Niedergangs.

John Burroughs, »The Exhilarations of the Road in Winter Sunshine«, aus: *In Praise of Walking*, Houghton Osgood, 1875

*Beim Abstieg vom Gipfel der Ölförde-
rung treffen wir auf die Kohle – wie auf
ein Ungeheuer, das in den Büschen
lauert. Es ist die gängige Ansicht, dass
die Kohlevorräte noch 300 Jahre reichen, genug Energie, um uns im er-
wärmten Klima gar zu kochen. Aber
kürzlich wurde in einem Bericht eine andere Rechnung aufgemacht. Nach Prüfung der weltweiten Angaben über die
nationalen Kohlevorkommen kommt
die Energy Watch Group in ihrem Report 2007 zu dem Schluss: »Die Daten
sind sehr ungesichert.« Viele Länder
haben ihre Angaben seit langem nicht
mehr aktualisiert, in einigen Fällen
stammen die Daten noch aus den
1960er Jahren. Mit Ausnahme von Australien und Indien vermeldet der Bericht
für alle großen kohlefördernden Länder,
die ihre Ressourcen neu bewertet haben,
»deutliche Korrekturen nach unten«.*

*Einige Länder, etwa Großbritannien,
Deutschland oder Botswana, mussten
ihre Vorräte um mehr als 90% zurück-
stufen, Polen reduzierte die Schätzungen um 50%. Weltweit ergibt sich eine
Minderung der geschätzten Ressourcen
um 60% innerhalb der letzten 25 Jahre.
Das dürfte vor allem damit zu tun
haben, dass die Technologie zur Exploration von Lagerstätten besser geworden ist. Bedenkt man, dass in den USA,
China und Indien ein enormer und
ständig wachsender Bedarf an Kohle
zu verzeichnen ist, dann drängt sich
die Annahme auf, dass, weit früher als
angenommen, auch das »Kohleförder-
maximum« erreicht sein wird.*

Energy Watch Group, »Coal:
Resources and Future Production«,
2007, www.energywatchgroup.org/
files/Coalreport.pdf

Geschäfte wird es immer geben. Aber es könnte
an der Zeit sein, etwa in (bereits bestehende)
Werften zu investieren, die moderne windgetrie-
bene Segelschiffe bauen. Man darf gespannt sein,
welche Erzeugnisse bei steigenden Energieprei-
sen zuerst wieder für die lokale Produktion
interessant werden. Dabei spielen nicht nur die
Verfügbarkeit von Ackerland und andere örtliche
Faktoren eine Rolle, sondern auch unsere gemeinsamen Anstrengungen.

Die Geschichte zeigt, dass es stets als ausge-
macht galt, das Notwendige vor Ort zu erzeugen
und nur Luxusgüter und jene Waren einzuführen,
die man nicht selbst herstellen konnte. Ein anderes System hätte nicht funktioniert, weil die meisten Menschen sich dann vieles nicht hätten leisten
können. Es ging und geht vor allem um die lokale
Resilienz. Wo sie vorhanden ist, würden wir heute
den Mangel an importierten Computern und Toi-
lettenbürsten aus Kunststoff eher verschmerzen,
weil wir auf jeden Fall noch ein Dach über dem
Kopf hätten, Nahrung, Brennstoff und die wichtigsten Güter und Arzneimittel für das alltägliche
Leben. Aus heutiger Sicht wäre eine solche Situation nicht erstrebenswert, aber sie müsste auch
nicht als Katastrophe gelten. Importgüter könnten
wieder nur Dinge und Materialien sein, die unsere
Lebensqualität verbessern, die wir aber vor Ort
nicht herstellen können – jedoch ohne sie würden
wir weder verarmen noch verhungern.

Kurz gefasst: Wir müssen die Wiedereinrich-
tung lokaler Produktionsformen angehen, weil unsere heutigen globalisierten und zentralisierten
Versorgungssysteme vollständig abhängig sind
vom ständigen Nachschub billiger fossiler Brennstoffe und weil dieser Nachschub in absehbarer
Zeit höchstwahrscheinlich stocken wird. Leider
wurden die lokalen Systeme in den letzten 60 Jahren bedenkenlos zerstört. James Howard Kunstler
ist dennoch überzeugt, dass die Zukunft »zunehmend von lokalen und kleineren Formen geprägt«
sein wird.[20] Keineswegs soll hier das Leben in
örtlichen Gemeinschaften idealisiert werden: Ich

habe in einigen sehr entlegenen ländlichen Gemeinden gelebt und kenne die guten und die
weniger guten Seiten dieser Lebensweise genau.

Die Entbehrungen des Zweiten Weltkriegs
hatten der Landwirtschaft in Großbritannien zu
einem großen Aufschwung verholfen (noch heute
spricht man von der »goldenen Zeit«); vielleicht
werden Öl- und Gasverknappung eine ähnliche
Wirkung haben und die regionale Landwirtschaft
wie die örtliche energieeffiziente Produktion wieder interessant machen. Wir können die Zeit nicht
zurückdrehen, und das will auch keiner. Niemand
kann wünschen, dass wir das Wahlrecht der
Frauen wieder kassieren oder zum Feudalismus
zurückkehren. Es wird auch anders gehen: Eine
kreative Anpassung unserer Zivilisation an stärker
lokal bezogene Strukturen mag Ergebnisse bringen, die wir uns heute noch gar nicht vorstellen
können.

Die Abkehr von der globalen Orientierung, die
Rückkehr zu den lokalen und kleinen Lösungen,
beides wird zwangsläufig sein – nicht als isolatio-
nistisches Programm: Wir wollen uns nicht von
der Weltgemeinschaft abwenden, sondern neue
Formen finden, damit Nationen und Gemeinschaften in Beziehungen treten können, die nicht
mehr von Abhängigkeit, sondern von der gemeinsamen Bemühung um mehr Resilienz geprägt
sind.

Lösungen im großen Stil sind illusorisch und gefährlich

Es gibt noch andere Konzepte als die in diesem
Buch skizzierten Wege in eine Zukunft lokaler
und energiearmer Strukturen. Vor allem herrscht
kein Mangel an undurchführbaren und abenteuer-
lichen Vorschlägen. Grund genug, einen Blick auf
diejenigen zu werfen, die uns unbedingt in eine
ganz andere Zukunft führen wollen. Es gibt eben
nicht nur das Konzept der Energiewende, für
das ich hier eintrete, sondern auch jene vorherr-
schende Vorstellung von einem Übergang, wofür

weltweit viel mehr Mittel eingesetzt werden, um im Sinne von Wachstum und Globalisierung die letzten Bastionen lokaler Resilienz zu schleifen. Dass die weltweiten Öl- und Gasvorräte schwinden und es mit den billigen Flüssigbrennstoffen bald vorbei sein könnte, heißt ja nicht, dass sich alle auf ein nahes »Ende der Ära fossiler Brennstoffe« verständigt hätten. Da ist ja noch die Kohle.

Dass die Welt noch Jahrhunderte von der Kohle zehren könnte, wird gern als Fakt präsentiert, ist aber sehr umstritten, denn in den letzten Jahren haben viele Länder ihre Angaben über die Größe ihrer Kohlelagerstätten deutlich nach unten korrigiert.[21] Die Vorräte dürften jedenfalls genügen, um irreversible Klimastörungen zu verursachen und in jenen Staaten, die es sich leisten können, durch Kohleverflüssigung Treibstoff zu erzeugen, um die Kraftfahrzeuge am Laufen zu halten. Auch die britische Regierung scheint inzwischen auf die Förderung der Kohleindustrie als Mittel der nationalen Energiesicherung zu setzen.[22] Jeremy Leggett hat die Strategie, die letzten Kohlevorkommen der Welt aufzubrauchen, als den Versuch bezeichnet, alle Klimaexperten Lügen zu strafen.[23]

Solange den Marktmechanismen keine international verbindlichen Klimaabkommen entgegenstehen, dürften überall noch die letzten Reste fossiler Flüssigbrennstoffe aus dem Boden geholt werden – in dem verzweifelten Versuch, die Nachfrage zu befriedigen (wie es der Hirsch-Report vorhersagt). Und in Südasien werden bereits Regenwälder und andere Ökosysteme zerstört, um Palmenhaine zur Gewinnung von Biodiesel anzulegen – im Westen gilt der importierte Treibstoff dann als »grüne« Energie.[24] Weltweit sind neue Anlagen zur Kohleverflüssigung (um Treibstoff aus Kohle zu gewinnen) geplant. In Großbritannien werden die schwindenden Gasvorräte durch erhöhten Verbrauch von Kohle ausgeglichen. So konnte das Land die Gasknappheit im Winter 2005/06 nur überstehen, weil 18 Prozent mehr Kohle eingesetzt wurden.[25] In China hat der steigende Energiebedarf dazu geführt, dass die Füh-

rung Öllieferverträge mit Regimen schließt, die in unserer Außenpolitik geächtet sind. Wer volle Tanks haben will, muss offensichtlich schmutzige Geschäfte machen.

Weil man die Folgen des Peak Oil einfach nicht zur Kenntnis nehmen will, versucht man – solange es noch geht – Wirtschaftswachstum auf unseren Straßen zu demonstrieren. Doch die Probleme sind da: Überall entstehen riesige Biodiesel-Raffinerien[26] und die damit verbundene Verringerung von Anbauflächen für Nahrungsmittel hat eine Zunahme von Unterernährung und Hunger zur Folge. Zum Beispiel Mexiko: Das Cantarell-Ölfeld, aus dem das Land 60 Prozent seines Treibstoffs bezieht, ist so gut wie erschöpft. 40 Prozent der mexikanischen Staatseinnahmen stammen aus dem Verkauf dieses Öls an die USA. Nun sinken die Fördermengen dramatisch. Das Maximum lag zwischen 2006 und 2007 – bis Ende 2008 rechnet man mit einem Rückgang um 75 Prozent. Die USA dagegen sehen es als Teil einer Strategie zur Energiesicherung, dass sie derzeit 20 Prozent ihrer Maisernte zu Bio-Ethanol verarbeiten. Je weniger Öl aus Mexiko kommt, desto mehr Ethanol wird in den USA erzeugt; Mexiko wird folglich weniger Mais aus den USA importieren können und für diese geringeren Einfuhren mehr bezahlen müssen.[27]

Wenn die Pläne für eine Abscheidung und Speicherung von CO_2 (CCS) tatsächlich umgesetzt werden, dann könnte uns die Kohle retten. Theoretisch funktioniert das so, dass CO_2 aus der Verbrennung von Kohle in Filtern gespeichert und ins Meer verbracht wird. Allerdings befindet sich das CCS-Verfahren (Carbon Capture and Storage) noch in der Erprobung, und selbst wenn es anwendungsreif würde, blieben noch viele Zweifel: Gibt es genug Kohle, um das Verfahren rentabel zu machen? Wird es rechtzeitig zum Einsatz kommen?

Falls wir uns den Herausforderungen des Klimawandels nicht gewachsen zeigen, werden wir die Konsequenzen tragen müssen. In Groß-

Grundsätzlich besteht bei allen Formen der geologischen Speicherung das Risiko von Undichtigkeiten, entweder durch die nicht oder unzureichend versiegelten Bohrlöcher oder durch Kavernen (bei Öl- und Gasfeldern oder Kohlebergwerken). Hinzu kommen unbekannte oder neu auftretende Fehler und Störungen in den geologischen Formationen, die der Speicherung dienen sollen, oder durch Lecks, die von seismischen Aktivitäten verursacht werden. Die Folgen: CO_2 kann an der Oberfläche austreten oder in Gesteinslagen eindringen, die von Grundwasser durchflossen sind. In den wasserführenden Schichten besteht die Gefahr einer Versauerung des Wassers und damit das Risiko einer fortschreitenden Auflösung von Gestein und der Versiegelung von Tunneln und Löchern, die nicht gegen diese Art von Korrosion geschützt sind. Die Speicherung von CO_2 in tiefen Kohleflözen birgt das Risiko, dass dadurch Methan austritt – ein Gas, das weit mehr zur Klimaerwärmung beiträgt als CO_2.

Peter Viebahn et al., »Comparison of carbon capture and storage with renewable energy technologies regarding structural, economic, and ecological aspects in Germany«, *International Journal of Greenhouse Gas Control 1*, 2007, S. 121–133

britannien könnte das bedeuten: deutliche Landverluste an den Küsten, zunehmend extreme Wetterlagen, Zusammenbruch von Ökosystemen. Weltweit wird mit Wirtschaftskrisen und dramatischen Migrationsbewegungen zu rechnen sein. Um ihre schwindenden Vorräte an konventionellem Öl und Gas zu verteidigen, müssen die Staaten immer mehr Geld für den Verteidigungshaushalt aufwenden. Dann wäre »der Krieg, dessen Ende wir nicht mehr erleben« im Gang, von dem US-Vizepräsident Dick Cheney gesprochen hat. Ein Alptraum, den wir unbedingt verhinder müssen.

Wie die Zukunft der Landwirtschaft im großen Maßstab aussehen könnte, hat kürzlich Richard Girling in einem Artikel in der *Sunday Times* dargelegt.[28] Er geht davon aus, dass Bevölkerungswachstum, globale Erwärmung und Energieknappheit das Ende der alten Landwirtschaft und des Landlebens von einst bedeuten. Kühe, die wiederkäuend auf der Weide stehen, gehören der Vergangenheit an. Wir bekommen »ein England der pflegeleichten, autogerechten Steppen«, auf dem Land wird die Luft über den »immer gleich aussehenden Vorstädten aus dem Legostein-Baukasten … und den riesigen Monokulturen« vom »Dröhnen des Verkehrs« erfüllt sein. Mehr Menschen ernähren zu müssen und weniger Land zur Verfügung zu haben zwingt zu gesteigerter Produktivität. »Es gibt nur zwei Möglichkeiten, mehr Nahrungsmittel durch Feldanbau zu gewinnen: mehr Boden zu bestellen oder ertragreichere Pflanzen anzubauen.« Girling zitiert den Agrarexperten Mark Hill von der Wirtschaftsberatungsfirma Deloitte: »Die Bauern stehen vor der Aufgabe, ihre Nahrungsmittelproduktion innerhalb der nächsten 40 Jahre zu verdoppeln. Wie sollen sie das schaffen?« Genau das ist die Frage.

Girling empfiehlt, alles brauchbare Ackerland zu bestellen und den Viehbestand deutlich zu reduzieren (wie 1939). Angesichts der kommenden Herausforderungen hält er die Einführung genmanipulierter Pflanzen für unverzichtbar. Hier muss man wieder an Einstein erinnern, der einmal sagte, dass man Probleme nicht mit den Denkmustern lösen könne, die zu ihnen geführt haben. Man braucht also neue Ansätze und neue Ideen, wie sich die Aufgaben der Landwirtschaft in der Energiewende verändern könnten – und vor allem muss man die richtigen Fragen stellen.

Zweifellos wird mehr Land nutzbar gemacht werden müssen. Das unsinnige und inzwischen aufgegebene Konzept der »Flächenstilllegung«[29] konnte nur entstehen, weil es Öl im Überfluss und billigste Importwaren gibt, unter denen sich die Regale in den Supermärkten biegen. Auch

International
verbindliche Vereinbarungen zum Klimawandel, Energieeinsparung und Konvergenz, Moratorium der Biodieselerzeugung, Vereinbarung über Ölfördersenkung, neue Denkansätze zum Wirtschaftswachstum, Schutz der Artenvielfalt
National
gesetzliche Regelungen zum Klimawandel, handelbare Emissionszertifikate, Pläne zur Nahrungsmittelsicherung, Übertragung von Kompetenzen an örtliche Vereinigungen
Lokal
Energiewende-Initiativen, Pläne zur Energiesenkung, umweltfreundliche Gemeinden, relokalisierte Landwirtschaft, Kreditgesellschaften (auch für Grundbesitz), Energieversorger, allgemeine Lokalisierung

Schaubild 14. Lösungen von unten und von oben – wir brauchen beides.

eine Reduzierung der Viehhaltung ist unverzichtbar. Die heutige Fleischproduktion ist eine absurde Ressourcenverschwendung und das Gegenteil von Nachhaltigkeit. Wir müssen ernstlich hinterfragen, wie sinnvoll unsere bisherige Praxis war. Richard Girling hält sein Szenarium für zwangsläufig, was aber bedeuten würde, alles auf eine Karte zu setzen. Und man kann eine lange Bilanz der negativen Folgen aufmachen. Agrarpolitik in diesem Sinne hält uns abhängig von der internationalen Wirtschaft und ihren Wechselfällen, setzt unsere persönliche Dequalifizierung fort und bietet niemandem eine sinnvolle Arbeit; sie erhält die Abhängigkeit der Landwirtschaft vom Öl oder verstärkt sie noch, sie zerstört die Artenvielfalt und trägt nichts zur wirtschaftlichen Stabilisierung bei; sie wird uns nicht gesünder machen, sondern geistig verarmen lassen. Der Trend zur großdimensionierten Landwirtschaft ist zwar da – aber er ist ja nicht unumkehrbar.

All das bestätigt, was schon aus Schaubild 7 (vgl. S. 37) klar wird, dass Klimawandel und Peak Oil eng verknüpfte Probleme sind und dass wir bei unseren Entscheidungen beide Phänomene berücksichtigen müssen.

Kommen die Lösungen von oben oder von unten?

Energiewende-Initiativen können weder allein von oben noch allein von unten den nötigen Rückhalt gewinnen – eine Kombination beider Ansätze dürfte die besten Ergebnisse bringen. Es bestehen bereits zahlreiche Initiativen, und sie entwickeln sich besser, als wir noch vor einem Jahr geglaubt hätten. In manchen Ländern denkt man bereits auf Regierungsebene über ein System zur Rationierung von CO_2-Emissionen nach. David Fleming, der »Erfinder« der »handelbaren Emissionszertifikate«[30], hatte bereits darauf hingewiesen, dass mit dem Rückgang der Öl- und Gasförderung eine solche Bewirtschaftung unvermeidlich werden dürfte, die Frage sei nur, ob man ein gerechtes System der CO_2-Verteilung einführen oder darauf warten wolle, dass sich eine Rationierung über den Preis, also entsprechend dem Gefälle zwischen sozialen Schichten, ergibt. Diese Rationierung wird kommen – je früher wir sie einführen, desto weniger soziale Härten wird sie zur Folge haben. Inzwischen wächst auch international die Einsicht, dass mehr gegen den Klimawandel getan werden muss. Es gibt eine Reihe diplomatischer Initiativen, die strengere Vorschriften fordern, als sie das äußerst unzureichende Kyoto-Protokoll vorsieht. Jeder von uns hat gute Möglichkeiten, diese Entwicklung zu fördern, nicht nur durch Unterstützung von Umweltkampagnen, sondern auch durch die Art, wie wir unsere Kaufkraft einsetzen: Wir sollten den Produkten jener Firmen den Vorzug geben, die ernsthafte Anstrengungen bei Energieeinsparung und Nachhaltigkeit unternehmen – und vor allem jener, die sich auch um die lokale Resilienz verdient machen.

Entscheidend bleibt jedoch, dass wir nicht warten können. Damit es auf nationaler und internationaler Ebene zu neuen Lösungen kommt, müssen die Gemeinschaften auf lokaler Ebene sich stark und lebendig zeigen und deutlich machen, dass sie nicht den Regierungen die Initiative überlassen wollen. Ein gutes Beispiel: Die Haltung der britischen Regierung zum Ölfördermaximum – vollständige Ignoranz. Aber das Umweltministerium (DEFRA) stellte 2002 kurz und bündig fest: »Nachhaltige Entwicklung kann nicht von oben verordnet werden. Nur wenn sich die Menschen überall im Land dafür engagieren, wird daraus etwas werden.«[31]

Was kann die Regierung tun?

Die politischen Verhältnisse scheinen mir unter einer tiefen Spaltung zu leiden. So hält die britische Regierung ihre Bürger offenbar für antriebslos und desinteressiert an demokratischen Verfahren; den Bürgern wiederum erscheinen die Politiker als Karrieristen, die sich für die Menschen und

Es ist noch nicht lange her, gerade mal zwei Jahrhunderte, dass wir energiesüchtig wurden und unseren Kurs in den Untergang einschlugen. Das Ölfördermaximum bedeutet eine Chance, innezuhalten, unser Vorgehen zu überdenken und bessere Wege in die Zukunft zu finden. Machen wir uns nichts vor: Es gibt keine Alternative. Die Folgen des Peak Oil werden furchtbar sein. Aber sie eröffnen uns auch großartige Möglichkeiten, alles besser zu machen. Diese Gelegenheit dürfen wir nicht verpassen.

Albert Bates, *The Post-Petroleum Survival Guide and Cookbook*, New Society Publishers, 2006

die Probleme in den Gemeinden bestenfalls alle vier Jahre vor den Wahlen einmal interessieren. Die Möglichkeiten der Bürgerbeteiligung bei örtlichen Planungsprozessen wecken nicht viel Begeisterung. Dieser Zustand ist angesichts der Aufgaben, die vor uns liegen, untragbar: Es muss gelingen, jeden Einzelnen, die Kommunen, die Wirtschaft, die Verbände und die staatlichen Stellen zu einer möglichst effektiven Zusammenarbeit zu bringen. Nur so haben wir eine Chance, die Energiewende durchzustehen.

In diesen Belangen übernehmen die Politiker in der Regel nicht die Initiative, sie reagieren nur. Viele Entscheidungen, die auf Regierungsebene anstehen, um die notwendige Senkung des Energieverbrauchs zu regeln, gelten als »nicht vermittelbar«: Welcher Politiker würde in seinem Wahlkreis mit der Botschaft antreten, dass die CO_2-Rationierung bevorsteht und seine Wähler künftig Jahr für Jahr weniger Energie verbrauchen und weniger Auto fahren können? Andererseits sehe ich keinen Grund, warum kluge Kandidaten ihren Wählern den Sinn solcher Maßnahmen nicht vermitteln könnten. Wir brauchen einen Plan für die Energiesenkung, der auch von den Bürgern mitgetragen wird und ein positives Bild einer Zukunft der Energieeinsparung zeigt. Wenn die Gemeinden erst wissen, wie es weitergehen soll, dann

kann sich zwischen ihnen und den regionalen und nationalen Behörden eine sehr gute Zusammenarbeit entwickeln. Es wäre die Aufgabe der Gemeinden, der Regierung die Vorgaben zu liefern: »Wir haben den folgenden Plan, der alle kommenden Herausforderungen durch Klimawandel und Energieknappheit berücksichtigt und überdies unserer lokalen Wirtschaft und den umliegenden Agrargebieten neue Möglichkeiten eröffnet. Bei seiner Umsetzung wäre es hilfreich, wenn die CO_2-Rationierung eingeführt würde und die realen Kosten für fossile Brennstoffe in die Preise von Gütern und Dienstleistungen eingerechnet wären.« Das könnte die Regierung entlasten: Wenn sie die Maßnahmen, die zuvor die Wähler verschreckt hätten, nicht mehr allein zu verantworten hätte, könnte auch sie zu einer aktiven Kraft in diesem Prozess werden.

Neuerdings erhält die britische Regierung auch von der Wirtschaft solche Botschaften: »Wir wollen wissen, woran wir sind, um planen zu können. Wir erwarten, dass bald deutliche staatliche Maßnahmen zum Klimawandel getroffen werden.« Genau so sollten auch die Gemeinden auftreten. Wir können auch ohne die Regierung eine Menge erreichen – aber noch mehr, wenn wir mit ihr zusammenarbeiten.

Zusammenfassung:
Das Ölzeitalter geht zu Ende

Im ersten Teil dieses Buches ist uns klar geworden, dass Peak Oil und Klimawandel die zwei Seiten einer Medaille sind, also eine doppelte Herausforderung bedeuten, und dass uns Veränderungen in bislang ungekanntem Ausmaß bevorstehen – wie unterschiedlich wir das auch bewerten. Die Ölabhängigkeit unserer Gesellschaft werden wir nur überwinden, wenn wir lernen, die lokalen Widerstandskräfte zu stärken, lokale Wirtschaftsformen zu schaffen, die uns auch in der Zeit der Ölverknappung versorgen können. Zweifellos müssen wir die CO_2-Emissionen senken – aber das ist nicht genug. Lokale Demokratie, Rückkehr zum lokalen Anbau von Nahrungsmitteln und zur lokalen Energiegewinnung sind unverzichtbar. In all den Jahren, seit ich diese Einsichten in Gesprächen, Veranstaltungen und meinen Blogs verbreite, habe ich noch niemanden getroffen, der das für unsinnig gehalten hätte. Den meisten Menschen ist einsichtig, dass wir über unsere Verhältnisse leben und dass wir etwas tun müssen.

Ich habe zu vermitteln versucht, dass eine Zukunft mit weniger Energieverbrauch für uns eine bessere Lebensqualität bedeuten wird, als wir sie gegenwärtig haben – allerdings nur, wenn wir genug Vorstellungskraft und Kreativität aufbringen, um planvoll in die Energiewende einzusteigen. Und dazu müssen tatsächlich alle zusammenarbeiten, jeder Einzelne und jede Organisation, auch wenn das in der Menschheitsgeschichte in dieser Dimension noch nie erprobt wurde. Mit unserer Anpassungsfähigkeit und unserem Erfindungsreichtum haben wir es auf den Gipfel des Ölzeitalters geschafft, wir sollten also auch in der Lage sein, auf der anderen Seite wieder abzusteigen. Bleibt die Frage, wie all die äußeren und inneren Widerstände gegen diesen großen Richtungswechsel zu überwinden wären.

Wie reagieren Sie auf die Begriffe Klimawandel und Peak Oil? Ich vermute, nicht anders als die meisten Menschen, mit denen ich gesprochen habe. Angesichts dieser Probleme, die überwältigend groß und unbeeinflussbar scheinen, fühlen wir uns ohnmächtig und mutlos. Aber dieser Gemütszustand bringt uns nicht weiter, wenn wir etwas bewegen, erreichen und realisieren wollen. Inspiration und Motivation sind der Schlüssel zum Erfolg. Wir stehen vor der größten Herausforderung in unserer Geschichte und sind ziemlich schlecht darauf vorbereitet.

Zweiter Teil

DAS HERZ

Warum es entscheidend auf eine positive Vision ankommt

Es wäre »am besten, wenn wir dies als eine unaufhörliche ›Revolution des Bewusstseins‹ begreifen würden, die nicht durch Waffen erreicht wird, sondern durch das Erfassen der Schlüsselbilder, Mythen, Archetypen, Eschatologien und Ekstasen, so dass einem das Leben nicht mehr lebenswert erscheint, es sei denn, man lebte auf der Seite der verwandelnden Energie«. Gary Snyder[1]

»Um den Planeten zu retten, benötigen wir keine wunderbaren technischen Durchbrüche oder großen Mengen Kapitals. Was wir im Wesentlichen brauchen, ist ein radikaler Wandel unseres Denkens und Verhaltens.« Ted Trainer[2]

»Die Unsicherheit unserer Zeit ist kein Grund, sich der Hoffnungslosigkeit sicher zu sein.« Vandana Shiva[3]

Der Klimawandel und die drohende Erdölverknappung können für manche Menschen sehr verstörend wirken. Die meisten von uns dürften sich daran erinnern, wo sie am 11. September 2001 waren, und die Älteren unter uns werden auch noch wissen, wo sie sich befanden, als John F. Kennedy ermordet wurde. In ähnlicher Weise können die meisten Menschen, denen die Konsequenzen des Klimawandels und das Peak-Oil-Problem zum ersten Mal richtig bewusst geworden sind, Geschichten von dem Moment erzählen, als bei ihnen »der Groschen fiel« und sie, wie ich es manchmal nenne, aus ihrem »Vorstadttraum« erwachten. Es ist wichtig, sich nicht nur intellektuell mit diesen Problemen auseinanderzusetzen, sondern sich auch einzugestehen, dass sie uns emotional aufwühlen und betroffen machen, denn wie wir mit dieser Betroffenheit umgehen, entscheidet darüber, wie wir auf die Herausforderungen reagieren – oder eben nicht reagieren.

Es ist daher auch wichtig, sich die Kraft positiver Visionen bewusst und zunutze zu machen. Allzu häufig betreiben Umweltschützer Angstmache in der irrigen Annahme, mit apokalyptischen Zukunftsszenarien die Menschen zum Handeln bewegen zu kön-

nen. In diesem Teil wenden wir uns deshalb der Frage zu, wie wir solche Fehler vermeiden und im Gegenteil erstrebenswerte Zukunftsvisionen entwerfen können, von denen sich die Menschen unmittelbar angezogen fühlen.

Im Folgenden will ich dazu einen Beitrag leisten und eine Vision vorstellen, wie Großbritannien im Jahr 2030 aussehen könnte, wenn wir den Anpassungsprozess an ein drastisch vermindertes Energieangebot kreativ in Angriff nehmen und unsere Zukunft in gesteigerter Widerstandskraft, einer lokalen Wirtschaft und einem radikal verminderten Energieverbrauch suchen. Die doppelte Herausforderung von Erdölverknappung und Klimawandel schafft die einmalige Chance, die Welt um uns herum neu zu denken, neu zu erfinden und neu zu bauen. Im Kern dieses Teils des Buches steht die Überzeugung, dass diese Wende besondere innere Ressourcen erfordert, nicht bloß ein abstraktes intellektuelles Verständnis. Das ist für die Umweltbewegung ein relativ neuer Ansatz, doch hängt davon entscheidend ab, ob wir genügend Unterstützung für eine grundlegende Energiewende mobilisieren können.

Gegenüber: In vielen Kommunen Sloweniens gehört die urbane Nahrungsmittelerzeugung noch zum typischen Stadtbild.
Foto: © Andy Goldring

Kapitel 5

Wie sich Peak Oil und Klimawandel auf unser Leben auswirken

»Post-Erdöl-Belastungsstörung«

Zunächst sollten wir uns fragen, wie uns die großen Veränderungen durch Klimawandel und Erdölverknappung persönlich tangieren. Ich befasse mich seit einiger Zeit mit diesem Thema und habe erlebt, wie Menschen reagieren, wenn ihnen bewusst wird, wie groß die Herausforderung ist, vor der wir stehen. Für einige ist es ein Schock, andere fühlen sich in dem bestätigt, was sie schon immer vermutet haben. Bei vielen ist die Reaktion nicht so eindeutig. Über die Jahre sind mir bestimmte Symptome eines Phänomens aufgefallen, das ich mittlerweile als »Post-Erdöl-Belastungsstörung« bezeichne. Vielleicht erkennen Sie einige davon wieder:

Feuchte Hände, ein mulmiges Gefühl und erhöhter Puls

Die Erkenntnis, den eigenen Lebensstil vollkommen umkrempeln zu müssen, kann erschütternd sein. Viele reagieren auf die emotionale Erschütterung zunächst mit körperlichem Unwohlsein.

Bestürzung und ein Gefühl der Unwirklichkeit

In der religiösen Tradition vieler Kulturen ist die »dunkle Nacht der Seele« eine Zeit, in der uns die Leere der Wirklichkeit offenbar wird und wir gezwungen sind, lieb gewonnene Überzeugungen über Bord zu werfen. Klimawandel und Erdölverknappung führen uns vor Augen, dass alles, was wir bislang für dauerhaft und real hielten, in Wahrheit eine Seifenblase ist, abhängig von weiten Versorgungswegen und einem nie versiegenden Strom preiswerten Erdöls. Wenn wir erkennen, in welchem Maße die Welt, in der wir leben, auf einer Illusion beruht, kann sich durchaus ein Gefühl der Bestürzung einstellen.

Ich erinnere mich an den Science-Fiction-Film *Sie leben!* von John Carpenter, den ich vor Jahren sah. Darin findet ein Mann hinter einer Mülltonne eine Kiste voller Sonnenbrillen. Als er eine aufsetzt, erkennt er, dass viele der Menschen um ihn herum in Wirklichkeit Außerirdische sind, die im Begriff sind, die Erde zu erobern. Stand auf Werbeplakaten zuvor »Trink X, es wird dich glücklich machen«, so ist durch die Brille nun zu lesen: »Konsumier und stirb«. Gegen Ende verkommt der Film zwar zu einem Gemetzel an den Aliens, aber er liefert uns eine sehr eindrückliche Metapher dafür, wie sich unser Bewusstsein vom knapper werdenden Erdöl auf unsere Weltwahrnehmung auswirkt.

Festhalten an unerfüllbaren Hoffnungen

»Das wird schon!«, sagen sich viele. »Wir werden einfach auf Wasserstoff umstellen!« Oder auf Atomenergie oder auf eine Technologie, die aus geborgenen UFOs stammt. Manche wollen uns weismachen, dass geniale Garagentüftler längst Generatoren konstruiert haben, die unter Umgehung der thermodynamischen Gesetze gigantische Mengen »freier Energie« erzeugen könnten, doch immer werden die Pläne von den Ölmultis gekauft und verschwinden in der Versenkung, oder den Erfindern widerfahren andere finstere Dinge. Viel wahrscheinlicher ist, dass die angeblichen Erfindungen reine Fantasieprodukte sind oder schlicht nicht funktionierten.

Jedenfalls glauben diejenigen, die sich an unerfüllbare Hoffnungen klammern, fest daran, dass wir mit Hilfe technischer Lösungen weitermachen können wie gehabt und dass die Wirtschaft auch in Zukunft immer weiter wachsen wird. Aber solche technischen Lösungen gibt es nicht. Atomkraft, Wasserstoff, »saubere« Kohle und Biotreibstoffe bringen gravierende Probleme mit sich und sind nicht unbeschränkt nutzbar. Fossile Brennstoffe waren als Energielieferant ein einmaliges Füllhorn, das durch nichts zu ersetzen ist (vielmehr nähern wir uns einer Situation, in der die »Höchstfördergrenze von allem« erreicht ist, um den Titel von Richard Heinbergs neuem Buch zu zitieren).[4] Das hindert die Leute jedoch nicht daran, an Lösungen festzuhalten, die gar nicht funktionieren können. Heinberg nennt es »das Warten auf das Zauberelixier«.[5] Fakt ist, dass es die Technologien, die wir brauchen werden, bereits gibt; wir müssen nur handeln – und nicht von wundersamen Erfindungen träumen, die bald alle Probleme lösen werden.

Angst

Bei dem Bemühen, die Menschen über Peak Oil und Klimawandel aufzuklären und sie zum Handeln zu bewegen, sollten wir berücksichtigen, dass dies für viele ein angstbesetztes Thema ist. Und das mit Recht, denn wer die Entwicklung nicht besorgniserregend findet, hat sie vermutlich nicht wirklich verstanden. Auf einige wird die Angst lähmend wirken, bei anderen kann sie zu Abwehrreaktionen führen. Keinesfalls sollte man Menschen mit beängstigenden Informationen überhäufen, sondern ihnen vielmehr Gelegenheiten bieten, das Gehörte im Gedankenaustausch zu verarbeiten.

Resignation und/oder Überlebenstraining

Für einige bestätigt die Erdölverknappung nur ihren zur Gewissheit gewordenen Glauben, dass die Menschen eben selbstsüchtig seien; und die, die das glauben, haben ohnehin die Nase voll. Anders die Haltung jener, die sich auf einen Überlebenskampf vorbereiten. Von Resignation keine Spur, aber sie denken bloß an sich selbst und ihre Familie und sind überzeugt, dass jeder für sein eigenes Überleben sorgen muss, und das am besten als Einzelkämpfer in der Einsamkeit der Berge. Eine solche Haltung trifft man besonders häufig in Nordamerika, wie ich feststellte, nachdem ich einen kritischen Artikel zum Thema geschrieben hatte.[6] Er wurde öfter kommentiert als alle meine anderen Beiträge zur Energiewende, und ich bekam auf diese Weise einen erstaunlichen Einblick in die Gedankenwelt jener Einzelkämpfer, die Überlebenstraining für die Lösung des Problems halten. Einige Kommentare fand ich auf einschlägigen Websites, auf denen man Schätze wie diesen findet: »Was ist besser, ein Gewehr oder eine Keule? Man kann ein Gewehr als Keule benutzen, aber eine Keule nicht als Gewehr.« Natürlich ist der Rückzug in die Berge in den USA eher möglich als in Europa, wo dafür einfach nicht genug Platz ist: Es wäre sinnlos, in Massen Zuflucht zu suchen in der Landschaft von Snowdonia oder im Schwarzwald, auch wenn man Sätze wie: »Wir machen uns keine Sorgen, wir haben ein Häuschen in den Pyrenäen« nur allzu häufig hört.

Aber die einzig angemessene Reaktion angesichts der auf uns zukommenden Probleme wäre: da zu bleiben, wo wir zu Hause sind, uns klarzumachen, dass wir Teil des Beziehungsgeflechts um uns herum sind und dass wir auf diese Beziehungen angewiesen sind und sie pflegen müssen, anstatt zu glauben, dass wir alles allein schaffen können. Die Vorstellung, wir könnten unabhängig von der Gemeinschaft existieren, ist wohl eher ein zweifelhafter »Luxus« der Ära des billigen Öls.

Wir werden wieder lernen müssen, uns zu begegnen, uns zu grüßen, zusammenzuarbeiten und miteinander zu reden.

Leugnung

In einer Zeit, in der Klimawandel und Erdölverknappung mit Macht ins öffentliche Bewusstsein dringen und uns langsam dämmert, welche Konsequenzen sie haben werden, wollen viele Menschen die Probleme einfach nicht wahrhaben, wie beispielsweise der Mann, der neben mir im Bus saß und erzählte, ein Wissenschaftler habe im Fernsehen gesagt, die Erde erwärme sich von innen heraus. Andere behaupten, der Klimawandel werde von Sonnenflecken verursacht oder sei natürlichen Zyklen unterworfen – obwohl alle Beweise gegen diese Theorie sprechen. Wieder andere glauben, der Klimawandel sei eine Erfindung derer, die im Rahmen einer »Neuen Weltordnung« unsere Freiheiten noch weiter beschneiden möchten. Oder die Ölindustrie habe das Peak-Oil-Märchen in die Welt gesetzt, um noch mehr Geld zu scheffeln. Das Internet ist voll von solchen Halbwahrheiten und Verdrehungen für diejenigen, die sich Sand in die Augen streuen lassen wollen.

Meine Lieblingsgeschichte in diesem Zusammenhang stammt von meinem Freund Graham Strouts[7], der sich einmal mit einer älteren Dame über die Folgen der Erdölverknappung für die Nahrungsmittelversorgung unterhielt. Als die Rede auf die Erdölabhängigkeit der Nahrungsmittelindustrie und die Anfälligkeit des ganzen Versorgungssystems kam, bemerkte sie zu Grahams Verblüffung: »Mir macht das keine Sorgen: Mein Mann hat einmal ein Jahr lang überhaupt nichts gegessen.« – Ein Jahr lang nichts gegessen?! Offenbar hatte der Mann irgendwelche Meditationsübungen praktiziert, und sie glaubte allen Ernstes, er habe ein Jahr lang nichts gegessen. Natürlich konnte auch das wissenschaftlich gut fundierte Argument, dass Populationen innerhalb

kurzer Zeit kollabieren, wenn man ihnen die Nahrung entzieht, die Frau nicht von ihrem Glauben abbringen.

Wir können nicht verhindern, dass Menschen gelegentlich den Kopf in den Sand stecken, davor ist keiner gefeit. Es ist normal, die Probleme manchmal verdrängen zu wollen: Schließlich können wir nicht stets und ständig über Klimawandel, Erdölverknappung und das Ende der wirtschaftlichen Globalisierung nachgrübeln. Verhindern müssen wir, dass uns eine solche Haltung blind macht für die Realität und uns die Fähigkeit nimmt, angemessen darauf zu reagieren.

Übertriebener Optimismus

Als ich in Irland zum ersten Mal den Dokumentarfilm *The End of Suburbia* vor Publikum zeigte, stand einer der Anwesenden am Ende auf und sagte: »Wir haben gerade gehört, dass das Ölzeitalter zu Ende geht. Na, dann mal los, kann ich da nur sagen!« Ich verstehe zwar das Gefühl, das er damit ausdrücken wollte, doch so einfach ist die Sache eben nicht. Aus dem Hirsch-Report geht hervor, dass der Umschwung zu einer weniger ölabhängigen Wirtschaft mindestens zehn, wenn nicht gar zwanzig Jahre dauert, und es wäre katastrophal, diese Zeit nicht zur Planung und Vorbereitung zu nutzen. Als Gegengewicht zu dem Optimismus, mit dem manche dem Ende des Ölzeitalters entgegensehen, müssen wir uns eben auch der gewaltigen Herausforderungen bewusst sein, die damit verbunden sind.

Das »Ich hab's doch schon immer gesagt«-Syndrom

Gegen diesen Fehler, ich gebe es zu, bin ich selbst nicht ganz gefeit. Als einer, der sich viele Jahre mit Permakultur und ökologischem Bauen beschäftigt hat, sehe ich auch die Chance, dass mit dem Ende des Ölzeitalters zwangsläufig Permakultur und Lehmbauweise weitere Verbreitung finden werden als bisher. Die Ökofraktion wird ihre Stunde gekommen sehen. Alle, die ihre Kinder lieber zu Hause unterrichten, die ihren Strom selbst erzeugen, ihr Gemüse biologisch anbauen und mit eigenem Kompost düngen, mögen ihren »Ich hab's doch schon immer gesagt«-Moment haben – eine verständliche Reaktion, wenn man bedenkt, dass diese Menschen sich lange Zeit in dieser oder jener Hinsicht für gesellschaftliche Veränderungen eingesetzt haben.

Aber die Sache hat auch eine andere, bedrohlichere Seite. Beispielsweise hat sich die rechtsextreme Britische Nationalpartei das Peak-Oil-Thema zu eigen gemacht und versucht sich damit auf Versammlungen von Umweltschützern zu profilieren. Schon immer haben die Faschisten wirtschaftlich schwierige Zeiten für ihre Zwecke genutzt, und in diesem Fall ist es nicht anders.

Wann immer also einer meint: »Ich hab's doch schon immer gesagt«, sollte man seine Behauptung und seine Beweggründe kritisch hinterfragen. Die Macher des Peak-Oil-Films *The End of Suburbia* beispielsweise hatten von Anfang an keine großen Sympathien für das vorstädtische Leben der US-amerikanischen Wohlstandsgesellschaft und nutzten das Thema, um mit dem Ende des Ölzeitalters den Abschied von dieser Lebensweise zu feiern. Diejenigen, die es schon immer besser wussten, erliegen leicht der Versuchung, ihre eigenen Lösungsvorschläge gar nicht mehr zu hinterfragen. Sie halten auf Biegen und Brechen an ihren Überzeugungen und Ideen fest, obwohl sich vielleicht bessere Lösungen für eine Gesellschaft im Umbruch finden ließen, wenn sie sich davon verabschieden würden.

Der Zukunftsangst begegnen

Wenn man die Tragweite der Umwälzungen wirklich begreift, die eine Erdölverknappung mit sich bringen wird, fühlen sich die meisten von uns ohnmächtig. Wie geht man am besten mit diesem Gefühl um?

Zunächst sollte man sich klarmachen, dass dies eine ganz normale Reaktion ist, viel natürlicher jedenfalls, als Gleichgültigkeit zu zeigen oder die unangenehme Wahrheit zu verdrängen. Dann sollte man »inspirierenden Unmut« entwickeln, wie Chris Johnstone vorschlägt, um Angstgefühle so umzumünzen, dass sie einen motivieren, das eigene Leben zu verändern. Man sollte sich sagen, dass die Veränderungen, die man sich wünscht, bei einem selbst beginnen, und man sollte das Gefühl, dass die Herausforderungen das eigene Leben auf den Kopf stellen, als eine Chance begreifen, einmal das Fundament in Frage zu stellen, worauf man bislang seine Annahmen gründete. Und schließlich besteht kein Anlass zu überstürztem Aktionismus; man sollte sich Zeit nehmen, sich der Herausforderung bewusst zu werden. Auch wenn man sich zunächst gegen diese sträubt, in ihr liegt, wie in den düsteren Anfangskapiteln jeder Heldengeschichte, der Ruf zum Abenteuer. Im Rückblick wird einem dieses Wagnis einmal als bedeutende und positive Lebensveränderung erscheinen.

Kapitel 6

Die Psychologie der Veränderung

Die Welt zu schaffen, die wir wollen, ist viel subtiler und anstrengender, als diejenige zu zerstören, die wir nicht wollen.

Marianne Williamson

Veränderungen zu bewirken ist seit jeher der heilige Gral der Umweltschützer, doch das Ziel blieb oft genug in nebelhafter Ferne. Sicher gab es Erfolge zu verzeichnen, aber insgesamt ist es der Umweltbewegung nicht gelungen, Menschen auf so breiter Front zu mobilisieren, wie es heute angesichts von Ölverknappung und Klimawandel erforderlich wäre. Möglicherweise liegt das daran, dass wir nie wirklich verstanden haben, was Veränderung ist, wie sie entsteht und was sie nach sich zieht. Es gibt Bereiche, in denen die Prinzipen der Veränderung, ihre Funktionsweisen und ihre Voraussetzungen viel besser erforscht sind. Einer dieser Bereiche ist die Suchtbehandlung.

Unlängst stieß ich auf ein Buch, das meine Einstellung zu diesem Thema veränderte. Mit einem anderen Titel wäre es mir wie maßgeschneidert für unsere Energiewendebewegung erschienen. Das Buch heißt *Addiction and Change (Sucht und Veränderung)*[1] und stammt aus der Feder des Psychologen Carlo DiClemente. DiClemente ist der Begründer des transtheoretischen Modells (TTM) zur Beschreibung, Erklärung, Vorhersage und Beeinflussung intendierter Verhaltensänderungen. Die Wege, die in die Sucht und aus ihr herausführen, sind DiClemente zufolge strukturell mit jedem beliebigen Veränderungsprozess vergleichbar. Sein Modell, das die sechs Stadien der Veränderung beschreibt, ist eine Synthese aus mehreren vorangegangenen Ansätzen unter Einbeziehung Hunderter von Untersuchungen. Veränderung vollzieht sich demnach nicht einfach, indem jemand beschließt, sich zu ändern, und diesen Entschluss dann in die Tat umsetzt, sondern sie unterliegt subtileren und komplexeren Prozessen.

Etwa zu der Zeit, als ich DiClementes Buch las, lernte ich Chris Johnstone kennen, einen Suchtexperten, der sich viel mit den Stadien der Veränderung beschäftigt und das Modell auf gesellschaftliche und ökologische Veränderungsprozesse übertragen hat. Er ist Autor, veröffentlicht den Internet-Newsletter *The Great Turning Times* und bietet tiefenökologische Workshops nach Joanna Macy an.[2] Das Energiewendemodell baut in vieler Hinsicht auf die Erkenntnisse, die er vermittelt. Statt als psychologischer, in der Suchtbehandlung unerfahrener Laie sein Konzept zu erklären, gebe ich im Folgenden ein Interview wieder, das ich mit Chris Johnstone geführt habe.

Interview mit Chris Johnstone

Welches sind die Stadien der Verhaltensänderung und woher stammt der Ansatz?

Das Modell wurde Anfang der 1980er Jahre von den Psychologen Carlo DiClemente und James Prochaska entwickelt. Sie wollten einen Rahmen von Parametern schaffen, anhand dessen Veränderungsmechanismen verstanden werden können und der auf verschiedene Bereiche menschlichen Verhaltens und für die Arbeit in unterschiedlichen Bereichen anwendbar ist. Daher die Bezeichnung »transtheoretisches Modell«.

Im Zentrum des Modells steht eine einfache und offensichtliche Erkenntnis: Verhaltensänderungen kommen nicht mit einem Schlag, sondern sie vollziehen sich in Schritten oder Stadien. Dies gilt für Veränderungen aller Art. Wenn Sie zum Beispiel umziehen, ist der Umzug selbst das Handlungsstadium. Bevor es aber so weit ist, muss geplant werden – das ist das Vorbereitungsstadium. Und bevor man plant, trifft man eine Entscheidung, die nach einer Zeit des Nachdenkens erfolgt – das ist das Stadium der Absichtsbildung. Vor diesem liegt eine Phase, in der man noch nicht angefangen hat, über eine Veränderung nachzudenken – das ist das Stadium der Absichtslosigkeit. Es gibt noch zwei weitere wichtige Stadien, aber darauf komme ich noch zu sprechen.

Das Modell wurde in der Suchtbehandlung freudig begrüßt, weil es die Möglichkeit bietet zu bestimmen, an welchem Punkt der Reise zur Veränderung sich ein Patient befindet. Manche Suchtkranke befinden sich im Handlungsstadium, ergreifen die Initiative und suchen von sich aus Hilfe. Doch viele Patienten, die mit Alkohol- und Drogenproblemen ins Krankenhaus kommen, haben den Punkt noch gar nicht erreicht, an dem sie aktiv gegen ihre Sucht ankämpfen wollen. Durchschaut man diese Entwicklungsstadien, so erkennt man leichter, was die Verhaltensänderung blockieren könnte. In der Vorbereitungsphase ist man vielleicht noch hin- und hergerissen: Einerseits möchte man sich verändern, andererseits ist man sich dessen aber doch nicht ganz sicher.

Auch unser Denken und Handeln angesichts von Peak Oil und Klimawandel lässt sich nach diesem Modell einordnen. Vor zehn Jahren haben die Leute kaum einen Gedanken an den Klimawandel verschwendet. Heute ist das ganz anders; die meisten Menschen denken immerhin über das Problem nach, und viele handeln bereits. Doch selbst Letztere können sich in unterschiedlichen Stadien der Veränderung befinden; sie befinden sich, was die Verwendung von Energiesparlampen betrifft, vielleicht schon im Handlungsstadium, in Bezug aufs Fliegen und Autofahren aber noch in der Phase der Absichtsbildung. Was den Peak Oil betrifft, stecken die meisten Menschen sogar noch im Stadium der Absichtslosigkeit fest; das Problem ist noch nicht sehr weit ins öffentliche Bewusstsein gedrungen. Das ändert sich gegenwärtig allerdings rasch.

Die beiden letzten Stadien sind Aufrechterhaltung der Verhaltensänderung oder Rückfall in ein früheres Stadium. Bei jeder Verhaltensänderung kann es Vor- und Rückwärtsbewegungen geben. Nach anfänglich guten Fortschritten kann ein Betroffener den Mut verlieren oder selbstgefällig werden und in alte Muster zurückverfallen. Das ist am Stadium der Aufrechterhaltung so wichtig: In ihm wird daran gearbeitet, dass wir darauf achten, das Erreichte zu konsolidieren und langfristig zu erhalten.

Das transtheoretische Modell: Stadien der Verhaltensänderung

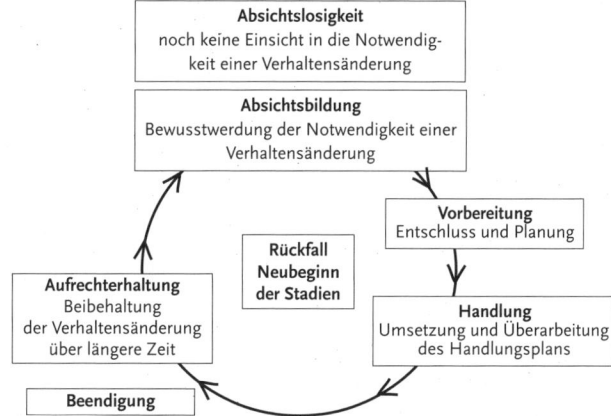

Schaubild 15. Die Stadien der Verhaltensänderung nach DiClemente, 2003

Inwiefern lassen sich Erkenntnisse über Veränderungsprozesse aus der Suchtbehandlung auf die Umweltbewegung übertragen?

Umweltschützer haben oft die Vorstellung, dass die Menschen etwas ändern würden, wenn sie nur wüssten, wie schlimm die Lage ist. Daher geht es in vielen Kampagnen vor allem darum, Informationen weiterzugeben, die nicht selten mit Schreckensbildern und Katastrophengeschichten illustriert werden. Bewusstseinsbildung ist wichtig – aber man muss sich nur eine Zigarettenschachtel ansehen, um die Grenzen dieses Ansatzes zu erkennen. Man kann noch so fett »Rauchen kann tödlich sein« darauf drucken, die Menschen rauchen trotzdem weiter.

Aus der Suchtbehandlung können wir lernen, Abwehrmechanismen gegen Verhaltensänderungen zu erkennen und zu überwinden. Hierzu wurden Methoden wie die motivierende Gesprächsführung entwickelt, die darauf abzielen, Ambivalenzen bei Patienten, die den Entschluss zur Veränderung noch nicht gefasst haben, abzubauen.[3] Auch im Hinblick auf die Notwendigkeit ökologischer Veränderungen gibt es solche Ambivalenzen, und wir müssen anfangen, kreativer darauf zu reagieren. Diese Lehre können wir aus der Suchtbehandlung ziehen.

Kann man sagen, dass wir »süchtig nach Öl« sind?

Aus der Sicht des Suchtexperten sind Industriegesellschaften in einer Weise vom Öl abhängig, die signifikante Suchtmerkmale zeigt. Das gibt sogar ein Mann wie George W. Bush zu![4] Sucht ist allerdings nicht eindeutig definiert, darum ist der Begriff problematisch. Ich finde ihn dennoch nützlich, weil damit eingefahrene Verhaltensmuster beschrieben werden, von denen man nur schwer loskommt, obwohl man weiß, dass sie schädlich sind. Genau so kann man den gegenwärtigen Umgang der Menschen mit fossilen Brennstoffen beschreiben.

Die Alkoholiker, die ich behandle, finden den Begriff »Abhängigkeit« im Allgemeinen hilfreich, weil er erklärt, warum es ihnen so schwerfällt, mit dem Trinken aufzuhören. Dazu gehört mehr als nur eine bewusste, rationale Entscheidung, denn alte Gewohnheiten sterben bekanntlich schwer, und selbst wenn man sie kurzfristig überwindet, reicht oft ein nichtiger Anlass, um in gewohnte Verhaltensmuster zurückzufallen. Aber sobald wir akzeptiert haben, dass das, was der Veränderung im Wege steht, ein Ding namens Abhängigkeit ist, können wir Strategien zu deren Überwindung entwickeln.

Was haben wir davon zu sagen, dass wir »süchtig nach Öl« sind?

In den Industrieländern gilt ein Lebensstil, der Unmengen an Energie in Form fossiler Brennstoffe verschlingt, als normal. Das Erkennen eines Problems ist der erste Schritt zu seiner Lösung. Wenn wir unseren Umgang mit Öl als »Suchtverhalten« benennen, haben wir bereits begonnen, unseren Umgang mit diesem Rohstoff in Frage zu stellen. Der »problematische Suchtmittelkonsum« wird in drei Stufen unterteilt: riskanter Konsum, Missbrauch und Abhängigkeit. Unser Ölkonsum weist alle drei genannten Merkmale auf.

Riskant ist der Konsum einer Substanz dann, wenn er Risiken für die Zukunft birgt. Viele Gewohnheitstrinker glauben nicht, dass sie ein Problem haben, aber wenn sie weiter trinken wie gehabt, steigt ihr Krankheitsrisiko. Genauso verhält es sich mit unserem Energiekonsum: Wenn wir weiter so ungehemmt Erdöl konsumieren wie bisher, drohen vor allem zwei Gefahren: ein bedrohlicher Klimawandel und die Energiekrise, die kommt, wenn die Ölvorräte zu Ende gehen. Es gibt in der Suchtbehandlung einen Spruch: »Wenn du so weitermachst, wirst du genau da ankommen, wo du hin wolltest.« So ist es auch mit unserem Ölkonsum: Wegen der Richtung, in die er führt, müssen wir ihn als riskantes Verhaltensmuster betrachten.

Missbrauch liegt vor, wenn der Konsum eines Suchtmittels bereits erste Probleme verursacht. Der Klimawandel ist als Folge des ungehemmten Verbrauchs fossiler Brennstoffe anzusehen. In vielen Teilen der Welt sind die meteorologischen Muster schon aus dem Gleichgewicht geraten. In Europa erleben wir Hitzewellen, die Tausende von Menschenleben kosten; in Afrika ziehen Dürrekatastrophen Kriege und Hungersnöte nach sich; nordamerikanische Städte werden von Wirbelstürmen verwüstet wie unlängst New Orleans. Es wird vermutlich noch schlimmer kommen, aber schon heute leiden Menschen unter den katastrophalen Folgen des Klimawandels.

Wenn wir erkennen, dass der Konsum einer Substanz lebensgefährlich ist, wird uns dies unter normalen Umständen bewegen, unser Verhalten zu ändern. Doch wenn wir von dieser Substanz abhängig sind, empfinden wir schon die bloße Vorstellung, den Konsum aufgeben oder auch nur einschränken zu müssen, als bedrohlich. Ein Süchtiger blendet sein Wissen um die Gefährlichkeit der von ihm konsumierten Droge aus und nimmt sie weiter, auch wenn er weiß, dass sie ihn umbringen kann. Das ist das Wesen der Sucht.

Wenn man Abhängigkeitsmuster schon in der Entstehung erkennt, kann man möglicherweise verhindern, dass sie sich einprägen und ein zusätzliches Hindernis auf dem Weg zur Verhaltensänderung bilden. Wenn wir uns unsere Ölabhängigkeit eingestehen, werden wir leichter durchschauen, warum die Entwöhnung schwierig ist, und wir können auf erprobte Strategien aus der Suchtbehandlung zurückgreifen, um Veränderungen zu bewirken.

Wie können uns Methoden der Suchtbehandlung helfen?

Wir neigen dazu, den Klimawandel als Umwelt- und die Ölverknappung als Ressourcenproblem zu betrachten, als Probleme, deren Ursachen so weit weg liegen, dass wir wenig daran ändern können. Aber die Ölabhängigkeit hat mit menschlichem Verhalten zu tun, und das zu verändern steht durchaus in unserer Macht. Die Stadien der Verhaltensänderung sind hier ein brauchbares Modell, weil sie den Weg vorzeichnen, den wir bis zur Gesundung zurücklegen müssen.

Der erste Schritt zur Veränderung ist die Bewusstwerdung. In dem Moment, in dem wir uns des Problems bewusst werden, fangen wir an, über eine Verhaltensänderung nachzudenken. Doch an dieser Stelle bleibt man oft in einem Konflikt stecken: Man erkennt zwar die Notwendigkeit des Wandels, möchte aber auf das Gewohnte nicht verzichten, auf all die Dinge, die man ohne Öl nicht haben würde. Also macht man sich nur halbherzig an die Lösung des Problems.

Hier kommt die Methode der motivierenden Gesprächsführung zum Einsatz, mit deren Hilfe solche Ambivalenzen überwunden werden. Indem man eine Atmosphäre schafft, in der Ängste und Vorbehalte unbesorgt artikuliert werden können, richtet man den Blick auf die Ambivalenz und kann so dagegen angehen. Das hilft dem Betroffenen, sich darüber klarzuwerden, was er wirklich will, und den nächsten Schritt zu tun.

Wie kann die Energiewendebewegung aus den Erkenntnissen der Suchttherapie praktischen Nutzen für sich ziehen?

Ich habe diese Frage in drei Prinzipien verdichtet, die in der Energiewendebewegung bereits Anwendung finden:

a) Die Stadien der inneren Veränderung des Menschen beachten

Eine Erkenntnis aus der Suchttherapie lautet, dass Aufklärung allein nicht ausreicht. Die Bewusstwerdung des Problems ist, wie schon gesagt, nur der erste Schritt, der aus dem Stadium der Absichtslosigkeit in das der Absichtsbildung überleitet. Und wenn man, was leicht geschehen kann, in dieser gedanklichen Phase steckenbleibt, können die Erfahrungen aus der Suchtbehandlung weiter-helfen. Mit den Arbeitsgruppen Herz und Seele steht den Energiewende-Initiativen beispielsweise ein Gremium zur Verfügung, in dem die Stadien der inneren Veränderung und die Blockaden, die diese verhindern, eine große Rolle spielen. Hier kommen Themen wie Motivation, Widerstände und Ambivalenzen zur Sprache.

b) Räume schaffen, in denen jeder seine eigenen Gründe für die Notwendigkeit von Veränderungen artikulieren kann

Eines der wichtigsten Prinzipien der motivieren-den Gesprächsführung besteht darin, dass sich ein Mensch, indem er seine eigenen Argumente für Veränderungen artikuliert, gleichzeitig selbst motiviert, aktiv zu werden. Man überredet ihn nicht, das Problem anzugehen, sondern gibt ihm den Raum, den er braucht, um seinen Hoffnun-gen und Ängsten Ausdruck zu geben. So baut sich in ihm der Wille auf, seine Ambivalenzen und inneren Widerstände zu überwinden und die Ver-änderung selbst herbeizuführen.

Bei den meisten politischen Veranstaltungen gibt es einen Aktiven, der das Reden übernimmt, und viele Passive, die zuhören. Die Technik der motivierenden Gesprächsführung dagegen bie-tet auch dem Publikum die Möglichkeit, eigene Argumente und Anregungen vorzubringen. Bei Energiewendeveranstaltungen geschieht das bei-spielsweise in der Form von Zuhörübungen. Bei der Eröffnungsveranstaltung der Energiewende-Initiativen in Totnes, Lewes und Bristol haben sich jeweils zwei der Anwesenden zusammengetan – einer der beiden durfte reden, der andere hörte zu. Wer mit Reden an der Reihe war, hatte zwei Minuten Zeit, die folgenden Sätze zu vervollstän-digen:

> »Wenn ich über Peak Oil und Klimawandel nach-denke, mache ich mir Sorgen über …«

> »Meine Zukunftsvision für unsere Stadt ist …«

> »Was ich selbst zu ihrer Verwirklichung beisteuern kann, ist …«

Der Zuhörende musste seinem Gegenüber auf-merksam zuhören. Dann wurden die Rollen ge-wechselt, so dass jeder einmal zu Wort kam. Die Übung dauerte etwa 20 Minuten und trug sicht-lich zur guten und positiven Stimmung im Saal bei. Nach der Veranstaltung in Bristol kam eine Teilnehmerin zu mir und sagte: »Bei den Zweier-gesprächen ist ein Funke übergesprungen. Das war der Moment, in dem wir zu einer Gemein-schaft wurden.«

Indem wir über unsere Sorgen und Ängste sprechen, überreden wir uns selbst, uns ihnen zu stellen. Indem wir unsere Visionen in Worte fassen, definieren wir die Ziele, die wir erreichen wollen. Und indem wir beschreiben, was wir selbst zu tun in der Lage sind, bereiten wir uns darauf vor zu handeln. Alles das sind Anstöße, die moti-vieren; sie können dazu beitragen, die Stadien der inneren Veränderung einzuleiten.

c) Ist die Veränderung zu schwierig, empfiehlt sich eine Phase der praktischen und psychologi-schen Vorbereitung.

Suchtverhalten zu ändern kann so schwierig sein, dass viele Menschen aufgeben, weil sie glauben, es ohnehin nicht zu schaffen. Ich fand es in mei-ner Klinikarbeit hilfreich, mir den Genesungspro-zess als Reise vorzustellen, bei der es Phasen gibt, in denen man den Glauben an sich selbst verliert. Mein Vorbild sind dabei Abenteuergeschichten, in denen die Reise des Helden ja oft an einem ähnlich düsteren Punkt beginnt. Wenn er sich der Herausforderung stellt und einen Ausweg sucht, steigen seine Chancen, diesen auch zu finden. Dazu wird ihm ein Mentor und geistiger Führer zur Seite gestellt, der ihm die Kenntnisse und Fertigkeiten vermittelt, die er braucht, um sich aus der aussichtslosen Lage zu befreien. Wenn man in die Stadien der Veränderung eine solche Vor-bereitungsphase einbezieht, vermindert sich die Gefahr für die Beteiligten, die Flinte ins Korn zu werfen, wenn Probleme wie Peak Oil und Klima-wandel unüberwindlich zu sein scheinen. Das

Vorbereitungsstadium ist die Trainingsphase, in der wir unsere Reaktionsfähigkeit stärken.

Energiewende-Initiativen beschränken sich nicht darauf, über die Folgen von Peak Oil und Klimawandel aufzuklären und entsprechende Kampagnen zu organisieren. Sie vermitteln auch die praktischen Fertigkeiten, die für ein Leben nach dem Ende des Ölzeitalters erforderlich sein werden. Daneben ist aber auch psychologische Vorbereitung wichtig, in der die Menschen lernen, wie man positive Visionen entwickelt und »Traumblockaden« wie Angst, Zynismus und Hoffnungslosigkeit überwindet.

Gegen die Hoffnungslosigkeit kann man ankämpfen, indem man sich positive Beispiele vor Augen hält: Menschen, die ihre Sucht überwunden haben, Romanhelden, die gestärkt aus gefährlichen Abenteuern hervorgegangen sind, und ein ganzes Volk, das einen Weg aus der Energiekrise gefunden hat, wie die Kubaner. In dem Buch *Find Your Power* beschreibe ich eine Reihe von Strategien, mit deren Hilfe wir Gefühle der Hoffnungslosigkeit und innere Blockaden überwinden und den Weg zur Veränderung frei machen können.

Inwiefern können Energiewende-Initiativen von der Übernahme solcher Instrumente und Erkenntnisse profitieren?

Umweltschutzkampagnen zielen hauptsächlich darauf ab, ein Problembewusstsein zu schaffen und zum Handeln aufzurufen. Doch zwischen Bewusstwerden und Handeln liegt eine innere Entwicklung, und bei jedem Schritt dieser Entwicklung kann der Veränderungsprozess ins Stocken geraten. Eine Energiewende-Initiative gewinnt an Kraft, wenn sie sowohl die innere als auch die äußere Dimension der Veränderung berücksichtigt. Andernfalls besteht die Gefahr, dass wir mit Klagen und Anschuldigungen statt mit Einsicht und Verständnis reagieren, wenn wir auf Widerstände gegen die Veränderung stoßen.

Beim Umgang mit Alkoholikern verhält es sich ganz ähnlich. Es ist verständlich, wenn Angehörige dem Betroffenen Vorhaltungen machen, aber das kann dessen Abwehrreaktionen noch verstärken. Wir müssen akzeptieren und berücksichtigen, dass die Menschen, wenn sie so abhängig von einer Droge sind wie gegenwärtig vom Öl, Abwehrmechanismen gegen eine Veränderung ihres Verhaltens entwickeln. In der Suchtbehandlung kennt man solche Abwehrmechanismen seit langem und hat Methoden gefunden, Blockaden und Widerstände zu verstehen und zu überwinden. Bei der Aufgabe, die vor uns liegt, geht es um Veränderung, und um die zu bewerkstelligen, dürfen wir getrost aus dem Wissen schöpfen, das auf anderen Gebieten gesammelt wurde.

Das FRAMES-Modell

Ein Modell aus der Motivationspsychologie und Verhaltenstherapie, das in der Suchtbehandlung Anwendung findet und die Fäden dieses Kapitels wunderbar zusammenfasst, ist das FRAMES-Modell von Miller und Sanchez.[5] Es liefert uns eine Schablone dafür, wie sich Erkenntnisse aus der Suchthilfe auf die Arbeit in Energiewende-Initiativen übertragen lassen. Dabei ist es spannend zu sehen, wie die beiden Gebiete ineinandergreifen. Das FRAMES-Modell, das in sogenannten Kurzinterventionen zum Einsatz kommt und sich in der Suchtbehandlung und -prävention als besonders effektiv erwiesen hat, umfasst im Wesentlichen sechs Bestandteile (deren Reihenfolge beliebig austauschbar ist).

Das Akronym steht für:

- **Feedback (Rückmeldung)**
- **Responsibility (Eigenverantwortung)**
- **Advice (Empfehlungen)**
- **Menu of options (Angebot verschiedener Alternativen)**
- **Empathy (Anteilnahme)**
- **Self-Efficacy (Selbstwirksamkeit)**

Energiewende-Instrumentarium 3: Mit einer einfachen Bastelübung gegen unsere Erdölabhängigkeit

Diese Aufgabe (weiterentwickelt aus einer Übung in einem Handbuch über Permakultur[6]) eignet sich gut, um zur Verminderung der eigenen Ölabhängigkeit fantasievolle Lösungen anzuregen, und hat sich in der Arbeit mit unterschiedlichen Gruppen bewährt. Ich setze die Übung gewöhnlich in der vorletzten oder letzten Woche meines zehnwöchigen Kurses »Wissensaufrüstung für Energieabrüstung« ein, der grundlegendes Rüstzeug für eine energiearme Zukunft vermittelt. So lassen sich die losen Fäden des Kurses verknüpfen. Da die Aufgabe etwas Vorverständnis und Enthusiasmus erfordert, sollte man sie nicht zu früh durchführen.

1. Schritt

Beschreiben Sie in Ihrem Kurs unseren Energieverbrauch und unsere Konsumgewohnheiten als eine Art Suchtverhalten; anschließend erhält jeder Teilnehmer einen Zettel mit folgender Aufgabe:

> Um meine Lebensführung weniger energieabhängig zu machen, versuche ich in den nächsten sechs Monaten folgendes Zwölf-Punkte-Programm zur Reduzierung meiner Ölabhängigkeit einzuhalten.

Die Teilnehmer haben eine Woche Zeit, sich zwölf Maßnahmen auszudenken, die für sie erreichbar und praktikabel, aber auch eine Herausforderung sind.

2. Schritt

Die Teilnehmer bilden Zweiergruppen: der eine hört zu, der andere äußert sich (und dann umgekehrt) fünf Minuten zu den folgenden Fragen: »Wenn Sie sich praktikable Maßnahmen zur Verminderung Ihrer Ölabhängigkeit vorstellen, welche persönlichen Gründe könnten Sie an der Durchführung hindern? Was sind Ihre inneren Widerstände, konkrete Schritte zu unternehmen?« Anschließend sollte jeder etwa eine Minute lang über die Frage nachdenken: »Was könnten Sie gegen diese Hinderungsgründe unternehmen? Welche persönlichen Eigenschaften brauchen Sie, um Ihre Widerstände zu überwinden?«

3. Schritt

Die Teilnehmer überlegen sich, über welche Kräfte ein Superheld verfügen müsste, um diese Eigenschaften zu verkörpern. Nun erhält jeder Teilnehmer vier Kartoffeln und einige Zahnstocher oder Cocktail-Sticks, aus denen der Superheld gebastelt werden soll. Zum Bau darf alles verwendet werden, was herumliegt. Dann bilden die Teilnehmer 5er-

oder 6er-Gruppen, in denen jeder seinen Superhelden mit Namen und Fähigkeiten vorstellt. Alle nehmen ihren Superhelden mit nach Hause und stellen ihn irgendwo auf (damit er ihnen beim Abfassen ihres Zwölf-Punkte-Programms Kraft gibt, doch alles muss ein Geheimnis bleiben, weil sonst ihr Held seine besonderen Fähigkeiten verliert).

4. Schritt

Zum nächsten Kurstag bringen alle Teilnehmer ihr Zwölf-Punkte-Programm mit, und ich beginne – abgestimmt auf die Schwerpunkte der jeweiligen Initiative – mit einer Erläuterung des Energiewendekonzepts und der planmäßigen Senkung des Energieverbrauchs. Dann teilen sich die Teilnehmer in zwei gleich große Gruppen; die eine bildet einen inneren, darum herum die andere einen äußeren Kreis dergestalt, dass sich die Teilnehmer paarweise gegenüberstehen. Dann beginnt ein dem Speed Dating nachempfundener Partnerwechsel. Im Vierminutentakt kann jeder seinem jeweiligen Gegenüber sein Zwölf-Punkte-Programm erläutern; ist die Zeit um, rückt der äußere Kreis um einen Platz nach rechts. Auf diese Weise teilt die Hälfte der Gruppe der anderen ihre Pläne mit.

5. Schritt

Nun werden wieder 5er- oder 6er-Gruppen gebildet, jede setzt sich an einen Tisch, an dem es um eine bestimmte Frage geht. Die Sitzung ist als World Café organisiert (vgl. S. 184 ff.). Als Tischgastgeber fungiert einer der Kursteilnehmer. Er macht sich Notizen, während die anderen am Tisch die jeweilige Frage diskutieren. Nach zehn Minuten suchen sich die Teilnehmer einen neuen Tisch, um das Gespräch fortzusetzen. Die an den Tischen verhandelten Fragen könnten lauten:

> Wie kann Ihnen die Energiewende-Initiative X dabei helfen, Ihr Zwölf-Punkte-Programm zu verwirklichen? – Wie können Sie der Energiewende-Initiative X helfen? – Wie können Sie einander helfen, um Ihr Zwölf-Punkte-Programm zu erfüllen?

6. Schritt

Wenn es sich machen lässt, können anhand der Notizen der Tischgastgeber bei späteren Veranstaltungen, etwa einer Wiederholung des Kurses mit neuen Teilnehmern, die Absolventen des vorausgegangenen Kurses der neuen Gruppe ihre Zwölf-Punkte-Programme vorstellen und referieren, was seitdem daraus geworden ist.

Nachbetrachtung

Diese Übung funktioniert wirklich gut, um die Teilnehmer zum Nachdenken über einen sparsameren Umgang mit Energie anzuregen. Zu den Punkten, die die Teilnehmer für sich wählen, gehören unter anderem: die Anschaffung von Energiesparlampen, der Besuch von Kursen und Veranstaltungen, die Beteiligung an einer Energiewende-Initiative, sogar der Verkauf des Autos. Zur Gestaltung eines Superhelden eignen sich nach meinen Erfahrungen Kartoffeln besser als zum Beispiel Ton. Vielleicht fordert gerade die plumpe und lächerliche Gestalt dazu auf, ihr magische Kräfte zuzusprechen.

Feedback (Rückmeldung über das persönliche Risiko)

In Bezug auf Alkohol- und Drogenmissbrauch bedeutet Rückmeldung, dass der Arzt oder Therapeut dem Patienten eine ehrliche Einschätzung seines Suchtproblems und der möglichen Folgen vermittelt, um sein Bewusstsein für das Problem zu schärfen. Wenn Umweltgruppen als erste Aktion Gregory Greens Dokumentation *The End of Suburbia* zeigen, um auf das Peak-Oil-Problem aufmerksam zu machen, ist das ihre Form einer ehrlichen Einschätzung der Situation. Um eine Reaktion zu bewirken, ist es von entscheidender Bedeutung, das Problem in seiner ganzen Tragweite zu benennen und nicht zu verharmlosen. Dabei muss allerdings das Gleichgewicht gewahrt bleiben zwischen den Ohnmachtsgefühlen, die das nach sich ziehen kann, und dem Angebot lösungsorientierter Programme.

Responsibility (Betonung der eigenen Verantwortung für die Veränderung)

In der Drogen- und Alkoholberatung heißt das laut Miller und Sanchez, dass einem Süchtigen klargemacht werden muss, wie viel Verantwortung er selbst für die Überwindung seiner Abhängigkeit trägt. Bezogen auf Peak Oil und Klimawandel heißt es: Das Problem ist das Ergebnis des individuellen Verhaltens vieler, und um eine Lösung herbeizuführen, müssen diese vielen die Verantwortung für ihr Handeln übernehmen. Und angesichts der Dringlichkeit des Problems ist es notwendig, dass eine große Mehrheit der Menschen zumindest einen Teil dieser Verantwortung übernimmt, wobei es in diesem Zusammenhang auf die persönliche Verantwortung und Willensentscheidung des Einzelnen ankommt, nicht darauf, anderen zu sagen, was sie tun sollen.

Advice (Unterbreitung konkreter Vorschläge zur Veränderung)

Um ein Suchtmuster zu durchbrechen, sind konkrete Ratschläge nötig. Diese müssen aber, um Aussicht auf Erfolg zu haben, vom Betroffenen als Empfehlungen, nicht als Vorschriften empfunden werden. Sie können in Form von konkreten Vorschlägen an Einzelne, beispielsweise zur Änderung des persönlichen Verhaltens beim Energieverbrauch, gegeben werden oder auf kommunaler Ebene als Strategieempfehlungen an die Gemeinde. Ein Energiewende-Aktionsplan beispielsweise ist eine solche Strategieempfehlung auf kommunaler Ebene: Er gibt konkrete Ratschläge für Veränderungen in der Gemeinde, die angesichts einer – wie man mittlerweile erkannt hat – fatalen Abhängigkeit mit möglicherweise katastrophalen Folgen notwendig geworden sind.

Menu of options (Angebot alternativer Lösungsstrategien)

Bevor wir uns die Empfehlungen zum sparsameren Umgang mit Energien, die ein Energiewende-Aktionsplan enthalten würde, zu eigen machen und Verantwortung dafür übernehmen können, muss uns Gelegenheit gegeben werden, die Alternativen abzuwägen. Zu diesem Zweck empfiehlt es sich, eine Reihe von Szenarien zu entwerfen, da sich die Leute so verschiedene Bilder einer möglichen Zukunft ausmalen und miteinander vergleichen können (Beispiele solcher Szenarien wurden schon im ersten Teil genannt). Andere Möglichkeiten sind die gemeinsame Erarbeitung von Visionen und das »Zurückblenden«, wobei die Zukunftsvision zum Ausgangspunkt der gegenwärtigen Planung genommen wird.[7] Praktiziert wird dies bei den Energiewende-Initiativen beispielsweise in den Arbeitsgruppen Energiewendegeschichten (vgl. S. 120ff., 198), einem in Totnes konzipierten Projekt, in dessen Rahmen in Bildern, Worten und mit anderen Mitteln Geschichten erzählt werden, die eine weniger energieabhängige Zukunft als greifbare Wirklichkeit entstehen lassen.

Empathy (Anteilnahme des Therapeuten)

Die Vorstellung, dass man mit Zwang und aggressiven oder autoritären Methoden in der Suchtbehandlung etwas erreichen kann, ist längst überholt. Heute baut der therapeutische Ansatz vielmehr auf Unterstützung, Ermutigung und freundliche Anteilnahme. Ebenso muss ich, wenn ich sehr viele Leute für ein verändertes Energiebewusstsein gewinnen will, mich in die Menschen einfühlen und sie in der Hoffnung bestärken, dass Veränderung möglich ist, statt ihnen Vorhaltungen wegen ihrer umweltschädigenden Lebensgewohnheiten zu machen. Hier ist sicher Chris Johnstones Vorstellung von der kollektiven Reise, auf die wir uns begeben, hilfreich.

Empathie heißt auch, dass ein Dialog stattfindet, dass die Person, die Informationen gibt, auch Informationen annimmt. Ein anteilnehmender Berater sagt den Leuten nicht, was sie denken und/oder tun sollen, sondern er gibt sein Wissen an sie weiter und bezieht sie in die Entscheidungsprozesse ein.

Self-Efficacy (Stärkung der Selbstwirksamkeit)

Dies ist eine unabdingbare Voraussetzung für den Erfolg eines Veränderungsprozesses. Der Begriff Selbstwirksamkeit bezieht sich auf die positive Einschätzung der eigenen Fähigkeit, ein bestimmtes Ziel zu erreichen, beispielsweise mit dem Trinken aufzuhören oder weniger Energie zu verbrauchen.

Dieses Gefühl, »es schaffen zu können«, müssen wir vermitteln, wenn wir eine so weitreichende gesellschaftliche Veränderung wie die Energiewende bewirken wollen. Im dritten Teil wird gezeigt, was Energiewende-Initiativen tun, um einen solchen Optimismus, eine solche Selbstwirksamkeit auf kommunaler Ebene zu stärken – eine ganze Gemeinde in der Überzeugung zu bestärken, dass sie »es schaffen kann«. Das ist einer der wichtigsten Unterschiede zu Umweltschutzkampagnen, in denen es in erster Linie um Belehrung und Aufklärung geht.

Im Laufe der Geschichte sind die wirklich fundamentalen Veränderungen in einer Gesellschaft nie durch Regierungsbeschlüsse oder Kriege herbeigeführt worden, sondern vielmehr dadurch, dass eine große Zahl von Menschen ihre innere Einstellung veränderte – manchmal auch nur ein kleines bisschen.

Willis Harman, *Bewusst-Sein im Wandel*, Freiburg im Breisgau 1989, S. 172

Ist »Peak Oil« eine gute Metapher?

Wenn wir auf die klassische Hubbert-Kurve der Ölförderentwicklung blicken, sehen wir einen Berg: einen Anstieg bis zum Gipfel, dem ein Abstieg folgt. Die Kurve zeigt, dass wir den Gipfel erreicht haben und nun die Zähne zusammenbeißen müssen, um den langen Weg zurück anzutreten. Vielleicht gelingt uns eine passendere Metapher, wenn wir diese allzu bekannte Grafik einfach einmal umdrehen – und nun von einem »Öltrog« sprechen.

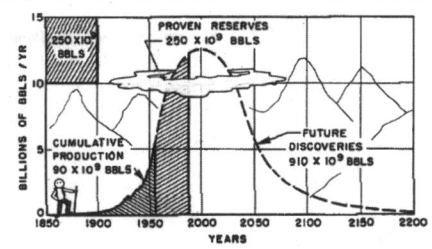

Statt als erhabenen Gipfel könnten wir so das Zeitalter der fossilen Brennstoffe als eine stinkende Lagune betrachten, in die wir eingetaucht sind. Man hatte uns versprochen, dass am Grund Reichtümer auf uns warten, wir müssten nur tief genug tauchen, um sie zu bergen. Wir sind tiefer und tiefer getaucht, in immer dickere, schwärzere, klebrigere Schichten, und jetzt stoßen wir auf den Grund und versuchen im Bodensatz des fossilen Brennstofftümpels auszuhalten – koste es, was es wolle. Wir können durch die Pampe gerade noch einen Schimmer des Sonnenlichts erkennen, und unser verzweifelter Drang, unsere Lunge mit Sauerstoff zu füllen, treibt uns zurück nach oben.

Statt uns Schritt für Schritt vom Gipfel hinunterzuschleppen, stoßen wir in der neuen Metapher mit entschlossener Dringlichkeit nach oben ans Sonnenlicht und in die frische Luft. So betrachtet, erscheint der Wettlauf um eine Welt ohne fossile Brennstoffe und CO_2-Emissionen

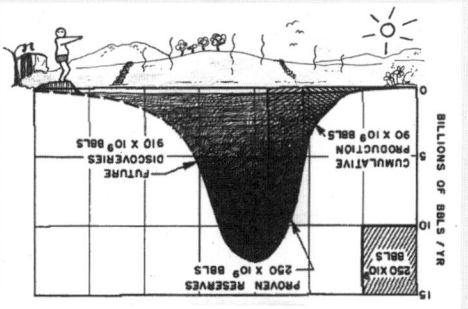

als instinktiver, massenhafter Drang zur Selbsterhaltung, als eine kollektive Aufgabe eines Lebensstils, der uns nicht mehr glücklich macht. Vielleicht wird eine Welt mit drastisch vermindertem Energieverbrauch das gleiche Gefühl der Sättigung und Hochstimmung in uns hervorrufen wie der endlich erreichte Durchbruch an die Oberfläche zur frischen Morgenluft, in der wir wieder über die Schönheit um uns herum staunen und uns des Lebens freuen.

Kapitel 7

Die Kraft positiver Visionen

DIE OPTIMISMUS-PESSIMISMUS-FALLE

Ich bemerkte, dass ich ständig zwischen Optimismus und Pessimismus schwankte: »Alles wird gut ausgehen.« Oder: »Es wird ein wahres Desaster geben!« Es war wirklich kraftzehrend. Doch in letzter Zeit hat sich etwas verändert. Mir wurde klar, dass dieser Optimismus-Pessimismus-Gegensatz eine tödliche Falle für meine Aufgeschlossenheit und Geistesgegenwart ist. Ich agierte offensichtlich so, als wäre meine Vorstellung von dem, was passieren könnte, eine Beschreibung der Realität. Und mir fiel dabei auf: Ob ich nun das Beste oder das Schlimmste erwarte, meine jeweilige Erwartung behinderte meinen Willen zu handeln.

Ich möchte das noch einmal betonen, weil es mir wichtig scheint: Egal was ich erwartete, ob das Beste oder das Schlimmste, meine Erwartung behinderte meinen Willen zu handeln.

Ich betrachte mittlerweile den Optimismus wie den Pessimismus als ein Zuschauerritual, eine Form, sich zu distanzieren, die sich als Engagement ausgibt. Sowohl Optimismus wie Pessimismus verleiten einen, das Leben lediglich zu beurteilen und auf seine Möglichkeiten zu wetten, statt sich mit seiner kreativen Energie zum Gelingen

(Fortsetzung gegenüber)

Sich gegen den Klimawandel einzusetzen ist eine Sache; etwas anderes ist es, die Vision einer CO_2-emissionsfreien Welt zu entwerfen, die die Menschen so begeistert, dass sie sich auf die gemeinsame Reise dorthin mitnehmen lassen. Wir haben gerade erst begonnen, die Kraft der positiven Vision eines reicheren Lebens für unsere Sache zu nutzen – einer Zukunft, in der die Menschen weniger Energie verbrauchen, mehr Zeit und weniger Stress haben und gesünder und glücklicher sind. Mit einer solchen Zukunft konkrete Bilder und Visionen verbinden zu können ist von entscheidender Bedeutung.

Es ist ungefähr so, als wollte man einen Freund zu einem gemeinsamen Urlaub überreden. Lässt man vor seinem geistigen Auge einen herrlichen Strand, ein romantisches Abendessen bei Kerzenschein mit Blick aufs Meer im Sonnenuntergang entstehen, wird er sich leichter für die Reise entscheiden können. Umweltschützer machen oft den Fehler, uns die unattraktivsten Urlaubsziele vor Augen zu halten, in der Erwartung, dass wir uns freuen, dort *nicht* hinfahren zu müssen. Psychologisch ist das eine grundfalsche Strategie.

Warum Visionen funktionieren

Visionen wirken in vielfacher, miteinander korrelierender Weise. Tom Atlee spricht von einem »Feld alternativer Geschichten«, das es zu erzeugen gelte.[1] Ziel ist es, neue Mythen und Geschichten zu schaffen, in denen gezeigt wird, wie der Traum einer nachhaltigen Welt aussehen könnte. Atlees Vorstellung nach sollten sich Umweltschützer, Schriftsteller und Journalisten in »Denkfabriken« zusammentun, um neue Geschichten für

unsere Zeit hervorzubringen. Auf unserem Weg zur Energiewende sollten wir versuchen, die Romanautoren und Dichter unserer Stadt oder unserer Gemeinde in die Bewegung einzubeziehen, denn es ist wichtig, neue Geschichten zu erzählen. In Totnes hat diese Erkenntnis zur Gründung der Arbeitsgruppe Energiewendegeschichten geführt. Sie sollte die Bürger von Totnes dazu anregen, begleitend zum Prozess der Energiewende in ihrer Stadt Zeitungsartikel, Kurzgeschichten oder Kummerkasten-Kolumnen zu schreiben (einige dieser Beiträge sind im Folgenden wiedergegeben).

Auch das Totnes Pound – als bis 2007 befristetes Pilotprojekt in Totnes als Zahlungsmittel eingeführt – war ein solches Beispiel. Es war ein schöner Geldschein, den man anfassen und ausgeben konnte. Er erzählte eine neue Geschichte über das Geld, seine Möglichkeiten und die Gemeinschaft, die es verwendet. In seiner Rede während der offiziellen Gründungsveranstaltung der Energiewende-Initiative Totnes sprach Chris Johnstone auch über die Bedeutung solcher neuen Geschichten für die Bewegung:

»Der Stadt Totnes bietet sich hier die Möglichkeit einer internationalen Vorreiterrolle. In 400 Jahren wird sich die Menschheit, sofern es sie dann noch gibt, an den Beginn des 21. Jahrhunderts erinnern als einen entscheidenden Punkt in der Geschichte, als letzte Dekade des Erdölzeitalters. Vielleicht erzählt man sich dann Geschichten darüber, was hier in Totnes geschah, und vielleicht bildet dieser Abend den Anfang einer solchen Geschichte. Wenn wir in die Zukunft blicken, sind die Aussichten düster, doch es zeichnen sich auch ermutigende Chancen ab, und Sie gehören zu den Menschen, die sie ergreifen, indem Sie heute Abend hier sind.«[2]

SUSSEX EXPRESS

1. Februar 2017

Energiewendestadt Lewes: Eine Zukunftsvision

Von Mavis Happen

Am Samstag feierte Lewes die Verleihung des Synergen-Stadt-Preises des Jahres 2017 mit einem Fest im North Street Centre mit einer Southern-Solar-Disco und einer Schau lokaler Erzeugnisse. Lewes war eine von 965 Bewerberinnen um den Preis für das »kreativste Programm zur Energiesenkung und Verbesserung des Lebensstandards«. Besonders beeindruckt waren die Preisrichter von Effizienz und Umfang der 2008 vom Stadtrat einstimmig verabschiedeten »Vision 2020«, von der 2006 vom Nachhaltigkeitsteam vorgeschlagenen Klimawandelstrategie sowie dem Ziel der Null-Vergeudung, das 2012 erreicht wurde.[2a]

»Wir sind stolz auf unsere Leistungen«, sagte Stadtrat Billie Turner vom Energiewende-Komitee. »Es war viel Arbeit, hat aber Spaß gemacht. Natürlich wurden wir durch die Überschwemmungen 2000 und 2008 und den Orkan von 2010 in unserer Entschlossenheit nur noch bestärkt. Hinzu kam der Anstieg des Erdölpreises auf 350 Dollar pro Barrel vor einiger Zeit.«

Juwel der Stadt ist das North Street Centre, fünf Hektar Land, die das Herz der »Vision 2020« bilden. »Die Häuser stehen auf Pfählen, zum Schutz vor Hochwasser«, sagte Toma Stevenson und zeigt zum Ökodorf gegenüber am Fluss. »Alle 200 Häuser waren schnell verkauft. Es ist die erste Siedlung in Großbritannien, die ohne Einsatz fossiler Brennstoffe gebaut wurde.[2b] Die Hälfte der Wohnungen war für Einkommensschwächere bestimmt; viele, die dort wohnen, arbeiten auch im North Street Centre.« Zehn Jahre beträgt heute die Wartezeit für das autofreie Ökodorf,[2c] eine neue Studie setzte seine Einwohner an die Spitze des UN-Glücksindex.[2d]

»Das Biogaskraftwerk dort kam 2015 hinzu«, erklärte Stevenson, »es gewinnt aus den schnell nachwachsenden Weiden der Auen Elektrizität. Die Weiden schützen vor den häufiger eintretenden Überschwemmungen. Durch die Errichtung des kommunalen Windparks (Lesco: Lewes Energy Supply Company)[2e] sind wir eine der ersten Gemeinden, die Strom ins nationale Netz einspeisen.

Dort drüben bei Furniture Now[2f] unterhält das Plumpton College eine Schule für urbane Landwirtschaft. Die Hochbeete produzieren seit acht Jahren 40 Tonnen Nahrungsmittel. Das meiste kommt auf den Wochenmarkt am Fluss oder in die Läden für lokale Erzeugnisse in der ganzen Stadt, Überschüsse gehen an Lewes Preserves. Die gut 20 kommunalen Landwirtschaftsgenossenschaften,[2g] das Projekt Laubenkolonien 2020 und die Initiative des Stadtrats zur Förderung privater Gemüsegärten gewährleisten, dass 75 Prozent des Obst- und Gemüsebedarfs von Lewes in einem Umkreis von zehn Kilometern angebaut werden,[2h] wie Anfang des letzten Jahrhunderts. Eine Klage der Supermärkte gegen die Praxis der Kleinbauern, die lokalen Märkte bevorzugt zu beliefern, ist noch anhängig.

Das North Street Centre ist der Verkehrsknotenpunkt von Lewis: Hier finden sich der Bahnhof für Biodieselbusse, die Fahrradstation,[2i] die Stallungen der Arbeitspferde und das Depot des Autoclubs. Die Rate der Autobesitzer liegt heute deutlich unter dem landesweiten Durchschnitt von 1:4.[2j]

Glücklicherweise billigte unser Bezirksrat die Energiewende-Strategie 2020 für die North Street Ende 2007 einhellig. Es hätte sonst auch ganz anders kommen können!«

des Ganzen (Co-creation) einzubringen. Ich glaube, wir alle sind durch die drohenden Krisen aufgerufen, falsche Endspiele wie Optimismus und Pessimismus zu überwinden, wie geistig gesunde Menschen zu handeln, die gerade erfahren haben, an einer Herzkrankheit zu leiden. Wir können jede harte Diagnose als eine Aufforderung verstehen, tiefer ins Leben vorzudringen und uns am Entwurf einer positiven Veränderung zu beteiligen.

Ich bin also zu der Einsicht gekommen, dass alle Voraussagen – seien es gute, seien es schlimme – uns absolut nichts darüber sagen, was möglich ist. Trends und Ereignisse beziehen sich nur auf das, was wahrscheinlich ist. Wahrscheinlichkeiten sind Abstraktionen. Möglichkeiten sind der Stoff des Lebens, Visionen, nach denen man handeln, Türen, durch die man gehen kann. Pessimismus und Optimismus lenken nur davon ab, das Leben voll auszuschöpfen.

Tom Atlee, »Crisis Fatigue and the Co-creation of Positive Possibilities«, Co-Intelligence Institute, www.co-intelligence.org

Energiewende-Instrumentarium 4:
Das Planspiel – Visionen finden und realisieren

Das von John Croft von der Gaia Foundation of Western Australia (vgl. Anhang 2) ersonnene Planspiel eignet sich gut, um die einzelnen Arbeitsschritte eines Projekts zu beschreiben und in ihrem Ablauf darzustellen. Man kann es als Checkliste nutzen, um sich jederzeit über den Stand der Projektentwicklung zu informieren. Um die Ziele einer Energiewende-Initiative zu definieren, trifft sich die Kerngruppe; das sind im Idealfall sechs bis acht Leute, falls es mehr sind, kann sich die Gruppe aufteilen und am Ende ihre Ergebnisse zusammentragen.

1. Schritt: Was wollen wir erreichen?
Zunächst soll sich jeder Beteiligte zu der Frage äußern: »Welche Ziele soll das Projekt verfolgen, damit sich Ihr Engagement dafür wirklich lohnt?«

Croft schlägt vor, einen Redestab (Talking-Stick) oder etwas Ähnliches in der Gesprächsrunde kreisen zu lassen: Wer an der Reihe ist, darf sprechen und genießt die volle Aufmerksamkeit aller anderen. Jeder kommt zu Wort und kann seine Ziele vorstellen; diese werden weder bewertet noch kritisiert. Bis alle Vorschläge gesammelt sind, mag der Redestab drei oder vier Mal die Runde machen. Das Ergebnis ist dann eine Liste möglicher Projektziele. Zweck des Spiels ist die Aufstellung eines Marschplans, um alle Ziele zu verwirklichen.

2. Schritt: Erstellung des Planspiels
Tragen Sie oben auf einem großen Blatt Papier einen Doppelkreis ein, den Sie als »Start« (das ist der derzeitige Stand Ihres Projekts) bezeichnen, und unten einen Kreis als »Ziel« (Ziele und Erfolge, die Sie mit der Gruppe anstreben). Jedes Projekt lässt sich planen und organisieren, etwa bis zu seinem offiziellen Beginn oder

bis zu seiner vollständigen Realisierung, wobei einzelne Phasen auch eigene, detailliertere Planspiele haben können. Bei einem Brainstorming muss die Gruppe nun sämtliche Ideen, Arbeitsschritte, Aufgaben usw. zusammentragen, die zur Realisierung der Ziele notwendig sind. Nach Crofts Planspielmodell hat jedes Projekt vier Hauptphasen: »Träumen«, »Planen«, »Handeln« und »Feiern«. Unterteilen Sie das Plakatpapier in diese vier Bereiche und schreiben Sie die Ideen und Vorschläge der Gruppe sofort in den jeweils passenden Abschnitt. Wem das zu hektisch ist, der kann auch die Wortmeldungen hintereinanderweg in einer provisorischen Liste notieren und sie in einem zweiten Durchgang

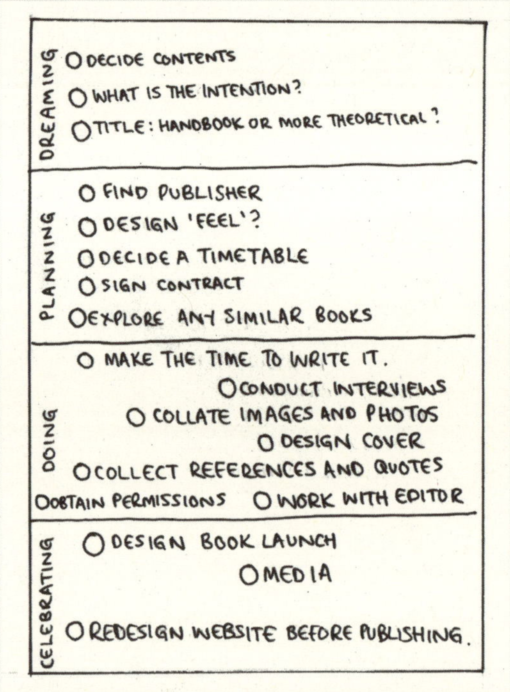

Schaubild 16. Das Board-Game zeigt die einzelnen Schritte des Produktionsprozesses dieses Buches.

den jeweiligen Bereichen zuordnen. Vor jeden Punkt kommt ein kleiner Kreis.

Anhand der fertigen Aufgabenliste kann man dann die Stärken und Schwächen des Projekts und der Gruppe erkennen (zum Beispiel, ob die Gruppenmitglieder in der Mehrzahl Planer, Träumer, Tatmenschen oder feierfreudig sind).

3. Schritt: Verknüpfung des Planspiels

Mit welchem Punkt fangen Sie an, und welcher Arbeitsschritt folgt logisch auf diesen? Sie müssen nun die Aufgaben entsprechend der Reihenfolge ihrer Erledigung durch Linien verbinden. Jeder Arbeitsschritt muss mindestens einen Input (Linie kommt an) und einen Output (Linie führt weiter) haben. Führt ein Output zu keinem Input, dann fehlt ein Zwischenschritt im Prozess, den Sie vergessen oder übersehen haben und nun ergänzen sollten.

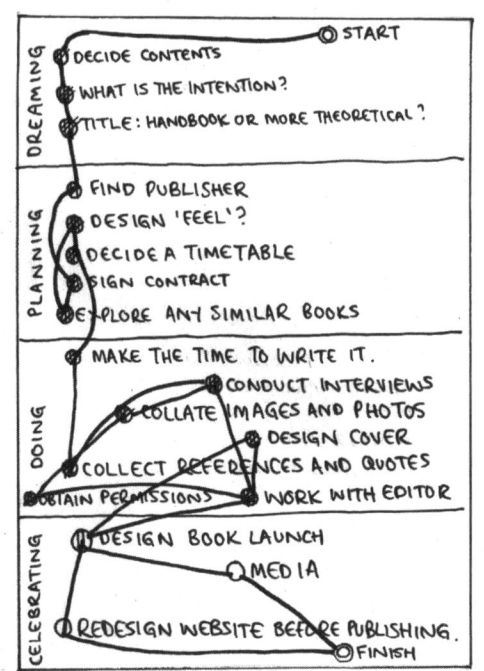

Schaubild 17. Das Board-Game mit den in der richtigen Reihenfolge verbundenen Produktionsschritten

4. Schritt: Umsetzung des Planspiels

Sind alle Aufgaben miteinander verbunden, haben Sie den Plan für Ihr Projekt. Bitten Sie dann die Gruppenmitglieder zu benennen:

- welche Aufgaben ihnen am Herzen liegen (schreiben Sie die Initialen der Interessenten hinter die jeweilige Aufgabe in einer bestimmten Farbe),

- vor welchen Aufgaben sie Angst haben (fügen Sie die jeweiligen Initialen in einer anderen Farbe hinzu),

- bei welchen Aufgaben sie sich kompetent fühlen (tragen Sie die entsprechenden Initialen in einer dritten Farbe ein).

Damit können Sie Ihren Leuten die passenden Aufgaben zuweisen. Wer eine Aufgabe übernehmen muss, die er nicht mag oder sich nicht zutraut, braucht Unterstützung. Aufgaben mit mehreren Inputs und Outputs sind komplex und sollten mit angemessenen Ressourcen bedacht werden.

5. Schritt: Weitere Nutzanwendung des Planspiels

Wenn Sie die Projektarbeit begonnen haben, gehen Sie die Liste von Zeit zu Zeit durch, um sich über den Stand der Dinge zu informieren:

- Schraffieren Sie den kleinen Kreis vor den Aufgaben, die schon in Angriff genommen wurden,

- kolorieren Sie den Kreis der Aufgaben, die bereits erledigt sind.

Das jeweils auf den neuesten Stand gebrachte Planspiel ist die Agenda für die nächstfolgende Sitzung Ihrer Initiative, es ist ein fortlaufendes Protokoll des Arbeitsprozesses. Während Sie schraffieren und kolorieren und das Projekt voranschreitet, vergessen Sie nicht, einzelne Ergebnisse gebührend zu feiern.

(Beitrag von Naresh Giangrande)

Heute, wo wir von globalen Problemen
bedrängt werden, besteht die Gefahr,
sie pessimistisch und unproduktiv anzugehen. ... Gelähmt von der Vorstellung
unseres künftigen Niedergangs, könnten
wir ihn auf diese Weise tatsächlich her-
aufbeschwören. Eine positive Zukunftsvision, so schreibt der Autor und Philo-
soph David Spangler, fordere die Kultur
heraus, etwas zu wagen, offen für den
Wandel zu sein und den Geist der Kreativität zu akzeptieren, der ihr Innerstes
umkrempeln könnte.

Paul H. Ray und Sherry Ruth
Anderson, *The Cultural Creatives.
How 50 Million People Are Changing
the World*, New York 2000

Zukunftsvisionen sind ein Instrument, das in der Umweltschutzbewegung wirkungsvoll zum Einsatz gebracht werden kann. Wir haben uns so daran gewöhnt, gegen etwas einzutreten, dass wir das aus dem Blick verloren haben, was wir eigentlich erreichen möchten. In diesem Sinne handelte die Energiewende-Initiative Lewes, als sie auf die Pläne eines ortsansässigen Bauunternehmers, in der Innenstadt massive Bauvorhaben zu verwirklichen, nicht mit Protesten und Eingaben reagierte, sondern mit einer Vision – einem fiktiven Zeitungsbericht.

Dies ist ein Beispiel für das, was Atlee *Imagineering* nennt. Er selbst verwirklichte dieses Konzept mit einer Zeitschrift, die »imaginäre Nachrichten über Ereignisse enthielt, die noch nicht eingetreten waren, von denen wir aber wünschten, dass sie eintreten würden – so geschrieben, als seien sie tatsächlich geschehen. Unter jedem der Artikel stand der Name einer Person, mit der sich Leser, die ihren Teil dazu beitragen wollten, dass die Geschichte wahr wurde, in Verbindung setzen konnten«.[3]

Der Wissenschaftler Peter Russell übernimmt einen Begriff aus der Chaosforschung, wenn er kollektive Visionen als »seltsame Attraktoren« bezeichnet. Sie seien wie ein Strudel, so sagt er, in den man hineingezogen wird. Sie entwickeln ihre eigene Kraft, ihre eigene Dynamik. Und er fährt fort:

> »Da ist noch etwas Tieferes, das ich nicht wirklich erklären kann, aber eine Vision wirkt nicht nur motivierend, sondern sie bezieht die Psyche irgendwie so ein, dass sie mit der Welt interagiert und auf diese Weise Dinge leichter wahr werden können, sich sozusagen von selbst zusammenfügen. Ich kann das rational nicht erklären, aber es ist etwas, das man immer wieder feststellt. Wenn man eine starke Vision von dem hat, was man erreichen möchte, ist es, als wolle die Welt diese Vision mittragen.«[4]

Visionen sind auch insofern von Nutzen, als sie Depressionen entgegenwirken, die sich einstellen können, wenn man Klimawandel und Ölkrise als unausweichliche Katastrophen begreift. In seinem jüngsten Werk, *Gaias Rache*, auf dessen englischer Taschenbuchausgabe ein Titelbild wie aus einem zweitklassigen Horrorfilm prangt, entwirft der Vordenker der Umweltbewegung James Lovelock so düstere Szenarien, dass man das Buch am liebsten zuschlagen würde, um sich nicht weiter damit beschäftigen zu müssen.[5] Aber als eine Spezies, die mit ihrer Kreativität, ihrer Anpassungsfähigkeit und ihren opponierbaren Daumen das Ölzeitalter überhaupt erst möglich gemacht hat, können wir ziemlich sicher sein, dass es auch ein Leben danach geben wird. Möglicherweise gelingt es uns auch, die schlimmsten Folgen des Klimawandels zu verhindern, und dank der Maßnahmen, die dazu erforderlich sind, wäre dies sogar sicher eine bessere Welt. Eine Welt allerdings, die ganz anders aussehen und in der wir ganz anders leben würden als heute. Denn um die schreiende soziale Ungerechtigkeit unserer Tage, die Völlerei, die Rekordverschuldung privater wie staatlicher Haushalte, die Mobilität um jeden Preis und unsere lebensfeindlichen Stadtlandschaften zu erhalten, würden wir sehr viel billige Energie benötigen. Nur in einer Welt, die in billigem Erdöl schwimmt, konnten uns unsere überlieferten Fertigkeiten in einem solchen Maße verloren gehen, dass manche jungen Leute heutzutage Glück haben, wenn sie sich eine Scheibe Brot abschneiden können, ohne einen Finger einzubüßen. Was unsere praktischen Fertigkeiten betrifft, sind wir heutigen Bewohner der westlichen Welt wohl die hilfloseste Generation, die unser Planet je beherbergt hat. Doch um eine relokalisierte, auch ohne Energieverschwendung blühende Welt zu schaffen, müssen wir als Erstes eine Vision von den Möglichkeiten einer solchen Zukunft entwickeln.

Zukunftsvisionen sind natürlich nicht meine Erfindung, es gibt sie vermutlich schon so lange, wie es die Menschheit gibt. Man denke nur an die futuristischen Szenarien, die sich Menschen ausgemalt haben – Leben in Raumstationen, fliegende Untertassen für den privaten Gebrauch, Pauschalreisen zum Mond beispielsweise. Die meisten dieser Visionen werden nicht wahr, unter anderem deshalb, weil wir über die Energiemengen, die zu ihrer Verwirklichung notwendig wären, gar nicht verfügen. Ich weiß noch, wie ich als Junge auf dem Fußboden meines Zimmers lag, in einem Wissensheftchen für Kinder las und mir vorstellte, dass die Menschen Urlaubsflüge zum Mond unternehmen würden, wenn ich erwachsen wäre. Ich warte bis heute darauf, aber im Gegensatz zu Leuten wie Richard Branson, der davon träumt, Urlauber in Massen ins All zu befördern, warte ich nicht mit angehaltenem Atem.

Captain Future, Magier der Wissenschaft

Die auf dieser und der folgenden Seite abgebildeten Titelillustrationen zeigen Captain Future, den

»Mann von morgen«, Held eines Heftromans, der zwischen 1940 und 1951 in den USA erschien. Captain Future ist das Alter Ego von Curtis Newton, einem Raumfahrer und genialen Wissenschaftler, dessen Leben eine turbulente Folge siegreicher Kämpfe gegen das Böse an sich und gegen außerirdische Bedrohungen ist – ein Guter gegen eine Welt von Schurken in bizarrsten Gestalten. Die Geschichte beginnt 1990 (!), als die Wissenschaftler Elaine und Roger Newton mit ihrem genialen, aber todkranken Kollegen Simon Wright auf den Mond fliehen, um hier unbehelligt von ihrem Feind Victor Corvo ihr Forschungsprojekt weiterzuführen. Damit Wrights genialer Geist überleben kann, wird sein Gehirn vom Körper getrennt und in einem Plexiglasbehälter aufbewahrt. Wenn die an den Behälter angeschlossenen Kabel mit dem Kopf einer Person verbunden werden, übertragen sich Wrights Gedanken auf diese Per-

wurden) und Helme, die wundersamerweise nie beschlagen. Und offensichtlich macht es ihm Spaß, Frauen in Raketen zu zwängen, in denen ein Mensch mit Platzangst postwendend eine Panikattacke bekommen würde.

Natürlich sieht die Gegenwart nicht so aus wie die Welt des Captain Future. Roboter sind nicht unsere täglichen Begleiter, wir jagen keine Schurken durch das All, und wir werden vermutlich auch in Zukunft eher mit den Füßen auf dem Boden unserer Erde bleiben. Und das ist sicher gut so. Niemand wird von uns verlangen, dass wir mal eben so ein riesiges Schwabbelmonster auf dem Mond mit unserer Laserknarre erledigen, auch wenn wir ein kleines bisschen von dem wissenschaftlichen Genie und der körperlichen Kraft eines Captain Future durchaus gut gebrauchen könnten.

son (eine frühe und eher abstoßende Variante des Internets).

Das Ehepaar Newton und Wright baut unter anderem einen Roboter namens Grag und einen Androiden namens Otho, der seine Gestalt verändern kann. Die Forscheridylle auf dem Mond wird brutal zerstört, als der finstere und durch und durch heimtückische Bösewicht Victor Corvo den Aufenthaltsort der Newtons aufspürt und das Wissenschaftlerehepaar tötet. Ihr kleiner Sohn überlebt das Gemetzel und wird (recht unkonventionell) von einem Roboter, einem Androiden und einem Gehirn im Plexiglasbehälter großgezogen. Die machen ihre Sache jedoch hervorragend, und so entwickelt sich das Kind zu einem Ausnahmewissenschaftler mit ungeahnten sportlichen Fähigkeiten, dem keine Herausforderung zu groß ist. Captain Future hat eine Vorliebe für Raumstiefel mit Düsenantrieb (die leider nie erfunden

Energiewende-Instrumentarium 5:
Als Fremdenführer durch die künftige Energiewendestadt

Diese Übung zur Entwicklung von Visionen mache ich häufig gegen Ende meiner Seminare über urbane Permakultur. Folgendes Szenario: Wir schreiben das Jahr 2030. Die Gemeinde, in der Sie wohnen, hat erfolgreich die Wende zu einer Kommune mit relokalisierter Wirtschaft und niedrigem Energieverbrauch geschafft; sie ist vorbildhaft. Interessierte Menschen kommen von weit her, um sich von den Erfolgen inspirieren zu lassen. Nun ist es Ihre Aufgabe, diese Besucher auf einer Tour herumzuführen.

Alle Kursteilnehmer versammeln sich im Zentrum des Orts und bilden 4er- oder 5er-Gruppen. Jede Gruppe bekommt ein Themenfeld (Wohnungsbau, Nahrung, Energie, Abfall usw.) und hat 20 Minuten Zeit, dafür eine zehnminütige Besichtigungstour für die anderen Gruppen des Kurses vorzubereiten, die am Treffpunkt beginnt und dorthin zurückkehrt. Sie sollen uns mit den fantastischen Entwicklungen bekannt machen, die diesen Ort so berühmt gemacht haben.

Ermutigen Sie die Fremdenführer, dass sie die »Sehenswürdigkeiten« des Rundgangs lebendig schildern und plastisch werden lassen. Im Anschluss an die Führungen lohnt es sich, darüber zu diskutieren, ob die tatsächlichen Gegebenheiten der Kommune eine Umsetzung der in den Führungen vorgestellten Konzepte erleichtern oder erschweren (z. B. die Frage: Wenn alle Häuser von vornherein nach Süden ausgerichtet gewesen wären, welchen Unterschied hätte das gemacht?).

Wenn Ihre Kursteilnehmer durch die Wohngebiete anderer Leute laufen, sollen sie sich höflich verhalten. Es geht nicht darum, die Situation vor Ort zu kritisieren. Ich hatte einmal eine freimütige Australierin mit einem lauten Organ in unserer Gruppe; sie lief als Fremdenführerin durch eine Anlage in Hörweite der Anwohner, die ihre Autos wuschen oder ihre Hecken schnitten, und rief: »Ich meine, wie können die Leute so leben? Ja, es ist alles nur eine Frage der Erziehung.« Ich musste sie auf ein Wort beiseite nehmen. Auch können die mit Klemmbrettern bewaffneten Gruppen so manchen Anwohner nervös machen, der vielleicht glaubt, das seien Leute vom Bauplanungsamt, um eine neue Autobahn zu vermessen. Seien Sie also darauf vorbereitet, den Anwohnern Ihr Tun zu erklären.

Mit dieser beliebten Übung lässt sich das Konzept der gemeinsamen Erarbeitung von Visionen in einem alltäglichen Umfeld sehr gut umsetzen.

Visionen einer reichen Welt

Zukunftsvisionen müssen nicht so absurd sein wie die Welt des Captain Future. Ich bin neuerdings geradezu versessen darauf, Visionen zu »sammeln«, und frage jeden Öko-Aktivisten oder sonst wie in der Umweltbewegung Engagierten, der mir über den Weg läuft, wie er persönlich sich die energiebewusste Welt der Zukunft vorstellt. Die Antworten, die ich bekomme, sind faszinierend. Stephan Harding, Autor des Buches *Lebendige Erde*,[6] sieht in seiner Vision vor allem eine Wiederbelebung unserer Verbindung zur Natur, die sich weite Räume zurückerobern kann, wenn unser ökologischer Fußabdruck kleiner wird. Im Gespräch erklärte er:

> »Ich würde in der Gewissheit leben, dass ich meinen Rucksack packen und aus meinem Dorf hinaus in den Wald wandern könnte und dann tagelang nichts als freie Natur um mich haben würde, wenn ich es wollte. ... Meine Vision ist ein Netz von Ökodörfern und dazwischen viel Natur, aber auch hübsche kleine Städte, die sich organisch in die Landschaft fügen, in denen es Theater, Museen, Bibliotheken und gemütliche Cafés gibt.«[7]

Die Menschheit würde, so meint er, an einer solchen Rückbesinnung auf die natürliche Welt psychisch und kulturell gesunden. Der Biologe Brian Goodwin – sein bekanntestes Buch ist *Der Leopard, der seine Flecken verliert*[8] – stellt sich eine Zukunft vor, in der der Mensch »weitgehend unsichtbar« ist, weil er sich besser in die natürliche Umwelt einfügt und im Gleichklang mit ihr lebt.

> »Ich spreche nicht von einem ›Zurück zur Natur‹ im Sinne Rousseaus. Ich rede vom Einsatz geeigneter Technologien, natürlicher Materialien und Energien, um einen Lebensstil zu erreichen, der uns harmonisch mit der natürlichen Umwelt verbindet. Wir werden gelernt haben, so zu leben wie andere Arten, und wir werden infolgedessen unseren Fußabdruck so weit verkleinert haben, dass wir eine Art unter vielen sind, nicht mehr die alles beherrschende Spezies.«[9]

In der Vision des Systemtheoretikers Fritjof Capra ist das ökologische Gemeinschaftsprinzip bis zum Jahr 2030 zum zentralen Organisationsfaktor der Gesellschaft geworden.

> »Wir hätten, die Natur als Vorbild nehmend, unsere Gesellschaften nach dem Muster ... natürlicher Gemeinschaften gestaltet. Als Hauptenergiequelle würden wir, neben Windkraft, Biomasse und so weiter, die Sonnenenergie nutzen. Wir hätten unsere Wirtschaft und unsere Produktionssysteme so weise organisiert, dass es einen ununterbrochenen Stoffkreislauf gibt, dass alle Stoffe zwischen Erzeugern und Verbrauchern zirkulieren. Wir hätten vollständig auf biologische Landwirtschaft umgestellt und würden unsere Nahrungsmittel in der Region produzieren, um lange Transportwege zu vermeiden. All das würde dazu führen, dass es weniger Umweltverschmutzung gibt, dass der Klimawandel aufgehalten wird, dass es Arbeit für alle gibt, weil nicht alles von Maschinen erledigt wird. Unterm Strich würde kein Abfall mehr produziert und unsere Lebensqualität würde sich nachhaltig verbessern.«[10]

Margaret J. Wheatley, Autorin von *Quantensprung der Führungskunst*,[11] fällt es nicht schwer, sich in dieser Weise Zukunftsvisionen auszumalen, weil es in den Gruppen, mit denen sie gearbeitet hat, um genau diese Werte und Beziehungsstrukturen geht.

> »Es sind Gemeinschaften, in denen klar ist, dass man nicht gegeneinander arbeitet, sondern sich für die gleichen Werte, für eine gemeinsame Vision, für die gleichen Ziele einsetzt. Man ist nicht polarisiert, man hat keine Angst vor offenen Gesprächen, und man zieht sich nicht voneinander zurück, sei es wegen einer Meinungsverschiedenheit oder nur deshalb, weil der eine keine Geduld hat, sich anzuhören, was der andere denkt, und ihm etwas anderes gerade wichtiger ist.«[12]

Der frühere Vorsitzende des Naturschutzverbandes Friends of the Earth stellt sich vor allem eine stillere, weniger hektische Welt vor, in der die neu gewonnene Lebensqualität sinnlich erfahrbar wäre.

Hast du Schlösser in die Luft gebaut, dann war das nicht unbedingt vergebliche Arbeit; eben dort sollten sie stehen. Doch gib ihnen nun ihr Fundament.

Henry David Thoreau, *Walden*, »Schlusskapitel«, Zürich 1945, S. 425

»Man würde mehr Menschen und weniger Motorengeräusche hören, weil die nachbarschaftlichen Beziehungen wieder funktionieren würden und die Straßen wieder belebt wären mit Leuten, die miteinander reden, statt sich gegenseitig aus den Autos heraus zu beschimpfen! … Die Luft würde frischer riechen und wäre weniger verpestet, und es gäbe weniger Lärm. … Es gäbe mehr Fahrräder und mehr Vogelgezwitscher, weil die Verschmutzung durch die industrielle Landwirtschaft abgenommen hätte, überall würde biologischer Landbau betrieben, so dass der Bestand an Wildtieren auf dem Land und in den Städten wieder zunehmen würde.«[13]

Was immer die kommenden 20 Jahre auch bringen mögen, es ist sicher mehr, als wir uns vorstellen können. Dennis Meadows, Leiter der Studie *Die Grenzen des Wachstums*[14], bemerkt dazu: »Wenn Sie an die tiefgreifenden Umwälzungen der vergangenen 100 Jahre denken, an all die gesellschaftlichen, technischen, kulturellen, politischen und ökologischen Veränderungen, so ist das immer noch weniger als das, was wir in den nächsten 20 Jahren erleben werden.«[15] Wir leben wahrhaftig in bewegten Zeiten.

Kapitel 8

Eine Vision für 2030:
Rückblick auf die Energiewende

Ein Landwirtschaftssystem, das wirklich darauf zugeschnitten wäre, die Menschen zu ernähren und künftige weiter ernähren zu können, würde in erster Linie auf Mischerzeugern und lokaler Produktion fußen. Allgemein würde es jedes Land (oder eine andere geeignete politische oder geografische Einheit) verstehen, seine Grundversorgung mit Nahrungsmitteln eigenständig zu leisten. Eigenständigkeit bedeutet nicht Autarkie. Ein autarkes Land würde absolut alles produzieren, was es braucht, und nicht mit anderen Handel treiben. Das wäre für die meisten Länder unsinnig. … Eigenständigkeit bedeutet vielmehr, dass jedes Land seine Grundnahrungsmittel selbst erzeugt und in einer Krise über die Runden kommt. Strategisch ist das äußerst wünschenswert. Großbritannien erlebte dies in beiden Weltkriegen, als sich das gesamte Land im Belagerungszustand befand. Heute würden zweifellos die armen Länder von einer eigenständigen Nahrungsmittelproduktion profitieren und könnten sie sehr wohl zu ihrem vorrangigen Ziel machen, auch wenn sie gleichzeitig auf Weltmärkten zu konkurrieren versuchen, auf denen die Rivalen ihnen einiges voraushaben.

Colin Tudge, *So Shall We Reap: What's Gone Wrong With the World's Food – and How to Fix It*, London 2003

Wenn ich in 20 Jahren in einem Großbritannien aufwachte, das die Energiewende gemeistert hätte, von der hier die Rede ist, wäre das Leben dort ganz anders als heute. Wir wären nach turbulenten Zeiten in ruhiges Fahrwasser gelangt. Wir wären stärker an unserem Wohnort verwurzelt und hätten darum weniger Gründe zu verreisen. Malen wir uns einmal aus, wie ein Rückblick auf die Entwicklung im Jahr 2030 aussehen könnte. Illustriert wird dies im Folgenden mit Zeitungsartikeln aus der Zukunft.

Ernährung und Landwirtschaft

Die Landwirtschaft hat eine bemerkenswerte Wandlung durchgemacht und eine Renaissance erlebt, die 2008 nur wenige für möglich gehalten hätten. Vor etwa 20 Jahren veranlassten steigende Rohölpreise, internationale Klimaschutzvereinbarungen und Empfehlungen von Experten[1] die britische Regierung, ihre globalisierungsfreundliche, neoliberale Freihandelspolitik gemäß den Verträgen mit der Welthandelsorganisation zu überdenken und der Nahrungsmittelsicherheit im Land wieder Vorrang vor dem internationalen Handel einzuräumen. Gleichzeitig setzten die Kommunen des Landes die regionale Nahrungsmittelversorgung an die Spitze der politischen Agenda und lösten damit einen gewaltigen Wachstumsschub auf dem Markt für regional erzeugte Lebensmittel aus. Die landwirtschaftlichen Betriebe haben ihre Erzeugnisse diversifiziert und bieten nun unter anderem auch Biostrom, Baustoffe und Arzneipflanzen aus biologischem Anbau an.

Steigende Gaspreise und Versorgungsengpässe hatten gezeigt, welche fatalen Folgen die Abhängigkeit der britischen Landwirtschaft von (aus Erdgas hergestelltem) Stickstoffdünger hatte. Im Rahmen der staatlichen Programme zur Verminderung der CO_2-Emissionen wird der Kontrolle des Kohlendioxid bindenden Humusgehalts in Ackerböden besondere Bedeutung zugemessen. Dauerkultursysteme wie Obstbaumpflanzungen werden sowohl der Ernteerträge als auch ihrer CO_2-bindenden Qualitäten wegen gefördert. Die meisten Bauern haben heute ein paar Walnuss-, Esskastanien- und Haselnussbäume, deren proteinreiche Früchte als Lebensmittel vielseitig verwertbar sind und darüber hinaus zu Öl und Biodiesel für den lokalen Bedarf verarbeitet werden können.[2] Aufgrund der Klimaveränderungen können in Großbritannien heute mehr Obstsorten kultiviert werden, aber auch Wein und andere Dauerkulturpflanzen gedeihen gut.

Die Landwirtschaft ist dazu übergegangen, den geringeren Ölverbrauch durch den Einsatz von Arbeitspferden[3], in der Region hergestellten, mit Biotreibstoff angetriebenen Maschinen und durch die Beschäftigung von mehr Arbeitskräften auszugleichen. Die einzelnen Höfe sind im Durchschnitt kleiner als 2008, die ländlichen Gebiete stärker bevölkert. Zu den Erzeugnissen landwirtschaftlicher Betriebe gehören heute neben Nahrungsmitteln auch Materialien für die Bauwirtschaft, die dazu übergegangen ist, vorwiegend ökologische und regionale Baustoffe wie Lehmmörtel und -putze, heimisches Holz, Lehm-, Kalk- und Hanfziegel zu verwenden.[4] Die gestiegene Nachfrage nach solchen Baumaterialien hat wiederum die Gründung kleiner, oftmals als bäuerlicher Nebenerwerb geführter Produktionsbetriebe begünstigt.

TOTNES TIMES

Inklusive　　　　**Totnes Gazette**

Mittwoch, 18. April 2015　　　　Gegründet 1860　　　　1 Totnes Pound

DIESE WOCHE

Bauen mit Naturstoffen: ein voller Erfolg!　Seite 3

Örtliche Biogaskooperative öffnet　Seite 13–15

John Davies: Der Riedbettkönig　Seite 6

Hühner und Gemüse bringen neues Leben nach Totnes!

»Ich komme jeden Tag her: Es ist so entspannend« Von Nora Livingston

HUNDERTE KAMEN AM MITTWOCH zur Eröffnung der kommerziellen kommunalen Gärtnerei, bekannt als die New Gill's Nursery. Vor zwei Jahren hatte der Stadtrat mit knapper Mehrheit für eine neue Nutzung des Parkplatzes gestimmt. Die Zahl der Autobesitzer war seit 2012 beträchtlich geschrumpft, daher war man der Meinung, dass sich die Aufgabe eines der vier Parkplätze nicht nachteilig für die örtlichen Geschäfte auswirken und die Neugestaltung eine Attraktion für Bahn- und Bootsreisende schaffen würde. Zudem war die lokale Nahrungsmittelproduktion durch die steigenden Spritpreise immer rentabler geworden.

John Wheatcroft, Manager der Gärtnerei, erklärt, was erreicht wurde: »Wir betreiben hier auf einem halben Hektar eine intensive Gemüseproduktion. Das Gemüse wird in knapp ein Meter erhöhten Beeten gezogen, sodass unsere behinderten Gärtner leichter arbeiten können. In unseren beiden Gewächshäusern ziehen wir das ganze Jahr Salate und Blattgemüse, wegen der freilaufenden Hühner haben wir keine Probleme mit Schnecken.«

Sarah Bishop, 8, freut sich: »Ich mag am liebsten die Hühner, die sind lustig. Nach der Schule bringe ich die Krümel von meinem Pausenbrot mit. Ich mag jetzt auch Salate essen. Letzte Woche zeigte man mir Blumen, die man essen kann!«

Sarah kümmert sich um ihre Tomatenpflanzen in der New Gill's Nursery in Totnes.

Die Gärtnerei wurde mit Mitteln der kommunalen Landstiftung Energiewende sowie einer Spende der Lotteriegesellschaft finanziert. Letitia Lloyd, die Gewinnerin des letztjährigen TV-Spektakels »Prominenten-Schrebergarten«, nannte die Gärtnerei vorbildlich für die Städte in Großbritannien. »Hundertmal sinnvoller als ein Parkplatz!«, erklärte sie vor versammelter Festgemeinde.

Aber wie kann man meinen, dass das Gärtnern wirklich die Landwirtschaft als den Hauptlieferanten der städtischen Bevölkerung ersetzen könnte? Die Antwort liefert ein interessanter Bericht: »The Garden Controversy«, 1956 herausgegeben. Die Autoren fanden heraus, dass die Nahrungsproduktion auf einem durchschnittlichen Hektar Land in einer Vorstadt Londons gleich viel betrug wie die auf einem überdurchschnittlichen Hektar landwirtschaftlicher Fläche. Sie verglichen den Geldwert. Zwar betrug der Ertrag in Kilogramm aus dem vorstädtischen Garten nur die Hälfte des landwirtschaftlich produzierten, aber dieser wurde nach Einzelhandelspreisen kalkuliert, wohingegen die landwirtschaftliche Produktion nach üblichen Abnahmepreisen landwirtschaftlich produzierter Ware berechnet wurde.

Trotzdem war das eine erstaunliche Entdeckung, vor allem wenn man bedenkt, dass nur 14 Prozent der Fläche der Wohnsiedlung für den Anbau von Obst und Gemüse benutzt wurden, den Rest nahmen Häuser, Rasenflächen, Blumenbeete, Wege und Einfahrten ein. Das heißt, dass die Gärten dreimal mehr als die Bauernhöfe produzierten im Hinblick auf das Nettogewicht der Lebensmittel pro Hektar Land, auf dem tatsächlich angebaut wurde. Hätte man eine größere Fläche der Vorstadt zur Nahrungsmittelproduktion verwendet, hätte man den Bauernhof in jedem Fall übertroffen. Gärtnern ist in jedem Fall produktiver, als landwirtschaftlich zu produzieren, weil den kleineren Flächen größere Aufmerksamkeit geschenkt wird.

Patrick Whitefield,
Das große Handbuch Waldgarten,
Xanten 1999, S. 16

Zehn Baum- und Straucharten für die künftige Landwirtschaft der Energiewendezeit

Die hier genannten Baum- und Straucharten haben in den kommenden Jahrzehnten für den nordeuropäischen Raum ein großes agronomisches Potenzial:

Edelkastanie

Die Verwendung von Holzschutzmitteln bei Zaunpfählen wird zunehmend verboten, daher brauchen wir eine nachhaltige Quelle für natürlich haltbare Pfähle. Die auf den Stock gesetzte Edelkastanie ist dafür der ideale Kandidat. Jeder landwirtschaftliche Betrieb sollte einige davon haben. Außerdem eignet sich die Edelkastanie wegen ihrer Früchte als wirtschaftliche Nutzpflanze. In England wachsen bereits verschiedene Sorten, in Zukunft dürften sie noch besser gedeihen. Bei unseren Versuchen in Devon erbrachten einige Sorten drei bis vier Tonnen Esskastanien pro Hektar. Esskastanien haben einen vergleichbaren Nährwert wie Reis. In früheren Gesellschaften gehörte die Esskastanie zu den Hauptlieferanten von Kohlenhydraten; vielleicht wird sie es in der Zukunft wieder.

Apfelbaum

Britische Obstbauern pfropfen bereits südländische Sorten, und dieser Trend wird sich zwangsläufig fortsetzen. Die Erwärmung des Klimas führt in einigen Regionen dazu, dass die »lokalen« Apfelsorten nicht mehr die besten Erträge liefern. In Großbritannien verzeichnen wir in den letzten 30 bis 40 Jahren eine Klimaverschiebung von über 150 Kilometer, sodass einige französische Apfelsorten recht gut unter südenglischen Bedingungen gedeihen.

Mit der Pflanzung eines Mandelbäumchens kann der innerstädtische Gartenbau beginnen.

Bambus

Diese überaus nützliche perennierende Graspflanze darf hier nicht fehlen, auch wenn Bambus weder eine Baum- noch Strauchart ist. In Asien wird Bambus für nahezu alles verwendet. Er lässt sich leicht anbauen, und die Kultivierung sehr guter Bambussprossen für die Küche ist ebenfalls einfach. Bambusrohr aus China ist gegenwärtig sehr preiswert. Fragt sich nur, wie lange noch!

Pflaume

Apfel und Pflaume sind in Großbritannien ursprünglich nicht heimisch, aber wegen der Klimaerwärmung werden diese beiden Obstbäume hier immer besser gedeihen. Die Pflaume ist sehr ertragreich und besonders leicht anzubauen.

Walnuss

Weil billiges Tropenholz ausbleibt, reagieren die Franzosen mit dem massenhaften Anbau von hybriden (amerikanisch-europäischen) Walnusssorten zur schnellen Produktion von hochwertigem Holz. Wir sollten es ihnen gleichtun. Für die meisten Landesteile findet sich eine geeignete nusstragende Sorte, die mit ihren Früchten wirtschaftliche Erträge verspricht.

Flaumeiche

In der französischen Forstwirtschaft weit verbreitet, in Großbritannien hingegen noch weitgehend unbekannt, dürfte diese Eichensorte künftig große Bedeutung für die britische Holzindustrie erlangen. Das Holz hat eine hervorragende Qualität. Unsere heimischen Eichen werden an vielen Standorten wohl bald unter Dürrestress leiden und von der Flaumeiche ersetzt.

Erle

Mit ihren stickstoffbindenden Wurzelknöllchen haben die Erlen eine gewisse Klimaschutzfunktion. Sie sind auch sehr geeignete Windschutzbäume und werden daher für Landwirte immer interessanter, da in Zukunft mit häufigeren und stärkeren Stürmen zu rechnen ist. Herzblättrige Erle und Rot-Erle wachsen einen Meter pro Jahr und binden beträchtliche Mengen Stickstoff, der zum Teil als Dünger für andere Feldfrüchte in den umliegenden Boden abgegeben wird.

Kiefer

Kiefern produzieren nicht nur hochwertiges Bauholz, sie sind auch eine wichtige Quelle für Kohlenwasserstoff. Ein Großteil des weltweiten Terpentinangebots stammt immer noch aus Kiefernharz, das durch Anzapfen gewonnen wird. Einige wichtige Produkte, die gegenwärtig aus Öl hergestellt werden, könnten stattdessen nachhaltig aus Kiefernharz erzeugt werden. Die See-Kiefer dürfte sich aufgrund der Klimaerwärmung zu einem wichtigen Forstbaum entwickeln. Die zu den Kiefern zählende Pinie liefert schmackhafte Kerne.

Weide

Weiden sind besonders als Windschutz in Ostlagen geeignet, weil sie früh austreiben. In kurzer Folge auf den Stock gesetzt, können die Bäume Heizmaterial für landwirtschaftliche Betriebe liefern; es bleibt allerdings zweifelhaft, ob sich der größere Einsatz in Kraftwerken lohnt.

Linde

Einer der nützlichsten heimischen Bäume ist die Linde. Auch sie lässt sich gut auf den Stock setzen. Lindenstämme eignen sich zum Beispiel bestens für die nachhaltige Pilzzucht mit niedrigem Energieeinsatz, etwa von Shiitake. Junge Lindenblätter eignen sich vorzüglich zu Salaten.

MARTIN CRAWFORD
Direktor des Agroforestry Research Trust
in Dartington, Devon
Autor vieler Fachpublikationen, u. a. in den
Agroforestry News – www.agroforestry.co.uk

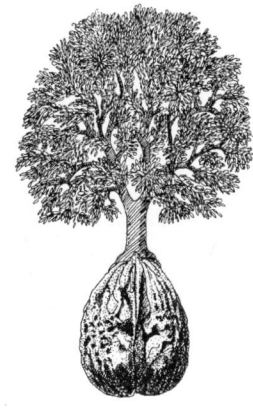

14. September 2014

Letitia Lloyd wird Königin beim »Prominenten-Schrebergarten«

Sängerin Letitia Lloyd gewann gestern beim TV-Publikumsrenner »Prominenten-Schrebergarten«. Sie erhielt 72 Prozent der Stimmen und schlug damit den anderen Finalisten, Rapper Stig Fresh.

Begonnen hatte die Show vor vier Wochen mit zwölf Prominenten, sechs Frauen und sechs Männer, die in die Schrebergartenkolonie Crouch End in London zogen. Um zu gewinnen, mussten die Promis, von denen keiner je gegärtnert hatte, zeigen, wie gut sie Gemüse ziehen können. Die anfängliche Favoritin, Seifenoperstar Trixie Bishop, stürzte über ihren Japanischen Blattkohl, Promi-Koch Bob Lard wurde disqualifiziert, nachdem man in seinem Wohnwagen Schneckengift gefunden hatte.

Am Ende eines anstrengenden Monats im Prominenten-Schrebergarten tritt eine bewegte Letitia vor die Presse.

Die TV-Show hatte auch amouröse Höhepunkte. Letitia Lloyd brach das Herz, als ihr Liebhaber, der attraktive Kinderfernseh-Moderator Nathaniel Ackroyd, in der dritten Woche vom Publikum nach Hause geschickt wurde. Hohe Einschaltquoten gab es, als Pixie Hargreaves und Fußballspieler Dwayne Adams umschlungen hinter den Stangenbohnen gesichtet wurden. Die Frage »Haben sie …?« beschäftigte wochenlang die Boulevardpresse. Pixie sagte der SUN, dass sie lediglich das Bücken beim Gärtnern geübt hätten.

Die Show hat großes Interesse an der Gemüsegärtnerei geweckt, Kräuterkästen hinter den Heckscheiben frisierter Autos sind der letzte Schrei. Eine neue TV-Sendung mit dem Titel »Motz meinen Vorgarten auf« ist bereits in Produktion. Letitia sagte: »Ich kann mir nichts Angenehmeres vorstellen, als zu gärtnern und Gemüse zu ziehen … kurze Nägel sind eine solche Befreiung! Ich werde im West End eine kleine Bar eröffnen: ›Letitias wunderbare Salatbar‹!«

Andere Landwirte bauen Pilze für den Lebens- und Arzneimittelbedarf[5] und Hanf für die Stoffherstellung[6] an, oder sie produzieren Holzpellets oder Biokraftstoffe wie Biodiesel und Ethanol für den lokalen Markt. Einige Landwirtschaftsbetriebe verfügen über eine Biogasanlage und beliefern benachbarte Gemeinden mit Wärme und Strom.[7] Diese Diversifizierung hat zu einer Stärkung der lokalen Wirtschaften geführt, deren Gewinne nun innerhalb der Kommunen reinvestiert werden und diesen zugute kommen.

In den letzten 25 Jahren hat sich die Erkenntnis wieder durchgesetzt, dass Ernährung und Landwirtschaft für die Sicherheit des Landes von zentraler Bedeutung sind. Nahrungssicherheit ist ein Thema, das längst nicht mehr nur die Entwicklungsländer betrifft. Als steigende Treibstoffpreise und die zunehmende Zweckentfremdung von Ackerflächen für die kurzlebige Biokraftstoffindustrie die Nahrungsmittelpreise um 2011 herum in die Höhe trieben, war es zum ersten Mal seit einem halben Jahrhundert wieder billiger, regionale Bioerzeugnisse zu kaufen, was auch dazu führte, dass wieder mehr saisonales Obst und Gemüse und weniger Fleisch gegessen wurde.

Stadtplaner und Kommunen tragen den veränderten Bedürfnissen Rechnung und setzen verstärkt auf urbane Landwirtschaft, was das Bild unserer Städte nachhaltig verändert hat.[8] Heute werden 60 Prozent des Frischgemüsebedarfs der Londoner Bevölkerung innerhalb der Stadtgrenzen oder in der unmittelbaren Umgebung produziert, Bristol strebt die 80-Prozent-Marke an. Im Rahmen kommunal geförderter Programme wurden in Parkanlagen und Schulhöfen Obst- und Nussbäume gepflanzt. An den Stadträndern sind große Marktgärtnereien entstanden, deren Frischprodukte die Verbraucher auf kürzestem Wege erreichen, so dass man hier die zurückgelegte Transportstrecke nicht mehr in Meilen, sondern in Metern angibt. Für viele ist es zu einem beliebten Hobby geworden, Kleinnutztiere, vor allem Hühner, zu halten. Weitläufige Parkanlagen wurden aufgeteilt und zu Schreber- und Marktgärten sowie Gartenbauschulen umgewidmet.

Schon im Jahr 2008 war es eine beliebte Freizeitbeschäftigung, im privaten Gärtchen eigenes Gemüse und Obst zu ziehen, seit 2012 ist daraus eines der wichtigsten staatlichen Programme zur Gesundheitsförderung und zur Verminderung des CO_2-Ausstoßes geworden. Alte heimische Obst- und Gemüsesorten werden wieder vermehrt angebaut, und ökologischer Gartenbau wird im Rahmen der staatlichen Nahrungssicherungsprogramme als Unterrichtsstoff in die Lehrpläne und Rahmenrichtlinien der Schulen aufgenommen.

Gesundheit und Medizin

Wie man gesund lebt und sich gesund erhält, davon haben wir heute vollkommen andere Vorstellungen als Anfang des 21. Jahrhunderts. Das staatliche Gesundheitssystem war angesichts steigender Energiepreise in seiner ursprünglichen Form nicht mehr finanzierbar und musste grundlegend neu organisiert werden. Die Verdrängung der städtischen Krankenhäuser durch große Klinikzentren wurde rückgängig gemacht. Heute gibt es in Städten und Gemeinden Gesundheitszentren, in denen nicht nur ärztliche Behandlung, sondern auch vielfältige Beratung angeboten wird. Beispielsweise wird in Zusammenarbeit mit den Schulen für den Anbau von eigenem Gemüse und Obst geworben, und Kinder und Jugendliche lernen, welche Entwicklungsstufen Lebensmittel von der Saat bis zur tellerfertigen Speise durchlaufen. Die Gesundheit des Einzelnen wird als untrennbare Einheit mit dem Wohlbefinden der Gemeinschaft angesehen. Humanbiologie, einschließlich Ernährungswissenschaft und Grundlagen der Kräuterkunde, ist an den Schulen inzwischen als Pflichtfach eingeführt.

Etwa die Hälfte aller verschriebenen Arzneimittel stammt aus der Region. Die Bauern der Gegend bauen für diesen Markt eine Reihe wichtiger Heilkräuter und Arzneipflanzen an, die in Betrieben vor Ort verarbeitet werden. Darüber hinaus stellen Apotheker heute über 50 Prozent der Arzneien, die sie verkaufen, selbst her. Ärzte können ein ganzes Spektrum vorbeugender und begleitender Therapien verschreiben, und der Bezug gesunder, vollwertiger Lebensmittel beispielsweise aus den Gemeindegärtnereien ist auf ärztliches Rezept möglich. Stressbedingte Krankheiten und Depressionen haben abgenommen, weil immer mehr Menschen einer sinnvollen Arbeit nachgehen, in ein funktionierendes soziales Umfeld eingebunden sind und ein Ziel im Leben sehen. Schulmediziner und Heilpraktiker sind weitgehend gleichgestellt, und man wartet nicht mehr, bis die Menschen krank werden, sondern fördert die Gesundheit präventiv mit einer Reihe innovativer Maßnahmen.

Infolge der veränderten Lebensweise der Bürger, die sich immer mehr von Bewegungsmuffeln zu aktiven Erzeugern/Verbrauchern entwickeln, haben Erkrankungen des Stütz- und Bewegungsapparates abgenommen. Zudem werden vermehrt Therapien wie die Alexandertechnik zur Verbesserung der Haltungs- und Bewegungsgewohnheiten verschrieben, und man sieht immer häufiger Gruppen von Menschen, die in einer der öffentlichen Parkanlagen Übungen wie Tai-Chi praktizieren. Der technologische Fortschritt der »Telemedizin« erlaubt es außerdem, bestimmte Untersuchungen und Diagnosen online beim Patienten zu Hause vorzunehmen.

Bildung und Erziehung

Anfang des neuen Jahrtausends hatte sich der Bildungssektor noch nicht annähernd auf die tiefgreifenden Veränderungen eingestellt, die angesichts der notwendigen Energiewende bevorstanden. Um 2010 wurde deutlich, dass junge Menschen für die praktischen Erfordernisse einer Welt, die mit Energie sparsamer umgehen muss, nicht gerüstet waren, da man ihnen in der Schule nicht beibrachte, wie man baut, kocht, Kleidung

Die Verknappung fossiler Brennstoffe könnte zusammen mit den inflationären Kosten der medizinischen Versorgung … und den Gesundheitskosten für die geburtenstarken Jahrgänge (eine Gruppe, die doppelt so groß ist wie ihre Vorgängerin) einem bereits krisengeschüttelten Gesundheitswesen den Garaus machen. Wir können jedoch den Zusammenbruch vermeiden, indem wir den gegenwärtigen Energieverbrauch der Medizin verringern und ein Gesundheitssystem schaffen, das unsere tatsächliche Beziehung zu den Ressourcen widerspiegelt. Ironischerweise kann das Ende des Erdölzeitalters ein Katalysator für die Schaffung eines Gesundheitswesens sein, das kosteneffizient und ökologisch nachhaltig und von einem demokratischen Sozialethos getragen wird.

Daniel Bednarz,
»Medicine After Oil«,
Orion Magazine, Juli/August 2007

**Bristol Evening Post
15. Dezember 2013**

Abitur in nachhaltiger Lebensführung

Direktor Bob Sprout lobte gestern die Ergebnisse der Teilnehmer an den ersten Abiturprüfungen in nachhaltiger Lebensführung. 70 Prozent der Abiturienten an der Henbury-Schule erzielten die Note »sehr gut«. Ein Großteil des Erfolgs wird der praktischen Ausrichtung des Faches zugeschrieben, zu dem die Einrichtung eines kommunalen Waldgartens und der Bau eines mit Lehm verputzten Strohballenpavillons zählten.

Rektor Michael Curtis sagte, dass Henbury (die erste »Niedrigenergie-Schule« des Jahres 2013) Fachleute geholt habe, was sich für alle Schüler ausgezahlt habe: »Es freut mich, dass aus Henbury heute die besten Lehmbauer, Lehmverputzer und Mulcher im West Country kommen.«

Mr. Sprout lobte Henbury als vorbildliche Bildungseinrichtung: »Viele andere Schulen bieten nun den Kurs an, aber nur wenige zeigen ein solches Engagement wie Henbury.« Die Schule, die heute ein Nettoenergieproduzent ist, liegt in einer Landschaft mit ertragreichen Bäumen, Gärten und Teichen. Bis 2015 will sie 30 Prozent der Frischprodukte der Stadt erzeugen und ist auf dem besten Weg, dieses Ziel zu erreichen.

flickt, Gemüse und Obst zieht oder Arbeitsgeräte repariert. Die Regierung erklärte den Bildungsnotstand und kündigte grundlegende Reformen an. 2012 wurde ein neuer Lehrplan verabschiedet, in dem praxisbezogenem, auf den Prinzipien der Nachhaltigkeit und regionalen Resilienz beruhendem Unterricht eine zentrale Rolle zugeschrieben war. Erstmals seit den 1950er Jahren wurden vom Grundschulalter an wieder Fächer wie Gärtnern, Kochen und Werken in den Unterrichtsplan aufgenommen. Auf Schulhöfen wurden Ertragsgärten angelegt, deren Erzeugnisse die Schüler in Eigenverantwortung vermarkten.

In weiterführenden Schulen lernen Jugendliche nicht nur Techniken des Bauens und der Energieversorgung mit erneuerbaren Energien, sondern auch soziale Kompetenzen wie Konfliktlösung und Teammanagement. Zur Wiederbelebung alter Kulturtechniken wurden spezielle Abendschulen für Erwachsene eingerichtet, in denen interessierte Bürger und im Bildungssektor Tätige die für eine nachhaltige Lebensweise notwendigen Fähigkeiten erwerben und vertiefen können.

Die Zahl kleinerer, wohnortnaher Schulen nahm um 2015 landesweit zu, da weite Schulwege aufgrund der hohen Benzinpreise nicht mehr bezahlbar waren. 2018 hatte sich das Einzugsgebiet vieler Gesamtschulen und Universitäten so weit verkleinert, dass über neue Nutzungskonzepte nachgedacht werden musste. Leer stehende Räume und Gebäude werden nun als Geschäftsgründerzentren und Werkstätten mit angeschlossenem Lehrbetrieb genutzt. Auch die Schulen, die zu landwirtschaftlichen Betrieben und Marktgärtnereien umfunktioniert wurden, umfassen heute eine Vielfalt mehrwertschaffender Unternehmen. Die Schulen des Landes sind lebendige, pulsierende Orte geworden, die einen nicht unwesentlichen Beitrag zur regionalen Wirtschaft leisten.

Wirtschaft

Seit 2008 haben sich die Organisationsstrukturen der Wirtschaft und unsere Vorstellung von Geld grundlegend verändert. Das Globalisierungsmo-

---

Lewes Today 15. Februar 2012

Rekord mit lokalem Lewes-Geld
Von Dave Schmink

Bob Charles feierte gestern im Lewes Arms.

BOB CHARLES, 43, ist seit gestern der erste Bürger von Lewes, der ein Jahr lang ohne ein einziges Pfund Sterling ausschließlich mit den beiden ergänzenden Währungen des Lewes Pound und der Zeitbank überlebt hat. Das ist ein neuer Rekord. »Ich kann nicht behaupten, dass es das üppigste Jahr meines Lebens war«, gestand der ehemalige Rechtsanwalt, »aber es war ein Riesenspaß und ich habe dadurch neue Freunde gefunden.«

Er begann mit seinem Rekordversuch im April letzten Jahres mit dem Ziel, (echtes!) Geld für die erste lokale Landstiftungsinitiative zu sammeln, um ein fünf Hektar großes Areal am Stadtrand zu erwerben und in ein Ökodorf mit gemeinschaftlichem Landwirtschaftsbetrieb zu verwandeln.

Die Bürgermeisterin von Lewes, Marcella DuPont, gratulierte Charles: »Trotz der vielen Opfer hat er bewiesen, wie weit die Wirtschaft dieser Stadt seit 2007 gekommen ist. Außerdem hat er 15000 ›normale‹ Pfund für ein höchst lohnenswertes Projekt gesammelt.« Charles feierte seinen Rekord gestern Abend in der Kneipe »Lewes Arms« mit einem Glas Bier, das er natürlich mit einem nagelneuen Lewes Pound bezahlte.

dell stieß 2010, als die Weltrohölproduktion ihr Fördermaximum erreichte, an seine Grenzen. Darauf folgte eine anhaltende Rezession – eine schwierige Übergangsphase, in der die Gefahren einer allzu großen Abhängigkeit von ausländischem Kapital und einer Überschuldung der Privathaushalte offenbar wurden. Parallel zu der allgemeinen Rezession kam es zu einer kräftigen Belebung lokaler und regionaler Märkte und Betriebe. Eine strenge Geldmengenbegrenzung und der Zusammenbruch der staatlichen Altersvorsorge zwangen Städte und Kommunen, eigene Wirtschaftssysteme auszubauen. Inzwischen haben sich neue Formen des Handels etabliert und lokale Tauschsysteme und Zeitbanken florieren.

Städte und Gemeinden drucken, wie schon in früheren Krisenzeiten geschehen, ihre eigenen Banknoten, die nur innerhalb der Stadt gelten. Es gibt lokale Anlagemodelle, bei denen Bürger ihr Geld so investieren, dass die Wirtschaft ihrer Stadt damit angekurbelt wird. Mit zunehmender Relokalisierung der Wirtschaft stellen die Menschen fest, dass sie für ihren Konsum immer seltener auf die nationale Währung zurückgreifen müssen. Geld dient heute stärker der Gemeinschaft, die es verwendet. Lokale Währungen können durch die nationale Währung gedeckt sein, zunehmend erfolgt die Deckung jedoch durch lokal erzeugte Energie und die örtliche Nahrungsmittelproduktion.

Jede Stadt und Gemeinde hat heute ihre eigenen Zahlungsmittel, die von allen örtlichen Geschäften akzeptiert werden. Zur Stärkung regionaler und lokaler Wirtschaften erhalten Gemeinden staatliche Beihilfen und Subventionen, die in der jeweiligen lokalen Währung ausgezahlt werden. Auch Kommunal- und Gewerbesteuern können ganz oder teilweise in der Währung der zuständigen Gemeinde entrichtet werden. Geschäftsleute bedienen sich der heimischen Währung, um ihre örtlichen Lieferanten zu bezahlen.

Während sich globale Unternehmensmodelle in Auflösung befinden, springen örtliche Unternehmer in die Bresche. In den 1930er Jahren wurden fast alle Geschäfte von Ortsansässigen geführt; 100 Jahre später ist dies abermals der Fall. Der Mythos, eine starke Wirtschaft könne sich nur durch ausländische Direktinvestitionen herausbilden, ist als abstruse Theorie aus der Zeit des Billigöls aus der Mode gekommen. Für Kommu-

---

Devizes Gazette & Herald

10. Juni 2013

Streit um Hanf-kapuzenpullis

»Gebt uns unsere Kapuzenpullis zurück«, bittet Tochter des Innenministers

Von Marcella Pruwitt

SANDRA MILTON, Mitgründerin der Ökokleiderfabrik Devizes Dancewear, forderte gestern Abend ihren Vater, Innenminister Augustus Milton, auf, die 500 Hanfkapuzenpullis zurückzugeben, die aus ihrem Lager in Devizes konfisziert worden waren. Die Polizeirazzia vor drei Wochen erfolgte aufgrund des 2011 erlassenen Kapuzenpulliverbots.

»Dies ist ein Angriff auf das Recht der Menschen, das zu tragen, was sie wollen«, sagte sie der Devizes Gazette & Herald. »Wir sind Pioniere der lokalen Kleiderherstellung, aber trotz unseres Erfolges war das ein harter Schlag für uns.« Außer Kapuzenpullovern stellt die Firma, die heute 20 Beschäftigte hat, auch Jeans, T-Shirts und Jacken her, alle aus lokaler Wolle und lokal angebautem Hanf mit Knöpfen aus örtlichem Holz.

Der Innenminister lehnte jeden Kommentar ab und erklärte, das sei eine Familienangelegenheit.

nen, die von internationalen Konzernen abhängig waren, gestaltete sich der Übergang besonders schwierig, führte aber auch zu engagierten Bemühungen der Verantwortlichen um die Schaffung stabiler lokaler und regionaler Wirtschaften.

Verkehr

Der Besitz von Privatautos ist nicht mehr die Norm. Er gilt sogar, außer in abgelegenen ländlichen Gebieten, eher als unsozial, nachdem das öffentliche Wegenetz zugunsten von Straßenbahnen, Bussen, Fahrradfahrern und Fußgängern ausgebaut und modifiziert wurde. Das Modell, im Grünen zu wohnen und in der Stadt zu arbeiten, gehört der Vergangenheit an. In ländlichen Gemeinden hat sich der Schwerpunkt hin zur Schaffung von Arbeitsplätzen vor Ort und zur Förderung des Gemeindelebens verschoben. Dadurch hat sich die Bevölkerungszusammensetzung in den letzten 20 Jahren zwangsläufig verändert: Wer einen naturverbundenen, ländlichen Lebensstil suchte, ging von der Stadt aufs Land, während diejenigen, die das kulturell und gesellschaftlich intensivere städtische Leben vorzogen, sich in umgekehrter Richtung bewegten. Car-Sharing-Modelle sind sehr beliebt geworden, weil man bei Bedarf über ein Auto verfügen kann, ohne es besitzen zu müssen; zugleich sind die Fahrzeuge auf diese Weise besser ausgelastet.

Von Billigflügen kann man nur noch träumen. Fernreisen verbieten sich wegen der hohen Kosten von selbst, was den Vorteil hat, dass die Bindung der Menschen an ihre Heimatregion stärker geworden ist. 2007 kannten Engländer Städte wie Paris oder Neu-Delhi oft besser als Bristol oder Manchester. Doch dann trieben hohe Treibstoffpreise und die Einführung der Kerosinsteuer im Jahr 2009 viele Billigfluglinien in den Konkurs. Während Flug- und motorisierter Individualverkehr einbrachen, konnten sich die Hersteller von Fahrrädern und Fahrzeugen für den öffentlichen Verkehr über volle Auftragsbücher freuen.

Die Relokalisierung ging einher mit einem Entschleunigungsprozess, einer Abkehr von der Hektik, die das Leben bis 2008 geprägt hat. Das Bedürfnis, an einem möglichst exotischen Ort »Entspannung« zu suchen, ist geschwunden. Den meisten gefällt es heute besser, an Sommertagen im Schrebergarten Erholung zu suchen, gemütlich im eigenen Gartenhäuschen zu nächtigen und auf Fahrradausflügen und Wanderungen Flora, Fauna und Geschichte der näheren Umgebung zu erkunden. Waren unsere Städte zuvor meist öde urbane Landschaften mit einigen wenigen Zentren der »Unterhaltung«, so sind es heute lebendige, mit Gärten, Teichen und Kunstwerken abwechslungsreich gestaltete Orte, die ihren Bewohnern Gelegenheit zur Begegnung und zum Miteinander bieten, so dass der Wunsch, auf Reisen Unterhaltung zu suchen, kaum noch besteht.

Im Gefolge der Ölverknappung gab es von 2012 an immer weniger Autos auf den Straßen, so dass nicht mehr benötigte Parkflächen (für deren Instandhaltung die Stadtverwaltung zuständig war) nunmehr anders genutzt werden konnten. Hier entstanden Marktgärtnereien und Schulungszentren zur Wiedereinführung und Belebung alter Kulturtechniken. Der öffentliche Verkehr ist heute vorbildlich ausgebaut. Viele Nebenstrecken, die in den 1960er Jahren stillgelegt worden waren, wurden wiedereröffnet – sehr zum Nutzen der ländlichen Gemeinden und der Bauern, deren Erzeugnisse auf dem Schienenweg zu den Märkten der Region transportiert werden. Auf den Straßen der Städte haben Fußgänger und Fahrradfahrer absolute Priorität; viele öffentliche Plätze und Straßen sind vollkommen autofrei.

Energie

Dank eines 2010 beschlossenen einmaligen Sofortprogramms kann Großbritannien seinen Energiebedarf heute fast vollkommen aus eigenen Ressourcen decken. Möglich wurde dies durch eine 50-prozentige Senkung des Energiever-

Wenn ich einen Erwachsenen auf einem Fahrrad sehe, ist mir um die Zukunft der Menschheit nicht mehr bange.

H. G. Wells

Die Wahl ist klar: Wenn eine Minderheit mächtiger Nationen weiterhin auf ein Wirtschaftssystem setzt, das von zentralisierten Technologien und verwundbaren Nachschublinien abhängig ist, werden sie es zu enormen Kosten und um das Risiko der Preisgabe unserer Bürgerrechte verteidigen müssen. Wenn wir dagegen zu einer dezentralisierten Weltwirtschaft übergehen, die auf der gerechten und effizienten Nutzung erneuerbarer Energiequellen und relokalisierten Zuliefersystemen basiert, werden wir Gemeinschaften haben, die nicht leicht bedroht werden können und, wichtiger noch, die niemand anderen bedrohen.

Paul Allen, Direktor des Centre for Alternative Technology

TOTNES TIMES
Incorporating the Totnes Gazette

18. November 2011

GRÜNES LICHT FÜR SOLARDÄCHER!

Von Nigel Slattery

DER BEZIRKSRAT VON SOUTH HAMS BESCHLOSS GESTERN, die Denkmalschutzvorschriften für das Zentrum von Totnes zu lockern und die Installation von Sonnenkollektoren auf den Dächern historischer Häuser zu erlauben. 2010 und 2011 waren über 50 Anträge für Solardächer abgelehnt worden, weil sie im denkmalgeschützten Stadtteil »unpassend« seien.

Stadtrat Billy Teal gab die Kehrtwende bekannt und fügte hinzu: »Die internationale Energiesituation ist so angespannt, dass wir alte Überzeugungen infrage stellen müssen. Was nützt ein denkmalgeschützter Stadtteil, wenn man dort nichts sieht, weil alle Lichter aus sind? Ich glaube, wir werden uns an die Kollektoren gewöhnen, und ich bin sicher, nach einer Weile bemerken wir sie gar nicht mehr.«

Susan Simons, die in der South Street wohnt und jahrelang um die Genehmigung gekämpft hat, Sonnenkollektoren auf ihrem Haus aus dem 17. Jahrhundert installieren zu dürfen, sagte der *Totnes Times*: »Endlich hat sich der gesunde Menschenverstand durchgesetzt. Meinem Blutdruck zuliebe denke ich lieber nicht an all das CO_2, das hätte eingespart werden können, wenn man zu dieser Einsicht schon vor fünf Jahren gekommen wäre.«

brauchs und vermehrte Nutzung erneuerbarer Energien für den dann noch bestehenden Energiebedarf. Die radikale Senkung des Energieverbrauchs wurde zu einem wesentlichen Teil durch die Einführung des von David Fleming erarbeiteten Modells »handelbarer individueller Emissionsquoten« erreicht, nach dem jeder Bürger und jedes Kleinunternehmen das gleiche Recht auf eine festgelegte jährliche CO_2-Emissionsquote hat, die schrittweise vermindert wird. Verwaltet wird der Verbrauch über eine Art Kreditkarte, die sogenannte CO_2-Card, von der bei jedem Energie- oder Treibstoffkauf das entsprechende Kontingent elektronisch abgebucht wird.[9] Nach seiner Einführung ist der private Emissionshandel schnell zur Selbstverständlichkeit geworden, und manch einer verdient heute einen Teil seines Lebensunterhalts damit, dass er sparsam lebt und am Ende des Jahres nicht verbrauchte Emissionsrechte verkauft.

Ein weiteres Sofortprogramm der Regierung richtete sich 2009 auf die häusliche Energieeffizienz und führte zu einer Senkung des Energieverbrauchs in Privathaushalten um 60 Prozent. Dieser Erfolg verdankte sich auch einem wachsenden Bewusstsein der Öffentlichkeit für die Bedeutung effizienter Energienutzung. Während die Installierung neuer Sonnenkollektoren und Windkraftanlagen aufgrund niedrigerer Anschaffungspreise und staatlicher Zuschüsse für Privathaushalte um 2010 schon zu einem Muss geworden war, musste auf dem Gebiet der Nachrüstung und Modernisierung noch Überzeugungsarbeit geleistet werden.

Dies gelang zum Teil mit Hilfe lokaler Künstler, die für die ganze Gemeinde Dämmverkleidungen und andere energiesparende Bauelemente als Kunst am Bau entwarfen, ähnlich dem Verpackungskünstler Christo, der Hüllen für ganze Gebäude und Inseln geschaffen hatte.[10] Der radikal gesenkte Energiebedarf wird fast zur Hälfte mit Windkraft (u. a. aus Offshore-Windparks) gedeckt, der Rest stammt aus Gezeitenkraftwerken, Biogas- und Kraft-Wärme-Kopplungsanlagen. Viele Kommunen haben eine eigene Energieinfrastruktur auf der Basis erneuerbarer Energien geschaffen und verfügen über ein eigenes, von einem lokalen Versorgungsunternehmen betriebenes Stromnetz, ein Weg, der vor Jahren erstmals von der südenglischen Stadt Woking eingeschlagen wurde.[11]

Diese kleinen Netze werden aus den regional vorhandenen Energiequellen gespeist, sei es Biogas, Windkraft oder der Tidenhub in Küstengebieten. Überschüsse werden ins landesweite Netz eingeleitet, aus dem die Kommunen im Bedarfsfall fehlende Energie ergänzen. Die Gewinne aus der kommunalen Energieerzeugung werden vor Ort investiert und kommen so der lokalen Wirtschaft zugute.

Dank großzügiger Subventionen für Solarenergie (ob passive Nutzung oder Photovoltaik) ist es heute üblich, dass viele Häuser, besonders Neubauten, mehr Energie erzeugen als verbrauchen und Überschüsse in das lokale oder landesweite Netz abgeben. Jedes Haus ist mit einem Energiemessgerät ausgestattet, das den Bewohnern auf einen Blick verrät, wie viel Energie sie gerade verbrauchen.[12] Die Energieversorger gestalten ihre Tarife variabel, indem sie in verbrauchsschwachen Tageszeiten niedrigere Tarife anbieten und so Nachfragespitzen vermeiden.

Die Menschen blicken mit Stolz darauf zurück, was sie in den letzten 20 Jahren erreicht haben. Was 2008 fast unmöglich erschien, wurde mit vereinten Kräften und großem Einfallsreichtum bewältigt. Heute schütteln wir den Kopf, wenn wir daran zurückdenken, wie verschwenderisch wir vor 20 Jahren mit den Ressourcen unserer Erde umgegangen sind, als wir noch glaubten, das Glück der Menschen stehe in direkter Relation zu ihrem Energieverbrauch.

Wohnungsbau

Der Bestand an Wohngebäuden entspricht gegenwärtig in etwa dem von 2008, doch sind die Häuser heute wesentlich energieeffizienter. 2014 wurde das von Rob McLeod 2007 vorgeschlagene Modell des »lokalen Passivhauses«, dem mit ökologischen Baustoffen aus der Region errichteten Gebäude nach dem Vorbild des skandinavischen Passivhaus-Konzepts, zum Standard neuer Wohnbauvorhaben.[13] Das lokale Passivhaus deckt seinen

---

Lincolnshire Echo   14. November 2014

Hohe Auszeichnung für Hanfbaufirma aus Lincoln

Von Nigel Tavish

DIE FIRMA HEMPIRE BUILDING AUS LINCOLN erhielt gestern Abend vom Ministerium für Nullenergiebau in London den prestigeträchtigen Preis für Innovation im Bauwesen. Das Unternehmen der gebürtigen Lincolner Evan Field und Michael Spicer hat ein Isolationssystem entwickelt, das zur Umrüstung Tausender Häuser in der Region, besonders in und um Lincoln selbst, eingesetzt wurde.

Das in der Stadt ansässige Unternehmen ist führend in der Verwendung von Hanfbaustoffen. Prämiert wurden ihre Dämmpaneele, die hervorragende Isoliereigenschaften haben und sich zur Wärmedämmung von Gebäuden und Verbesserung des Raumklimas eignen. Das Material besteht aus Lehm, Kalk und Hanf, der weitgehend von ortsansässigen Bauern erzeugt wird.

Mit dem Preis zeichnet das Ministerium die Ausrichtung des Produkts auf lokale Märkte, den niedrigen Energieaufwand für seine Produktion und seine Dämmeffizienz aus. Statt ihre Fabrik in Lincoln zu vergrößern, suchen Field und Spicer, die sich für die Unterstützung lokaler Märkte und die Reduzierung der verkehrsbedingten Kohlenstoffemissionen einsetzen, landesweit Lizenznehmer.

Wenn wir also bauen, so lasst uns denken, wir bauten für die Ewigkeit, nicht nur für gegenwärtigen Genuss und Vorteil; lasst die Arbeit so sein, dass unsere Kinder uns danken werden; denken wir, wenn wir Stein auf Stein legen, auch daran, dass eine Zeit kommen soll, wo diese Steine heilig gehalten werden, weil unsere Hände sie berührt haben, und dass Menschen, indem sie unsere Mühe und unser Werk betrachten, sagen können: »Siehe, das taten unsere Väter für uns.« Denn der größte Ruhm eines Bauwerkes liegt tatsächlich nicht in seinen Steinen noch seinem Golde, sondern in seinem Alter und in jenem tiefen Gefühl der Beredsamkeit, der strengen Wachsamkeit, des ahnungsvollen Miterlebens, ja selbst des Beifalls oder der Verwerfung, deren Zeugen die Mauern waren, welche lange von den Wogen der Menschheit umspült wurden. ... In diesem goldenen Zeitenstrom haben wir das wirkliche Leuchten, den Farbenschein und die Kostbarkeit der Baukunst zu erkennen.

John Ruskin, *Die sieben Leuchter der Baukunst*, Leipzig 1900

Wärmebedarf vorwiegend durch passive Quellen wie Sonneneinstrahlung und Abwärme von Personen und technischen Geräten sowie eine kompakte Bauweise und hervorragende Isolierung, und die Baumaterialien stammen zu 80 Prozent aus der Region.

Firmen, die Lehmziegel, Kalk- und Lehmputz und andere benötigte Baumaterialien produzieren, haben infolgedessen Hochkonjunktur. Atmungsaktive Bauweise und im Passivhaus verwendete

Materialien sorgen ohne Energieaufwand für ein gesundes Raumklima. Das lokale Passivhaus ist überdies in der Lage, beträchtliche Mengen Kohlendioxid zu binden, und trägt mit kurzen Transportwegen für die Baumaterialien zum Klimaschutz bei. Alle neu entstandenen Wohnhäuser sind vom Trinkwasser- und Kanalisationsanschluss unabhängig und gewinnen mehr Energie, als sie insgesamt verbrauchen.[14]

Neue Wohnkonzepte wie Mehrgenerationen- oder Mehrfamilienhäuser, in denen die einzelnen Parteien zwar ihre eigene Wohnung haben, aber sich eine Reihe von Einrichtungen teilen, haben sich erfolgreich behauptet. Der Flächenbedarf für Neubauten ist insgesamt geschrumpft, und die funktionale Gestaltung kleiner Wohnhäuser ist heute die große Kunst der Architekten. Früher war die Größe des Eigenheims ausschlaggebend für das gesellschaftliche Ansehen seines Besitzers; heute sind die Leute stolz, wenn sie ein kompaktes, funktionales Haus ihr Eigen nennen. Um für die wachsende Zahl von Landarbeitern angemessenen Wohnraum zu schaffen, wurden auf dem Gelände vieler Bauernhöfe kleine Siedlungen nach ökologischen Gesichtspunkten errichtet. Diese Häuschen sind zweckgebunden und können nicht in Privatbesitz übergehen. Die Nutzungsrichtlinien orientieren sich an den »15 Kriterien für einen nachhaltigen Wohnungsbau in ländlichen Regionen«, die von der Initiative Chapter 7 ausgearbeitet wurden.[15]

2011 wurde das Konzept der Wiedereinführung alter Kulturtechniken in die Ausbildungspläne der Bauindustrie aufgenommen. Seither lernen Lehrlinge im Rahmen ihrer jetzt wesentlich vielseitigeren Ausbildung auch den Umgang mit traditionellen Baustoffen wie Hanf, Kalk und Lehm. Das Angebot der Baustoffhändler umfasst heute ganz andere Produkte als 2007: Hier findet man Lehmmörtel, Stroh- und Schilfrohrplatten, Hanf- und Lehmziegel, Kalk- und Lehmputze, Putzträger, Naturfarben und Lehmpigmente aus regionaler Produktion sowie heimische Hölzer

aus der Umgebung und Glasschaumgranulat aus Altglas als Dämmstoff. Das Recycling hat sich seit 2007, als weite Transportwege zur zentralisierten industriellen Aufbereitung damit verbunden waren, stark verändert. Heute werden aus Wertstoffen wie Plastik, Papier, Textilien und Glas mit technisch einfachen Mitteln vor Ort unter anderem innovative Baustoffe hergestellt.

Hello!
27. März 2029

Einzug ins fantastische neue Naturhaus
David und Victoria Beckham
verraten uns, warum das Glück aus einer warmen Lehmbank besteht

David Beckham trug gestern seine Frau Victoria über die Schwelle ihres neuen Heims, das sie sich für das Alter gebaut haben. Hello! verrieten sie, wie »glücklich und begeistert« sie sind. »Es ist das großartigste Haus, in dem wir je gelebt haben. Es passt zu uns.«

Vor zwei Jahren beschlossen David, 54, und Victoria, 55, sich auf ihr Altenteil zurückzuziehen und ihr Hobby zu pflegen: die Züchtung alter Gemüsesorten. Als wir sie in der letzten Woche besuchten, stand der hintere Teil des Hauses voller Töpfe mit Kräutern, Stecklingen und Tabletts mit Sämlingen aus ihrem alten Garten. David will vor seinem 60. Geburtstag noch die Kunst der Warmkompostierung erlernen.

Ihr Haus setzt neue Standards für die Konstruktion kleiner, kompakter, durchdacht gestalteter Wohneinheiten. Das riedgedeckte Gebäude mit seinen anderthalb Meter dicken Lehm-Hanf-Wänden ist, genau wie Posh Spice auf dem Höhepunkt ihrer Karriere, kurvenreich und reizvoll. Dass sie ein Haus ohne Ecken wollten, wussten die beiden schon früh. »Wir wollten ein Haus mit extrem niedrigen Heizkosten, aus örtlichen Materialien, ohne Netzanschluss, wo sich das Eintreten in ein Zimmer wie eine Umarmung anfühlt. Ecken sind auf einem Fußballplatz gut und schön«, scherzt David, »aber seit meinem Rückzug ins Privatleben will ich sie bestimmt nicht in meinem Haus sehen!«

Victoria erläutert: »Wir haben Sonnenkollektoren, einen gemauerten Ofen für die Heizung, eine richtig coole Kompostierungstoilette und einen Kühlschrank, der ohne Elektrizität funktioniert, einfach indem er kühle Luft durch den Boden anzieht. Das ist wirklich raffiniert.«

Nachdem ihre Söhne aus dem Haus waren, beschlossen Victoria und David, dass sie nur noch Platz für sich selber brauchten. »Wir wollten ein Haus, das wie angegossen zu uns passt«, sagt David. »Als wir es mit Tonmodellen entwarfen, drängte uns unser Architekt die ganze Zeit, kleiner und noch kleiner zu denken. Einige seiner Ideen waren verblüffend, das Schlafloft über der Küche, die Schubladen in der Treppe, die Nischen und Alkoven, das sind alles seine Ideen.«

Mit ihrem Haus setzt das Paar den Maßstab für kleinere, gut gestaltete Häuser. Katie und Tom Cruise probierten es kürzlich sechs Monate lang in einer Jurte, fanden aber die Wintermonate dann doch zu hart. Schließlich zog es sie wieder in ihr Strohballenhaus mit drei Schlafzimmern. Hitparadenstar Letitia Lloyd experimentiert in Essex mit Erdschiffen, und Charlotte Churchs Rundhaus in Wales ist ein Paradebeispiel für eine äußerst individuell gestaltete Hanfkonstruktion.

Zurück in ihrem »Liebesnest«, wie Victoria und David ihr Haus nennen, sitzt David auf der Lehmbank, bei de-

In dieser Nische im Haus der Beckhams stehen Davids Gartenbaubücher.

ren Bau er mitgeholfen hat. »Schauen Sie sich das an«, sagt er, »es ist so plastisch. Ich liebe es, nach einem harten Tag im Garten auf dieser Bank zu sitzen. Meine Gartenbücher stehen hier in der Nische, und wenn wir im Ofen Feuer machen, strömt die Luft hindurch und wärmt die Bank. Was bleibt da noch zu wünschen übrig?« Victoria und David Beckham sitzen mit einer Schüssel frischem Mischsalat aus ihrem Garten auf ihrer Bank. »Wenn ich alte Fotos von vor 20 Jahren betrachte«, sinniert David, »muss ich mich nach all dem, was zwischenzeitlich geschehen ist, fragen: ›Was haben wir uns nur dabei gedacht?‹«

Mit regionaltypischen Techniken bearbeitete traditionelle Baustoffe sind im Allgemeinen den lokalen Bedingungen angemessen, da sie zum größten Teil auf verfügbare Ressourcen zurückgreifen. … Ihre Verwendung hat auch wichtige wirtschaftliche Auswirkungen, da sie mit einem Minimum an Transportkosten befördert werden, häufig von Hand gemacht sind und einen relativ geringen Energieeinsatz durch den Verbrauch von Treibstoffen erfordern. Regionaltypische Architektur ist daher ökologisch behutsam und, sofern die regionalen Ressourcen sorgfältig gepflegt werden, wie seit jeher wirtschaftlich und ökologisch nachhaltig.

Paul Oliver, *Dwellings: the Vernacular House World Wide*, London 2003

Energiewende-Instrumentarium 6:
Peak Oil und Energiewende als Unterrichtsgegenstand

Wie lassen sich der Jugend die Zusammenhänge von Peak Oil und Energiewende am besten vermitteln? Im Folgenden finden Sie ein Unterrichtsprojekt, das mit Schülern am King Edward VI Community College in Totnes im Rahmen der »Energiewendegeschichten« veranstaltet wurde.

Erste Unterrichtsstunde: Welche Bedeutung hat das knapper werdende Erdöl?
Ziehen Sie aus einer großen Tasche verschiedene unter Einsatz von Erdöl hergestellte Gebrauchsgegenstände des täglichen Lebens –

Sportschuhe, Haargel, Fahrradschlauch, Plastiklöffel usw. – und fragen Sie die Schülerinnen und Schüler, welchen Bestandteil diese Dinge gemeinsam haben. Sammeln Sie die Wortmeldungen, während Sie die Tasche auspacken. Wenn die richtige Antwort kommt – oder auch, wenn diese ausbleibt –, holen Sie einen Liter Öl hervor und erzählen Sie etwas über die Bedeutung des Erdöls. Erläutern Sie, dass ein paar Esslöffel dieser Substanz mehr

Energie enthalten, als die Schüler an einem Tag mit ihrer Körperkraft produzieren könnten, und dass 50 Menschen auf Fahrradgeneratoren rund um die Uhr in die Pedale treten müssten, um den durchschnittlichen Energie-Tagesverbrauch eines US-Bürgers zu erzeugen. Anschließend sollen die Jugendlichen in 5er-Gruppen an getrennten Tischen unterschiedliche Aufgaben lösen, wobei sie alle 15 Minuten den Tisch wechseln.

Tisch 1: Die Reise
Es geht um die Fragen: Woher kommt das Erdöl? Was bedeutet das Überschreiten des Fördermaximums? Wie ist es um die Vorräte bestellt, von denen wir abhängig sind? Für diese Übung brauchen Sie einen Computer mit Internetanschluss, um auf David Strahans Karte zur Erschöpfung der Erdölvorräte zuzugreifen (http://www.davidstrahan.com/map.html). Schreiben Sie zuvor die englischen Begriffe und Mengenkürzel mit Übersetzung an die Tafel. Die Gruppe erhält fünf oder sechs Fragen der Art: Finnland, Schweden und Grönland exportieren kein Öl: Warum nicht? Welches Land förderte 2005 mehr Öl: China, Indien oder Saudi-Arabien? Wann erreichte Deutschland sein Fördermaximum? usw. Diese und ähnliche Fragen kann man beantworten, wenn man mit dem Mauszeiger über die Karte fährt, zoomt und die sich öffnenden Infokärtchen abliest.

Tisch 2: Krieg und Öl
Diese Gruppe soll über die Frage diskutieren: »Was war der Grund für den Irakkrieg?«

Als Hilfestellung legt man Kärtchen mit Stichworten wie »Massenvernichtungswaffen«, »Öl«, »Demokratie« usw. auf dem Tisch. Die Gruppe soll die Stichworte in die ihrer Meinung nach richtige Rangfolge bringen.

Tisch 3: Wozu Öl gebraucht wird

Auf dem Tisch liegen die unter Einsatz von Erdöl hergestellten Gebrauchsgegenstände. Die Jugendlichen haben die Aufgabe, innerhalb der nächsten zehn Minuten Gegenstände im Klassenraum (oder bei ihnen zu Hause) zu benennen, die nicht unter Einsatz von Erdöl hergestellt wurden.

Tisch 4: Wie wurde Öl in unserer Stadt benutzt?

Auf dem Tisch liegen Textmarker und ein Stapel Kopien mit Artikeln und Werbung aus den örtlichen Tageszeitungen; die Artikel stammen aus den 30er und 40er Jahren (diese kann man sich in der Bibliothek besorgen) und haben im weitesten Sinne mit dem Thema Öl zu tun. Die Jugendlichen sollen nun die Kopien durchsehen und alles markieren, was mit Öl zu tun hat. Sie sollen herausarbeiten, wie man vor dem Zweiten Weltkrieg mit Öl umging und während der Kriegsjahre, als die Notwendigkeit bestand, Öl zu sparen.

Tisch 5: Leben jenseits des Öls

Auf einer Karte auf dem Tisch steht: »Es liegt an uns, ob wir das Leben nach dem Ölzeitalter als Bürde oder Chance begreifen, ob wir die Befreiung von unserer Ölabhängigkeit als ein Unglück oder als eine Herausforderung betrachten, etwas Besseres aufzubauen.« Die Schüler sollen sich Antworten auf die Fragen überlegen: »Auf was würdest du dich freuen?« – »Was würdest du vermissen?«

Zweite Unterrichtsstunde: Energiewendegeschichten

Die nächste Unterrichtseinheit wendet sich dem Geschichtenerzählen zu und beginnt mit einigen Übungen, um den kreativen Ausdruck und die Vorstellungskraft der Schülerinnen und Schüler anzuregen.[16]

1. Kreisender Stock

Die Jugendlichen bilden 5er-Gruppen, jede Gruppe erhält einen Stock. Wer den Stock bekommt, hat eine Minute Zeit, um spontan etwas über den Stock zu erzählen (man darf nicht zögern, nicht vom Thema abschweifen, nichts wiederholen). Nach einer Minute ist der Nachbar dran. Zunächst konzentriert sich die Geschichte auf den konkreten Stock, aber allmählich nimmt sie erstaunliche Wendungen an!

2. Erzähl die dickste Lüge!

Als Nächstes müssen sich die Schülerinnen und Schüler irgendeinen Gegenstand im Klassenzimmer suchen und über diesen und seine Verwendung Lügengeschichten erzählen. Die Geschichten können hanebüchen, lächerlich, banal und absurd sein.

3. Was tust du?

Die Schüler sollen Paare bilden, wobei einer eine Tätigkeit nachahmt, die der andere erraten soll. Der Spielende antwortet darauf mit einer völlig anderen Tätigkeit, die der Fragesteller dann nachahmen muss. So geht es eine Weile hin und her.

4. »In Rom gab es eine Straße…«

Dieses Spiel ist wie das alte »Ich ging auf den Markt und kaufte…«, bei dem eine Person mit dem beginnt, was sie auf dem Markt gekauft hat, die nächste den Gegenstand wiederholt und einen weiteren hinzufügt usw., sodass die Liste immer länger wird. Anstelle von Gegenständen sollen hier jedoch Beobachtungen und Beschreibungen aufgereiht werden, sodass statt einer Aufzählung die bildliche Beschreibung einer Szene vor Augen tritt.

5. Die schwarze Schachtel

In Paaren sollen sich die Schüler eine schwarze Schachtel zwischen ihnen vorstellen, aus der jeder von ihnen etwas herauszieht. Sie werden gebeten, sich keine genaue Vorstellung davon zu machen und an nichts Bestimmtes zu denken, sondern sich selbst überraschen zu lassen, was dabei zum »Vorschein« kommt. In einem zweiten Schritt stellt das jeweilige Gegenüber Fragen zu dem Gegenstand, worauf der andere die fantasievollsten Antworten geben kann, sodass sie gemeinsam eine Geschichte über den Gegenstand erfinden.

6. TV-Nachrichten des Jahres 2030

Zu 5er-Gruppen aufgeteilt, sollen die Jugendlichen sich Folgendes ausdenken: TV-Nachrichten im Jahr 2030 aus ihrer Stadt, in der

bereits die Energiewende vollzogen ist; dazu Meldungen, Interviews, die Wettervorhersage und was ihnen sonst noch einfällt. Hier zeigt sich, wie gut die Schülerinnen und Schüler in den beiden vorangegangenen Übungen mitgearbeitet haben. Halten Sie die Präsentationen auf Video fest (ein Camcorder hebt die Konzentration erheblich) und schneiden Sie das Material zu einer kurzen Nachrichtensendung zusammen (denken Sie daran, dass Sie das schriftliche Einverständnis der Eltern brauchen, wenn Sie das Videomaterial weiterverwenden möchten).

Während unseres Unterrichtsprojekts in Totnes ersann eine Gruppe einen Beitrag im Stil eines TV-Automagazins über die jüngste Transportsensation der Stadt: auf den Rücken eines Freundes zu springen und sich von ihm huckepack tragen zu lassen. Eine andere Gruppe machte die Wettervorhersage: »Es wird bewölkt und windig. Wenn Sie Sonnenkollektoren haben, Pech gehabt, dann müssen Sie mit Ihrer Wäsche bis morgen warten. Mit einem Windrad wird es für Sie dagegen ein wunderbarer Tag.« Eine Mädchengruppe staffierte sich mit Kleidern und Spitzensonnenschirmen der Belle Époque aus und erklärte, unter den Schirmen keine Sonnencreme mehr zu brauchen.[17]

Oxford Times 15. März 2011

URIN EXTRA!

»Lieber praktisch als zimperlich!«

Von Paul Haig

Oxfordbesucher werden dieses Jahr vielleicht eine Veränderung gegenüber ihrem letzten Besuch bemerken – zumindest wenn sie aufs stille Örtchen gehen! Die öffentlichen Toiletten der Stadt und mehrerer Hotels trennen den Urin vom »großen Geschäft«. Die Toilettenschüsseln selbst sehen nicht viel anders aus als früher, die Urinale sind tatsächlich nahezu identisch. Erst was nach der Benutzung geschieht, dürfte die Neugier wecken.

Die neuen sanitären Anlagen sind das Werk einer neuen Oxforder Initiative namens N•Pee•K. Aber warum sollte jemand die flüssige Notdurft der Stadt sammeln? Die Direktorin von N•Pee•K, Imelda Platt, erklärt: »Da die Gasvorkommen der Nordsee nahezu erschöpft sind, ist die Stickstoffdüngerproduktion hart getroffen. Stickstoff spielt eine entscheidende Rolle für unsere Landwirtschaft und wird langsam unbezahlbar. Durchschnittlich produziert jeder Mensch in seinem Urin so viel Stickstoff, wie die Landwirtschaft zur Kultivierung seiner Nahrungsmittel braucht. Wir haben beschlossen, nicht mehr zimperlich zu sein und es praktisch anzugehen.«

Bei den beteiligten Unternehmen und Institutionen wurden diskret hinter den Gebäuden versiegelte Tanks ähnlich den alten Öltanks installiert, an die sich einige noch erinnern werden. Alle zwei Wochen wird der

Imelda Platt zeigt das »flüssige Gold« ihres Unternehmens, das in den Kneipen und Hotels von Oxford »geerntet« wird. N•Pee•K ist dadurch 2010 zum wachstumsstärksten Unternehmen der Stadt geworden.

Tank geleert, der Inhalt verdünnt und an die lokalen Landwirte verkauft. Platt nennt ihr Produkt »flüssiges Gold«. »Als ich vor fünf Jahren unsere heutigen Partner ansprach und anfragte, ob ich den Urin kaufen könne, hielten sie mich für verrückt«, sagt sie. »Wir haben die Installation der Toiletten bezahlt, es war eine Investition, die sich innerhalb von sechs Monaten amortisiert hat. Das ist ein Geschäft mit Zukunft«, fügt sie hinzu. »Wir zielen auf weitere Expansion ab. Anders als bei Erdgas besteht keine Gefahr, dass der Rohstoff einmal versiegt!«[18]

Kapitel 9

Kinsale: Erster Versuch einer Vision auf kommunaler Ebene

Ein Energiesparprogramm für Kinsale

Kinsale ist eine Kleinstadt in der südwestirischen Grafschaft Cork, 40 Kilometer von der Stadt Cork entfernt. Kinsale hat 2300 Einwohner und ist ein beliebtes Ziel für Touristen aus aller Welt, die zum Angeln, Segeln und Golfen, aber auch wegen der guten Restaurants kommen, für die der Ort bekannt ist. Im September 2000 trat ich eine Stelle an der Fachhochschule der Stadt an, die damals vor allem in den Fachbereichen Kunst, Dramaturgie und Multimedia einen guten Ruf genoss. Ich leitete einen Permakultur-Kurs, der sich innerhalb kurzer Zeit vom einfachen Gestaltungskurs zu einem zweijährigen Vollstudiengang entwickelte mit Seminaren in Permakultur-Gestaltung, ökologischem Landbau, Bauen mit Naturstoffen, nachhaltiger Forstwirtschaft, Konfliktlösung, Organisationsarbeit, Unternehmensgründung, Ernährrungskunde und Feldökologie. Es ist einer der weltweit ersten Studiengänge dieser Art und erfreut sich bis heute großer Beliebtheit.[1]

Der Campus der Hochschule hat sich im Laufe einiger Jahre von einem relativ eintönigen Rasenareal zu einer abwechslungsreichen Permakultur-Landschaft gewandelt, mit Niederwaldhain, Strohballenhaus, Frühbeet, Gemüse- und Waldgarten sowie einem kleinen Teich. Das Highlight ist ein Amphitheater, das die Studenten aus Baumaterialien der Region (Naturstamm und Lehm) errichtet haben.

Im September 2004 sahen sich meine Studenten zu Beginn des Studienjahres den Film *The End of Suburbia* an (den ich bei dieser Gelegenheit auch zum ersten Mal sah), anschließend hielt Colin Campbell von der ASPO (Association for the Study of Peak Oil) einen Vortrag zum Thema. Die Wir-

kung dieses »Doppelschlags« war enorm: Alle Anwesenden – ich eingeschlossen – wiesen Symptome einer »Post-Erdöl-Belastungsstörung« auf. Als ich wieder klar denken konnte, nahm die Idee eines Projekts für meine Permakultur-Studenten im zweiten Studienjahr Gestalt in meinem Kopf an: Ich wollte – unter der Prämisse, dass Campbells Zukunftsprognosen sich bewahrheiten würden – gemeinsam mit ihnen herausfinden, wie sich in einer Kleinstadt wie Kinsale der Übergang zu einem energiebewussteren Leben planen und bewerkstelligen ließ.

Als Erstes machte ich mich auf die Suche nach existierenden Modellen, an denen wir uns mit einem solchen Projektvorhaben hätten orientieren können. Doch erstaunlicherweise fanden wir, obwohl wir das Internet eifrig durchforsteten, keine einzige Stadt oder Kommune, die so etwas wie ein Energiekonzept für die Zeit nach dem Ölfördermaximum vorzuweisen hatte. Hilfreiche Anregungen fanden wir jedoch in den Büchern *Natural Step for Communities* von Sarah James und Torbjörn Lahti, *Powerdown* von Richard Heinberg und *Permakultur* von Bill Mollison und Dave Holmgren sowie beim Post Carbon Institute.[2]

2005 wurde das in Cordwood-Bauweise errichtete Amphitheater für die erste Vorstellung fertiggestellt.

Heinberg geht in seinem Buch der Frage nach, welche Optionen die Menschheit nach dem Ende des Ölzeitalters hat. Wünschenswert wäre nach seiner Einschätzung eine Mischung aus »Power-down« (drastische Senkung des Energieverbrauchs durch staatlich gelenkte Schrumpfung und Relokalisierung der Wirtschaft) und dem »Bau von Rettungsinseln« (kommunale Autarkie durch die Schaffung lokaler Infrastrukturen). Auch wenn das Buch kaum praktische Anleitung zur Verwirklichung dieser Ziele gibt, bleibt es ein bahnbrechendes Werk, weil es unsere Möglichkeiten für die Zukunft scharfsichtig analysiert und die Notwendigkeit des Umdenkens ins öffentliche Bewusstsein gerückt hat.

Im Rahmen der Aufgabenstellung unseres Projekts schlossen sich meine Studenten in Zweiergruppen zusammen und wählten jeweils ein Thema. Dann stellten sie eine Liste wichtiger Personen der Stadt zusammen und bekamen von mir einen Lektürekatalog und eine Liste nützlicher Websites. Die ausgewählten Personen luden wir zu Vorträgen ein, und wir besuchten Permakultur-Gärten, Ökobauernhöfe und »grüne Gebäude«, um aus den Erfahrungen derjenigen, die sich in der Region seit Jahren praktisch mit solchen Themen beschäftigen, zu lernen.

Anfang Februar 2005 organisierten wir im Bürgermeisteramt von Kinsale eine Veranstaltung unter dem Motto »Kinsale 2021: Gemeinsam in eine blühende und nachhaltige Zukunft«. Gedacht war die Veranstaltung als eine Art »Denkfabrik«: Hier sollten die Bürger der Stadt Gelegenheit erhalten, sich dazu zu äußern, welche Auswirkungen ihrer Meinung nach ein Energiesparplan für die Kommune hätte und was jeder selbst dazu beitragen könnte. Persönlich eingeladen wurden alle, die in der Stadt Rang und Namen hatten. Im Übrigen wurde in der ganzen Stadt mit Plakaten für die Veranstaltung geworben, und wir hofften auf möglichst viele Besucher. Von den 60 geladenen Gästen kamen etwa 40, und Bürgermeister Charles Henderson hielt eine Eröffnungsrede über die Be-

deutung der Energie für alle Aspekte des Lebens und der Wirtschaft. Dann wurde der Film *The End of Suburbia* gezeigt.

Anschließend erklärten wir das Konzept der Open-Space-Technik zur Strukturierung offener Besprechungen und Konferenzen mit großer Teilnehmerzahl.[3] Die Anwesenden wurden aufgefordert, Probleme und Fragen zu benennen, die der Film für sie aufgeworfen hatte. Diese wurden auf großen Papierbögen notiert, die, nach Themenfeldern sortiert, an die Wand geheftet wurden. Zu den einzelnen Themenfeldern – Ernährung, kommunale Neugestaltung, Jugend/Bildung und Erziehung, Wirtschaft & Technik, Tourismus, erneuerbare Energien – bildeten sich Diskussions- und Arbeitsgruppen, die ihre Ergebnisse am Ende dem Plenum vorstellten.

Die Fragen und Anregungen aus den Arbeitsgruppen wurden von meinen Studenten den Themenfeldern nach gesammelt und ausgewertet. Auf dieser Basis und nach intensiver weiterführender Lektüre und Internetrecherche entstand schließlich der erste Energiewende-Aktionsplan für Kinsale.[4]

Jedes Themenfeld des Plans beginnt mit einer kurzen Darstellung der Situation, wie sie sich im Jahr 2005 präsentierte. Auf den Zustandsbericht folgt die Vision, die beschreibt, wie Kinsale aussehen könnte, wenn alle Empfehlungen des Plans umgesetzt würden. Daran schließt sich eine Liste mit Vorschlägen und Empfehlungen in chronologischer Reihenfolge an. Diese sollen zwar ehrgeizig, aber – mit viel Engagement und Unterstützung – auch realisierbar sein. Zu jedem Themenfeld gibt es eine Liste weiterführender Informationsquellen (Filme, Bücher, Internetadressen). Ich redigierte den Aktionsplan, gestaltete das Layout und ließ rechtzeitig zu der Konferenz, die unter dem Motto »Antrieb für die Zukunft« im Juni 2005 in Kinsale stattfinden sollte, 500 Exemplare drucken. Als Teilnehmer der Konferenz hatten sich Richard Heinberg, David Holmgren und Colin Campbell angesagt.[5] Es war eine denkwürdige Veranstaltung, auf der zwei Tage lang über die Möglichkeiten einer Energiewende auf kommunaler Ebene diskutiert wurde und die insgesamt auf große Resonanz stieß.[6]

Damals ahnten wir nicht, welche Wellen unser Projekt schlagen sollte. Der Energiewende-Aktionsplan für Kinsale wurde auf der Konferenz nicht offiziell vorgestellt, sondern nur auf einem Tisch im hinteren Teil des Veranstaltungszeltes für die Teilnehmer ausgelegt. Er fand auch in der lokalen Presse monatelang keine Erwähnung. Die gedruckten Exemplare des Aktionsplans verkauften sich jedoch so gut, dass er schon nach kurzer Zeit nur noch auf meiner Website verfügbar war. Seither wurde er zigtausendmal heruntergeladen und dient ähnlichen Initiativen in aller Welt als Anregung.

Vier Lektionen aus dem Kinsale-Projekt

In den Monaten nach der Fertigstellung des Energiewende-Aktionsplans für Kinsale wurde immer deutlicher, dass wir an ein wichtiges und zukunftsträchtiges Thema gerührt hatten. Menschen aus aller Welt nahmen Kontakt mit uns auf, um uns zu sagen, dass unser Projekt genau das sei, worauf sie gewartet hatten. Ich fing an, mir Gedanken darüber zu machen, welche Lehren sich aus unserem Projekt ziehen ließen, um anderswo ähnliche Prozesse in Gang zu setzen und eine Kultur der Energiewende einzuleiten. Die gewonnenen Einsichten wurden zu einer wichtigen Basis für die Arbeit innerhalb des sich herausbildenden Energiewende-Netzwerks.

Lektion 1: Keine Fronten aufbauen

Wir hätten leicht den Fehler vieler Umweltinitiativen machen und eine Kluft zwischen »uns und den anderen« schaffen können. Wir hätten den Stadtrat von Kinsale als Buhmann hinstellen können, weil er bislang jede Reaktion auf das Peak-Oil-Problem schuldig geblieben war und überhaupt von »grüner« Politik in der Stadt keine Rede sein konnte. Wir hätten auch die Geschäftswelt von Kinsale wegen ihres mangelnden Umweltbewusstseins anprangern können. Stattdessen waren wir darauf bedacht, Politik und Wirtschaft als Partner mit ins Boot zu nehmen.

Wir luden Politiker und Geschäftsleute zu unserer Open-Space-Veranstaltung »Kinsale 2021« und zu der nachfolgenden Konferenz »Antrieb für die Zukunft« ein. Und wir fragten sie nach ihrer Meinung. Wir wollten kein exklusiver Zirkel sein, sondern Menschen aus möglichst vielen Bereichen der Gesellschaft in unser Projekt einbeziehen. Das Nachhaltigkeitsseminar, das ich an der Fachhochschule gab, hatte von Anfang an großen Zulauf, auch von jungen Leuten aus Kinsale, die anderen in der Stadt von dem Konzept erzählten.

Je länger ich in der Bewegung gearbeitet und je mehr Leute ich kennengelernt habe, die maßgebliche Positionen in Politik und Wirtschaft innehaben, umso deutlicher ist mir geworden, dass sie Menschen sind wie du und ich, Familienväter und -mütter, die der Entwicklung genauso ratlos gegenüberstehen wie jeder andere auch.

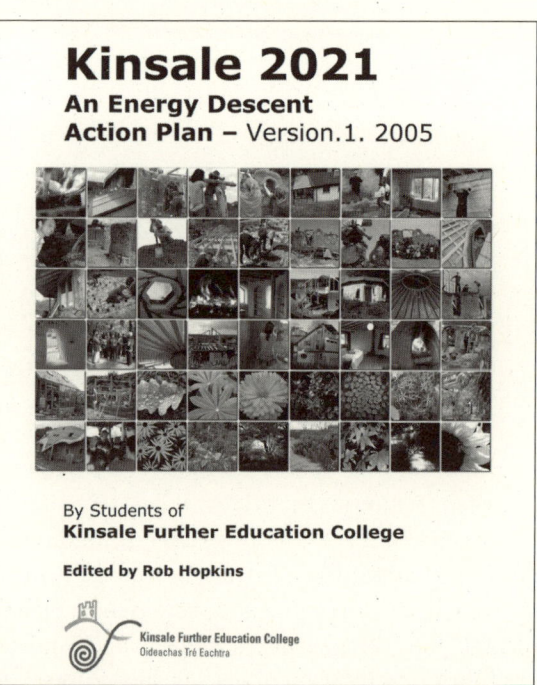

FUELLING ᴛʜᴇ FUTURE

THE CHALLENGE AND OPPORTUNITY OF PEAK OIL
a 2-day conference on community responses
to the coming energy crisis

Kinsale, Co. Cork • June 18th - 19th 2005
Building Community • Creating Abundance • Re-defining Growth
www.fuellingthefuture.org

Speakers include: **Dr.Colin Campbell** (Association for the Study of Peak Oil), **Richard Heinberg** (author
of 'The Party's Over' and 'Powerdown'), **David Holmgren** (co-founder of the permaculture movement),
Rob Hopkins (permaculture teacher and natural builder), **Richard Douthwaite** (FEASTA), **Jim O'Connor**
(planorganic.com), **Eamonn Ryan TD** and others.

Supported by: The Hollies Centre for Practical Sustainability, Walnut Books, County Cork VEC
To find out more either phone 087 6359662 • Email – info@fuellingthefuture.org Prior Booking Essential
Or write to: The Hollies Centre for Practical Sustainability, Castletown, Enniskeane, Co. Cork, Ireland.

**Lektion 2: Die Leute müssen merken,
dass sich etwas tut**

Unser Nachhaltigkeitsseminar genoss von Anfang
an den Ruf, dass dort ungewöhnliche und aufregende Dinge passierten – was vielen Leuten in
der Stadt gefiel. Die Bauprojekte, die wir auf dem
Campus verwirklichten, wurden mit großem Interesse verfolgt. Oft gingen die Studenten, nachdem
sie den Vormittag über mit Lehm gemauert und
verputzt hatten, so, wie sie waren, zum Mittagessen in die Stadt, was ihnen bei den Einheimischen den liebevollen Spitznamen »Matschmen-
schen« eintrug. Einmal im Jahr veranstalteten wir
einen Tag der offenen Tür, an dem die Besucher
den Campus besichtigen konnten und mit Pizza
aus dem selbstgebauten Lehmofen und Salat aus
unserem Frühbeet beköstigt wurden.

Das im Mai 2005 fertiggestellte Amphitheater
auf dem Campus tat ein Übriges, um die Uni ins
Gespräch zu bringen. Als unsere Schauspielstu-
denten hier »Die lustigen Weiber von Windsor«
aufführten, schwärmten viele Besucher anschließend von der »magischen Atmosphäre« des Thea-
ters. Die innovativen Ideen, die von der Fachhochschule ausgingen, und die interessanten Projekte,
die hier verwirklicht wurden, trugen viel dazu bei,
dass der Aktionsplan in der Stadt so wohlwollend
aufgenommen wurde. Auch Veranstaltungen mit
namhaften Gästen, wie die Konferenz »Antrieb für
die Zukunft«, vermittelten das Gefühl, dass sich
etwas tut in Kinsale.

Man kann auch mit gemeinnützigen Aktionen
auf sein Anliegen aufmerksam machen, und das
weit effektiver als mit Vorträgen über die bevorstehende Ölverknappung. So säuberten unsere Studenten ein nahe gelegenes Erholungsgebiet von
Schmutz und Unrat, worüber in der Lokalpresse
berichtet wurde; andere planten und gestalteten
einen Permakultur-Garten für ein Gästehaus in
Kinsale. Ein anderes schönes Beispiel ist das City
Repair Project, eine Bürgerinitiative in Portland,
Oregon, die alljährlich im Mai eine Aktionswoche
namens »Village Building Convergence« veranstaltet, bei der Künstler, Bauleute, Aktivisten und
Normalbürger gemeinsam ihr Wohnviertel nach
dörflichen Prinzipien gestalten und Stätten der
Begegnung und Kommunikation schaffen. Das
fördert das Gefühl, dass sich etwas tut, dass etwas
Neues und Positives entsteht.[7]

Dieses Gefühl müssen wir vermitteln, damit
der Funke überspringt und der Energiewende-

*Premiere von »Die lustigen Weiber von Windsor« im
Cordwood-Amphitheater*

prozess in Gang kommt und Tempo aufnimmt.
Je stärker das Gefühl ist, dass etwas Wichtiges,
Positives und Dynamisches geschieht, umso geringer werden die Reibungen und Widerstände
sein, mit denen die Bewegung zu kämpfen hat.

Lektion 3: Visionen einer reichen Zukunft entwerfen

Eine Gemeinde muss sich eine Vorstellung davon
machen können, wie das Leben in Zukunft aussehen könnte, damit sie in der Lage ist, aktiv und
fantasievoll auf die Probleme der Ölverknappung
zu reagieren. Dabei bewegen wir uns vom Peak-
Oil-Problem und der Frage nach Wahrscheinlichkeiten (wie wahrscheinlich sind Katastrophen-
szenarien, hatten wir das Ölfördermaximum schon
im Jahr 2006 usw.) zu den Chancen, die sich uns
bieten. Der Übergang ist fließend, aber erhellend.
Unsere erste Open-Space-Veranstaltung in Kinsale
gab den Leuten Gelegenheit zu träumen. Es war
eindrucksvoll zu erleben, wie die Leute mit dem
Bild einer verheißungsvollen Zukunft und dem
Gefühl nach Hause gingen, Menschen begegnet
zu sein, mit denen gemeinsam sich an einer
solchen Zukunft bauen ließ.

Es ist wichtig, dass die Menschen sehen können, wohin die Reise führt, und dass ihnen das,
was sie sehen, gefällt. Wenn wir ihnen Katastrophen und gesellschaftlichen Zusammenbruch als
Bild der Zukunft vor Augen führen, welchen Anreiz hätten sie dann noch, etwas zu tun? Das heißt
nicht, dass man die Probleme nicht beim Namen
nennen und ins Bewusstsein rufen darf, aber es
ist illusorisch, die Menschen mit schlechten Nachrichten zu konfrontieren und dann zu erwarten,
dass sie mit mutigem Entschluss und Einfallsreichtum reagieren.

Lektion 4: Flexible Planung

Der australische Permakultur-Lehrer Dave Clark
erzählte mir von seinen Erfahrungen in mazedo-
nischen Flüchtlingslagern, in denen er nach den
Prinzipien der Permakultur arbeitete. In diesen

*Bei ihren Recherchen für den Energiesenkungs-Aktions-
plan für Kinsale besuchten Studenten einen örtlichen
Biobauernhof.*

Lagern, in denen Menschen auf engstem Raum
ohne jede Infrastruktur lebten, leistete er Erstaun-
liches: Er baute Strohballenhäuser, legte Gemüsegärten und kilometerlange Abflussrinnen an und
pflanzte unzählige Bäume. Eines blieb mir besonders im Gedächtnis haften: Er hatte dort auch mit
Ingenieuren zu tun, die ein Entwässerungssystem
planten, das seiner Meinung nach nicht funktionieren konnte. Da der Verantwortliche aber ein
»Fachmann« war, durfte das, was er tat, nicht in
Frage gestellt werden. Am Ende wurde infolge
seiner Unbelehrbarkeit viel Geld zum Fenster
hinausgeworfen. Bei seiner eigenen Arbeit geht
Dave Clark stets von der Prämisse aus, dass er sich
irren könnte. Dadurch, dass wir uns diesen Grundsatz für die Energiewendebewegung zu eigen
machten, waren wir in jeder Phase unserer Arbeit
offen für Verbesserungen und Veränderungen.

Genauso sollte es sich mit dem Energiewende-
Aktionsplan verhalten. Er sollte kein in Stein ge-
meißelter Kanon sein, sondern eine Ideensamm-
lung, die ständig überprüft und überarbeitet wird.
Ursprünglich war für Kinsale geplant, im Jahres-
abstand eine aktualisierte Fassung des Aktionsplans herauszubringen, die auch das schon Erreichte dokumentieren sollte. Ein solches Vorgehen hat sich als undurchführbar erwiesen, weil es

neben der Realisierung des Plans – um die es ja hauptsächlich geht – zu viel Arbeit wäre. Es gilt jedoch nach wie vor das Prinzip, dass wir einen Energiewende-Aktionsplan, sobald er fertig ist, im Rahmen einer eigens zu diesem Zweck organisierten Open-Space-Veranstaltung vorstellen und auf das Feedback der Gemeinde reagieren.

Diese Flexibilität bewirkt, dass der Aktionsplan mehr Gewicht hat, weil sie der Gemeinde das Gefühl vermittelt, in den Prozess einbezogen zu sein und etwas bewirken zu können.

Nachbetrachtung

Der Energiewende-Aktionsplan für Kinsale war ein Gemeinschaftsprodukt, zu dem die Studentinnen und Studenten mit ihren Entwürfen, die Bürger der Stadt mit ihren Ideen und Wünschen und unermüdliche Aufklärungsarbeit beigetragen haben. An dieser Stelle lohnt es sich zu überlegen, was wir hätten anders machen können und ob wir überhaupt etwas erreicht haben. Beginnen wir mit Ersterem.

Der Prozess war nicht wirklich optimal in die Gemeinde eingebettet – nicht in dem Maße zumindest, in dem es später die Energiewende-Initiativen in Totnes, Lewes, Stroud und anderswo waren. Er ging in erster Linie auf meine Initiative zurück, und auch das Konzept hatte ich selbst (mit der Unterstützung und den Anregungen einiger anderer) erarbeitet. Obwohl viele Studenten an dem Projekt beteiligt waren, hatte sich, als ich am Ende des Studienjahres nach Totnes ging, in Kinsale keine feste Gruppe formiert, die es hätte weiterführen können. Das ursprünglich für das Projekt verantwortliche Team setzte sich aus Studenten von außerhalb zusammen, und es fanden sich nicht genug Einheimische, die das Ruder hätten übernehmen können. Wahrscheinlich wäre das Projekt ganz in Vergessenheit geraten, wenn nicht die beiden ehemaligen Studentinnen Louise Rooney und Catherine Dunne sich entschlossen hätten, unsere Arbeit fortzuführen.

Daraus lernte ich, wie wichtig es ist, den Energiewendeprozess in der Gemeinde zu verankern und überdies so zu strukturieren, dass er nicht von einer einzigen Person abhängig ist. In unseren späteren Energiewende-Initiativen wurde dieser Aspekt viel stärker berücksichtigt. Dennoch war die Erarbeitung des Energiewende-Aktionsplans für Kinsale ein wichtiger Anfang.

Ungenügende Aufklärungsarbeit

Am besten wäre es gewesen, wenn die Studenten von einem frühen Zeitpunkt an in Schulen und Jugendclubs gegangen wären und Workshops veranstaltet hätten, um Kindern und Jugendlichen das Peak-Oil-Problem bewusst zu machen. Dazu fehlte uns in Kinsale die Zeit, weil wir anfangs selbst keine Ahnung hatten, wie der Prozess, den wir angestoßen hatten, weitergehen sollte und was die von uns anvisierte Energiewende in praktischer Hinsicht bedeuten würde. In Totnes veranstalten wir jetzt unter dem Motto »Wissensaufrüstung für Energieabrüstung« Kurse, in denen unsere Leute lernen, wie man solche Workshops leitet, durch die auch die Akzeptanz und Integration der Initiative in der Gemeinde gefördert wird. Das Problem in Kinsale war, dass ich als Nichteinheimischer nicht alle wichtigen Gruppen und Netzwerke kannte. Trainingskurse wie in Totnes

Foto: © Nicholas Harvey

Schüler und Eltern aus Kinsale bei der Arbeit im Gemeindegarten.

hätten dieses Problem vermutlich schnell aus der Welt geschafft.

Wie geht es in Kinsale weiter?

Ist Kinsale heute ein grünes Paradies voll Milch und Honig aus der Region und mit Menschen auf Liegerädern, so weit das Auge reicht? Nein. Wurde der Energiewende-Aktionsplan Schritt für Schritt umgesetzt? Nein. Doch unser Projekt hat eine vielversprechende Entwicklung in Gang gesetzt und war der Auslöser für eine Reihe von Aktivitäten. Anfangs führte Louise Rooney gemeinsam mit Catherine Dunne[8] die Arbeit unserer Gruppe weiter. Nach einiger Zeit gründete sich auf der Basis ihrer Arbeit ein Komitee, dem auch ein Mitglied des Stadtrates angehört. Die Aktiven treffen sich einmal pro Monat und veröffentlichen im Newsletter der Stadt regelmäßig aktuelle Nachrichten. Weitere Aktivitäten waren:

- Filmvorführungen und Vortragsabende sowie ein eintägiger Workshop mit Brian Weller aus Willits, einer kalifornischen Kleinstadt, die innovative Strategien zur Relokalisierung der Wirtschaft entwickelt hat;[9]

- Einwerbung eines Zuschusses für ein kommunales Gartenprojekt und Entwicklung eines Mustergartens für Permakultur in einer städtischen Wohnsiedlung;

- Aufbau einer Kompostierungsanlage in einer anderen Wohnsiedlung der Stadt;

- Organisation einer Benefizveranstaltung an der Fachhochschule mit Essen, Vorträgen, Filmvorführungen und Livemusik im Amphitheater, die über 1000 Euro zugunsten der Initiative einbrachte;

- Herausgabe einer an alle Haushalte der Stadt verteilten Informationsbroschüre über die Arbeit der Energiewende-Initiative sowie einer neu gestalteten Druckversion des Energiespar-Aktionsplans für Kinsale;

- Veranstaltung einer Reihe von Workshops an örtlichen Schulen, in deren Rahmen Gemüsegärten angelegt und Obststräucher gepflanzt wurden.

Es gibt heute fünf Arbeitsgruppen – Ernährung, Energie, Verkehr, Veranstaltungen und Abfallwirtschaft –, die sich regelmäßig treffen. Als ich Isabelle Sutton, Stadträtin und Mitglied des Komitees der Energiewende-Initiative Kinsale, fragte, ob der Energiewende-Aktionsplan einen Nutzen für die Stadt gehabt habe oder nicht, sagte sie: »Er war von großem Nutzen. Ohne ihn wären wir heute nicht da, wo wir sind. Wir orientieren uns bei jedem Schritt, den wir tun, an dem Plan.«

Dass die Energiewende-Initiative Kinsale noch nicht weiter vorangekommen ist, liegt vielleicht daran, dass man hier etliche der zwölf Schritte, die im Anfangsstadium der Energiewende notwendig sind, um den Prozess in Gang zu bringen (vgl. S. 148), ausgelassen hat. Es gab keine Phase der Bewusstseinsbildung, keinen offiziellen Startschuss, nur eine einzige Open-Space-Veranstaltung und keinen Versuch, die ältere Generation in die Arbeit einzubeziehen. Es wurden, im Rahmen des Permakultur-Seminars, ein paar sichtbare Zeichen gesetzt, die auch das Konzept der Wiederbelebung alter Kulturtechniken verdeutlichten. Doch sie blieben auf den Campus der Fachhochschule beschränkt. Darum musste die Energiewende-Initiative Kinsale noch einmal ganz von vorn anfangen, wobei der Aktionsplan nur als Leitlinie und nicht als konkrete Handlungsvorgabe dienen konnte.[10]

Das Projekt hat, wie wir gesehen haben, seine Wirkung stärker über Kinsale hinaus entfaltet als in der Stadt selbst.[11] Was hier erreicht wurde, war die Entstehung einer Idee und eines Modells – und vielleicht das Gefühl, dass eine erfolgversprechende Reaktion auf Peak Oil und Klimawandel, um mit Richard Heinberg zu sprechen, »nicht wie ein Protestmarsch daherkommt, sondern eher wie eine Party wirkt«.

Zusammenfassung

Bei einer Open-Space-Veranstaltung in Totnes Ende 2006 sagte eine Frau zu mir: »Wenn ich daran denke, was die Energiewende-Initiative in Totnes leistet, bin ich so voller Hoffnung, dass ich weinen könnte.« Hoffnung ist eines der Gefühle, die wir in den schweren Zeiten, die vor uns liegen, dringend brauchen werden. Darum müssen wir sie, was Umweltbewegungen bisher oft versäumt haben, wecken und nach Kräften nähren. Ich habe davon gesprochen, dass manch einer, wenn er sich der Folgen der Ölverknappung bewusst wird, so etwas wie eine »Post-Erdöl-Belastungsstörung« entwickelt. Und ich habe davon gesprochen, wie wichtig positive Visionen einer Zukunft sind, in der wir sparsamer und vernünftiger mit den vorhandenen Ressourcen umgehen müssen, und ich habe gezeigt, dass Techniken wie das Geschichtenerzählen dazu dienen, solche Visionen zu entwerfen.

Es stößt zuweilen auf Kritik, wenn ich Erkenntnisse aus der Suchtbehandlung heranziehe oder über die Depressionen spreche, die bei manch einem durch die Beschäftigung mit Peak Oil und Klimawandel ausgelöst werden. Es wird als »Gefühlsduselei« abgetan, eines echten Aktivisten nicht würdig und seinen Zielen nicht zuträglich. Ich möchte dem widersprechen. Es ist kaum anzunehmen, dass jemand, der allein in einem dunklen Haus sitzt, wenn er einen Film wie *The End of Suburbia* oder *Eine unbequeme Wahrheit* zum ersten Mal sieht, von dieser Erfahrung unberührt bleibt. Wenn es für mich selbst so erschreckend war, mir die Folgen von Peak Oil und Klimawandel in ihrem ganzen Ausmaß bewusst zu machen, muss ich doch davon ausgehen, dass andere genauso reagieren. Wir finden es normal, wenn ein Mensch nach einem traumatischen Erlebnis psychologisch betreut wird. Ist es dann, angesichts der dramatischen Veränderungen, die auf uns und die ganze Gesellschaft zukommen, nicht nur folgerichtig, uns rechtzeitig Gedanken darüber zu machen, wie man die Menschen im Sinne einer prätraumatischen statt einer posttraumatischen Therapie durch einen solchen Veränderungsprozess hindurch begleiten kann? Ein solcher Ansatz kann die Energiewendebewegung nur stärken, und wenn wir Techniken wie das FRAMES-Modell auf unser Vorgehen übertragen, eröffnen wir uns völlig neue Wege, die Gemeinde in unsere Arbeit einzubeziehen.

Schließlich habe ich hier das Projekt an der Fachhochschule Kinsale vorgestellt, in dessen Rahmen 2005 erstmals der Versuch unternommen wurde, die Vision einer zukunftsfähigen Stadt zu entwickeln. Auch wenn zu diesem Zeitpunkt keiner der Beteiligten auch nur geahnt hat, was sich aus dem Gedanken einmal entwickeln würde, war das Projekt doch Anstoß und Ausgangspunkt der rasch wachsenden Energiewendebewegung. Manchmal kommt die richtige Idee zum richtigen Zeitpunkt, und beim Energiewende-Aktionsplan für Kinsale war genau das der Fall. Die Idee wurde weiterentwickelt, zog Kreise und gewann eine eigene Dynamik. Ihr zentraler Aspekt bleibt jedoch die Botschaft, die auch dem Aktionsplan für Kinsale zugrunde liegt: Der Wunsch nach Veränderung muss von einer Vision dessen, was wir erreichen wollen, getragen werden. In diesem Sinne haben wir dem Energiewende-Aktionsplan für Kinsale ein Zitat von Joel Barker vorangestellt: »Visionen ohne Taten sind nur Träume. Taten ohne Vision sind lediglich Zeitvertreib. Visionen mit Taten können die Welt verändern.«[12]

Dritter Teil

DIE HÄNDE

Von der Idee zur Umsetzung:
Das Energiewendemodell als Motor für die Entwicklung
zukunftsfähiger kommunaler Selbstversorgung

*»Es ist an der Zeit zu überlegen, was es für Großbritannien bedeuten würde, über einen Zeitraum von fünfzehn
bis zwanzig Jahren eine Post-Erdöl-Wirtschaft zu formen – weniger die ›Erdölunabhängigkeit‹ als vielmehr das Ende der Abhängigkeit
vom Erdöl zu proklamieren.«* David Miliband, britischer Außenminister seit 2007, davor Umweltminister[1]

»Für Innovationen braucht man eine gute Idee, Entschlusskraft und ein paar Freunde.« Herb Shepard[2]

*»Ideen sollen aus der Gemeinde kommen und aus ihr heraus entwickelt werden. Aufgabe der Kommunalverwaltungen ist es,
Hilfestellung zu leisten, zuzuhören, Ratschläge zu geben, Kontakte herzustellen, Gelder aufzutreiben und vor allem dafür zu sorgen,
dass Graswurzelprojekte nicht an bürokratischen Hürden scheitern.«*
Kommunalpolitiker mit Verbindungen zu den Energiewende-Initiativen

Es ist offenkundig, dass es angesichts der oben umrissenen massiven Veränderungen, die uns bevorstehen, nicht einmal annähernd ausreicht, die Glühbirnen im Haus auszutauschen und die Heizung ein paar Grad herunterzudrehen. Im dritten Teil, »Die Hände«, werden wir uns ansehen, wie wir uns mit Unterstützung der Gemeinde auf eine Post-Erdöl-Welt zubewegen können, die tatsächlich erstrebenswerter ist als die gegenwärtige Welt. Wir stehen an der Schwelle vieler Entwicklungen und eine davon ist eine beispiellose wirtschaftliche, kulturelle und soziale Renaissance. Das Modell, an dessen Entwurf ich beteiligt war, das Energiewendemodell, ist eine positive, lösungsorientierte Methode, Menschen einer Gemeinde zusammenzubringen und auf kommunaler Ebene nach Wegen zu suchen, um auf Klimawandel und Erdölverknappung angemessen zu reagieren. Als wir im September 2006 mit Transition Town Totnes das erste Energiewendeprojekt Großbritanniens auf den Weg brachten, haben wir im Scherz prognostiziert,

dass die Idee nun um sich greifen werde »wie ein Virus«. Heute, keine zwei Jahre danach, hat sich der Satz bewahrheitet.

Die Energiewendebewegung ist innerhalb kurzer Zeit weltweit zu einer der am schnellsten um sich greifenden Initiativen auf kommunaler Ebene geworden. In diesem Teil des Buches werde ich erstens zu definieren versuchen, was eine Energiewende-Initiative ist, und zweitens die zwölf Schritte vorstellen, die im Anfangsstadium der Energiewende notwendig sind, um den Prozess in Gang zu bringen. So sollte der Leser am Ende der Lektüre gerüstet sein, in seiner Heimatgemeinde einen solchen Prozess zu initiieren. Die zentrale Botschaft dieses Abschnitts lautet zum einen, dass wir als Einzelkämpfer nichts erreichen, und zum anderen, dass Klimawandel und Peak Oil unser Denken und unsere Entscheidungen mitbestimmen. Wir müssen größer denken, wir müssen mit anderen Menschen Hand in Hand arbeiten und wir müssen unsere Anstrengungen verdoppeln.

Gegenüber: Pflanzung eines Haselnussstrauchs an einem kommunalen Baumpflanztag in Totnes.
Foto: © Teresa Anderson

Das Konzept

Was genau ist eine »Energiewende-Initiative«? Ursprünglich haben wir, um unser Konzept zu beschreiben, den Begriff der »Energiewendestädte« benutzt, der aber inzwischen überholt ist angesichts der Tatsache, dass wir heute nicht nur von Städten, sondern von Landkreisen, dörflichen Gemeinden, Tälern und ganzen Inseln reden, die sich der Bewegung angeschlossen haben. Insofern erscheint uns Energiewende-Initiative als Oberbegriff am besten geeignet. Energiewende-Initiativen, wie sie sich heute in Kommunen in ganz Großbritannien und anderswo formieren, sind Zusammenschlüsse von Menschen, die in ihrer eigenen Gemeinde das Prinzip der Nachhaltigkeit zu verwirklichen trachten. Geboren aus der Idee des Energiewende-Aktionsplans im irischen Kinsale, sind sie, um Jeremy Leggett zu zitieren, »ein vergrößerbarer Mikrokosmos der Hoffnung«.

Die Idee der Energiewende-Initiativen gründet sich auf vier Schlüsselthesen:

1.) Wir werden zwangsläufig mit einem radikal gesenkten Energieverbrauch leben müssen, und es ist besser, sich darauf vorzubereiten, als sich kalt davon erwischen zu lassen.
2.) Unsere Dörfer und Kommunen sind gegenwärtig nicht resilient genug, um die schweren Energiekrisen zu überstehen, die auf die weltweite Erdölverknappung folgen werden.
3.) Wir müssen gemeinsam handeln, und wir müssen jetzt handeln.
4.) Indem wir gemeinsam mit unseren Mitbürgern die Energiewende in unserer Gemeinde kreativ und aktiv gestalten, können wir zu einer gemeinschaftsorientierten und bereichernden Lebensweise finden, die darüber hin-

aus die biologischen Grenzen unseres Planeten berücksichtigt.

Die Zukunft mit eingeschränktem Erdölverbrauch kann, wenn sie vernünftig bedacht und vorausgeplant wird, besser werden als die Gegenwart. Es gibt keinen Grund zu der Annahme, dass wir bei geringerem Energieverbrauch und größerer Nachhaltigkeit mit einer niedrigeren Lebensqualität als der gegenwärtigen rechnen müssen. Vielmehr hätte eine Zukunft mit wiederbelebter regionaler Wirtschaft gegenüber den heutigen Verhältnissen etliche Vorteile, nicht zuletzt eine zufriedenere

Konventioneller Umweltschutz	Energiewendekonzept
individuelle Verantwortung	Gruppenverantwortung
spezifisch	holistisch
Instrumente: Lobbyarbeit, Kampagnen, Protest	Instrumente: öffentliche Beteiligung, Ökopsychologie, künstlerische und kulturelle Bildung
Nachhaltigkeit	Resilienz / Relokalisierung
Angst, Schuldgefühle, Schock als Handlungsantrieb	Hoffnung, Optimismus und Initiative als Handlungsantrieb
Beeinflussung der nationalen und internationalen Politik durch Lobbyarbeit	Beeinflussung der nationalen und internationalen Politik durch basisdemokratische Prozesse
der Normalbürger als Problem	der Normalbürger als Lösung
flächendeckende Kampagnen	zielgerichtete Interventionen
handeln auf einer Ebene	handeln auf mehreren Ebenen
normativ – gibt Lösungen und Handlungsrichtlinien vor	Katalysatorfunktion – keine vorbestimmten Lösungen
CO_2-Bilanz	CO_2-Bilanz und Belastbarkeitsindikatoren
Überzeugung, dass wirtschaftliches Wachstum auch bei reduzierten CO_2-Emissionen möglich ist	Entwurf einer wirtschaftlichen Renaissance auf lokaler und regionaler Ebene

Schaubild 18. *Vergleich zwischen üblichen Umweltschutzbewegungen und Energiewende-Initiativen.*

und weniger von Zwängen getriebene Bevölkerung, eine gesündere Umwelt und größere Stabilität.

Ein Bewusstsein dafür beginnt sich zumindest in Australien sogar auf Regierungsebene herauszubilden. Andrew McNamara, Minister für Nachhaltigkeit, Klimawandel und Innovation im Bundesstaat Queensland, hat kürzlich erklärt:

»Es steht außer Frage, dass von der Kommune ausgehende regionale Lösungen von grundlegender Bedeutung sein werden. Hier wird es Aufgabe der Regierung sein, die Bildung kommunaler Netzwerke anzuregen und zu fördern, die bei der regionalen Versorgung mit Nahrungsmitteln, Treibstoff, Wasser, Arbeitsplätzen und Gütern, die wir im Laden kaufen, eine wichtige Rolle spielen. Unsere Lebensweise wird sich in einer Art verändern, die Assoziationen nicht mit dem letzten, sondern mit dem vorletzten Jahrhundert weckt. Und das ist keinesfalls schlecht. Eine der billigeren, dafür aber ausgesprochen effektiven Lösungen ist die Förderung regionaler Produkte für den regionalen Konsum und den regionalen Vertrieb, was den positiven Nebeneffekt hätte, dass sich die Menschen einer Gemeinde untereinander besser kennenlernen. Lokale und regionale Netzwerke, deren Entstehung und Ausbreitung ich mit Freude entgegensehe, sind für den Einzelnen und für die Gemeinschaft von großem Nutzen.«[3]

Wie man die Idee in die Praxis umsetzt, wird sich von Fall zu Fall entscheiden: Die Energiewende-Initiativen wollen daher keine fertigen Lösungen vorschreiben; sie wollen vielmehr als eine Art Katalysator den Prozess anregen und die Gemeinden ermutigen, ihre eigenen Wege zu finden und zu gehen.

Sie lenken den kollektiven Blick auf die praktischen Möglichkeiten und Voraussetzungen der Energiewende, die, wie wir im ersten Teil gesehen haben, von Experten zunehmend als zwangsläufige Folge des Ölfördermaximums und des Klimawandels angesehen wird. Ziel der Energiewende-

Permakultur ist ein auf ökologischen Prinzipien fußendes Gestaltungsprinzip, das den systematischen Rahmen für die Einführung einer dauerhaften oder nachhaltigen Kultur bildet. Es ... vereinigt die unterschiedlichen Fertigkeiten und Lebensweisen, die wir wiederentdecken und uns wieder aneignen müssen, damit wir uns von abhängigen Konsumenten zu verantwortlichen Produzenten entwickeln.

In diesem Sinne ist Permakultur nicht die Landschaft und auch nicht der ökologische Gartenbau, die nachhaltige Landwirtschaft, die energieeffiziente Bauweise oder das Ökodorfprojekt an sich, sondern sie dient als Entwurfsprinzip, auf dessen Grundlage alle diese von Einzelnen, Familien oder Gemeinden unternommenen Bemühungen um eine nachhaltige Zukunft untermauert, organisiert und weitergeführt werden können.

David Holmgren, *Permaculture: Principles and Pathways Beyond Sustainability*

Permakultur ist eine Philosophie, in deren Sinne wir mit der Natur, nicht gegen sie arbeiten, besonnenes und rücksichtsvolles Beobachten der unbesonnenen und rücksichtslosen Anstrengung vorziehen und Pflanzen und Tiere in allen ihren Funktionen sehen, anstatt irgendein Gebiet als monokulturelles System zu betrachten.

Bill Mollison

Initiativen sind stabile Gemeinwesen, die äußeren Erschütterungen, seien sie durch Klimawandel, Engpässe in der Energieversorgung oder steigende Treibstoffpreise verursacht, besser standhalten können (ein Konzept, das in Kapitel 3 beschrieben ist). Sie sind keine bloßen Denkübungen, sondern suchen praktisch verwirklichbare Wege, unsere Gemeinwesen bewusst wieder an ihrem Standort zu verwurzeln. Energiewende-Initiativen sind – um David Holmgren zu zitieren (der sich damit auf die Permakultur bezog, was man aber ebenso gut in diesem Zusammenhang zitieren kann) – »die beherzte und positive Bejahung der Energiesenkung als eine nicht unvermeidliche, sondern wünschenswerte Realität«.[4]

Angesichts der Tatsache, dass die Öl- und Gasvorräte unserer Erde schwinden und wir den CO_2-Ausstoß so radikal senken müssen, dass wir in unserem täglichen Leben mehr Kohlenstoff binden als produzieren, stellen die Energiewende-Initiativen die Frage: Wie würde eine Welt, in der dies verwirklicht wäre, tatsächlich aussehen? Wie würden wir leben? Woher würden unsere Nahrungsmittel kommen? Was würden wir hören, wenn wir morgens das Fenster aufmachen? Der Energiewendeprozess ist ein positiver, lösungsorientierter Ansatz, der die unterschiedlichen Kräfte einer Gemeinde zum gemeinsamen Vorgehen bündelt und die Problemlösung eher von innen angeht, indem er das freilegt, was vorhanden ist, statt Experten und Berater von außen heranzuziehen.

In Schaubild 18 auf Seite 135 habe ich zu veranschaulichen versucht, inwieweit sich das Energiewendemodell, als dessen Hauptziel ich die Entwicklung von Belastbarkeit und Stabilität herausgestellt habe, vom Ansatz anderer Ökobewegungen unterscheidet. Ich gebe zu, dass ich in der Spalte »konventioneller Umweltschutz« bis zu einem gewissen Grad zu Verallgemeinerungen gegriffen habe, die ans Klischeehafte grenzen, aber mir schien dies wichtig und notwendig, um die eigenen Grundsätze deutlich zu machen, auf denen das Energiewendemodell beruht.

Die philosophischen Grundlagen

Eine der tragenden Säulen des Energiewendemodells ist das Konzept der Permakultur, das sich unmöglich in einem Satz so zusammenfassen lässt, dass sich ein stimmiges Bild daraus ergeben würde. Im Prinzip ist es ein System zur Gestaltung nachhaltiger menschlicher Lebensgemeinschaften. Wenn wir die Veränderungen planen, die unsere Dörfer und Kommunen zwangsläufig durchmachen werden, brauchen wir ein Schema, nach dem wir die verschiedenen sozialen, ökonomi-

Im Gemüsegarten frei laufende Hühner sind in der Permakultur eine Selbstverständlichkeit. In Dominic Waldrons kleinem Permakultur-Betrieb in der irischen Grafschaft Kerry sind die Hühner auf Schneckenpatrouille zwischen den Gemüsepflanzen, die durch Bügel und Netze vor allzu großen Zudringlichkeiten der Tiere geschützt sind.

Das Permakultur-Projekt Arche bei Clone in der irischen Grafschaft Monaghan – ein eindrucksvolles Beispiel für die praktische Verwirklichung der Prinzipien der Permakultur. Der günstige Standort des Teichs ist so gewählt, dass er das einfallende Sonnenlicht im Winter ins Haus zurückwirft, Wärme an den Gemüsegarten abgibt, Feuchtigkeit und Nährstoffe für die Bewässerung sowie passive Kühlung für das Haus liefert. Weil der Garten an den Hintereingang grenzt, ist er leichter zu pflegen und optimiert das Mikroklima, das durch das Haus erzeugt wird. Ohne die Gestaltungsprinzipien der Permakultur wäre die Anordnung der drei Elemente – Teich, Haus und Garten – dem Zufall überlassen geblieben, und die positiven Wechselwirkungen wären verloren.

Permakultur ist die bewusste Gestaltung und Pflege landwirtschaftlicher Produktionssysteme, die über die Vielfalt, Stabilität und Belastbarkeit natürlicher Ökosysteme verfügen. Es ist ein harmonisches Zusammenspiel zwischen der Landschaft und den Menschen, die ihre Nahrung, Energie, Behausung und alles, was sie sonst an materiellen und nichtmateriellen Dingen benötigen, auf nachhaltige Weise produzieren.

Graham Bell

schen, kulturellen und technischen Komponenten möglichst effektiv zusammenfügen können. Man kann sich Permakultur als ethisches Fundament vorstellen, als den »Leim«, der unser Modell einer Siedlung in der Zeit der Erdölverknappung zusammenhält. Dass Menschen, die schon Erfahrung mit Permakultur gemacht haben, das Energiewendekonzept schneller erfassen als andere, liegt daran, dass beide Konzepte auf den gleichen Prinzipien beruhen.[5] Ich unterrichte seit zehn Jahren Permakultur, deren Ethik und deren Prinzipien mein Denken sehr stark geprägt haben.

Die Idee der Permakultur wurde in den 1970er Jahren während der ersten Ölkrise entwickelt. Der Name ist eine Verknüpfung der Begriffe »perma-

nente Agrikultur« und weist auf eine Verschiebung im Landbau hin, weg von Monokultur und einjährigem Getreide, hin zu vielschichtigen Systemen mit Nutzbäumen und mehrjährigen Pflanzen.[6] Der ursprünglich landwirtschaftsökologisch ausgerichtete Blick weitete sich schnell, als klar wurde, dass eine nachhaltige Erzeugung von Nahrungsmitteln nicht unabhängig von anderen gesellschaftlichen Aspekten wie Wirtschaft, Architektur, Energieversorgung usw. funktionieren kann. Es geht darum, eine Kultur der Permanenz, der Nachhaltigkeit zu schaffen. Eines der ersten Bücher, die sich ausführlich mit dem Konzept befassten, Bill Mollisons *Permaculture. A Designers' Manual* ist ein umfassendes, ehrgeiziges enzyklo-

Prinzipien der Permakultur nach David Holmgren

1) Beobachten und interagieren

Nicht alle Menschen sind gute Beobachter, aber sorgfältiges Beobachten unserer Umgebung ist unerlässliche Grundlage unseres Handelns. Eine Welt nach der Energiewende wird eher auf sorgfältige Beobachtung und Planung angewiesen sein als auf energieintensive Lösungen.

2) Energie gewinnen und speichern

In der Natur fließen Energien und werden auf vielfältige Weise – von Wasser, Bäumen, Pflanzen, Erde, Samen usw. – gespeichert. Wir müssen uns auf diese alten Energieträger besinnen und sie angemessen nutzen. Unsere Vorstellung von »Kapital« muss sich von dem, was wir auf dem Konto haben, auf die natürlichen Ressourcen in unserer Umgebung verlagern. Wie Holmgren einmal sagte, ist ein ordentlicher Holzstapel, wie man sie in Osteuropa heute noch sehen kann, ein besserer Indikator für den Wohlstand eines Landes als dessen Bruttosozialprodukt.

3) Erträge sichern

Jeder Eingriff in ein System, jede Veränderung, jedes Element, das wir hinzufügen, muss darauf ausgerichtet sein, Erträge zu erzielen; das heißt, dass früchtetragende Bäume auf Dorfplätzen und Gemeindeland gepflanzt und Dächer mit Essbarem bepflanzt werden.

4) Selbstregulationsprozesse (produktive Feedbackschleifen) in den Systemen erkennen und nutzen

Ein sinnvoll nach Permakultur-Prinzipien angelegtes System sollte sich selbst regulieren können und keine Intervention und Pflege erfordern, wie beispielsweise ein Waldökosystem, in dem weder Unkraut gerupft noch gedüngt oder ein Pestizid verwendet werden muss.

5) Erneuerbare Ressourcen behutsam, aber produktiv nutzen

Wo die Natur selbst bestimmte Aufgaben übernehmen kann, sei es das Belüften des Bodens durch Würmer, die Bindung von Stickstoff durch Klee oder die Bildung von Humus durch Bäume, sollte man dies nutzen und nicht versuchen, künstlichen Ersatz zu schaffen. Wo uns die Natur Arbeit abnehmen kann, sollten wir dies zulassen.

6) Keinen Abfall produzieren

Abfallerzeugung spiegelt im Grunde nur eine unzulängliche Entwurfsplanung wider. Der Abfall des einen Systems könnte produktiv in ein anderes System eingespeist werden. Wir müssen uns angewöhnen, zyklisch und nicht linear zu denken.

7) Gestalten vom übergeordneten Muster zum Detail

Wir müssen in der Lage sein, unsere Arbeit aus verschiedenen Perspektiven, im Zusammenhang mit Wassereinzugsgebieten, regionalen Wirtschaftsstrukturen usw., zu betrachten, damit wir ein besseres Gefühl für die Leinwand entwickeln, auf der wir malen, und für die Kräfte, die sich auf das, was wir tun, auswirken.

8) Integrieren statt segregieren

Permakultur ist als die Wissenschaft beschrieben worden, positive und produktive Beziehungen zu maximieren. In einer Siedlung mit reduziertem Energieverbrauch werden die Beziehungen, die wir zwischen verschiedenen Aspekten des Ortes knüpfen können, stark an Bedeutung gewinnen (vgl. Energiewende-Instrumentarium 5, S. 103). Lösungen liegen im holistisch-integrativen Ansatz, nicht in zunehmender Spezialisierung und Arbeitsteilung.

9) Kleine und langsame Lösungsstrategien suchen

Das 9. Prinzip entspricht dem Grundgedanken dieses Buchs: »Systeme sollen so gestaltet sein, dass Funktionen in dem kleinsten für sie praktikablen und energieeffizienten Maßstab ausgeführt werden« (Holmgren). Grundlage für unsere Lösungen wird sein, dass sie umso resilienter sind, je kleiner und intensiver sie sein können.

10) Vielfalt nutzen und wertschätzen

Monokulturen sind äußerst anfällig für Krankheiten und Seuchen, während vielfältige Systeme sehr resilient sind. Unsere Städte, die heute von zentralisierten Systemen, nämlich der Monokultur der Globalisierung, abhängen, werden in Zeiten sinkenden Energieverbrauchs besser dastehen, wenn es eine Vielzahl kleinerer Geschäfte und Unternehmen, regionale Währungen, lokale Nahrungsproduktion und Energiequellen usw. gibt.

11) Randzonen nutzen und ihre Bedeutung erkennen

Eine wichtige Rolle spielt in der Permakultur die Beobachtung, dass der Bereich, in dem zwei Ökosysteme aufeinandertreffen, oft produktiver ist als jedes dieser Systeme für sich. Das erinnert uns an die Notwendigkeit, Systeme möglichst überlappen zu lassen, um ihr Potenzial zu maximieren.

12) Auf Veränderungen kreativ reagieren und sie nutzen

Natürliche Systeme sind ständig im Fließen, sie entwickeln sich und wachsen. Aus der Art, wie sie auf Erschütterungen (z. B. einen Waldbrand) reagieren, lernen wir einiges darüber, wie wir den Übergang zu einem Leben ohne fossile Brennstoffe bewältigen können. Es ist in jedem Fall hilfreich, wenn wir die Veränderungen um uns herum beobachten und nicht glauben, irgendetwas sei unveränderlich.

pädisches Werk, eine praktische Anleitung zur Heilung der Erde. In den 15 Jahren, die auf die Veröffentlichung des Handbuchs folgten, stand Permakultur (obwohl die Idee sich rasch verbreitete und den Anstoß zu zahlreichen Projekten in aller Welt gab) zumindest in der allgemein herrschenden Vorstellung in dem Ruf, eine sonderbare Art der Gartengestaltung zu sein, mit Autoreifen und merkwürdigen Pflanzen, die kein Mensch vor sich auf dem Teller haben möchte.

David Holmgren, der Mitbegründer des Konzepts, veröffentlichte 2003 das Buch *Permaculture. Principles and Pathways Beyond Sustainability* und rückte damit Permakultur als radikales Gestaltungsprinzip, das aus der Welt nach dem Ende des Ölzeitalters nicht wegzudenken ist, wieder in den Blickpunkt der Öffentlichkeit.

Alles ist möglich, wenn die Menschen erst einmal merken, was auf dem Spiel steht.

Norman Cousins

Als ich zum ersten Mal mit dem Peak-Oil-Problem konfrontiert wurde und eine Antwort darauf formulieren sollte, fielen mir automatisch die Prinzipien der Permakultur ein. Mir wurde bewusst, dass die Bewegung, die mir so sehr am Herzen lag und deren Erkenntnisse für eine Umgestaltung der Gesellschaft so unerlässlich waren, im Bewusstsein der Leute noch eine viel zu untergeordnete Rolle spielte, und ich fragte mich, warum das so war. Dann stieß ich auf einen klugen und weitsichtigen Artikel von Eric Stewart, in dem es hieß:

> »Mir scheint, dass Permakultur zwei im Grunde genommen gegensätzliche Dinge anstrebt: zum einen die Abkehr von der größeren Gesellschaft, zum anderen eine Veränderung derselben. Auch wenn man argumentieren kann, dass die Abkehr von der größeren Gesellschaft eine Handlung darstellt, die gesellschaftliche Veränderung bewirkt, glaube ich, dass sich in den kulturellen Äußerungen der Permakultur ein Ungleichgewicht zugunsten der Abschottung gegenüber dem produktiven Miteinander entwickelt hat. Die gesellschaftlichen Veränderungen, die wir brauchen, sind aber auf zunehmende Interaktion angewiesen, um die Ressourcen, die uns die Permakultur eröffnet, zunehmend verfügbar zu machen.«[7]

Neubausiedlung bei Mallow in der irischen Grafschaft Cork. An ihr lässt sich gut zeigen, was passiert, wenn man nicht nach den Prinzipien der Permakultur baut. Wenn das Haus im Vordergrund nach Süden ausgerichtet ist (was die Heizenergie um bis zu 15 Prozent verringern würde), dann bekommt das rechts davon stehende Haus hauptsächlich auf der Giebelseite Sonne. Außerdem ist das Grundstück um die Häuser nicht gestaltet worden – es wurde einfach so gelassen, wie es nach den Bauarbeiten aussah. Früher wurde in dieser Gegend vorwiegend mit Lehm gebaut, weil sich der Boden dafür geradezu anbietet. Hier aber wurde zum Bau Zement verwendet, der woanders produziert wurde, während die aufgeschüttete heimische Lehmerde darauf wartet, entsorgt zu werden.

Das traf den Nagel auf den Kopf. Permakultur ist eine Bewegung, die Gestaltungsprinzipien und philosophische Grundlagen für eine Gesellschaft nach dem Ende des Ölzeitalters bietet, wie sie von Holmgren neu formuliert wurden, der man aber gleichzeitig vorwerfen kann, sich von dieser Gesellschaft abzusondern. Das Ende des Ölzeitalters ruft danach, dass die Bastler und Stuhlflechter in den Wäldern, die Gemüsegärtner und Obstbauern in ländlichen Gemeinden, die Windenergieerzeuger für den Privatgebrauch das Wissen und die Fertigkeiten, die sie sich in jahrelanger Praxis und theoretischer Beschäftigung angeeignet haben, da zum Einsatz bringen, wo die Mehrheit der Bevölkerung zu begreifen beginnt, dass etwas im Argen liegt. Sie sind aufgerufen, neue Wege der Kommunikation mit dieser Mehrheit zu finden und sich in einem nie da gewesenen Maße im Dienst der Gesellschaft gemeinsam zu engagieren.

Die Prinzipien der Permakultur sind im Selbstverständnis der Energiewendebewegung nicht explizit formuliert, sondern, wie ich hoffe, implizit enthalten. Das ist der Tatsache geschuldet, dass es schwer ist, jemandem in der Kneipe, der noch nie davon gehört hat, zu erklären, was Permakultur ist, wenn man keine Schautafel und keine Kreide hat und auch keine Viertelstunde Zeit, um Hühner, Teiche und Gewächshäuser aufzumalen. Sie ist eine unentbehrliche Grundlage für jede Bemühung, auf das Ende des Ölzeitalters angemessen zu reagieren. Aber das Konzept der Energiewendebewegung ist irgendwie leichter zu erklären, so dass mehr Zeit bleibt für andere Unterhaltungen.

Sechs Prinzipien als Grundlage des Energiewendemodells

Es gibt sechs Prinzipien, auf denen das Konzept des Energiewendemodells aufbaut. Sie haben sich aus der Beobachtung der Entwicklungsprozesse ergeben und bringen treffend zum Ausdruck, was an diesem Ansatz neu und anders ist.

1) Visionen entwickeln

Das Thema wurde in Kapitel 7 eingehend behandelt. Im Rahmen der sechs Prinzipien bezieht sich das visionäre Denken auf die Tatsache, dass wir uns nur dann auf etwas zubewegen können, wenn es uns gelingt, uns vorzustellen, wie es sein wird, wenn wir unser Ziel erreicht haben. Die Vision, die wir im Kopf haben, wenn wir uns ans Werk machen, bestimmt entscheidend mit, wie das Ergebnis am Ende aussehen wird. Steuern wir auf den »technologischen Durchbruch« zu, wie ihn Holmgren beschreibt (vgl. S. 46), oder streben wir ein realistischeres und wünschenswerteres Ziel an? Ein klar umrissenes und verlockendes Bild des anzustrebenden Ziels zu entwerfen gehört zu den Grundprinzipien des Energiewendekonzepts.

2) Einbeziehen

Wir können die weitreichenden Folgen der Öl-verknappung und des Klimawandels nicht bewältigen, wenn wir uns weigern, unsere Kuschelecke zu verlassen, wenn »Grüne« nur mit »Grünen« und Geschäftsleute nur mit Geschäftsleuten reden. Der Energiewendeansatz sucht den Dialog und das Miteinander in einem Maße, wie es selten erreicht wurde, und hat ein paar innovative Methoden entwickelt, dies zu verwirklichen. Das gehört zu den Grundprinzipien des Energiewendemodells, weil wir schlicht und ergreifend anders keine Aussicht auf Erfolg haben.

3) Bewusstsein wecken

Das Ende des Ölzeitalters bringt viele Unsicherheiten mit sich. Ständig werden wir mit widersprüchlichen Botschaften konfrontiert. In den Zeitungen lesen wir Überschriften wie »Mit dem rapiden Rückgang der Ölförderung drohen Kriege und Unruhen, heißt es in einer neuen Studie«[8] oder »Der CO_2-Ausstoß steigt schneller als erwartet, heißt es in einer Studie«[9], aber gleichzeitig wird in der Werbung suggeriert, alles müsse beim Alten bleiben, damit es aufwärtsgeht, Globalisierung sei die einzige Möglichkeit, genug Nahrung für die Welt zu produzieren, dieses oder jenes zu kaufen sei unser größtes Glück. Manchmal ist der Widerspruch geradezu absurd, wenn neben einem Artikel über das Wegschmelzen des Polareises eine Werbung für ein neues PS-starkes Auto oder billige Fernflüge prangt.

Die Medien, die immer mehr Einfluss gewinnen, schicken ständig widersprüchliche Botschaften aus, die uns irritieren und die wir einordnen müssen. Neu gegründete Energiewende-Initiativen sind manchmal der Meinung, es sei nicht sonderlich wichtig, Bewusstsein zu wecken, weil inzwischen jeder um die Probleme weiß. Aber wir müssen von der Annahme ausgehen, dass die Leute keine Ahnung von diesen Dingen haben. Wir dürfen kein Wissen voraussetzen und müssen unseren Standpunkt so klar, verständlich und ansprechend wie möglich erklären und den Menschen Argumente an die Hand geben, auf deren

Als Erstes müssen wir eine ökonomische, soziale und sogar technologische Schattenstruktur schaffen, die dann zum Tragen kommt, wenn die bestehenden Systeme versagen.

David Ehrenfeld

Grundlage sie sich eine eigene Meinung bilden können.

4) Resilienz

In Kapitel 3 wurde der Begriff der »Resilienz« im Sinne von Widerstandskraft erklärt, deshalb soll an dieser Stelle nur kurz rekapituliert werden, dass neben der Notwendigkeit, den CO_2-Ausstoß schnellstens auf null zu reduzieren, auch die Wiederherstellung der durch unser komfortables Leben vernachlässigten Widerstandsfähigkeit zu den Grundpfeilern des Energiewendemodells gehört. Tatsächlich wird das eine ohne das andere nicht ausreichen, unsere Probleme zu lösen.

5) Psychologische Einblicke

Erkenntnisse der Psychologie sind für das Energiewendemodell von entscheidender Bedeutung. Die Machtlosigkeit, die wir oft empfinden, wenn wir mit Umweltproblemen konfrontiert werden, ist für viele auch der Grund, warum sie sich in dieser Sache nicht engagieren.[10] Sie haben das Gefühl, den Ereignissen allein gegenüberzustehen und ihnen ausgeliefert zu sein, und das macht sie handlungsunfähig als Individuen und in der Gemeinschaft. Die Energiewendebewegung nutzt diese psychologischen Erkenntnisse, indem sie erstens positive Visionen entwirft (vgl. das 1. Prinzip, S. 141), zweitens geschützte Räume zur Verfügung stellt, in denen die Leute reden, Informationen verarbeiten und das Gehörte auf sich wirken lassen können, und drittens den Menschen nicht nur Anerkennung für die Schritte und Aktionen gibt, die sie unternommen haben, sondern auch möglichst viele Gelegenheiten schafft, Erfolge zu feiern. Durch diese Zusammenkünfte wird das Gefühl gestärkt, nicht der einzige Mensch auf Erden zu sein, der die Gefahren der Erdölabhängigkeit und des Klimawandels sieht und Angst davor hat. Das ist ungemein wichtig. Es gibt den Menschen das Gefühl, Teil einer kollektiven Aktion zu sein, Teil von etwas, das größer ist als sie.

6) Glaubhafte und angemessene Lösungen

In dem Film *What a Way to Go. Life at the End of Empire* spricht Tim Bennett von dem »Hoffnungskapitel« am Ende der meisten ökologischen Bücher, die neun Kapitel lang erzählen, wie furchtbar alles ist, und im letzten Kapitel dann ein paar Alibilösungen anbieten.[11] Ich habe mir jede Menge Vorträge angehört, in denen der Redner das Ausmaß der Klimakatastrophe erläutert und mit einer Grafik am Schluss demonstriert, wie viel Strom gespart werden kann, wenn man den Heizthermostat um ein Grad herunterdreht und die Glühbirnen gegen Energiesparlampen austauscht.

Energiewende-Initiativen wollen den Menschen die Probleme der Ölabhängigkeit und des Klimawandels erläutern und sie in die Lage versetzen, angemessene und wirksame Lösungen zu finden. Ein Grund für das Phänomen, das man vielleicht als »Glühbirnensyndrom« bezeichnen könnte, ist die Tatsache, dass viele Menschen sich nur zwei Handlungsebenen vorstellen können: was jeder auf privater Ebene zu Hause tun kann und was die Regierung auf staatlicher Ebene macht. Das Energiewendemodell erforscht das dazwischenliegende Terrain: Was nämlich können wir auf kommunaler Ebene erreichen?

Das Projekthilfe-Modell

Ein Charakteristikum des Energiewendekonzepts ist das Projekthilfe-Modell. Im Idealfall sollen sich Energiewende-Initiativen selbst organisieren und in der Lage sein, das Engagement und die Begeisterung der Beteiligten in die richtigen Bahnen zu lenken. Als ich mich nach praktischen Vorbildern solcher Modelle umsah, lernte ich durch einen glücklichen Zufall John Croft von der Gaia Foundation of Western Australia kennen.[12] Während seines Englandaufenthaltes veranstaltete er ein eintägiges Seminar, in dem er die Mitglieder der Energiewende-Initiative Totnes mit seinem Modell vertraut machte. Einige der von ihm entwickelten Methoden, insbesondere das »Drachenträumen«, werden im Anhang 2 erläutert. Das für uns wichtigste Konzept ist jedoch das Projekthilfe-Modell.

Die Gaia-Stiftung hat Hunderte von Projekten initiiert und unterstützt, und sie hat eine Reihe hilfreicher Organisationsmodelle entwickelt. Sie ist eine kleine Gruppe ohne hierarchische Strukturen, gegründet auf einer Basis gemeinsamer Prinzipien. Projekte, die von der Stiftung gefördert werden, müssen folgende Voraussetzungen erfüllen:

1) Sie haben die persönliche Entwicklung der Beteiligten zum Ziel.

2) Sie sind gemeinschaftsfördernd oder -bildend.

3) Sie stellen ihre Bemühungen in den Dienst der Erde.

Initiativen, die diese Kriterien erfüllen, können sich darum bewerben, ein Projekt der Gaia-Stiftung zu werden. Jedes dieser Projekte hat sein eigenes Bankkonto, trifft seine eigenen Entscheidungen usw. Die Projekthilfe versteht sich nicht als Organisation, die ein breites Spektrum von Initiativen koordiniert; Ziel ist es vielmehr, einen Rahmen zu schaffen, innerhalb dessen sich Initiativen von sich aus formieren, und diese dann zu unterstützen. Auf diese Weise kann die Gruppe viel flexibler auf die jeweiligen Anforderungen reagieren und als Katalysator fungieren, wie auch die geförderten Initiativen ihrerseits wieder Katalysatoren sein sollen.

Die Energiewende-Initiative Totnes hat dieses Konzept zu einem ihrer Hauptprinzipien gemacht. Wir verstehen uns als eine Organisation, die ständig daran arbeitet, ihre Präsenz zu steigern, das Projekt und seine Ziele stärker ins Bewusstsein der Öffentlichkeit zu rücken und Begeisterung für unser Energiewendemodell zu wecken. Wir wollen die Gründung neuer Initiativen anregen und fördern und diese dann, wenn sie sich einmal gebildet haben, mit Rat und Tat unterstützen. Dabei achten wir darauf, dass die Integrität unseres Namens gewahrt bleibt. Um sich als Energiewende-Initiative bezeichnen zu können, muss

eine Gruppe oder eine Person, die ein Projekt in Angriff nimmt, ihr Konzept schriftlich festhalten und einreichen. So hatte eine Frau in Totnes die Idee, eine Sammlung von Büchern und DVDs zum Thema Nachhaltigkeit anzulegen. Die Bücher sollten in der Stadtbibliothek verfügbar sein, die DVDs im Videoladen kostenlos verliehen werden. Sie reichte ihren Projektantrag ein, der positiv beschieden wurde. Heute stehen in der Bibliothek Bücher im Wert von 2500 Euro, die wir sonst nicht hätten.

Croft schlägt vor, dass sich Gruppen eine bestimmte Schlüsselfrage stellen, um zu überprüfen, wie weit ihr Engagement geht, wenn sie einen Projektplan entworfen und die Finanzierung durchgerechnet haben: »Wären die Beteiligten bereit, die Kosten und möglichen finanziellen Verluste, die durch das Projekt entstehen könnten, zu tragen, wenn es nicht von irgendeiner Seite bezuschusst würde?« Die Gruppe, die das Totnes Pound im zweiten Anlauf auf den Weg gebracht hat, fand den Vorschlag ausgesprochen hilfreich und festigte in der Beantwortung der Frage ihre Entschlossenheit und ihr Engagement.

Die Größenordnung

Wir werden oft gefragt, welches die ideale Größe für eine Energiewendekommune sei. In vieler Hinsicht haben kleinere Marktstädte wie die, in denen sich die ersten Energiewende-Initiativen gründeten, die ideale Größe. Sie haben meist ein klar begrenztes Umland, historisch definiert durch die Dörfer und bäuerlichen Gemeinden, deren Bewohner ihre Erzeugnisse zum Verkauf in diese Stadt brachten. Ebenso sind Inseln gut geeignet, weil sie klar umgrenzt sind. Das ist einer der Gründe, warum uns die Idee der Energiewendestädte auf Anhieb so einleuchtend erschien: Die ersten Gemeinden hatten eine Größe, die wir als überschaubar empfinden. Viele Menschen, die in Großstädten wohnen, erleben ihre Stadt und ihr Wohnumfeld als viel zu anonym. Sie haben das

Was wir brauchen, ist eine Ebene, die uns das Gefühl gibt, ein gewisses Maß an Kontrolle über die Prozesse des Lebens zu haben, auf der Individuen nicht nur Bekannte und Nummern sind, sondern Nachbarn und Freunde, nicht nur Benutzer und Verbraucher, sondern Schöpfer und Macher, nicht nur Wähler und Steuerzahler, sondern Beteiligte und Protagonisten. Diese Ebene ist die menschliche Ebene.

Kirkpatrick Sale, *Human Scale*

Gefühl, dass mit zunehmender Globalisierung der Bereich, in dem sie sich zu Hause fühlen und den sie beeinflussen können, immer mehr schrumpft. Vielleicht gehen immer weniger Menschen zu den Wahlen, weil sie meinen, ihre Stimme bringe ohnehin keine Änderung.

In meinen Augen hat eine Energiewende-Initiative dann die richtige Größe, wenn man noch das Gefühl hat, wirklich Einfluss nehmen zu können. In einer Kleinstadt mit 5000 Einwohnern beispielsweise ist einem alles vertraut. Ich selbst bin in Bristol aufgewachsen und weiß, dass die meisten Städte historisch gesehen aus Dörfern zusammengewachsen sind und dass dies in gewissem Maße auch heute noch spürbar ist. Nachbarschaftsinitiativen, die auf kommunaler Ebene aktiv sind, gibt es schon länger.[13]

Wer plant, eine Energiewende-Initiative ins Leben zu rufen, wird letztendlich ein Gefühl für die richtige Größenordnung entwickeln oder es von Anfang an instinktiv haben. Man muss sich nur die Frage stellen, in welchem Rahmen man glaubt, am besten arbeiten und am meisten bewirken zu können. Bristol war die erste Großstadt, die sich der Energiewendebewegung angeschlossen hat. Die dortige Energiewende-Initiative bemüht sich insbesondere, in den einzelnen Stadtvierteln wie Redland oder Withywood die Gründung eigener Initiativen anzuregen und diesen dann mit Rat und Tat zur Seite zu stehen.[14]

In der Frage der Größenordnung gibt es keine allgemeingültige Regel. Jede Gruppe muss diese Frage für sich selbst entscheiden und sich dabei auf ihr Gefühl verlassen; aber keine Sorge – die Lösung wird sich in der Praxis ganz von selbst ergeben. Auf jeden Fall sollte man nicht den Fehler machen, an dem manche Gruppen gescheitert sind, nämlich die Sache von Anfang an zu groß zu planen, also beispielsweise Energiewende-Initiativen für Yorkshire oder Schottland ins Leben rufen zu wollen. Das ist zwar als Idee schön und gut, aber in der Praxis spannt man damit den Karren vor den Gaul. Selbst wenn es irgendwann einmal

dazu kommen wird, dass sich verschiedene Gruppen in einer größeren Region zusammenschließen, um effektiver arbeiten zu können, ist ein solcher Prozess nicht vorauszuplanen, sondern dieser muss sich auf der Grundlage eines funktionierenden Netzwerks kommunaler Energiewende-Initiativen entwickeln.

Die Schnittstelle zwischen Energiewende-Initiativen und Kommunalverwaltung

Die Stärke der Energiewende-Initiativen liegt in ihrer Fähigkeit, einen von der Gemeinde getragenen Prozess in Gang zu bringen und dann auf der Basis der eigenen Vorstellungen und Bedingungen Verbindungen zu den politischen Gremien zu knüpfen. Der Prozess soll von der Kommunalpolitik unterstützt, nicht aber gelenkt werden. Die kommunale Agenda 21, wie sie 1992 auf der Konferenz der Vereinten Nationen für Umwelt und Entwicklung in Rio de Janeiro im Rahmen der Agenda 21 formuliert wurde, hat zwar eine Reihe interessanter Aktivitäten auf lokaler Ebene nach sich gezogen, war aber entgegen allen Absichtserklärungen im Wesentlichen ein von oben nach unten organisiertes Programm. Energiewende-Initiativen müssen zumindest anfangs unabhängig von politischen Instanzen agieren. Es können dem Selbstverständnis der Bewegung nach keine Projekte sein, die vom Stadtrat konzipiert und auf den Weg gebracht werden, auch wenn die aktive und engagierte Unterstützung von Seiten der Kommune erwünscht und von großem Vorteil ist. In letzter Zeit passiert es immer häufiger, dass sich ein Mitglied des Stadt- oder Gemeinderats für unsere Arbeit interessiert und sich am Ende der Planungsgruppe anschließt. Oder der Gemeinderat bietet Unterstützung in dieser oder jener Form an.

In seinem Buch *Peak Oil Prep* nennt Mick Winter als eine der Hauptaufgaben des Staates, sich »aus den Angelegenheiten der Kommunalregierungen herauszuhalten«. Er schreibt:

»Sie kennen ihre Bedürfnisse besser als der Staat. Er sollte ihnen geben, was immer sie brauchen, und sein Augenmerk auf Projekte richten, die für die Regionen wichtig sind … Wenn auf regionaler Ebene etwas getan werden muss, soll der Staat den Kommunen geben, was notwendig ist, damit es verwirklicht werden kann – ohne Bedingungen. Wenn es etwas gibt, das nur auf Staatsebene getan werden kann, dann ist der Staat dafür zuständig.«[15]

Das Gleiche gilt für Kommunalregierungen in Bezug auf das Energiewendemodell. Sie sollen die Prozesse, die durch die Energiewende-Initiativen in Gang gesetzt werden, nicht steuern, sondern durch tatkräftige Unterstützung voranbringen. In Großbritannien begreifen das immer mehr Kommunalpolitiker und setzen sich aktiv für unsere Sache ein. Ein Stadtratsvorsitzender, der mit unserem Netzwerk Kontakt aufgenommen hatte, schrieb:

> »Was ich besonders reizvoll finde am Energiewendemodell, ist die Tatsache, dass hier die Initiative von den Bürgern ausgeht. Aus meiner Erfahrung kann ich sagen, dass im Idealfall die Kommunalregierung die verschiedenen Aktionsgruppen unterstützt und fördert, dass der Anstoß aber von der Basis selbst kommt.
>
> Als Politiker müssen wir uns klarmachen, dass wir den Bürgern unserer Gemeinde die Energiewende nicht vorschreiben können. Sie ist kein Etikett, das sich der Stadt- oder Gemeinderat anhängen kann. Sie ist ein Prozess, bei dem Kommunalpolitiker als Geburtshelfer fungieren und die Idee in Kreisen verbreiten können, die ansonsten vielleicht nicht erreicht werden würden.«

Wenn sich Energiewende-Initiativen an ihren Stadt- oder Gemeinderat wenden, tun sie dies mit der Rückendeckung und als Vertreter eines maßgeblichen Teils der Bürgerschaft. In Kinsale wurde der Energiewende-Aktionsplan, nachdem er fertig formuliert war, dem Stadtrat vorgelegt und seine Realisierung einstimmig befürwortet. Sechs Monate nach der offiziellen Gründungsveranstaltung der Energiewende-Initiative Totnes stellte sich der Gemeinderat in einer seiner Verlautbarungen ausdrücklich hinter die Arbeit der Initiative. Unterstützung dieser Art ist ermutigend für die Bewegung und unterstreicht ihre Glaubwürdigkeit, sollte aber erst gesucht werden, wenn das Projekt bereits Fuß gefasst und sein eigenes Profil entwickelt hat.

Manche Städte in den Vereinigten Staaten wie Portland und Oakland betrachten den Erlass einer »Peak Oil Resolution« durch die Kommunalregierung als wegweisenden ersten Schritt.[16] In meinen Augen ist es jedoch wichtig, in der Bevölkerung selbst ein Problembewusstsein zu schaffen und die notwendigen Kräfte für eine Energiewende-Initiative zu aktivieren, anstatt in einem so frühen Stadium schon in den Dschungel der politischen Instanzen und ihrer Beschlüsse und Erlasse einzutauchen. Ist das erst erreicht, werden sich die Politiker von sich aus an den Prozessen beteiligen wollen, weil sie hier Motivation und innovatives Denken erkennen.

Für uns in Totnes gehörte die Gruppe, die sich um den Kontakt zur Kommunalregierung kümmerte, zu den wichtigsten Kräften der Initiative. Sie setzte sich aus einer Handvoll Leuten zusammen, die vorher schon im Stadtrat oder in anderen Gremien mitgewirkt hatten und mit den lokalpolitischen Strukturen vertraut waren.

Diese Gruppe prüft alle geplanten Veranstaltungen der Initiative und lädt diejenigen Politiker dazu ein, die ihnen für das jeweilige Ereignis wichtig erscheinen. Außerdem behalten sie die Themen der Stadtratssitzungen im Auge. Insofern sind sie von zentraler Bedeutung für das gesamte Netzwerk, und wenn sich ein führender Lokalpolitiker in einem frühen Stadium der Bewegung anschließen möchte, sollte er sich in einer solchen Gruppe engagieren, um den Prozess insgesamt voranzutreiben.

Kapitel 11

Wie gründet man eine Energiewende-Initiative?

An diesem Punkt ist vielleicht (oder hoffentlich) der eine oder andere Leser zu dem Entschluss gekommen, an seinem eigenen Wohnort eine Energiewende-Initiative ins Leben zu rufen. Er schaut sich um und fragt sich, wo er anfangen soll, wie er es um alles in der Welt anstellen soll, auch nur die Pläne für eine solche Initiative zu entwerfen. Im Folgenden werde ich die zwölf Schritte zur Energiewende vorstellen, die sich mit den Fragen »Wo fange ich an?« und »Wie geht es weiter?« beschäftigen.

Zuvor aber möchte ich auf einige Einwände eingehen, die von den potenziellen Gründern einer Energiewende-Initiative im Anfangsstadium oft erhoben werden und die vielleicht sogar verhindern, dass das Projekt weiterverfolgt wird. Es sind dies sieben Hauptargumente.

Die sieben Einwände

1) Wir bekommen keine finanzielle Unterstützung
Das ist ein schwaches Argument. Geld ist kein Ersatz für die Begeisterung und den Gemeinschaftssinn, die in der Gründungsphase alle Beteiligten beflügeln. Geldgeber können ein gewisses Maß an Einflussnahme verlangen und die Initiative in eine Richtung lenken, die nicht mit den Interessen der Gemeinschaft und den Vorstellungen der Gründer vereinbar ist. Jede Initiative sollte sich von Anfang an eigene Einnahmequellen erschließen. Die Energiewende-Initiative Totnes wurde im September 2005 ohne einen Penny gegründet und finanziert sich bis heute weitgehend selbst. Das Geld, das wir mit Vorträgen und Filmvorführungen verdienen, stecken wir in freie Veranstaltungen wie beispielsweise die Open-Space-Tage. Es gibt natürlich im Laufe der Zeit Projekte, die ohne Bezuschussung nicht möglich sind, aber vorerst ist es vor allem wichtig, das Ruder nicht aus der Hand zu geben und sich von fehlenden Mitteln nicht entmutigen zu lassen.

2) Man lässt uns ja doch nicht
In vielen Umweltgruppen ist die Angst verbreitet, jede Initiative, die erfolgreich ist und etwas bewirkt, werde letztendlich verboten, unterdrückt oder von gesichtslosen Bürokratien und Konzernen torpediert. Da Energiewende-Initiativen jedoch »unterhalb der Radarschwelle« operieren, geraten sie nicht ins Visier bestehender Institutionen. Im Gegenteil: Je stärker steigende Energiepreise und Klimawandel auch ins Bewusstsein von Unternehmensleitungen rücken, umso größer wird das Interesse vieler Entscheidungsträger am Energiewendemodell, und umso eher werden diese auch die entsprechenden Initiativen unterstützen, statt ihnen Steine in den Weg zu legen. Hier rennen die Energiewende-Initiativen offene Türen ein. Davon zeugt die positive Resonanz, auf die ihre Aktivitäten in vielen Stadt- und Gemeinderäten stoßen.

3) Es gibt in meiner Stadt bereits Umweltgruppen, denen ich nicht in die Quere kommen möchte
Auf diesen Einwand werden wir in der Liste der zwölf Schritte unter Schritt 3 (vgl. S. 150) näher eingehen, aber im Wesentlichen ist dazu zu sagen, dass es in den seltensten Fällen zu »Ökorevierkämpfen« kommen wird. Vielmehr werden die Energiewende-Initiativen frischen Wind in bestehende, möglicherweise auch ein wenig ausgebrannte Gruppen bringen, gemeinsame Ziele for-

mulieren und das Gemeinschaftsgefühl stärken. Gemeinsam mit bereits vorhandenen Gruppen einen Energiewende-Aktionsplan auszuarbeiten, das wird deren Arbeit nicht überflüssig machen, sondern ihr ein konkretes Ziel geben. Auf diese Weise werden sie zu wertvollen Verbündeten, die für den Erfolg des Energiewendeprozesses unverzichtbar sind.

4) Bei uns in der Stadt interessiert sich ohnehin keiner für die Umwelt

Dies ist ein Einwand, der angesichts der gedankenlosen Konsumhaltung, von der wir allenthalben umgeben sind, durchaus berechtigt zu sein scheint. Doch wenn man einmal hinter die Kulissen schaut, wird man verwundert feststellen, dass in der Bevölkerung schon ein breites Interesse für die Dinge vorhanden ist, die wir in den Energiewende-Initiativen anstreben. Menschen, von denen man es nie für möglich gehalten hätte, erweisen sich plötzlich als glühende Verfechter von Schlüsselaspekten der Energiewendebewegung: regionale Produktion von Nahrungsmitteln, Wiederbelebung des ortsansässigen Handwerks und Stärkung der lokalen Geschichte und Kultur. Man muss nur genau hinsehen und die Gemeinsamkeiten suchen, dann wird man merken, dass die eigene Gemeinde erstaunlich viel Interessantes zu bieten hat.

5) Es ist doch ohnehin zu spät, etwas zu tun

Es mag zu spät sein, aber höchstwahrscheinlich ist es das nicht. Unsere Bemühungen sind von entscheidender Bedeutung, wir dürfen uns darin auf keinen Fall von fatalistischen Gedanken entmutigen lassen. Es steht in unserer Macht, die Wahrscheinlichkeit, dass wir es schaffen, zu maximieren. Diese Macht dürfen wir nicht aus den Händen geben.

6) Ich habe dafür nicht die notwendige Qualifikation

Wenn wir es nicht tun, wer dann? Es spielt keine Rolle, ob wir zum Thema Nachhaltigkeit promoviert haben oder auf jahrelange Erfahrung mit ökologischem Gartenbau zurückblicken können. Vielmehr kommt es darauf an, dass uns unser Wohnumfeld am Herzen liegt, dass wir die Notwendigkeit zu handeln sehen und dass wir offen sind für neue Wege der Kooperation mit anderen.

Was man mitbringen sollte, wenn man eine Energiewende-Initiative gründen möchte, ist:

- positives Denken,
- Freude am Umgang mit Menschen,
- eine gute Kenntnis der Stadt oder der Gemeinde sowie der örtlichen Entscheidungsträger.

Das ist im Grunde schon alles. Schließlich ist es Teil des Prozesses, dass unsere Funktion als Führungsgremium an einem bestimmten Punkt überflüssig wird und automatisch endet (vgl. Schritt 1, S. 148). Unsere Rolle in diesem Stadium ist der eines Gärtners vergleichbar, der den Boden für einen Garten bereitet, dessen Früchte er selbst vielleicht gar nicht mehr erleben wird.

7) Mir fehlt die Energie, so etwas zu tun

»Jedem Anfang wohnt ein Zauber inne«, heißt es in Hermann Hesses Gedicht »Stufen«. Diese Erfahrung kann jeder bestätigen, der eine Energiewende-Initiative ins Leben gerufen hat. So schwierig die Aufgabe scheinen mag, eine Stadt (oder ein Dorf, ein Tal, eine Insel) bereit zu machen für ein Leben in Zeiten schwindender Erdölreserven, so erstaunlich ist die Energie, die durch den Prozess freigesetzt wird und die schier unerschöpflich zu sein scheint.

Ich habe mit vielen Leuten gesprochen, die eine Energiewende-Initiative gegründet haben, und alle haben die Erfahrung gemacht, dass sie sich nach ein paar Wochen fragten: »Was habe ich da bloß angefangen?« Sie hatten das Gefühl, alles allein machen zu müssen, drohten den Mut zu verlieren angesichts der Arbeit und der Schwierigkeiten, die sie sich aufgeladen hatten. Aber immer war Hilfe in Sicht, wenn sie gebraucht wurde, waren die richtigen Leute zur rechten Zeit zur

Lasst uns unsere Zeit so gestalten, dass man sich an sie erinnern wird als eine Zeit, in der eine neue Ehrfurcht vor dem Leben erstarkte, als eine Zeit, in der nachhaltige Entwicklung entschlossen auf den Weg gebracht wurde, als eine Zeit, in der das Streben nach Gerechtigkeit und Frieden neuen Auftrieb bekam, und als eine Zeit der freudigen Feier des Lebens.

Erd-Charta 2001

Stelle. Wenn wir aufhören zu fragen: »Warum tut keiner etwas?« und stattdessen sagen: »Packen wir es an!«, erzeugt der Entschluss selbst die Energie, die den Prozess vorantreibt.

Die Arbeit an einem Umweltprojekt ist oft so, als schiebe man ein kaputtes Auto den Berg hinauf – eine frustrierende Plackerei. Mit den Energiewende-Initiativen verhält es sich eher so, als lasse man das Auto auf der anderen Seite des Berges wieder herunterrollen – es wird schneller und schneller, bis man kaum noch Schritt halten kann. Wenn man dem Vehikel erst einmal den entscheidenden Anstoß gegeben hat, kommt es ganz von allein in Fahrt. Das soll nicht heißen, dass es nicht manchmal harte Arbeit wäre, aber fast immer ist auch Spaß damit verbunden.

Die zwölf Schritte auf dem Weg zur Energiewende

Die zwölf Schritte, die ich hier beschreibe, haben sich sowohl aus meinen Erfahrungen mit der Entwicklung der Energiewende-Initiative Totnes ergeben als auch aus Gesprächen mit interessierten Einwohnern anderer Städte oder Gemeinden, die bei uns Rat suchten. Es ist kein Leitfaden von A bis Z, eher einer, der von A bis C reicht, denn so weit ist unser Modell bis jetzt gediehen. Die Schritte müssen nicht zwingend in der hier genannten Reihenfolge getan werden. Jede Initiative muss sie so verwirklichen, wie sie es für richtig hält. Die zwölf Schritte sind nicht für alle Zeiten in der gegenwärtigen Form festgelegt, sie entwickeln sich unseren Erfahrungen in der Praxis entsprechend ständig weiter. Am Ende werden es vielleicht nur noch sechs, vielleicht aber auch fünfzig Schritte sein!

Es ist wichtig, darauf hinzuweisen, dass die Schritte keinen Vorschriftencharakter haben; vielmehr sind sie als Teile eines Puzzles zu verstehen, das jede Initiative in der für sie geeigneten Reihenfolge zusammensetzt. Jedem steht es frei, je nach Bedarf Teile wegzulassen oder andere hinzu-

zufügen. Wie wir noch sehen werden, haben viele Gemeinden schon begonnen, die Schritte auf ganz unterschiedliche Weise zu verwirklichen.

Schritt 1: Bildung eines Führungsgremiums, dessen spätere Auflösung mit eingeplant ist

Bill Mollison, Mitbegründer des Instituts für Permakultur, soll einmal gesagt haben: »Ich kann die Welt nicht allein retten. Dazu müssen wir wenigstens zu dritt sein.« Wer eine Energiewende-Initiative ins Leben rufen will, muss ein paar Gleichgesinnte um sich scharen, um den Prozess in Gang zu bringen. Allerdings ist es – und das wird zunehmend deutlich – von entscheidender Bedeutung, dass diese Gründungsgruppe ihre eigene Auflösung plant, dass sie sich also von vornherein einen zeitlich begrenzten Rahmen setzt.

Viele Projekte kommen nicht voran, weil Leute so an ihren Posten kleben, dass die Handlungsfähigkeit der ganzen Gruppe beeinträchtigt wird. Auf lange Sicht wird die Sache von denjenigen vorangetrieben, die sich in den einzelnen Projektgruppen engagieren. Ratsam ist es, ein Gremium verlässlicher Leute zu bilden und gemeinsam mit ihnen bis Schritt 5 zu gehen. Sobald sich mindestens vier Untergruppen zusammengeschlossen haben, löst sich das Führungsgremium auf und setzt sich aus jeweils einem Vertreter der Untergruppen neu zusammen. Das erfordert eine gewisse Bescheidenheit, stellt es doch den Erfolg des Projekts über die Eitelkeiten einzelner Beteiligter. Aber es entlastet auch den Einzelnen! Denn er gehört nun nicht zu einer Gruppe, die es sich zum Ziel gesetzt hat, ihre Kommune vollkommen umzukrempeln; sie muss lediglich die ersten Schritte in diese Richtung tun – eine wesentlich überschaubarere Aufgabe!

TIPP ZU SCHRITT 1
- Bitten Sie einen professionellen Berater der Energiewendebewegung um Hilfe.
- Beziehen Sie alle in den Prozess ein.
- Stellen Sie für die neue Gruppe eine Liste klar

definierter Ziele und Grundsätze auf (siehe das Transition-Towns-Wiki) und orientieren Sie sich immer daran.

- Versuchen Sie, nicht nur die Ergebnisse und Ihre eigene Agenda im Auge zu haben.
- Einige werden die Gruppe wieder verlassen, andere dazustoßen – jeder, der sich der Gruppe anschließt, ist willkommen.
- Vertrauen Sie dem Prozess! Eine neue innere Einstellung braucht Zeit, um Fuß zu fassen.
(von Adrienne Campbell, Transition Town Lewes)

Schritt 2: Bewusstseinsbildung

Sie können nicht davon ausgehen, dass alle Mitbürger Ihrer Gemeinde mit den Problemen der Erdölverknappung, des Klimawandels oder auch nur den elementarsten Umweltkonzepten vertraut sind. Bevor Sie also den offiziellen Startschuss geben (siehe unten, Schritt 4), muss der Boden bereitet werden. In Totnes haben wir vor der offiziellen Gründungsveranstaltung fast ein Jahr lang Vorträge gehalten, Filmvorführungen organisiert und Verbindungen geknüpft. In dieser Zeit haben wir viel darüber gelernt, wie man so etwas am effektivsten gestaltet.

Wir haben den Dokumentarfilm *The End of Suburbia* drei Mal gezeigt, jedes Mal vor vollem Saal und ganz gemischtem Publikum. Wie man einen solchen Filmabend am besten organisiert, wird unter »Energiewende-Instrumentarium 7« (vgl. S. 152) erläutert. Andere Filme, die wir gezeigt haben, waren *The Power of Community – How Cuba Survived Peak Oil* und *Peak Oil: Imposed by Nature.*

Es wäre falsch anzunehmen, dass man einen Film nur ein Mal zeigen könne, weil beim zweiten Mal keiner mehr kommt. Über diese Filmvorführungen wird geredet, und viele, die davon hören, wollen den Film dann auch sehen. Es ist wichtig, die Filmabende so zu gestalten, dass sie Spaß machen und einen bleibenden Eindruck hinterlassen, damit die Leute anschließend Lust haben, ihren Freunden und Verwandten davon zu erzählen.

Tipp zu Schritt 2

- Bitten Sie die Anwesenden zu Beginn einer Filmvorführung oder eines Vortrages, ihrem Nachbarn oder ihrer Nachbarin zu sagen, wer sie sind, woher sie kommen und warum sie hier sind. Nach dem Film (oder dem Vortrag) sollen sie sich an die Person auf ihrer anderen Seite wenden und Gedanken über das Gesehene und Gehörte austauschen. Das erhöht ihre Freude an dem Abend und schafft Verbindungen.

Vortragsabende sind ein ebenso wichtiges Mittel der Bewusstseinsbildung wie Filmvorführungen.

Das erste Plakat der Energiewende-Initiative Totnes. Angekündigt werden zwei Veranstaltungen im Dezember 2005: eine Vorführung des preisgekrönten Dokumentarfilms The End of Suburbia *sowie ein Vortrag des Autors, in dem er über seine Erfahrungen als Leiter eines zweijährigen Permakultur-Seminars in Kinsale und über die Entstehung des dort verwirklichten Energiewende-Aktionsplans berichtet.*

Auf keinen Fall dürfen wir dabei allerdings den Fehler vieler Peak-Oil-Aktivisten machen und ein düsteres Weltuntergangsszenario malen, in dem das Ende der Zivilisation droht und die Menschen zu Kannibalen werden, wenn der Ölpreis ein neues Allzeithoch erreicht. Vielmehr müssen wir Redner finden, die sich in positiver und ansprechender Weise zu dem Thema äußern können. Organisieren Sie Vortragsabende, die die Leute zum Nachdenken anregen, ihnen aber auch Rückhalt geben in dem manchmal traumatischen Moment, in dem sie sich der trügerischen Natur ihrer auf Erdöl gegründeten Welt bewusst werden. Sie müssen auf die unterschiedlichsten Äußerungen und Symptome einer Post-Erdöl-Belastungsstörung gefasst sein und an den Vortragsabenden genügend Zeit einplanen, damit die Leute in einem Umfeld, in dem sie nicht allein sind mit ihren Ängsten, miteinander reden können.

Auch wenn es bei der Bewusstseinsbildung in erster Linie darum geht, Informationen und Ideen zu verbreiten, ist es mindestens ebenso wichtig, die Menschen dazu zu bringen, dass sie miteinander reden und so die sozialen Netze knüpfen, ohne die keine Energiewende-Initiative funktionieren kann.

Sie können auch Abendkurse anbieten, in die Schulen gehen, Artikel für die Lokalzeitung schreiben oder dem regionalen Fernsehsender einen Beitrag anbieten. Es gibt keine einheitliche Antwort auf die Frage, wann die Phase der Bewusstseinsbildung abgeschlossen ist und zu Schritt 3 übergegangen werden kann – das müssen Sie irgendwie selbst beurteilen. Ich konnte den Erfolg unserer Bemühungen in Totnes erst richtig einschätzen, als Richard Heinberg im Dezember 2006 einen Vortrag in der Stadt hielt und die Zuhörer fragte, wer mit der Peak-Oil-Theorie vertraut sei, worauf drei Viertel der Anwesenden (etwa 350 an der Zahl) die Hand hoben.

Diese Phase bietet Ihnen auch, wenn Sie neu in der Stadt sind, in der Sie das Energiewendemodell verwirklichen wollen, die Möglichkeit, Menschen kennenzulernen und zu sehen, wer zu den Veranstaltungen geht und in der Kerngruppe mitarbeiten könnte. All das wird Ihnen ungemein zugute kommen, wenn es an die praktische Umsetzung des Projekts geht. Das soziale Netzwerk ist in einem solchen Prozess wichtiger, als zu wissen, wer M. King Hubbert war oder wie hoch die jährliche Ölförderung in Mexiko ist.

TIPP ZU SCHRITT 2
• Einen Filmabend kann man nutzen, um politische Gremien in den Prozess einzubeziehen, indem man einen Lokalpolitiker – vorzugsweise einen, der in Energie- und Umweltfragen Entscheidungen trägt – zu einer Podiumsrunde einlädt, in der im Anschluss an den Film über die darin aufgeworfenen Probleme diskutiert wird. Das ist in zweierlei Hinsicht von Vorteil: Zum einen bringt es dem Gast das Anliegen Ihrer Initiative und der gesamten Bewegung näher, zum anderen gibt es Ihnen Gelegenheit, seine Einstellung in diesen Fragen kennenzulernen.

Schritt 3: Grundlagenbildung
Es ist unwahrscheinlich, dass es in der Stadt oder Gemeinde, in der Sie eine Energiewende-Initiative ins Leben rufen wollen, nicht bereits die eine oder andere Umweltgruppe gibt. Aber es mag solche Orte geben: Wenn das in Ihrem Wohnort der Fall ist, wäre es interessant zu wissen, warum hier noch nichts passiert ist! Es wird sicher Einwohner geben, die sich mit Umweltfragen gerade erst zu beschäftigen beginnen, andere, die die Probleme zwar kennen, die daraus aber keine praktischen Konsequenzen gezogen haben, wieder andere, die ihr eigenes Obst und Gemüse ziehen oder beim Bau ihrer Häuser selbst Hand anlegen, und schließlich solche, die resignieren, weil sie jahrelang dasselbe gepredigt haben und auf taube Ohren gestoßen sind.

Außerdem gibt es eine Reihe politischer und sozialer Gremien und Institutionen vom Stadtrat bis zum Frauenausschuss. In dieser Phase ist es

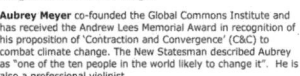

Schumacher College, Transition Town Totnes, South Hams FoE and Totnes Renewable Energy Supply Company (TRESCO) jointly present;

The "Local Responses to Climate Change" Series.

Wednesday February 7th. 8pm.

Contraction and Convergence.

A talk by Aubrey Meyer
Originator of the concept.

Aubrey Meyer co-founded the Global Commons Institute and has received the Andrew Lees Memorial Award in recognition of his proposition of 'Contraction and Convergence' (C&C) to combat climate change. The New Statesman described Aubrey as "one of the ten people in the world likely to change it". He is also a professional violinist.

St. John's Church, Bridgetown. £4 (£3 concs).

Wednesday February 21st. 8pm.

Community Responses to Climate Change.

A Talk by Tony Juniper, director of Friends of the Earth.

Tony Juniper is Executive Director of Friends of the Earth. He has been closely involved with climate change campaigning since the Rio de Janeiro Earth Summit in 1992. He was with a team of campaigners helping to nurture the Kyoto Protocol into existence and has worked to influence many aspects of UK policy on climate change.

St. John's Church, Bridgetown. £4 (£3 concs).

TOTNES

Schumacher
C O L L E G E

Friends of the Earth

der Planung, Propagierung und Durchführung der Veranstaltung einverstanden sind.

In Totnes haben wir beispielsweise in Zusammenarbeit mit dem Schumacher College und der Ortsgruppe Friends of the Earth Vortragsabende organisiert (vgl. linkes Plakat), die ein durchschlagender Erfolg waren. In dieser Phase ist es auch wichtig, mit Institutionen Kontakt aufzunehmen, die von Umweltgruppen normalerweise ignoriert werden, wie beispielsweise der örtlichen Handelskammer oder den konservativen Fraktionen im Stadt- oder Gemeinderat. Wenn wir auf breiter Basis Erfolg haben wollen, müssen wir mehr gesellschaftliche Gruppen in den Prozess einbinden, als dies in der Vergangenheit der Fall war.

Im Wesentlichen geht es bei der Grundlagenbildung darum, eine Basis der Zusammenarbeit mit bestehenden Gruppen und Aktivisten zu schaffen und klarzustellen, dass sie mit ihrer Arbeit einen wesentlichen Beitrag zur Gestaltung einer lebenswerten Zukunft leisten.

Tipp zu Schritt 3

- Bitten Sie andere Gruppen, Veranstaltungen gemeinsam mit Ihnen zu organisieren, und nehmen Sie möglichst viele Veranstaltungen, die andere Gruppen einbeziehen, in Ihr Programm auf.

Schritt 4: Der offizielle Startschuss

Ich benutze den Begriff »Startschuss«, weil er das Gefühl am besten wiedergibt, das mit diesem Ereignis verbunden ist. Nach den ersten drei Phasen haben Sie jetzt im Idealfall eine Gruppe von Mitstreitern um sich versammelt, die mit den Problemen der Ölverknappung und des Klimawandels bestens vertraut sind und darauf brennen, etwas zu tun. Ziel der Startveranstaltung ist es, einen Schwung zu erzeugen, der die Initiative in der nächsten Phase des Prozesses antreibt.

Vor dem offiziellen Start der Energiewende-Initiative Totnes im September 2006 hatten wir zehn Monate lang Vortragsabende, Filmvorführungen und andere Veranstaltungen organisiert.

entscheidend, mit allen diesen Gruppen in Kontakt zu kommen und klarzustellen, dass Sie nicht mit ihnen konkurrieren oder gar ihre jahrelange Arbeit als unbedeutend abtun wollen, sondern vielmehr an einer Kooperation mit ihnen interessiert sind. Bieten Sie allen Umweltgruppen und politischen Gremien Ihrer Stadt an, ihnen das Konzept der Energiewende-Initiativen zu erläutern.

Wenn Sie anderen Gruppen Ihr Konzept vorstellen, erläutern Sie anschaulich die Bedeutung des Ölfördermaximums und dessen Bezug zum Klimawandel (was vielen Umweltgruppen nicht klar sein dürfte) und welche Folgen, welche Herausforderungen und welche Chancen sich für die Gemeinde daraus ergeben. Allerdings muss man bei der Planung gemeinsamer Veranstaltungen mit anderen Gruppen auch behutsam vorgehen: Wenn es gut läuft, sind alle glücklich, aber wenn es irgendwo hakt, können Frustrationen entstehen. Achten Sie darauf, dass alle Beteiligten mit

Energiewende-Instrumentarium 7:
Veranstaltungen effektiv gestalten

Ein Filmabend ist nicht nur eine Gelegenheit, ein paar Leute vor einer Leinwand zu versammeln, und ein Vortragsabend hat nicht nur den Zweck, den Ausführungen eines Referenten zu lauschen. Beides ist auch und vor allem eine Gelegenheit, Menschen dazu zu bringen, miteinander zu sprechen und Kontakte zu knüpfen. Dieser Aspekt ist fast wichtiger als der Film selbst; denn ginge es nur um diesen, könnte man sich ja die DVD auch zu Hause ansehen. Wichtig ist auch, dass man die Menschen nicht einfach mit Informationen abspeist und sie dann nach Hause schickt, sondern dass man ihnen während solcher Veranstaltungen Gelegenheit bietet, sich mit dem Gesehenen und Gehörten auseinanderzusetzen und darüber auszutauschen. Was wir bei unseren Veranstaltungen beachten, sind folgende Aspekte:

Das Interesse bei der offiziellen Startveranstaltung der Energiewende-Initiative Bristol im November 2006 war sehr groß.

Gelegenheit zum Nachdenken, Reden und Zuhören

Vor und nach der Filmvorführung oder dem Vortrag fordern wir die Anwesenden meist auf, sich etwa fünf Minuten mit ihren Nachbarn zur Rechten oder Linken zu unterhalten: Vor dem Film stellt man sich vor, erzählt, warum man gekommen ist und welche Erwartungen man hat, danach tauscht man seine Gedanken über das Thema der Veranstaltung aus.

So entsteht zu Veranstaltungsbeginn eine Atmosphäre gespannter Erwartung, die Anwesenden haben von Anfang an das Gefühl, einer größeren Gruppe anzugehören, Teil einer Bewegung zu sein. Nach dem Film hilft das ungezwungene Gespräch den Menschen, ihre Gedanken zu ordnen, Fragen zu stellen und sich an einer Gruppendiskussion zu beteiligen. Und das hilft ihnen auch, bestimmte Aspekte des Films, die man vielleicht als beängstigend empfand, zu verarbeiten.

Die Kommentarwand

Nahe der Tür, durch die die Besucher den Saal verlassen, kleben wir große Papierbögen an die Wand, legen reichlich Stifte aus, so dass alle und insbesondere diejenigen, die sich in der Gesprächsrunde zurückgehalten haben, ihre Eindrücke, Meinungen und Kommentare aufschreiben können. Daraus ergeben sich oft nützliche Hinweise für die Veranstalter.

Feiern!

Ausgelassene Feste – womit ernsthafte Umweltschützer sich oft schwertun – sind ein wichtiges Element, das in keiner Phase unserer Arbeit fehlen sollte. Als die Energiewende-Initiative Stroud den Film *The Power of Community* zeigte, gab es anschließend Speisen und Getränke und Livemusik für die Besucher. Auch wenn nicht bei jeder Veranstaltung ein solcher Aufwand betrieben werden kann, so oft es möglich ist, sollte man feiern!

E-Mail-Adressen sammeln

Man sollte die Veranstaltungen nutzen, die E-Mail-Adressen von Teilnehmern zu erfragen, die das Energiewendeprojekt unterstützen. An diesen Kreis von Interessierten kann man dann einen regelmäßigen Rundbrief oder aktuelle Nachrichten und Veranstaltungshinweise verschicken. In Totnes legen wir bei allen Veranstaltungen eine Liste für die Besucher mit der Bitte aus, ihre E-Mail-Adresse zu hinterlassen (selbstverständlich mit dem Hinweis, dass wir vertraulich mit den Daten umgehen und sie keinem anderen zur Verfügung stellen). Diese Liste ist für uns ein außerordentlich wichtiges Hilfsmittel geworden. Man muss aber unbedingt den Datenschutz beachten und Rundmails immer als Blindkopie (BCC) versenden, so dass die Anonymität der Adressaten gewahrt bleibt.

Ergebnis eines ersten Post-it-Zettel-Experiments in Totnes, Dezember 2005

Post-it-Zettel

Wir haben noch keinen tollen Namen für dieses Notizzettelmosaik, aber es ist eine sehr nützliche Übung, die wir erstmals bei einem Filmabend im walisischen Machynlleth gesehen haben, als dort *The End of Suburbia* gezeigt wurde. Die Besucher erhalten zu Veranstaltungsbeginn Post-it-Zettel in vier verschiedenen Farben. Erst im Verlauf der Veranstaltung erfahren sie, was es damit auf sich hat: Entsprechend dem folgenden Farbschema sollen sie ihre Einfälle, wer was zur Energiewende beitragen kann, notieren:

Rosa: Was man selbst tun kann.
Gelb: Was die Kommune tun kann.
Orange: Was der Staat tun kann.
Grün: Sonstige Bemerkung.

Nachbereitung

Nach jeder Veranstaltung sollten Sie alles abschreiben, was die Anwesenden, sei's an der Kommentarwand, sei's auf den Post-it-Zetteln, notiert haben. Den Text mailen Sie den Besuchern der Veranstaltung. So prägen sich die Gedanken und Einfälle den Beteiligten ein, und das Bewusstsein, Teil eines Umdenkungsprozesses in der Kommune zu sein, wird gestärkt.

Zu Veranstaltungsbeginn bekommen die Besucher verschiedenfarbige Post-it-Zettel. Da sie zunächst nicht wissen, wozu diese dienen, entsteht eine gewisse Erwartungshaltung.

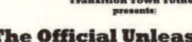
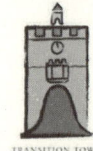

Transition Town Totnes
presents:

The Official Unleashing of Transition Town Totnes.
Totnes Civic Hall. 8pm.
Wednesday September 6th.

Transition Town Totnes is a new initiative seeking to engage the community in the process of designing a practical pathway to a more sustainable society. This evening will be opened by Pruw Boswell, the Mayor of Totnes and will feature presentations by:

Dr. Chris Johnstone, author of *'Find Your Power'*, whose work specialises in addictions and ecopsychology, will talk about how a community such as Totnes can find its collective power and strength to embark on this great adventure to a lower energy future.

FIND YOUR POWER

TRANSITION TOWN
TOTNES

Rob Hopkins, founder of the TTT initiative, is a permaculture teacher and writer, who is researching a PhD at Plymouth University on community responses to peak oil as well as running www.transitionculture.org, a website which explores these issues.

The evening will be inspiring and will set out how the TTT initiative will work and will also invite your thoughts on the transition to a low energy, more localised Totnes. All are welcome. Free of charge.

For more information call 07868604454
or email: robhopkins@gmail.com
www.transitiontowns.org/Totnes
www.transitionculture.org

PDF created with pdfFactory Pro trial version www.pdffactory.com

Ankündigung der offiziellen Startveranstaltung der Energiewende-Initiative Totnes (Mitte) sowie Standbilder aus Sally Hewitts Videoaufzeichnung des Abends

Dann hatten wir das Gefühl, dass der Boden bereitet war für den großen Startschuss. Zum einen nahm die Zahl der Besucher unserer Veranstaltungen ständig zu, zum anderen wurden wir immer häufiger von interessierten Mitbürgern auf der Straße angesprochen, und außerdem wollten wir endlich richtig loslegen. Wann der richtige Zeitpunkt für den offiziellen Startschuss gekommen ist, muss jede Gruppe für sich entscheiden.

Die Energiewende-Initiative Penwith beispielsweise hat den offiziellen Start ihres Projekts sehr früh verkündet, weil die einmalige Chance bestand, Richard Heinberg als Redner zu der Veranstaltung einzuladen, eine Gelegenheit, die man sich nicht entgehen lassen wollte. In meinen Augen ist der ideale Verlauf der Vorbereitungsphase aber wie der Vulkan im Sandkasten, den wir als Kinder so geliebt haben: ein bisschen Backpulver, ein bisschen Essigessenz, dann noch ein bisschen mehr Backpulver und noch mehr Essigessenz dazu, bis der Druck groß genug ist, und – WUMM! – schon bricht der Vulkan aus. Sie können den Startschuss geben, der den feierlichen Beginn des Projekts und den Wunsch der Gemeinde zu handeln markiert.

Man sollte bei der offiziellen Startveranstaltung dem Beispiel Chris Johnstones in Totnes folgen und betonen, dass dies ein historisches Ereignis ist, der Beginn einer zukunftsträchtigen Wende, der Abend, der den Menschen im Gedächtnis bleiben wird als der Moment, in dem alles anfing. Man muss den richtigen Weg finden, damit die Veranstaltung nicht von ernsthaften Umweltaktivisten als zu schwülstig und von den emotionaler veranlagten Besuchern als zu trocken empfunden wird. Chris hat diese Aufgabe perfekt gelöst, und ich bin sicher, dass andere das auch können.

Beim offiziellen Startschuss in Totnes haben wir unter anderem die Anwesenden ermutigt, in Zweiergesprächen über ihre Sorgen und Ängste in Bezug auf Klimawandel und Ölverknappung sowie über ihre Zukunftsvisionen zu reden. Die dabei geäußerten Gedanken sollten sie auf Merkzettel schreiben und an die Wand heften. Später wurden diese Texte abgeschrieben und per E-Mail an alle Besucher des Abends verschickt. Wir haben den Besuchern möglichst viel Raum und Zeit gelassen, ihre Gedanken auszutauschen, weil wir wollten, dass der Abend allen in Erinnerung bleibt. Wie man das am besten erreicht, muss jede Gemeinde für sich entscheiden.

Eine Startveranstaltung ist etwas anderes als einer der üblichen Vortragsabende zum Peak-Oil-Problem. Hier geht es nicht um düstere Zukunftsaussichten und Menetekel darüber, wie heikel unsere Lage ist, sondern wir wollen die Möglichkeiten feiern, die vor uns liegen, wenn wir mit Fantasie und Gemeinschaftsgeist ans Werk gehen. Wir wollen die Kreativität und den Unternehmungsgeist der Gemeinde feiern. So haben wir es in Totnes erlebt und so war es auch bei den Startveranstaltungen in Penwith und in Lewes. Eines

Ankündigung der offiziellen Startveranstaltung der Energiewende-Initiative Lewes

OFFIZIELLER STARTSCHUSS FÜR LEWES!

Am Dienstagabend wurde Lewes im Rathaus offiziell zur Energiewendestadt erklärt. Lewes ist die dritte Kommune in Großbritannien, die diesen Schritt getan hat, und sie hat dies in einer feierlichen Veranstaltung kundgetan, die allen Beteiligten in guter Erinnerung bleiben wird. Der Rathaussaal war mit 400 Besuchern bis auf den letzten Platz besetzt, als John Webber, Vorsitzender der Energiewende-Initiative Lewes, seine Begrüßungsrede hielt. Danach hielt ich einen Vortrag über die Folgen des Peak Oil, die Entstehung und weitere Verbreitung des Energiewendemodells.

Anschließend berichtete Adrienne Campbell von der Energiewende-Initiative Lewes über die bereits geleistete Arbeit der Gruppe und die Veranstaltungen im Rahmen ihres hervorragenden neuen Programms. Sie erzählte auch, dass um 1900 alle Geschäfte und Handwerksbetriebe im Besitz von Bürgern der Stadt gewesen waren; von einigen wusste sie die Namen zu nennen und was aus ihnen und ihren Familien geworden war. Zum Schluss lud sie die Anwesenden zum geplanten ersten Open-Space-Tag zum Thema Nahrungsmittel ein.

Chris Johnstone führte aus, wie man durch sein Engagement im Energiewendeprojekt für sich selbst Kraft gewinnen und wie man die Stadien der Veränderung (ein aus der Suchttherapie übernommenes Modell) auf die Arbeit in den Energiewende-Initiativen übertragen kann. Er sprach auch über die »Traumblockaden«, die Stimmen im Kopf, die uns weismachen wollen, es sei sinnlos zu handeln, und wie wir durch unseren Einsatz für eine effektive Energiewende diese Blockaden in unserer Gemeinde überwinden. Er schloss mit einem mitreißenden Salsa-Song, in den alle einfielen.

In seiner Abschlussrede sicherte der Bürgermeister von Lewes der Initiative die Unterstützung des Stadtrates zu. Die Veranstaltung war getragen von der Begeisterung für das Projekt, und am Ende trugen sich einige der Anwesenden als Mitorganisatoren für die zu bildenden Arbeitsgruppen ein. Vor dem Saal hatten lokale Gruppen ihre Informationsstände aufgebaut. Hier verweilten die Besucher noch lange und unterhielten sich bei Wein und Obstsäften aus der Region über den Abend.

Die Energiewende-Initiative Lewes ist sehr aktiv. Sie hat ein eigenes Büro und T-Shirts mit ihrem Logo (von denen einige für diesen Abend handbedruckt wurden). Glückwunsch an alle Beteiligten zur gelungenen Veranstaltung und überhaupt zur bisher geleisteten Arbeit. (R. H.)

würde ich den Gründern einer Energiewende-Initiative für diesen Anlass rückblickend empfehlen: Stellen Sie eine Liste der Personen aus Politik und Gesellschaft vor Ort zusammen, die Sie einladen möchten.

Der offizielle Startschuss einer Energiewende-Initiative ist keine nebenbei zu organisierende Veranstaltung. Es ist eine einmalige Gelegenheit, die Leute zusammen und das Projekt auf den Weg zu bringen. Wenn Sie es richtig machen, werden die Anwesenden von diesem Abend den Eindruck mit nach Hause nehmen, dass sie dem Beginn eines dynamischen Projekts beigewohnt haben, das viel bewegen wird. Eine schlecht organisierte, halbherzige und schwach besuchte Startveranstaltung wird Ihnen in der nächsten Phase des Projekts das Leben schwermachen.

Ich halte sechs bis zwölf Monate für einen angemessenen Zeitraum für die Vorbereitungsphase, aber das hängt natürlich von der besonderen Situation in Ihrer Stadt oder Gemeinde ab. Es soll ein eindrucksvoller, engagierter, informativer und motivierender Abend sein, der sich den Besuchern einprägt. Überstürzen Sie also nichts.

Tipp zu Schritt 4

- Ihre offizielle Startveranstaltung muss nicht unbedingt nur aus Reden bestehen. Musik, Vorführungen, ein Bilderbogen zur Geschichte der Stadt oder Gemeinde – alles ist möglich. Außerdem empfiehlt es sich, örtlichen Gruppen Gelegenheit zu geben, sich und ihre Arbeit vorzustellen. In Lewes beispielsweise hatten Umweltgruppen aus der Gegend und kommunale Einrichtungen in einem angrenzenden Raum Informationsstände aufgebaut.

Schritt 5: Gruppenbildung

Für die Entwicklung eines Energiewende-Aktionsplans ist es unerlässlich, aus dem kreativen Potenzial der Gemeinde zu schöpfen. Am effektivsten ist dies zu bewerkstelligen, indem man eine Reihe kleinerer Gruppen bildet, die sich jeweils auf einen bestimmten Aspekt des Prozesses konzentrieren. Jede dieser Gruppen wird ihre Vorgehensweisen und ihren Aktionsradius selbst finden, sich dabei aber stets im Rahmen des Gesamtprojekts bewegen.

Tipp zu Schritt 5

- Laden Sie zu den Sitzungen Ihrer Arbeitsgruppe einen »Experten« ein, der sich auf dem fraglichen Gebiet auskennt, der sich zu seinen Perspektiven und Erfahrungen äußern und Vorschläge für nachfolgende »Experten« machen kann.

Als Organisatoren der Initiative sollten Sie die Bildung der Untergruppen aktiv betreiben. In Totnes haben wir beispielsweise ein Programm zur Förderung der Gruppenbildung aufgestellt. So haben wir, um die Gründung einer Arbeitsgruppe Ernährung voranzutreiben, unter dem Motto »Ernährung in Totnes: gestern, heute und morgen« einen Vortragsabend mit verschiedenen Referenten veranstaltet, zu dem viele interessierte Bürger der Stadt kamen.

Drei Tage später fand dann ein Open-Space-Tag zum Thema Ernährung statt, an dem die Möglichkeiten einer Relokalisierung der Nahrungsmittelproduktion in Totnes und Umgebung ausgelotet wurden. Aus dieser Veranstaltung ging eine Reihe von Arbeitsgruppen hervor, und es meldeten sich genügend Leute, um eine Arbeitsgruppe Ernährung auf die Beine zu stellen. Seither verfahren wir auf diese Weise, wenn neue Untergruppen gebildet werden sollen.

In Totnes haben wir eine Liste mit Richtlinien zusammengestellt, die sich jeder durchlesen soll, der daran interessiert ist, eine neue Gruppe zu bilden. Sie sieht folgendermaßen aus:

- In jeder Gruppe muss es einen festen Kreis von Leuten geben, die sich regelmäßig treffen und das Ganze organisieren, aber jeden willkommen heißen, der sich anschließen möchte.
- Jede Gruppe stellt sich immer wieder die Frage: »Wer fehlt uns hier noch?« Das heißt, es wird

Energiewende-Instrumentarium 8:
Eine gute Pressemitteilung verfassen

Der Kontakt zu den Medien gehört zu den wichtigsten Aspekten der Arbeit in einer Energiewende-Initiative, denn man braucht die Kommunikation nach außen. Man muss also wissen, wie eine gute Pressemitteilung aussieht, daran führt kein Weg vorbei. Journalisten sind viel beschäftigte Menschen, man muss ihre Aufmerksamkeit mit der Überschrift und der ersten Zeile gewinnen, man muss sich knapp fassen und ihnen die wichtigsten Informationen in einem Format zukommen lassen, das für sie leicht zu benutzen ist.

Wenn Sie eine Pressemitteilung formulieren, müssen Sie genau überlegen, was Sie eigentlich sagen wollen. Was sollen die Leute erfahren? Was ist das Besondere an der Geschichte? Wie kann man das Thema so zuspitzen, dass die Redaktion Ihrer Pressemitteilung einen prominenten Platz in ihrer Zeitung einräumt?

Auch das richtige Timing muss bedacht werden. Wann soll der Artikel erscheinen? Eine Tageszeitung hat andere Vorlaufzeiten als eine vierteljährlich erscheinende Zeitschrift. Wann ist Redaktionsschluss? Zu bedenken ist auch, dass Zeitungen die Hauptthemen für die nächste Ausgabe schon vor den üblichen Abgabefristen festlegen. Wenn man seinen Artikel vor der Frist einreicht, stehen die Chancen besser für eine günstige Platzierung. Legen Sie anhand dieser Informationen und Ihres Veranstaltungsprogramms einen Zeitplan für die Pressemitteilungen fest. Erkundigen Sie sich, wer der richtige Ansprechpartner ist, und schicken Sie Ihr Material an diese Person. Verschicken Sie Ihre Pressemitteilungen nicht als angehängte Datei, sondern als Bestandteil der E-Mail selbst. Es empfiehlt sich, der E-Mail einen Papierausdruck folgen zu lassen. Um möglichst viele Leute mit Pressemitteilungen zu erreichen, sollte man eine Datenbank mit allen Medienkontakten anlegen und ständig aktualisieren. Außerdem kann man das persönliche Gespräch mit den zuständigen Lokalredakteuren suchen und eine gute Kooperation pflegen.

Beim Zusammenstellen einer Pressemitteilung sollte man sich an die Formel »AIDA« halten:

A **Aufmerksamkeit** gewinnen (mit einer prägnanten Überschrift und einem guten ersten Satz)

I die wichtigsten **Informationen** zuerst liefern

D dann **Details** liefern

A beim Leser eine **Aktion** anregen (mit einem mitreißenden Schlusssatz)

Die Pressemitteilung strukturieren
Ich schlage folgenden Aufbau für eine Pressemitteilung vor:

Kopfzeile
»Pressemitteilung«, fett und in Großbuchstaben

Datum
Soll die Pressemitteilung sofort oder erst an einem bestimmten Datum erscheinen?

Kontaktdaten

Hier sollten Name, Adresse, Telefonnummer, E-Mail-Adresse und Web-Adresse der Gruppe oder Organisation stehen, die die Pressemitteilung versendet.

Überschrift

Sie muss auf Anhieb das Interesse der Redaktion wecken. Sehen Sie sich Überschriften in den Zeitungen an, in denen Sie Ihre Pressemitteilung unterbringen wollen. Wahrscheinlich wird die Überschrift später geändert, aber erst einmal muss sie Aufmerksamkeit erregen.

Unterüberschrift

Sie sollte in höchstens zwei knappen Sätzen das Anliegen oder Thema umreißen.

Erster Absatz

Er soll den Inhalt der Pressemitteilung zusammenfassen (d.h. alles, was im nachfolgenden Text nachrichtenrelevant ist) und mit den ersten 20 bis 30 Worten die Leser neugierig machen. Die Projektziele können in fünf bis sechs Schlagworten benannt werden. In unserer Lokalzeitung wird die Initiative Transition Town Totnes immer beschrieben als »das Projekt, das den Übergang unserer Stadt zu einem Leben nach dem Ölzeitalter erkundet«.

Haupttext

Der restliche Text sollte auf eine DIN-A4-Seite passen, um die Zeit der Redakteure und Leser nicht zu strapazieren (und außerdem brauchen Sie dann auch nicht zu befürchten, dass die zweite Seite irgendwo verloren geht). Reichern Sie den Text mit Zitaten von Projektmitgliedern an. In unserer Pressemitteilung anlässlich der Veröffentlichung des Herbstprogramms 2007 hieß es: »›Es ist unser bislang stärkstes Programm und belegt, mit wie viel Energie und Engagement die Kommune das Projekt unterstützt‹, sagte Rob Hopkins von der Energiewende-Initiative Totnes.«

Bilder

Wenn Sie Ihre Pressemitteilung mit einem Foto illustrieren möchten (was dann ihre Veröffentlichung viel wahrscheinlicher macht), hängen Sie an Ihre E-Mail das Bild als JPG-Datei dran oder vermerken Sie im Anschreiben, dass Sie, falls gewünscht, Bilder liefern können. Achten Sie aber auf Bildausschnitt und -qualität, für Schwarzweißabbildungen eignen sich kontrastreiche Fotos am besten.

Schluss

Am Ende des Textes stehen weitere Informationen: wo man Eintrittskarten für die angekündigte Veranstaltung kaufen oder Interviews mit dem Gastredner vereinbaren kann.

Einige Tage nach Versand der Pressemitteilung sollte man bei den Adressaten nachfragen, ob die Sendung angekommen ist und ob man weitere Informationen benötigt. Vergessen Sie diesen Anruf nicht, denn damit entscheiden Sie nicht selten darüber, ob Ihr Text erscheint oder nicht. Aber wählen Sie den richtigen Zeitpunkt – und nicht erst kurz vor Redaktionsschluss, weil Ihre Nachfrage dann entweder zu spät käme oder eigentlich überflüssig wäre.

ständig nach neuen Wegen gesucht, Menschen mit entsprechenden Fertigkeiten für die Gruppe zu gewinnen.

- Wichtigster Aspekt jeder Gruppe ist die Frage: »Welche Visionen haben wir in unserem speziellen Bereich für eine Niedrigenergiestadt Totnes, und wie könnte ein Zeitplan dafür aussehen?« Die Gruppe sammelt Ideen und Informationen, die es ihr ermöglichen, ihren Teil des Energiewende-Aktionsplans zu entwerfen.
- Jede Gruppe hat Zugriff auf ihren Teil der Projekt-Website und darf das Netzwerklogo für ihr Informations- und Pressematerial verwenden. Dafür verpflichtet sie sich, ihre Aktivitäten auf der Website zu dokumentieren. Derzeit bietet das Energiewende-Netzwerk neuen Initiativen Wiki-Speicherplatz, der leicht zu verwalten und zu aktualisieren ist.
- Jede Gruppe kann die Wiki-Website des Netzwerks benutzen und beispielsweise Entwürfe für Informationsschriften oder für ihren Teil des Energiewende-Aktionsplans ins Netz stellen, die andere dann online überarbeiten können – ein wunderbares Instrument der Zusammenarbeit und Information.

Abschließend ist zum Thema Gruppenbildung noch zu sagen, dass nicht jeder, der sich bereit erklärt, eine Gruppe zu leiten, dazu auch die notwendigen Voraussetzungen mitbringt. Uns wurde nach einiger Zeit klar, dass es sinnvoll ist, Kurse und Workshops anzubieten, in denen sich potenzielle Gruppenleiter die notwendigen Fähigkeiten und Techniken aneignen können. Wir organisierten daher – mit großem Erfolg übrigens – einen Workshop mit Andy Langford und Liora Adler von der Gaia-Universität, in dem die Gestaltung produktiver Gruppentreffen vermittelt wurde, darunter elementare Techniken wie die »Rederunde« und das »Nachdenken und Zuhören« (vgl. S. 162 f., Energiewende-Instrumentarium 9).

Im Übrigen ist es sinnvoll, wenn sich die verschiedenen Gruppen mindestens ein Mal im Monat austauschen. In Totnes gibt es ein Mal im Monat ein solches Treffen, zu dem die einzelnen Gruppen je einen Vertreter schicken. Im Anschluss an die Gespräche findet ein gemeinsames Mittagessen statt. Kontakt und Kooperation der Gruppen untereinander ist unerlässlich für das Gelingen des Projekts.

Tipp zu Schritt 5

- Nicht immer ist es notwendig, eine neue Arbeitsgruppe zu bilden. Manchmal gibt es bereits eine Gruppe oder Initiative in der Gegend, die auf dem entsprechenden Gebiet, seien es erneuerbare Energien oder die Erzeugung von Nahrungsmitteln in der Region, schon viel getan hat. Sprechen Sie diese Gruppen an, ob sie sich vorstellen können, sich der örtlichen Energiewende-Initiative anzuschließen und ihre Ideen und Vorstellungen in die Entwicklung eines Energiewende-Aktionsplans einzubringen. So vermeiden Sie doppelte Arbeit und unnötige Konkurrenzsituationen.

Schritt 6: Open-Space-Tage

Die Open-Space-Methode ist eine erstaunliche Technik. Sie wird oft beschrieben als »eine einfache und effektive Methode, Versammlungen von fünf bis 2000 und mehr Teilnehmern zu strukturieren und Organisationen aller Art in den alltäglichen Belangen und im beständigen Wandel zu führen«. Theoretisch dürfte die Sache überhaupt nicht funktionieren. Eine große Zahl von Menschen kommt zusammen, um ein bestimmtes Problem zu erörtern – ohne vorgegebene einzelne Themen, ohne Tagesordnung, ohne Zeitplan, ohne besonderen Koordinator und ohne Protokollführer. Und doch ist es am Ende der Veranstaltung so, dass jeder gesagt hat, was er zu sagen hatte, dass jede Menge Notizen gemacht und abgetippt wurden, dass zahlreiche Verbindungen geknüpft, eine Fülle von Ideen und Visionen entwickelt wurden (typischer Ablauf eines Open-Space-Tages, vgl. S. 166 f.).

TIPP ZU SCHRITT 6

- Überlegen Sie sich gut, welches übergeordnete Problem Sie als Grundlage
für den Open-Space-Tag wählen. Es
muss ein Thema sein, das den Teilnehmern wichtig ist und interessierten Mitbürgern einen Anreiz gibt,
an der Veranstaltung teilzunehmen.
Beispielsweise: »Wie wird sich unsere Stadt mit Nahrungsmitteln versorgen, wenn billiges Öl nicht mehr
zu haben ist?« Oder: »Welche Rolle
kommt der Bildung und Erziehung
in einer Zukunft mit weniger Energie
zu?«

Der erste Open-Space-Tag der Energiewende-Initiative Totnes drehte sich um das Thema Ernährung, Oktober 2006.

In Totnes kreisten die Themen unserer bisherigen Open-Space-Tage um Ernährung, Energie, Wohnen, Wirtschaft, Kunst, Psychologie der Veränderung, Bildung und Erziehung und Transportwesen. Wir speisen die Ideen, die während einer solchen Veranstaltung entwickelt und formuliert werden, wie in einem News-Ticker in Echtzeit auf unsere Wiki-Website ein. Dazu benötigen wir einen Breitbandanschluss, zwei Laptops, einen Speicherstick oder eine wiederbeschreibbare CD, jemanden, der die Informationen aus den einzelnen Arbeitsgruppen sammelt und notiert, und jemanden, der in der Lage ist, die Website zu aktualisieren. Das Schöne an dieser Methode ist, dass jeder, der irgendwo in der Welt die Veranstaltung verfolgt, den Ablauf kommentieren und eigene Ideen einbringen kann. Außerdem heißt es, dass am Ende des Tages nicht eine Unmenge von gekritzelten Notizen gesammelt und von irgendeinem armen Tropf mit nach Hause genommen und abgetippt werden müssen, sondern dass alle Ergebnisse bereits zur Verfügung stehen, so dass sich die Leute direkt im Anschluss an die Veranstaltung alles noch einmal ansehen und kommentieren können.

Stellen Sie einige Zeit vor einem geplanten Open-Space-Tag eine Liste der Personen zusammen, deren Anwesenheit Ihnen zum betreffenden Thema wichtig erscheint. Schicken Sie diesen Leuten eine persönliche Einladung, keinen Rundbrief. Geben Sie ihnen das Gefühl, wegen ihrer besonderen Kenntnisse auf diesem Gebiet eingeladen worden zu sein. Es gibt andere Formen der Zusammenkunft, wie beispielsweise das World Café (vgl. S. 184f.), die sich ähnlicher Methoden bedienen und zu ähnlichen Ergebnissen kommen wie die Open-Space-Tage. Im Wesentlichen geht es darum, die Leute dazu zu bringen, dass sie miteinander reden, sich miteinander bekannt machen, über ihre Vorstellungen diskutieren und Beziehungen knüpfen. Es kann ausgesprochen hilfreich sein, wenn für die Arbeit, die im Zusammenhang mit dem jeweiligen Thema eines Open-Space-Tages geleistet werden muss, im Voraus Prioritäten gesetzt werden.

TIPP ZU SCHRITT 6

- Es gibt verschiedene Möglichkeiten, die Konzentrationsfähigkeit der Teilnehmer zu erhalten. So sollte während des ganzen Tages Tee und Kaffee für alle bereitstehen. Es empfiehlt sich auch, ein Mittagessen anzubieten, damit die Leute nicht einzeln zum Essen verschwinden und erst nach und nach wieder eintrudeln. An einem unserer

Energiewende-Instrumentarium 9:
Sitzungen produktiv gestalten

Sie werden bald feststellen, dass Sitzungen organisiert werden müssen und dass in kurzer Zeit eine Menge zu erledigen ist. Schon der Gedanke an eine Sitzung erzeugt bei den meisten von uns ein ähnliches Gefühl wie ein fälliger Zahnarztbesuch oder die überfällige Steuererklärung. Sitzungen sind notwendig, müssen aber kein Übel sein. Eine ehrgeizige britische Umweltgruppe, in der ich mich Anfang der 1990er Jahre engagiert hatte, löste sich nach vier Jahren erfolgreicher Arbeit auf. Als ich nach den Gründen fragte, erklärte mir ein ehemaliges Gründungsmitglied: »Ich glaube, wir haben uns schlichtweg zu Tode getroffen.« Es gibt einige Techniken, mit denen wir unsere Gruppentreffen produktiver und auch angenehmer gestalten können.

Rederunden

Sie sind wesentliches Element jeder Sitzung, in Totnes machen wir auf zweierlei Art Gebrauch davon. Zu Beginn berichten die Anwesenden, was sich seit dem letzten Treffen in ihrer Gruppe getan hat. Jeder hat fünf bis zehn Minuten Zeit, in denen er weder durch Fragen noch durch Zwischenbemerkungen gestört wird und vortragen kann, wie es ihm geht, was er getan hat und welche Punkte er für die gegenwärtige Sitzung auf die Tagesordnung gesetzt sehen möchte.

In der Anfangsphase, wenn sich die Teilnehmer noch nicht gut kennen, soll jeder am Ende seiner Rede noch irgendeine persönliche Bemerkung anschließen über seine Lieblingsspeisen, sein schönstes Fleckchen Erde, seine Musikvorlieben usw., was ihm einfällt oder gerade zum Thema passt. Auf diese Weise können sich die Gruppenmitglieder besser kennenlernen und ungezwungener miteinander umgehen.

Offene Tagesordnung

Wir legen die Tagesordnung nicht vorher fest, damit erst gar nicht das Gefühl aufkommt, es sei schon vorab bestimmt worden, worüber gesprochen wird oder welche Entscheidungen getroffen werden. Die Anwesenden dürfen sich in keiner Weise übergangen fühlen. Während der Rederunde zu Beginn des Treffens sammeln wir auf einem Flipchart-Bogen alle Fragen und Themen, die die einzelnen Teilnehmer gern auf die Tagesordnung setzen möchten.

Anschließend gehen wir die Liste gemeinsam durch und gewichten die einzelnen Punkte nach ihrer Dringlichkeit mit einer Zahl von 1 bis 3. 1 bedeutet: muss heute diskutiert werden; 2: sollte heute besprochen werden, kann aber auch warten, und 3: kann warten bis zur nächsten Sitzung.

Dann schauen wir, wie viel Zeit wir insgesamt haben, und legen für jeden Punkt ein bestimmtes Zeitlimit fest, an das wir uns zu halten pflegen. Man kann den thematischen Ablauf so planen, dass am Ende die eher unstrittigen Punkte auf der Tagesordnung stehen, damit die Teilnehmer nicht im Unfrieden auseinandergehen. Die Liste der zu diskutierenden Fragen und Probleme soll für alle sichtbar ausgehängt sein, auf jeden Punkt sollte ausführlich eingegangen werden, ehe man zum nächsten geht.

Die Gestaltung eines produktiven Gruppentreffens kann man lernen. Das Bild zeigt Mitglieder der Energiewende-Initiative Totnes bei einem Seminartag mit Andy Langford und Liora Adler von der Gaia-Universität.

Nachdenken und Zuhören

Diese Technik, die wir schon im Zusammenhang mit der Organisation von Veranstaltungen beschrieben haben (vgl. S. 156), kann auch bei Gruppentreffen nützlich sein, wenn man während der Diskussion eines umstrittenen Punktes eine Pause einlegen möchte, damit die Teilnehmer ihre Argumente nochmals abwägen und sich konzentrieren können, bevor sie sich weiter mit dem Thema auseinandersetzen. Nachdenken und Zuhören schaffen eine wohltuende und belebende Unterbrechung in langen, ermüdenden Debatten.

Anfang und Ende klar definieren

Der Beginn eines Treffens sollte eindeutig markiert sein, beispielsweise mit einer Minute stiller Einkehr oder auch einfach mit der Erklärung, dass die Sitzung eröffnet ist. Ebenso eindeutig sollte die Sitzung formal geschlossen werden, um den Teilnehmern das Gefühl zu geben, dass sie etwas zu Ende gebracht haben, bevor sie auseinandergehen und sich wieder ihren Alltagsgeschäften zuwenden.

Feiern!

Auch für Sitzungen ist die Feier ein Schlüsselelement, deren einfachste und äußerst zufrieden stellende Form ein gemeinsames Essen ist. In Totnes halten wir es so, dass jeder etwas Schmackhaftes zu den Sitzungen mitbringt, die wir mit einem gemeinsamen Imbiss beschließen. So stillen wir unseren augenblicklichen Hunger und tun gleichzeitig auch dem langfristigeren Bedürfnis, die Sitzungsmitglieder auch als Menschen besser kennenzulernen, Genüge.

Üblicher Ablauf einer Gruppensitzung der Energiewende-Initiative Totnes

- Begrüßung.

- Rederunde: Alle Teilnehmer haben fünf Minuten Zeit, über alle Neuigkeiten und Entwicklungen aus ihrer Untergruppe zu berichten, ohne unterbrochen zu werden.

- Zusammenstellung der Punkte, die für dieses Treffen auf die Tagesordnung gesetzt werden.

- Prüfung der Punkte nach ihrer Dringlichkeit: Fragen, die auf das nächste Treffen vertagt werden sollten, werden abgehakt; Punkte, die nur eine kurze allgemeine Zustimmung erfordern, werden sofort erledigt; für die übrigen Fragen und Probleme wird ein Zeitplan aufgestellt.

- Terminfestlegung für das nächste Treffen, gemeinsamer Imbiss und zwangslose Unterhaltung als »Kitt«, der die Gemeinschaft zusammenhält.

*Anfangs bildete sich in Lewes ein Füh-
rungsgremium, das immer noch über
den Modus seiner Auflösung diskutiert.
Auf die Phase der Bewusstseinsbildung
sollte die offizielle Gründungsveranstaltung folgen, diese wurde aber verschoben, weil noch nicht genügend Öffentlichkeit hergestellt war.*

*Es wurden Filmvorführungen und
Vortragsabende organisiert und Koope-
rationen mit existierenden Umweltgruppen gebildet (Schritt 3, Grundlagenbildung). Auf den offiziellen Startschuss
am 24. April 2007 folgte die Bildung von
Untergruppen (Schritt 5) und der erste
Open-Space-Tag (Schritt 6). Insgesamt
hat sich die Initiative Lewes also relativ
genau an den Ablauf der zwölf Schritte
gehalten.*

Open-Space-Tage in Totnes haben wir eine Band,
die abends einen Auftritt in der Stadt hatte, eingeladen, während des Mittagessens bei uns zu
spielen. Das war für die Band eine gute Werbung, und unsere Teilnehmer gingen nach dieser Abwechslung mit frischer Energie ans Werk.

Schritt 7: Sichtbare Zeichen setzen

Es ist leichter, Ideen zu spinnen, als Dinge konkret anzupacken und in die Praxis umzusetzen.
Auf keinen Fall dürfen Sie den Eindruck eines
Laborvereins vermitteln, der nur herumsitzt und
endlose Wunschlisten aufstellt. Es ist wichtig, von
Anfang an sichtbare Zeichen zu setzen, um den
Einwohnern der Stadt anhand praktischer Beispiele vor Augen zu führen, worauf es der Initiative
ankommt und dass sie es ernst meint mit ihrem
Anliegen. Das wirkt sich nicht nur darauf aus,
wie die Leute das Projekt wahrnehmen, sondern
erhöht auch ihre Bereitschaft, sich zu engagieren.

Die sichtbaren Zeichen können in unter-
schiedlichster Form daherkommen. Es können
gemeinsame Baumpflanzaktionen sein, die Installation von Solaranlagen oder Arbeiten mit Kalk-
Hanf-Putz. Es kann ein in Lehmbauweise errich-
teter Unterstand für eine Bushaltestelle sein oder
eine alternative Währung, die für einen bestimmten Zeitraum Gültigkeit hat. Auf jeden Fall sollten
es in dieser Phase Aktionen sein, die nicht provo-
kativ sind und öffentlichkeitswirksam in Szene
gesetzt werden können.

Es gehört zu den Prinzipien der Permakultur,
ein Stück Land ein Jahr lang zu beobachten, bevor
man es bearbeitet oder einen Gestaltungsplan
entwirft. Für Energiewende-Initiativen gilt das
Gleiche. Das erste Jahr ist die Zeit, in der Verbindungen geknüpft, Ideen entwickelt, Öffentlichkeit
geschaffen und Informationen gesammelt werden. Es ist die Zeit, in der die Puzzleteile zusammengetragen werden, aus denen später einmal
der Energiewende-Aktionsplan entstehen wird.
Denn niemand wird daran interessiert sein, Arbeit
in ein Projekt zu investieren, nur um dann, wenn

der Aktionsplan fertig ist, feststellen zu müssen,
dass es nicht wirklich durchdacht ist. Doch so
wichtig es ist, nichts zu überstürzen und sorgfältig
zu planen, muss man hier doch auch abwägen,
denn es gilt auch, die Mitstreiter bei der Stange zu
halten. Dazu eignen sich kleine Projekte, die aber
sichtbare Zeichen setzen, so dass die Leute sehen,
worum es Ihnen geht, dass es Ihnen ernst ist mit
Ihrem Anliegen und dass Sie mit ungeminderter
Energie ans Werk gehen.

Die Leute müssen ein Gefühl für das Ganze
bekommen und sehen, dass etwas passiert, das
sie ihren Freunden erzählen können. Solche Aktionen werden auch die Mitbürger auf den Plan
rufen, die sich anfangs zurückgelehnt und gesagt
haben: »Warten wir's ab! Das hatten wir alles
schon mal, das ist bestimmt wieder eine dieser
Strohfeuerinitiativen, ich werde die Sache im Auge
behalten.« Wenn diese Leute sehen, dass die Organisation Strukturen annimmt, werden sie von der
Begeisterung angesteckt und wollen ihren Teil beitragen.

Wenn Sie in den ersten Phasen alles richtig
gemacht haben, werden Sie feststellen, dass die
Untergruppen von sich aus anfangen, sich auf
ihrem speziellen Gebiet öffentlichkeitswirksame
Aktionen auszudenken. Wenn die Initiative erst
einmal Fahrt aufgenommen hat, werden solche
Aktionen wie Pilze aus dem Boden schießen.

Ein willkommener Nebeneffekt dieser Aktionen ist der Teamgeist, der sich daraus entwickelt.
Eine Gruppe, die sich regelmäßig trifft, um über
Ernährungsfragen zu diskutieren, ist eine Sache.
Wenn dieselbe Gruppe an einem bestimmten Tag
zusammenkommt, um einen Obstgarten anzulegen und ein gemeinsames Picknick zu veranstalten, werden die Teilnehmer den Tag mit dem
gruppendynamisch wichtigen Gefühl beschließen,
wirklich etwas geleistet zu haben. Schmutz unter
den Fingernägeln ihrer Aktivisten macht eine
Energiewende-Initiative umso glaubwürdiger. Die
erfolgreichste Aktion der Initiative Totnes in dieser
Phase war die Einführung des Totnes Pound.

TIPP ZU SCHRITT 7

- Je öffentlichkeitswirksamer Sie Ihre Aktionen in Szene setzen, umso mehr Vertrauen haben die Leute in das, was Sie tun. Beziehen Sie die Schulen und Honoratioren Ihrer Gemeinde mit ein und planen Sie Aktionen, die Aufmerksamkeit erregen, sei es ein Baumpflanztag, ein Schulprojekt zum Bauen mit Naturstoffen oder eine Bücherspende an die Leihbücherei. Gestalten Sie die Aktion so, dass Sie möglichst ansprechende Fotos davon machen können.

Foto: Nevenka Mulej

Der Bürgermeister und der Ausrufer von Totnes stellen gemeinsam mit Noni McKenzie von der Energiewende-Initiative Totnes und einer Riesenmohrrübe am regenreichsten Tag, den die Stadt je gesehen hat, das zweite Totnes Pound und das Verzeichnis örtlicher Lebensmittelanbieter vor.

Schritt 8: Alte Kulturtechniken wiederbeleben

Einer der Gründe, warum vor allem junge Menschen Angstgefühle erleben, wenn sie sich der Probleme bewusst werden, die eine Ölverknappung mit sich bringen wird, ist die Tatsache, dass wir über viele der Fertigkeiten, die für unsere Großeltern noch selbstverständlich waren, nicht mehr verfügen. Solche traditionellen Kulturtechniken in Kursen wieder zu vermitteln gehört zu den wichtigsten Aufgaben einer Energiewende-Initiative.

An dieser Stelle lohnt es sich zu überlegen, welche Fertigkeiten vermittelt werden sollen, welche früheren Kulturtechniken heute wieder nützlich sein könnten und welche Techniken die Menschen heute beherrschen und benötigen. Veranstaltungen, die solches Wissen vermitteln, erfüllen mehrere Funktionen:

- Sie bringen Menschen zusammen, die sich in lockerer Atmosphäre neue Fertigkeiten aneignen.

- Sie schaffen Netzwerke.

- Sie erzeugen das elementare Gefühl, etwas tun zu können.

- Sie können eine Brücke zwischen Alt und Jung schlagen, indem die einen ihr Wissen und Können an die anderen weitergeben.

- Sie können Wissen und Fertigkeiten in der Praxis vermitteln, beispielsweise während eines Bautages, an dem die Teilnehmer lernen, wie man in Lehmbauweise einen Unterstand für eine Bushaltestelle oder etwas ähnlich Nützliches errichtet, und gleichzeitig die Gelegenheit bieten, ein sichtbares Zeichen zu setzen (Schritt 7).

Suchen Sie, wo immer dies möglich ist, die Kooperation mit bestehenden Gruppen und Institutionen wie Schulen und Universitäten. Greifen Sie auf vorhandenes Wissen, vorhandene Fertigkeiten in Ihrer Stadt zurück. Es ist wunderbar, wenn Schüler oder Studenten, die einen entsprechenden Kurs schon besucht haben, das Gelernte an die Teilnehmer des zweiten Kurses dieser Art weitergeben können.

Die Veranstaltungen zur Wiederbelebung alter Kulturtechniken werden anfangs entweder ein- bis zweitägige Seminare oder längerfristig laufende Abendkurse sein wie »Wissensaufrüstung für Energieabrüstung« in Totnes (vgl. S. 192 f.). Irgendwann werden Sie vielleicht so weit sein, dass Sie so etwas auf die Beine stellen können wie den zweijährigen Studiengang, den ich an der Fachhochschule Kinsale eingeführt habe. Auf diesem Niveau kann man eine große Öffentlichkeit erreichen und viel Begeisterung wecken.

UMSETZUNG DER ZWÖLF
SCHRITTE, BEISPIEL 2: KINSALE

In Kinsale wurde die Abfolge der zwölf Schritte ziemlich unorthodox gehandhabt. Dort ging man praktisch von null direkt zur Entwicklung eines Energiewende-Aktionsplans über. Es gab zwar Ansätze der Bewusstseinsbildung (Schritt 2), und es wurden auch ein paar Open-Space-Tage organisiert (Schritt 6), aber alle anderen Schritte, wie beispielsweise die Gruppenbildung, das Setzen sichtbarer Zeichen und das Erlernen traditioneller Kulturtechniken, fanden im Rahmen von Universitätsveranstaltungen statt. Da die Schritte 1 bis 11 für die anderen Einwohner von Kinsale praktisch nicht stattgefunden haben, muss die Energiewende-Initiative Kinsale ganz von vorn mit Schritt 1 beginnen.

Wir lernen etwas zu tun, indem wir es tun. Eine andere Methode gibt es nicht.

John Holt, Autor von
*Wie kleine Kinder schlau werden –
Selbstständiges Lernen im Alltag,*
2003

Energiewende-Instrumentarium 10:
Open-Space-Tage organisieren

Wenn Sie ein Kontrollfreak sind, wird Ihnen die Organisation eines Open-Space-Tages ein Gräuel sein, denn Sie müssen einfach darauf vertrauen, dass die Sache funktioniert! Andererseits habe ich noch nie gehört, dass es irgendwo einmal nicht geklappt hätte. Die Open-Space-Methode[1] ist ein effektives Instrument zur Strukturierung von Diskussionen zu bestimmten Fragestellungen in beliebig großem Kreis. Sie eignet sich für Gruppen von fünf bis 2000 Teilnehmern. Die Open-Space-Methode kennt vier Regeln und ein Gesetz (das Gesetz der zwei Füße).

Die vier Regeln lauten:

1. Wer immer kommt, er ist genau der Richtige.
2. Was immer passiert, es ist genau das Richtige.
3. Wann immer es losgeht, es ist genau der richtige Zeitpunkt.
4. Wenn es vorbei ist, ist es vorbei.

Und das Gesetz der zwei Füße bedeutet: Sobald man feststellt, dass man in einer Arbeitsgruppe nichts mehr lernt und auch nichts mehr beitragen kann, benutzt man seine Füße und wechselt in eine andere Gruppe.

Entscheidend für das Gelingen eines Open-Space-Tages ist die – meist im Motto der Veranstaltung enthaltene – Frage, die den Boden für die Diskussionen des Tages bereitet. In Totnes waren dies unter anderem die Fragen:

• Wie wird sich Totnes mit Nahrungsmitteln versorgen, wenn die Zeit des Billigöls vorbei ist?

• Wie wird die Energieversorgung in Totnes aussehen, wenn die Zeit des Billigöls vorbei ist?

• Die Wiederbelebung der Wirtschaft von Totnes – Wie können wir eine nachhaltige, gerechte und gesunde Wirtschaft aufbauen?

Sie können bestimmte Leute zu der Veranstaltung einladen, es aber auch dem Zufall überlassen, wer kommt. Jedenfalls muss der Veranstaltungsort über einen Raum verfügen, der groß genug ist, dass alle Teilnehmer in einem Kreis sitzen können. Es muss Wände geben, an denen alles Mögliche aufgehängt und befestigt werden kann. Und es müssen Räume oder abgetrennte Rückzugsbereiche für die Arbeitsgruppen vorhanden sein.

	1 Tisch am Fenster	2 Tisch mit Blumen	3 Nebenraum	4 Raum im 1. Stock	5 Esszimmer
$10^{00} - 11^{30}$					
$11^{30} - 13^{00}$					
$14^{00} - 15^{30}$					

Schaubild 19. Offene Tagesordnung einer Open-Space-Veranstaltung.

Bei ihrer Ankunft nehmen die Teilnehmer im Kreis Platz, die Veranstaltung wird eröffnet. In der Mitte des Kreises liegen ein Stoß DIN-A4-Blätter und Stifte, an der Wand hängt ein noch nicht ausgefüllter Zeitplan, auf dem die verschiedenen Bereiche und Gruppenräume verzeichnet sind (vgl. Schaubild 19). Die einzelnen Felder des Zeitplans haben die Größe eines DIN-A4-Blattes. Sie erläutern den Anwesenden die Regeln einer Open-Space-Veranstaltung, erklären, dass Sie die einleitende Diskussion moderieren und für Interessierte, die nicht teilnehmen können, protokollieren und dass ansonsten jeder Anwesende ein Thema, das sich dem Problemkreis der Veranstaltung zuordnen lässt, für die Tagesordnung vorschlagen kann. Sie geben das Startzeichen: »Los geht's!« – und nun kommen Sie ins Schwitzen, weil sich kein Mensch rührt, bis dann doch einer aufsteht, was sagt und es für die anderen kein Halten mehr gibt.

Es folgen zehn Minuten Durcheinander: Fragestellungen und Vorschläge werden notiert und an die Zeittafel geheftet, möglicherweise gibt es mehr Vorschläge, als Zeitfelder vorhanden sind. Sie fassen daher ähnliche Vorschläge unter einem Hauptthema zusammen, das später von einer Arbeitsgruppe behandelt werden kann. Sind alle Zeitfelder ausgefüllt, haben die Anwesenden Zeit, sich die Themenvorschläge anzusehen und zu entscheiden, welcher Arbeitsgruppe sie sich anschließen wollen. Sie läuten eine Glocke oder geben sonst ein Zeichen für den Beginn der ersten Gruppensitzung.

Nun wird sich die Veranstaltung selbst organisieren, zumindest theoretisch. In den Arbeitsräumen und Rückzugsbereichen müssen ausreichend Papier und Stifte bereitliegen. Das Ende der Sitzung muss für alle vernehmlich verkündet werden. Sie sammeln die Notizen ein und hängen sie in dem »Marktplatz« genannten Bereich auf. Vielleicht kann ein Protokollführer die Ergebnisse und Notizen der Arbeitsgruppen gleich erfassen, dann könnten Sie die Berichte live ins Netz stellen und haben nicht noch Schreibarbeit vor sich, wenn der Tag zu Ende ist.

Am Ende des Open-Space-Tages sollten Sie 30 bis 40 Minuten einplanen, in denen im Plenum ein allgemeines Resümee zum Verlauf der Veranstaltung gezogen wird. Harrison Owen beschreibt in seinem Buch *Open Space Technology*[2] auch die Organisation von zwei- bis dreitägigen Open-Space-Konferenzen, aus denen die Teilnehmer mit Stapeln von Memoranden und Protokollen herausgehen. Es lohnt, dieses Buch zu lesen, auch wenn solche Marathonveranstaltungen wohl kaum für Energiewende-Initiativen in Frage kommen, können sich doch die meisten Tagungsteilnehmer nicht drei Tage freinehmen.

Open-Space-Veranstaltungen sind leicht zu organisieren; beim ersten Mal kann man sich auch professionellen Rat suchen. Diese Tagungsform ist geeignet, komplexe Problemfelder zu erörtern und all jene zusammenzubringen, denen diese Probleme am Herzen liegen.

Ein Video von der Open-Space-Veranstaltung, die wir anlässlich der offiziellen Gründung des Energiewende-Netzwerks organisiert haben, kann man sich unter www.youtube.com/watch?v=Ux_LFjFeCvg im Internet ansehen.

Eine Arbeitsgruppe der Energiewende-Initiative Falmouth bietet Kurse an, in denen eine Reihe traditioneller Kulturtechniken erlernt werden können.

WAS IM RAHMEN DER WIEDER-BELEBUNG ALTER KULTUR-TECHNIKEN ALLES VERMITTELT WERDEN KANN

Meißel schärfen, Konfliktbewältigung, Lebensmittel konservieren, Marmelade kochen, Energieeffizienz im Haushalt, Kompostieren, eigene Währungen, Versammlungen organisieren, Zuhörerqualitäten, einfache Energieverbrauchsprüfung, Herstellung von Biodiesel, technische Umrüstung des Haushalts, Lehmputz, Installation von Solarzellen, Erdfarben selber machen, Kräuterextrakte herstellen, Haushaltsbudget verwalten, mit der Sense mähen, Strohballenbau, Stricken, Weben, Bäume beschneiden, eine Baumschule anlegen, Ofenbau, Reduzierung der Erdölabhängigkeit, Werkzeugpflege, Anlegen eines Schilfbetts, Open-Source-Software, Fahrradwartung, Singen, Zeitmanagement, Anlegen eines Hochbeets, Biodynamik, Ernährung, Gemeindeleitung, Backen mit Sauerteig, Pflanzenfarben, Bauen mit Lehm, Gemüse- und Obstanbau...

Energiewende-Initiativen laden ihre Gemeinde ein, sich mit ihnen auf eine Reise zu begeben, ein kollektives Abenteuer zu wagen. In unserer heutigen Gesellschaft sind wir oft vom Gefühl der Machtlosigkeit so gelähmt, dass es uns schon zu viel Mühe scheint, auch nur eine herkömmliche Glühbirne gegen eine Energiesparlampe auszutauschen. Ihr Programm zur Vermittlung alter Kulturtechniken soll den Beteiligten das Gefühl geben, dass sie nicht nur reden, sondern etwas tun, um vorhandene Probleme zu lösen. Gleichzeitig soll es das Zusammengehörigkeitsgefühl stärken, das entsteht, wenn man gemeinsam mit anderen etwas schafft. Und außerdem soll es Spaß machen.

Learning by Doing: Studenten in Kinsale sammeln praktische Erfahrung in der Technik des Lehmbaus.

Schritt 9: Eine Brücke zur Lokalpolitik schlagen

So viel Resonanz Ihre Energiewende-Initiative in der Bevölkerung auch haben mag, so viele praktische Projekte Sie verwirklicht haben mögen und so großartig Ihr Energiewende-Aktionsplan auch sein mag, Sie werden nicht sehr weit kommen, wenn es Ihnen nicht gelingt, eine gute und produktive Beziehung zu den lokalpolitischen Gremien zu pflegen. Sie sind auf die Politiker Ihrer Stadt angewiesen, ob es nun um Fragen der Projektplanung, Finanzierung oder sonst etwas geht. Und in vielen Städten werden Sie feststellen, dass Sie offene Türen einrennen.

Es ist ratsam, in einem möglichst frühen Stadium damit zu beginnen, Verbindungen zur Politik zu knüpfen. Stellen Sie sich den entscheidenden Leuten im Stadt- oder Gemeinderat vor, reden Sie mit ihnen und erklären Sie ihnen das Konzept Ihrer Initiative. Und hüten Sie sich davor, in Kategorien von »die dort und wir hier« zu denken. Als Nächstes sehen Sie sich an, was die Kommunalregierung bereits getan hat, welche energiepolitischen Pläne beispielsweise schon in ihren Schubladen liegen. Sie müssen das Rad nicht immer neu erfinden; nicht selten haben die kommunalen Behörden bereits gute Vorarbeit geleistet, und auch wenn sich ihre Pläne oft auf eine zweifelhafte Einschätzung der zur Verfügung stehenden Erdölmengen und des Klimawandels stützen, lohnt es sich doch, dies in Erfahrung zu bringen.

Versuchen Sie, kurz gesagt, Mitstreiter zu gewinnen. Die Leute sind viel begieriger nach Ihren Ideen, als Sie glauben! In der Energiewende-Initiative Totnes hat sich eine Gruppe gebildet, die sich ausschließlich darauf konzentriert, den bestmöglichen Kontakt zu den politischen Gremien und Institutionen zu pflegen. Ihr Ziel ist es, die produktive Schnittstelle zwischen beiden maximal zu nutzen. Irgendwann, wenn der Energiewende-Aktionsplan erst einmal steht, wird sich die Verbindung zur Kommunalpolitik vielleicht so weit vertieft haben, dass ein Politiker mit dem Programm dieses Aktionsplans bei den Kommunal-

World-Café-Treffen für Sozialarbeiter der Kommune, der Stadt und des Landkreises am Schumacher College, Februar 2007

wahlen antritt. Wenn Ihre Initiative die Schritte 1 bis 7 erfolgreich realisiert hat, sollte er damit ein Direktmandat gewinnen können!

TIPP ZU SCHRITT 9
- Wenn Sie eine große Veranstaltung planen, stellen Sie eine Liste der Lokalpolitiker (und auch der Geschäftsleute und sonstigen Honoratioren der Stadt) zusammen, die Ihrer Meinung nach bei dem Ereignis nicht fehlen sollten. Laden Sie diese persönlich ein und sorgen Sie dafür, dass sie bei ihrem Erscheinen auch persönlich begrüßt und willkommen geheißen werden.

Schritt 10: Die Erfahrungen der älteren Generation nutzen

Diejenigen unter uns, die in oder nach den 1960er Jahren geboren sind, als das Billigöl in Strömen floss, können sich ein Leben, in dem Öl nicht mehr unbegrenzt zur Verfügung steht, nur schwer vorstellen. Ich habe (außer während der Ölkrise der frühen 70er Jahre) nie etwas anderes erlebt, als dass der Energieverbrauch von Jahr zu Jahr mehr wurde. Davon, wie eine lokal und regional verwurzelte Gesellschaft in Großbritannien aussah, habe ich keine Ahnung; die beste Vorstellung einer solchen Gesellschaft bekam ich wohl, als ich 1996 nach Irland in eine Kleinstadt in ländlicher

Umgebung umsiedelte, wo die meisten Läden noch einheimische Besitzer hatten. Die Geschäfte, die mir am lebhaftesten in Erinnerung geblieben sind – Geschäfte, in denen das unglaublichste Sammelsurium von Waren (Paraffinlampen neben Kekspackungen und Haushaltsschürzen) auslag –, waren von einem leicht modrigen Geruch erfüllt und gehörten einem Ehepaar Ende sechzig. Von diesen Menschen, die sich an den Übergang zum Erdölzeitalter, insbesondere die Zeit zwischen 1930 und 1960, noch persönlich erinnern, können wir ungeheuer viel lernen.

Im Rahmen der Projekte unserer Energiewende-Initiative in Totnes haben wir ältere Bürger der Stadt und des ländlichen Umfelds als Zeitzeugen befragt. Eine Passage aus einem der aufgezeichneten Gespräche mit Muriel Langford, einer Mittachtzigerin, fand ich besonders anschaulich:

> »Wir schliefen oben, und Jeremys Bettchen stand auf meiner Seite. Ich hatte eine Taschenlampe, die ich anmachte, wenn er aufwachte. Sofort drehte sich Eric um und zündete, um die Batterien in der Taschenlampe zu schonen, die Kerze auf seiner Seite an, die ja nicht da stehen konnte, wo das Baby schlief. Unser System funktionierte ausgezeichnet!«

Das war im Jahr 1945, als Batterien so kostbar waren, dass man äußerst sparsam damit umgehen musste. Zu dieser Zeit wurden nur wenige der in Totnes verzehrten Lebensmittel von außerhalb bezogen, und die Menschen lebten in den Häusern auf engerem Raum (selten hatte jedes Kind ein eigenes Zimmer, wie es heute meist der Fall ist). Autos gab es nur wenige. Muriel erzählt, wie sie nach dem Krieg in eine Wohnung in der Hauptstraße umzogen, wo sie etliche große Möbelstücke durch die Fenster hieven mussten. Der Umzugskran wurde zu diesem Zweck mitten auf der Straße geparkt, so dass der Verkehr mehr als vier Stunden lang blockiert war. Heute wäre nach spätestens vier Minuten das Chaos perfekt und man hätte eine Horde wütender Autofahrer am Hals!

Vor einigen Jahren las ich, Elementarteilchen seien »gebündelte Potenziale«. Ich fing an, uns Menschen als solche zu betrachten, denn zweifellos sind wir ebenso undefinierbar, unanalysierbar und voller Potenzial wie irgendetwas sonst im Universum. Kein Mensch existiert unabhängig von seiner Beziehung zu anderen.

Margaret Wheatley, *Quantensprung der Führungskunst*, 1997

UMSETZUNG DER ZWÖLF SCHRITTE, BEISPIEL 3: TOTNES

In Totnes wurde die Reihenfolge der zwölf Schritte ziemlich genau eingehalten. In der Phase der Bewusstseinsbildung (Schritt 2) gab es jedoch kein Führungsgremium (Schritt 1), sondern ein paar Leute, die informell Veranstaltungen organisierten, ohne den späteren offiziellen Namen »Transition Town Totnes« zu benutzen.

Es folgten der offizielle Startschuss (Schritt 4) und der erfolglose Versuch, doch noch ein Führungsgremium zu bilden. Dann begannen sich Arbeitsgruppen zu bilden (Schritt 5) – teils als Ergebnis der Open-Space-Tage (Schritt 6), teils völlig unabhängig von diesen. Danach gibt es eigentlich keine Chronologie der zwölf Schritte mehr, lediglich die Übereinkunft, dass alle Schritte letztendlich auf den Entwurf eines Energiewende-Aktionsplans (Schritt 12) hinauslaufen.

TIPP ZU SCHRITT 10

- Führen Sie Zeitzeugengespräche immer nur mit einer Person. Ich hatte einmal ein Gespräch mit einer älteren Frau, die während des Zweiten Weltkriegs als Landarbeiterin nach Devon geschickt worden war und mir von ihren Erfahrungen dort erzählen wollte. Doch schon nach wenigen Minuten sagte sie: »Eigentlich habe ich überhaupt nichts Interessantes zu erzählen, darum habe ich einen Freund gebeten, auch zu kommen.« Kurz darauf tauchte besagter Freund auf, und ich unterhielt mich mit beiden. Das Problem war, dass sie schon bald in Erinnerungen zu schwelgen begannen. Der Mann sagte beispielsweise: »Und unten an der Uferstraße war ein Laden. Wem gehörte der noch mal?« Die Frau antwortete: »Den Jamesons.« Worauf er wieder einfiel: »Ach ja, die Jamesons. – Waren das nicht die mit den drei Söhnen?« – »Richtig, einer hieß Jason, der ist jetzt in Australien …«, und so weiter und so fort. Es war ausgesprochen schwierig, überhaupt etwas Vernünftiges aus ihnen herauszukriegen!

Genauso interessant wie die vielen kleinen Anekdoten sind die Berichte über das Alltagsleben in früheren Zeiten. Beispielsweise hatte fast jeder einen kleinen Gemüsegarten – der gehörte einfach dazu. Oder man erfährt etwas über das Zusammengehörigkeitsgefühl der Leute, das stärker ausgeprägt war als heute. Und es ist faszinierend zu hören, welche Genügsamkeit Menschen in Kriegstagen entwickelt haben, wie wenig ihnen »genug« schien. Was wäre nötig, um wieder zu einer solchen Haltung zu finden?

Aus Gesprächen mit Zeitzeugen lernt man viel über traditionelle Kulturtechniken, die früher eine Selbstverständlichkeit waren, womit wir wieder bei Schritt 7 wären. Im Zuge meiner Recherchen habe ich beispielsweise festgestellt, dass es in Totnes bis Anfang der 1980er Jahre Marktgärtnereien gab, von denen die örtlichen Lebensmittelhändler beliefert wurden (wie in Kapitel 3 beschrieben).

Heute werden diese Flächen als Parkplätze genutzt. Zeitzeugenbefragung und lokale Geschichtsforschung liefern interessante Erkenntnisse darüber, wie sich die Menschen früher ernährten, wie sie Wärme erzeugten und womit sie sich beschäftigten. Natürlich ist nicht alles, was man erfährt, von weltbewegender Bedeutung, und das Zusammentragen von Erinnerungen birgt die Gefahr, dass man die Vergangenheit idealisiert und die Gegenwart herabsetzt. Dennoch können wir von diesen Erinnerungen eine Menge lernen.

Man könnte solche Geschichten sammeln und veröffentlichen. In meinen Augen hat es etwas Zwingendes, wenn man als einen der ersten Schritte im Prozess des Umdenkens die älteren Bürger der Gemeinde um ihren Beitrag bittet. In vielen Kulturkreisen wäre das irgendwie logisch und selbstverständlich, bei uns ist es nicht mehr so. Es ist bemerkenswert, dass ältere Leute zu Beginn eines solchen Gesprächs oft sagen: »Ich weiß gar nicht, warum Sie ausgerechnet mich fragen, ich habe doch überhaupt nichts Interessantes zu erzählen«, nur um dann loszulegen und eine spannende Anekdote und Geschichte nach der anderen auszupacken!

Foto: © Totnes Image Bank and Rural Archive

Victoria Nurseries, eine der drei Marktgärtnereien von Totnes, die Anfang der 1980er Jahre geschlossen wurde. Aus Zeitzeugnissen kann man viel über den allmählichen Rückgang regionaler und lokaler Selbstversorgung erfahren.

Energiewende-Instrumentarium 11:
Eine Aquariumdiskussion organisieren

Diese Diskussionsmethode ist für die gründliche Erörterung eines Themas gut geeignet, sie bietet ein offenes Forum und zugleich eine konzentrierte Diskussion. Die Gruppengröße kann zehn, hundert oder mehr Teilnehmer betragen. Die Themenstellung sollte eine offene, wertfreie Frage sein, die keinen Weisungscharakter hat. Legen Sie einen Zeitrahmen fest (eineinhalb Stunden sollten ausreichen).

Stellen Sie in der Mitte des Raums fünf oder sechs Stühle im Kreis auf, darum herum einen zweiten äußeren Stuhlkreis. Anfangs sitzen alle im äußeren Kreis. Leiten Sie die Diskussion so ein, dass die Anwesenden zu dem Thema hingeführt werden – etwa mit einer Visualisierungs- oder Reflexionsübung. Wenn jemand etwas zum Thema zu sagen hat, wechselt er in den Innenkreis (wo der Diskussionsleiter oder Moderator bereits sitzen kann). Die Diskussion beginnt, wenn ein Zweiter vom Außen- in den Innenkreis wechselt. Ist einer mit seinem Diskussionsbeitrag fertig, wechselt er vom Innen- wieder in den Außenkreis. Ein Stuhl im Innenkreis sollte immer für neue Diskussionsteilnehmer frei bleiben.

Diskutieren können nur die, die im Innenkreis sitzen; sie können sich zwar auf den Redebeitrag von jemandem beziehen, der mittlerweile wieder im Außenkreis sitzt, mit diesem aber nicht direkt reden. Am Ende geben Sie allen Teilnehmern – ob sie sich zu Wort gemeldet haben oder nicht – Zeit zu einem abschließenden Gedankenaustausch.[3]

Schritt 11: Den Dingen ihren Lauf lassen

Schritt 11 bedarf kaum einer Erläuterung. Selbst wenn Sie, um es ganz einfach zu sagen, den Energiewendeprozess mit einer klaren Vorstellung davon beginnen, wohin er führen soll, wird er irgendwann eine völlig andere Richtung nehmen. Für solche Veränderungen müssen Sie offen sein und sich von der Energie derer, die am Prozess beteiligt sind, tragen lassen. Denn wenn Sie stur an der einmal eingeschlagenen Richtung festhalten, werden Sie dem Projekt über kurz oder lang den Wind aus den Segeln nehmen. Das ist doch das Aufregende an dem Ganzen: zu sehen, was dabei herauskommt. Denken Sie immer daran, dass es nicht Ihre Aufgabe ist, alle Antworten parat zu haben. Ihre Rolle ist es vielmehr, als Katalysator für die Gemeinde zu dienen, in der die Energiewende vollzogen werden soll, und Ihre Mitbürger so zu informieren, dass sie die richtigen Fragen stellen können.

Schritt 12: Einen Energiewende-Aktionsplan erstellen

Derzeit gibt es erst einen Energiewende-Aktionsplan, nämlich denjenigen, der für das irische Städtchen Kinsale entworfen wurde. Er erhebt keinen Anspruch auf Alleingültigkeit oder Vollständigkeit; schließlich ist er als Produkt eines studentischen Projekts zu einer Zeit entstanden, als wir noch nicht genau wussten, was wir wollten. Dennoch ist er brauchbar als Muster für andere Städte oder Gemeinden, die einen Ausweg aus der Ölabhängigkeit suchen. Ein solcher Plan muss auch nicht Energiewende-Aktionsplan heißen. Aber wie immer wir ihn nennen, der Gedanke, der dahintersteht, ist eindeutig. Ein Energiewende-Aktionsplan entwirft die Vision einer resilienten, relokalisierten Zukunft mit heruntergefahrenem Energiebedarf und blendet dann zurück und zeichnet die Landkarte, anhand derer man Schritt für Schritt vom gegenwärtigen Status quo dorthin gelangt.

INDIKATOREN LOKALER UND REGIONALER ZUKUNFTS-FÄHIGKEIT

Die Verminderung des CO_2-Ausstoßes und des CO_2-Fußabdrucks ist ein entscheidender Schritt in eine Zukunft mit signifikant reduziertem Energieverbrauch, aber sie ist nicht der einzige Indikator, an dem sich die Entwicklung einer städtischen oder dörflichen Kommune hin zu größerer Nachhaltigkeit und Selbstversorgung messen lässt. Im Verständnis der Energiewendebewegung ist der reduzierte CO_2-Ausstoß einer von vielen Indikatoren für die zunehmende Widerstandsfähigkeit der Kommunen, in denen sich entsprechende Initiativen gebildet haben. Weitere solche Indikatoren sind:

- *der prozentuale Anteil von Käufen und Verkäufen, die in einer lokalen Währung getätigt werden,*
- *der prozentuale Anteil von Nahrungsmitteln, die zum lokalen Konsum in der Region angebaut werden,*
- *das Verhältnis zwischen Kfz-Parkflächen und landwirtschaftlich genutzten Flächen,*
- *das Verkehrsaufkommen auf den örtlichen Straßen,*
- *Zahl der Geschäfte mit einem ortsansässigen Inhaber,*

(Fortsetzung gegenüber)

Der Aktionsplan wird in jeder Stadt anders aussehen, aber überall wird er neben der Energiefrage viele andere Lebensbereiche erfassen: Die Energiewende ist ein Konzept, das sich auf alle Aspekte unseres Lebens – Ernährung, Reisen, Wirtschaft, Bildung und vieles mehr – auswirkt.

Ein Energiewende-Aktionsplan ist als Flussdiagramm in Anhang 3 abgebildet. Es ist die Darstellung eines Arbeitsablaufs, der immer schärfere Konturen annimmt, je mehr Kommunen sich der Bewegung anschließen und ihre eigenen Aktionspläne entwerfen. Hier aber wollen wir die zehn Phasen zum Entwurf eines Energiewende-Aktionsplans einmal genau zusammenstellen:

1: eine Grundlinie festlegen. Hierzu ist es notwendig, einige statistische Daten über Ihre Stadt oder Gemeinde zusammenzutragen, sei es in Bezug auf den Energieverbrauch, die Lebensmittelmengen, die konsumiert werden, oder die Transportwege, die diese Lebensmittel zurücklegen. Natürlich könnte man Jahre damit zubringen, solche Informationen zu sammeln, aber es geht in diesem Fall ja nicht darum, ein bis ins Detail getreues Bild der Wirklichkeit zu zeichnen. Vielmehr sollen ein paar Indikatoren gesammelt werden, die Aufschluss über die strukturelle Ausgangslage in Ihrer Stadt geben. Wie viel landwirtschaftlich nutzbare Fläche steht zur Verfügung? Wie hoch ist das tägliche Verkehrsaufkommen auf bestimmten Straßen? Und so weiter. Über viele dieser Daten wird die Stadtverwaltung verfügen, andere werden die Arbeitsgruppen der Initiative vielleicht schon zusammengetragen haben.[4]

2: den Stadtentwicklungsplan einbeziehen. Im Stadtentwicklungsplan Ihrer Kommune sind vermutlich gewisse Zeitrahmen und andere Ziele vorgegeben, die Sie in Ihrem Energiewende-Aktionsplan berücksichtigen müssen. Außerdem ist der offizielle Stadtentwicklungsplan auch sonst eine nützliche Informationsquelle. Sie müssen aber prüfen, ob er von unrealistischen Voraussetzun-

gen ausgeht und damit früher oder später überholt sein wird oder ob Sie Ihren Aktionsplan auf ihn abstimmen können.

TIPP ZU PHASE 2
- Auch wenn der Stadtentwicklungsplan Ihrer Kommune auf 20 Jahre angelegt ist, heißt das angesichts abnehmender Ölvorräte und drohender Klimakatastrophe noch lange nicht, dass er in allen Punkten verwirklichbar sein wird. Wenn es darin Punkte gibt, die Sie für völlig unrealistisch halten (beispielsweise den Bau eines Flughafens oder die massive Förderung des Straßentransports), wäre es unsinnig, Ihren Aktionsplan auf diese Pläne abzustimmen.

3: die übergeordnete Vision. Wie sollte Ihre Stadt in 15 oder 20 Jahren aussehen unter der Annahme, dass der CO_2-Ausstoß drastisch reduziert, wesentlich weniger Energie verbraucht und in allen wichtigen Lebensbereichen wieder ein hohes Maß an Autarkie erreicht wurde? Diese Vision bildet sich bei Open-Space-Tagen, beim Erfinden von Energiewendegeschichten und bei anderen Veranstaltungen, bei denen sich die Menschen die Zukunft ihrer Stadt ausmalen. Lassen Sie diese Träume zu!

4: Einzelvisionen. Jede Arbeitsgruppe entwirft nun ein Bild, wie die Wende im Rahmen der Gesamtvision, bezogen auf ihren Bereich, sei es Ernährung, Gesundheit, Energie oder was auch immer, aussehen könnte – für die Arbeitsgruppe Herz und Seele beispielsweise wird dies natürlich schwieriger sein als für andere.

5: zurückblenden. Dann erstellen die Arbeitsgruppen einen Zeitplan für die Aktivitäten, Techniken und Prozesse, die erforderlich sind, um ihre jeweilige Vision zu realisieren. An diesem Punkt müssen auch die Indikatoren für die Zukunftsfähigkeit einer Gemeinde definiert werden, die Anhaltspunkte dafür geben, ob sich die Stadt in die

Foto: Andy Goldring

Könnte ein Stapel von gut abgelagertem Brennholz wie dieser hier in Slowenien ein verlässlicher Indikator für lokale und regionale Resilienz sein?

richtige Richtung entwickelt. Die Methode des Zurückblendens versetzt Sie in die Lage, auf dem Weg zum Ziel ein paar sehr nützliche Fragen zu stellen. Ein Beispiel hierfür ist das in Totnes entwickelte Modell des lokalen Passivhauses (lokales Passivhaus, vgl. S. 117f.).

Dem lokalen Passivhaus liegt das skandinavische Passivhaus-Konzept zugrunde, bei dem der Wärmebedarf vorwiegend von passiven Quellen wie Sonneneinstrahlung und Abwärme von Personen und technischen Geräten sowie einer kompakten Bauweise und hervorragender Isolierung gedeckt wird. Die Baumaterialien stammen zu 80 Prozent aus der Region. Ein solches Haus sofort zu errichten wäre allerdings ein Ding der Unmöglichkeit, denn dazu fehlen die strukturellen Voraussetzungen. Es müsste vor Ort Firmen geben, die Lehmziegel, Kalk- und Lehmputz und andere benötigte Baumaterialien produzieren, und – wichtiger noch – es müsste Leute geben, die mit diesen alten Materialien arbeiten können und die alten Techniken beherrschen. Der Energiewende-Aktionsplan ist eine Möglichkeit, den Weg dahin vorzuzeichnen.

TIPP ZU PHASE 5
- Sie könnten örtliche Fotografen bitten, zur Illustration Ihres Energiewende-Aktionsplans Fotos zu arrangieren, die fiktive Ansichten Ihrer Stadt im Jahr 2030 zeigen.

6: Energiewendegeschichten. Die Arbeitsgruppe Energiewendegeschichten zeigt (wie in Kapitel 8 geschildert) in Geschichten, Berichten, Artikeln und Bildern die Stadt nach der Energiewende und vermittelt so aufgrund unterschiedlicher Medien eine lebendige Vorstellung davon, wie eine Welt jenseits aller Energieverschwendung aussehen könnte. Diese Geschichten und Bilder werden später in den Aktionsplan aufgenommen.

7: der Gesamtplan. Nun stimmen die einzelnen Arbeitsgruppen die in der Rückblende entwickelten Zeitpläne aufeinander ab, um zu vermeiden, dass beispielsweise die Arbeitsgruppe Gesundheit auf dem gleichen Parkplatzgelände eine Marktgärtnerei anlegen möchte, auf dem die Arbeitsgruppe Arzneien den Bau eines Gesundheitszentrums geplant hat. Der Abstimmungsprozess sollte nicht allzu lange dauern, er soll lediglich dafür sorgen, dass die verschiedenen Stränge des Plans am Ende zu einer einzigen stimmigen Aktion verwoben werden können.

8: der erste Entwurf. Machen Sie aus dem Gesamtplan und den Energiewendegeschichten ein zusammenhängendes Ganzes, in dem jeder Bereich mit einer kurzen Zusammenfassung des Ist-Zustandes im Jahr 2008 beginnt und mit der Vision für das Jahr 2030 fortfährt. Anschließend folgt dann das detaillierte Programm, in dem alle im Zuge der Rückblende entwickelten Maßnahmen und Aktionen einem Jahresplan folgend aufgelistet sind. Geben Sie den Entwurf, wenn er fertig ist, zur Prüfung und Überarbeitung an alle Beteiligten weiter.

- der prozentuale Anteil derer, die in oder in der Nähe ihrer Heimatgemeinde einen Arbeitsplatz haben,
- der prozentuale Anteil an lebensnotwendigen Gütern, die in der Region produziert werden,
- der prozentuale Anteil von Baumaterialien aus der Region, die bei kommunalen Bauprojekten zum Einsatz kommen,
- der prozentuale Anteil des in der Stadt verbrauchten Stroms, der von regionalen Stromerzeugern bezogen wird,
- Zahl der 16-jährigen, die in der Lage sind, mit halbwegs zufriedenstellendem Ergebnis zehn verschiedene Gemüsesorten zu ziehen,
- der prozentuale Anteil von vor Ort verschriebenen Arzneien, die in der Region erzeugt wurden.

Das Ganze ist Neuland, das die Energiewendebewegung gerade erst zu erforschen beginnt. Wenn also jemand Ideen hat, welche Indikatoren hier noch aufgenommen werden könnten, so ist jeder Vorschlag hochwillkommen. Es reicht nicht, lediglich den CO_2-Fußabdruck zu messen. Denn der springende Punkt ist: Selbst wenn wir in unserem Wohnort den CO_2-Ausstoß halbieren, werden wir die Folgen der Ölverknappung zu spüren bekommen.

Wenn Sie sich die endgültige Version Ihres Aktionsplans so vorstellen wie die Stadtentwicklungspläne, die Sie gesehen haben, dann überlegen Sie es sich noch einmal. Ein Energiewende-Aktionsplan sollte eher aussehen wie ein Urlaubsprospekt; er sollte die relokalisierte, von Energiezwängen befreite Welt in so verlockenden Farben zeigen, dass jeder, der ihn liest, es für einen Verlust halten würde, nicht sein ganzes restliches Leben nach seiner Verwirklichung zu streben.

9: der endgültige Energiewende-Aktionsplan. Berücksichtigen Sie in der endgültigen Version des Aktionsplans alle Rückmeldungen, die Sie erreichen. Genau genommen wird der Aktionsplan nie »endgültig« sein – er wird in dem Maße, in dem die Umstände sich ändern und neue Ideen aufkommen, ständig aktualisiert und verbessert werden. Veranstalten Sie ein Riesentamtam, wenn der fertige Aktionsplan der Öffentlichkeit vorgestellt wird.

10: Feiern Sie! Feiern ist immer eine gute Sache. Vielleicht hätten Sie es nach jedem der vorangegangenen Schritte schon tun sollen!

Über die zwölf Schritte hinaus …

Aus den weiter oben aufgelisteten zwölf Schritten zur Energiewende ergibt sich ein Handlungsplan, und Sie glauben vielleicht, mit Schritt zwölf sei der Prozess beendet. Ganz im Gegenteil: Wenn dieser letzte Schritt getan ist, fängt die Arbeit der Energiewende-Initiative im Grunde erst richtig an! Im Energiewende-Aktionsplan ist vorgezeichnet, was künftig zu tun ist, und – rein theoretisch (denn dort ist noch niemand angekommen) – wenn dieser Punkt erreicht ist, verändert sich die Initiative und wird zu einer Relokalisierungsagentur, deren Aufgabe es ist, den Aktionsplan umzusetzen.

Kapitel 12

Das erste Jahr
der Energiewendestadt Totnes

Zunächst etwas Hintergrundinformation

Totnes ist eine Stadt in Devon mit einer Bevölkerung von etwa 8000 Einwohnern. Sie steht im Ruf, ziemlich »alternativ« zu sein. (Ein Witzbold schrieb »Partnerstadt von Narnia« auf eines der Ortsschilder am Stadtrand.) Begonnen hatte alles mit Leonard und Dorothy Elmhirst, die Totnes 1926 zu ihrer Heimat machten. Die reiche amerikanische Erbin und ihr Mann suchten einen Ort auf dem Land, wo Künstler aus aller Welt miteinander leben und voneinander lernen konnten. Sie erwarben das alte Herrenhaus Dartington Estate in der unmittelbaren Nähe von Totnes und gründeten dort ein College, das zu einem international bekannten Zentrum der Künste werden sollte. Eine breite Palette ländlicher Betriebe und der Ruf Dartingtons lockten viele kreative und alternativ denkende Menschen nach Totnes und

Der historische »Butterwalk« in Totnes. Der Name dieser Kolonnade stammt aus Zeiten, als die Stadt wirtschaftlich noch resilient war. Früher wurden hier im kühlen Schatten an den Markttagen die Milchprodukte feilgeboten.

Umgebung. Neben anderen Umweltschützern ist auch eine sehr erfolgreiche Anti-Gentechnik-Gruppe Großbritanniens in Totnes zu Hause. Mehrere Jahre lang gab es dort einen der besten Tauschringe landesweit.

Wie viele Kleinstädte des ländlichen Südwestens leidet Totnes unter zu hohen Immobilienpreisen, zu niedrigen Löhnen und der Überalterung der Bevölkerung. (Nirgendwo in Großbritannien leben so viele auf sich allein gestellte Menschen über 60 Jahre.) Auf den beiden gut besuchten Märkten, die freitags und samstags stattfinden, werden vorwiegend einheimische Landwirtschaftserzeugnisse angeboten. Da ein Großteil kleiner Läden in der Hand Einheimischer geblieben ist, konnte Totnes dem Schicksal vieler wie geklont wirkender Städte Großbritanniens entgehen und seine Identität bewahren. Im September 2005 verließ ich Irland, um mich in Totnes niederzulassen. Ich könnte Ihnen von anderen Städten berichten, die die Energiewende auf ihre Fahnen geschrieben haben – etwa Lewes, Penwith oder Bristol, auf die ich noch kurz eingehen werde –, aber Totnes ist in vielerlei Hinsicht das Vorzeigeprojekt, mit dem ich zudem am besten vertraut bin.

Etwas zur Vorgeschichte

Im Folgenden möchte ich Ihnen erzählen, wie es zum Energiewendeprojekt Totnes gekommen ist. Einiges werde ich bewusst auslassen, damit meine Ausführungen nicht zu lang werden, es könnte aber auch sein, dass ich Dinge zu erwähnen versäume, weil ich nicht über alles informiert bin; das Projekt wird immer größer und macht rasante

Sie werden gemerkt haben, dass ich unser Vorhaben mehrmals mit einer Abenteuergeschichte verglichen habe. Abenteuergeschichten gefallen mir vor allem deshalb so gut, weil es zunächst immer so aussieht, als seien die Aussichten mehr oder weniger hoffnungslos. Harry Potters Leben beginnt im Wandschrank unter der Treppe, seine Zukunft sieht keineswegs rosig aus … und Ihnen geht vielleicht durch den Kopf: »Was? Ausgerechnet ich soll gegen den Klimawandel und den gewaltigen Ölverbrauch antreten?«

Es kann durchaus sein, dass Sie sich anfangs der Aufgabe nicht gewachsen fühlen, aber wir entdecken unsere Stärken und verborgenen Fähigkeiten immer erst dann, wenn wir uns den Herausforderungen stellen. Dabei ist es sehr hilfreich, unser Ziel zu formulieren.

Aus der Rede Chris Johnstones am
6. September 2006 zum Startschuss
der Energiewendestadt Totnes

»Ein guter Anfang – ich freue mich darauf, einen praktischen Beitrag leisten zu können.«

»Ich habe nun eine viel klarere Vorstellung von der ganzen Situation, fühle mich beflügelt und ganz aufgeregt. Ich fühle mich nicht mehr ohnmächtig – mir ist klar geworden, dass die Bewusstseinsbildung ebenso wichtig ist, wie zu wissen, was man tun kann.«

»Sehr inspirierend. Ich freue mich auf die Umsetzung.«

»Hervorragend! Ich finde das Ganze sehr aufregend, auf mich können Sie zählen!«

Rückmeldungen des Publikums beim offiziellen Startschuss der Energiewendestadt Totnes

Eine augenfällige Eigenschaft der heutigen Gesellschaft Großbritanniens ist doch, dass wir uns nur noch vergnügen können, indem wir Energie verbrauchen. Wir müssen es wieder lernen, wie unsere Großeltern bei geringem Aufwand sehr viel Spaß zu haben. Darum geht es in Wirklichkeit. Die Geschichte zeigt, dass wir Menschen alles aushalten können, solange wir gleichzeitig ein wenig Spaß haben. An diesem Spaßfaktor müssen wir arbeiten.

Paul Mobbs, Autor von *Energy Beyond Oil* in einem Interview in Totnes, Oktober 2006

Fortschritte. Gleichwohl hoffe ich, Ihnen einen guten Eindruck vermitteln zu können.

Die Energiewendebewegung Totnes begann mit dem Film *The End of Suburbia*, den wir im Oktober 2005 vorführten. In den folgenden Monaten sprachen mein Kollege Naresh Giangrande und ich bei verschiedenen Anlässen über den extrem hohen Erdölverbrauch in den westlichen Ländern, zeigten Filme und nahmen Kontakt mit bestehenden lokalen Gruppen auf. Noch war keine Rede davon, dass Totnes eine Energiewendestadt werden würde. Auch hatte die Bewegung keinen Namen, den erhielt sie erst eine Woche vor dem offiziellen Beginn. Wir waren allerdings von Anfang an bemüht, bei unseren Veranstaltungen den Aufbau eines Netzwerks im Auge zu behalten (vgl. Seite 152f).

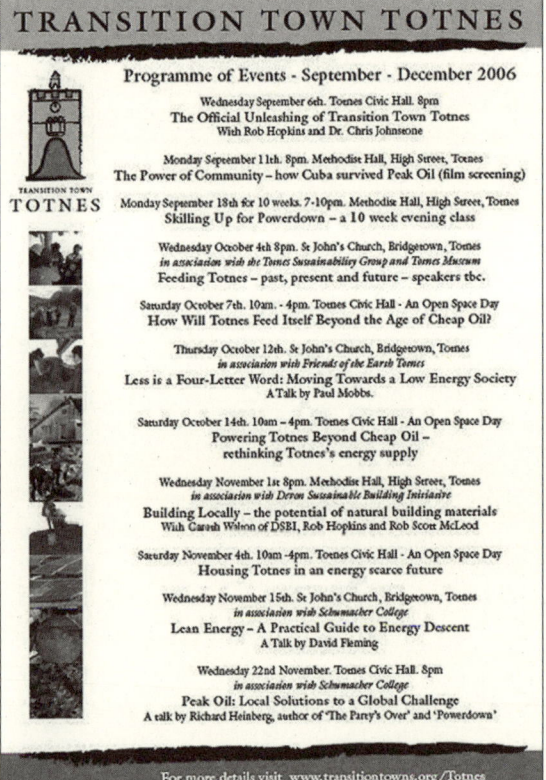

Das erste Veranstaltungsprogramm der Energiewende-Initiative Totnes

September 2006

Anfang September 2006 brachten wir überall in Totnes Plakate an, auf denen wir den öffentlichen Startschuss der Energiewendebewegung ankündigten. Sicherlich fragten sich viele Einwohner, was das wohl sein mochte. Am Mittwoch, dem 6. September, wurde Totnes dann offiziell zur Energiewendestadt erklärt. Etwa 350 Menschen drängten sich in der Stadthalle, um Chris Johnstone und mich zu hören. Eröffnet wurde die Veranstaltung von Bürgermeisterin Pruw Boswell, die sich begeistert über die Initiative äußerte und ihr Erfolg wünschte. »Wenn es einen Ort gibt, der die Voraussetzungen für ein solches Projekt mitbringt, dann ist es Totnes«, versicherte sie den Anwesenden.

Ich sprach über den Peak Oil, was dahintersteckt und warum wir uns dringend mit dem Ölfördermaximum auseinandersetzen müssen. Ich sprach von der nötigen Drosselung des Energieverbrauchs, über Relokalisierung und berichtete vom Aktionsplan zur Senkung des Energieverbrauchs in Kinsale. Ich legte meine Vorstellungen vom Energiewendeprojekt Totnes dar und erläuterte unsere Pläne für die ersten vier Monate.

Chris Johnstone sprach über die Möglichkeiten, bestimmte Erkenntnisse über Drogenabhängigkeit (auch Konsum kann eine Sucht sein) für die Bemühungen, den Energieverbrauch zu senken, zu nutzen. Er sagte, Ölfördermaximum und Klimawandel seien ein Appell an unsere Fähigkeiten und unser Selbstverständnis. Unser Engagement werde ungeahnte Kräfte in uns mobilisieren. Zum Schluss forderte er die Anwesenden auf, sich mit ihrem Nachbarn zusammenzusetzen und über jedes der folgenden Themen etwa drei Minuten zu diskutieren:

»Wenn ich von Klimawandel und Ölfördermaximum höre, mache ich mir Sorgen, dass …«
»Wenn es nicht mehr genug Erdöl gibt, stelle ich mir unsere Stadt so vor: …«
»In einer solchen Situation würde ich folgende Schritte unternehmen: …«

Die Antworten sollte man auf verschiedenfarbige Zettel schreiben (jedes Thema hatte eine bestimmte Farbe), die dann für alle sichtbar an die Wand geheftet wurden.

Die Anwesenden sagten später, dass sie es gut fanden, einmal über ihre Ansichten mit anderen zu diskutieren. Wir hatten viel Arbeit in die Organisation dieser Veranstaltung investiert, damit sie ein denkwürdiger Tag in der Energiewendebewegung werden würde; die Teilnehmer sollten sich noch lange an diesen offiziellen Eröffnungsabend erinnern. Und das war uns gelungen. Die Menschen waren begeistert und gingen voller Tatendrang nach Hause; sie verspürten genug Energie für die Bewältigung der anstehenden Aufgaben, und diese Energie treibt das Projekt seither voran.

Einige Tage später zeigten wir noch einmal den Film *The Power of Community* (2006, Regie: Faith Morgan), in dem es um die Erfahrungen der Kubaner in den 1990er Jahren geht, als Kuba nach dem Zusammenbruch der Sowjetunion nicht mehr genügend Erdöl zur Deckung seines Ener-

giebedarfs hatte. War unsere erste Filmvorführung schon bis auf den letzten Platz ausverkauft gewesen, kamen nun abermals über hundert Zuschauer, die anschließend sehr lebhaft über den Film diskutierten.

Etwa um diese Zeit begann auch der erste Abendkurs »Wissensaufrüstung für Energieabrüstung« (vgl. Seite 192f.). 35 Teilnehmer und Teilnehmerinnen mit unterschiedlichem Werdegang beteiligten sich an dem Kurs, dessen weit gefächertes Programm darauf abzielte, Projektmitarbeiter zu schulen.

Oktober 2006

Anfang Oktober luden wir in die St John's Church zu einer Abendveranstaltung zum Thema »Die Lebensmittelversorgung von Totnes in Vergangenheit, Gegenwart und Zukunft«. Zwei Referentinnen und ein Referent kamen zu Wort. Den Reigen eröffnete Mary Bartlett, die das Publikum für ihren Bericht über ihre Zeit als Gartenbaustudentin im Dartington College der 60er Jahre interessieren konnte. Die zweite Rednerin, Helena Norberg-Hodge von der International Society for Ecology and Culture, berichtete von Kommunen in aller Welt, die den ruinösen Folgen der Globalisierung dadurch begegnen, dass sie auf die regionale autarke Lebensmittelversorgung setzen. Als Letzter sprach Guy Watson von der Riverford Farm in der Nachbarschaft von Totnes, einem der größten biologisch geführten Landwirtschaftsbetriebe Großbritanniens. Er legte dar, wie sein Unternehmen geführt wird und was unternommen wurde, um es vom Erdöl unabhängiger zu machen.

Drei Tage später folgte die erste sogenannte Open-Space-Versammlung der Energiewende-Initiative Totnes zum Thema Nahrungsmittelerzeugung. Über hundert Interessierte nahmen vor Ort daran teil, allerdings waren sie nicht den ganzen Tag anwesend, sondern kamen und gingen nach Belieben (technischer Ablauf einer Open-Space-Veranstaltung, vgl. S. 166f.). Es war das erste Mal,

PETER RUSSELL ZUM THEMA ENERGIEWENDE UND BEWUSSTSEINSBILDUNG

Frage: Sind Sie der Auffassung, dass es schaden könnte, mehr Gewicht auf den Bewusstseinswandel zu legen als auf das eigentliche Handeln? Sehen Sie die Gefahr, dass sich einige Leute einbilden, man könnte diese Krise wie von Zauberhand überwinden, dass sie meinen, die Probleme lösen sich von selbst, es sei nicht nötig, sich die Hände schmutzig zu machen und zuzupacken?

Ich sehe eine große Gefahr darin, sich nur auf den Bewusstseinswandel zu konzentrieren. Ohne eine Menge praktischer Arbeit, gesellschaftlicher Veränderungen, wirtschaftlicher Veränderungen, vielfältiger Veränderungen, ist eine Überwindung der Krise nicht möglich. Und das wird nicht ohne Arbeit, Anpassung und Entscheidungen abgehen. Aber sie werden fließender vonstatten gehen, müheloser und, meiner Meinung nach. auch konstruktiver sein, wenn wir uns vom herkömmlichen, auf uns selbst zentrierten Materialismus befreien, durch den wir überhaupt erst in unsere missliche Lage gekommen sind.

Wenn wir uns also nicht ebenfalls mit unserem Bewusstsein befassen, mit unserem Geist und unserer Psyche, laufen

(Fortsetzung gegenüber)

dass wir versuchten, unsere Tagung in Realzeit auf der Website von Wiki zu dokumentieren. Das klappte sehr gut, mit Open Space kann man viele Sympathisanten finden. Wir konnten das Netzwerk unserer Initiative ausbauen, und aus den Diskussionen entstanden neue Projekte wie beispielsweise der Samen-Tauschtag.

Am 12. Oktober sprach Paul Mobbs, der Autor von *Energy Beyond Oil*, vor vollem Haus darüber, vor welchen Herausforderungen Großbritannien bei einer Erdölverknappung steht. Ein Open-Space-Tag zum Thema Energie folgte. Auch wenn sich dazu weniger Teilnehmer einfanden als zum Open Space über Nahrungsmittelerzeugung, war die Veranstaltung lebendig und produktiv.[1] Am 26. Oktober organisierten wir kurzfristig einen Vortrag über biologischen Gartenbau mit dem Fachmann Bob Flowerdew. Er vermittelte sein fundiertes gartenbauliches Wissen vor einem großen interessierten Publikum.

Am 17. Oktober hatte die Arbeitsgruppe Herz und Seele ihren Auftritt; sie befasst sich mit der Psychologie der Veränderung. Im Mittelpunkt ihrer Überlegungen stehen folgende Fragen:

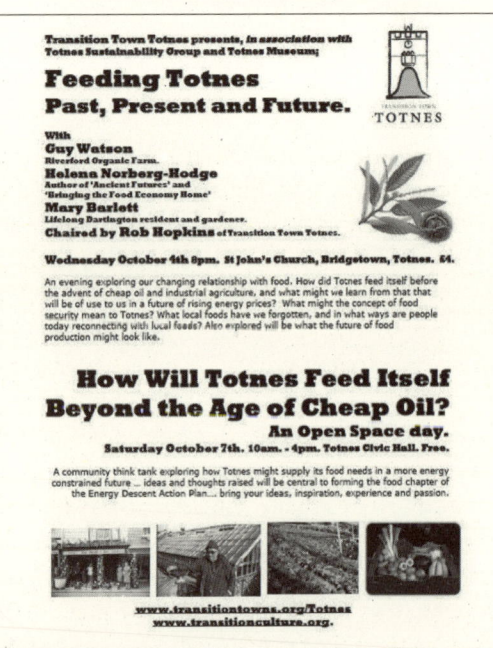

»Was bedeutet es für den Menschen, in dieser Epoche der Menschheitsgeschichte zu leben? Wie lebt es sich heute wirklich im globalen Wirtschaftssystem, dem wir uns nicht entziehen können? Was ist mit unseren Träumen und Visionen, mit unserer Angst und Wut, unserem Kummer, unserer Leidenschaft und Inspiration? Was motiviert uns, kreativ zu sein und unsere Lebensweise zu verändern? Was lässt unsere Kreativität verkümmern und uns in die Bequemlichkeit flüchten? Wie prägt uns die Gesellschaft, in der wir leben? Und wie formt das, was in uns liegt, die Gesellschaft, die wir zusammen bilden? Welche Strukturen oder Verfahrensweisen müssen wir für unseren Bewusstseinswandel in Gang bringen, damit wir die vor uns liegende praktische Arbeit bewältigen können?«

Der Abend war sehr gut besucht. Es wurde gesungen, man tauschte seine Gedanken aus und debattierte. Die Arbeitsgruppe Herz und Seele hat auch in der Folgezeit nichts von ihrer Beliebtheit eingebüßt. Bei ihrer Programmgestaltung zeigte sie sich experimentierfreudig und offen für neue Wege.

Um diese Zeit bildete sich auch die Arbeitsgruppe Energie, deren erstes Treffen in einem kleinen Gartengeräteschuppen stattfand. Wie in »Tardis« (so heißt die telefonhäuschengroße Raumschiff-Zeitmaschinen-Kabine einer beliebten britischen SF-Serie) drängelte sich darin eine unglaublich große Zahl von Teilnehmern, um sich mit den Aspekten der Energiewende-Initiative Totnes zu befassen. Ebenfalls im Oktober konstituierte sich die Arbeitsgruppe Gesundheit, deren erste Versammlung zwar nur wenige, dafür aber umso tatendurstigere Teilnehmer anlockte, die lebhaft darüber diskutierten, was sich eine solche Gruppe zur Aufgabe setzen könnte.

November 2006

Der erste Veranstaltungsabend im November 2006 galt einem architektonischen Thema: »Regionales Bauen – das Potenzial natürlicher Baumaterialien«. Drei Referenten diskutierten über

Simon Snowden von der Universität Liverpool erläutert einheimischen Geschäftsleuten, wie man eine Prüfung zur betrieblichen Erdölabhängigkeit durchführt.

bautechnische Aspekte. Gareth Walton stellte die Devon Sustainable Building Initiative vor; Jim Carfrae erläuterte, wie er das Strohballen-Haus in Totnes baute. Und ich referierte über natürliche Baumaterialien und -techniken. Drei Tage später fand das letzte Open-Space-Treffen des Jahres 2006 statt, bei dem es um den »Wohnungsbau in Totnes in energiearmer Zukunft« ging. Auf der gut besuchten Veranstaltung wurde eine Menge neuer Ideen geboren.

Am 8. November kam Simon Snowden von der Universität Liverpool zum ersten Mal nach Totnes. Snowden hat seine OVA-Methode (Oil Vulnerability Auditing) entwickelt, mit der man die Erdölabhängigkeit von Betrieben analysieren kann. Er leitete einen ganztägigen Kurs in den Büros des South Hams District Council, an dem Vertreter von zehn einheimischen Unternehmen teilnahmen. Vor diesen erläuterte er, wie die Betriebe mit seinem Verfahren Erkenntnisse darüber gewinnen können, wie sehr sie vom Erdöl abhängig und welchem Risiko sie deswegen ausgesetzt sind.

Am 9. November wurde die Arbeitsgruppe Kunst offiziell ins Leben gerufen. Einheimische Künstler diskutierten darüber, wie sie mit ihren künstlerischen Mitteln der Energiewendebewegung ein Gesicht geben, sie dokumentieren und beflügeln könnten. Auch wenn der Versuch, Künst-

ler zu einer Gemeinschaftsaktion zu bewegen, dem Bemühen, Katzen zu Herdentieren machen zu wollen, nicht unähnlich ist, wurde auch dieser Aspekt des Energiewendeprojekts mit Elan vorangetrieben.

In diesen Tagen war auch das Schumacher College Gastgeber eines bemerkenswerten zweiwöchigen Kurses, der dem »Leben nach dem Erdöl« gewidmet war, also der Zeit nach dem Peak Oil. Einer der Lehrer war David Fleming, Ökonom und Urheber des (die Privathaushalte mitberücksichtigenden) Emissionshandelskonzepts »Tradable Energy Quotas« (TEQ). Am 7. November hatte er für die Energiewende-Initiative Totnes einen Vortrag zum Thema »Ein praktischer Leitfaden für die Zeit der Energieverknappung« gehalten. Im überfüllten Saal sprach er über die unterschiedlichsten Themen: vom Ölfördermaximum bis zur Chormusik und von der Rationierung fossiler Brennstoffe bis zu Wordsworth' Gedichten. Die Energiewende, argumentierte er, bedeute nicht nur, Sonnenkollektoren zu montieren, sondern auch die Kultur wieder für sich zu entdecken und zu erneuern. Er überzog seine Redezeit gewaltig, und jeder spendete Beifall. Am Abend vor seinem Vortrag hatten wir zusammen mit Stephan Harding im Barn Cinema, Dartington, über den Film *Eine unbequeme Wahrheit* (2006, Regie: Davis Guggenheim) gesprochen. Ein Zuhörer fragte die Diskussionsrunde: »Was gibt Ihnen Hoffnung?« David überlegte kurz und antwortete: »Bach.«

Wenige Tage später unterhielt ich mich in den Büros einer örtlichen Filmproduktionsgesellschaft über Relokalisierung. Während des Gesprächs nahm mein Gastgeber eine eingerahmte lokale Banknote aus dem Jahr 1810 von der Wand und zeigte sie mir (das Gebäude hatte einmal einer Bank gehört). Und hier kam mir zum ersten Mal der Gedanke an eine einheimische Währung. Auch traf sich in dieser Zeit eine Gruppe, die Ideen für einen lokalen Lebensmittelwegweiser sammelte, inspiriert von einem ähnlichen Handbuch des Forest of Dean District.

wir Gefahr, die in der Vergangenheit gemachten Fehler zu wiederholen. Wir dürfen uns nicht nur um die Dinge kümmern, die erledigt werden müssen, ohne das Bewusstsein zu berücksichtigen. So gehen wir nämlich normalerweise vor – wir erkennen ein Problem und beseitigen es. In unserer jetzigen Lage müssen wir auch das Bewusstsein berücksichtigen und uns fragen, was an unserem Denken zu den Problemen geführt hat oder was uns von den richtigen Lösungen abhält.

Es muss also unbedingt zu einem Gleichgewicht kommen, beide Ansätze müssen einander ergänzen. Ein Bewusstseinswandel unterstützt die konkrete Arbeit. Ich glaube nicht, dass sich die Probleme des Erdballs lösen, indem wir uns alle zurücklehnen und meditieren. Ganz im Gegenteil. Eine ganze Menge sehr harter Arbeit, viele schwierige Entscheidungen werden nötig sein, und wahrscheinlich wird es nicht ohne persönliche Unannehmlichkeiten, vielleicht Härten abgehen, wenn wir uns den neuen Gegebenheiten anpassen. Einfach wird das nicht sein, und deshalb meine ich, müssen wir gleichzeitig unser Bewusstsein im Auge behalten, damit wir diesen Prozess leichter bewältigen.

Peter Russel in einem Interview in Totnes, 18. Januar 2007

TONY JUNIPER ÜBER
ERDÖLVERKNAPPUNG UND
ENERGIESENKUNG

Ich glaube nicht, dass die Energiewende
aufzuhalten sein wird. Allerdings wer-
den wir uns schwerlich geordnet aus
dem Zeitalter der fossilen Brennstoffe
zurückziehen können. Es wird alles viel
zu schnell gehen, in so kurzer Zeit
schaffen wir die Umstellung nicht. Un-
sere Infrastrukturen, unsere Transport-
systeme, unsere Landwirtschaft, alles ist
in höchstem Maß von fossilen Brenn-
stoffen abhängig. Es wird eine Weile
dauern, bis wir da herauskommen, aber
je eher wir damit beginnen, desto eher
werden wir es schaffen, und umso ge-
ordneter wird die Energiewende von-
stattengehen.

Wir müssen hier und jetzt beginnen,
den fossilen Brennstoffen den Rücken
zu kehren. Wir verfügen bereits über
jede Menge Technologien dafür, vom
Fahrrad bis zur Gewinnung von Sonnen-
energie. Wir müssen loslegen, wir müs-
sen den Prozess einleiten, solange wir
noch die nötige wirtschaftliche und ge-
sellschaftliche Stabilität und die finan-
ziellen Mittel dafür haben.

Am Ende des Prozesses könnte die Erde
viel schöner sein als heute! Das ist ein

(Fortsetzung gegenüber)

Ebenfalls im November konstituierte sich eine Verbindungsgruppe zur Kommunalverwaltung, die sich hauptsächlich aus Gemeinderäten und Interessierten zusammensetzte, die eine Anlaufstelle für die Energiewendebewegung und die Kommunalverwaltung schaffen wollten. Im E-Mail-Bulletin der Energiewendebewegung Totnes hieß es:

»Die geplante Verbindungsgruppe setzt sich für eine Kommunalpolitik ein, die den Weg frei macht für Schritte zur Verringerung der Abhängigkeit von fossilen Brennstoffen in Totnes und Umgebung unter Berücksichtigung der Vorschläge anderer Gruppen.«

Der Gruppe sollte in kurzer Zeit eine Schlüsselstellung bei der Arbeit der Energiewendebewegung Totnes zukommen. Der November schloss am 22. mit einem Vortrag Richard Heinbergs in der Stadthalle, an dem etwa 400 Zuhörer teilnahmen. Man war sogar aus Leeds gekommen, um Heinberg zu hören. Neben dem offiziellen Startschuss der Bewegung im September war Heinbergs Vortrag die größte Veranstaltung des Jahres 2006.

Dezember 2006

Infolge des Open Space zum Thema Energie entstand das Projekt Totnes Renewable Energy Society, TROSOC (Gesellschaft für erneuerbare Energien in Totnes). Ihr Ziel ist es, den Einheimischen eine Möglichkeit zu bieten, in eine erneuerbare Energie-Infrastruktur zu investieren. Auch die Arbeitsgruppe Wirtschaft und Lebensunterhalt entstand zu jener Zeit.

Am 15. Dezember traf sich zum ersten Mal die Arbeitsgruppe Projekthilfe. Es war schon zu einem früheren Zeitpunkt versucht worden, eine Art Kerngruppe zu bilden, die die Energiewendebewegung koordinieren und leiten sollte, doch ohne rechten Erfolg. Nun stellte jede Arbeitsgruppe ein Mitglied zur Bildung einer solchen Kerngruppe zur Verfügung. Das Projekthilfemodell funktio-

niert sehr gut, das Gremium ist ein effizienter Entscheidungsträger.

Januar 2007

Wir eröffneten den Januar mit einer Fortbildungsveranstaltung. Andy Langford und Liora Adler von der Gaia-Universität informierten darüber, wie die Produktivität von Versammlungen erhöht werden kann. Als immer mehr Menschen an den verschiedenen Arbeitsgruppen der Energiewendebewegung teilnahmen, zeigte sich nämlich, dass zwar alle eine Menge Schwung und Begeisterung mitbrachten, aber nicht notwendigerweise auch über Kenntnisse in der Konfliktlösung usw. verfügten, die das Abhalten von Versammlungen erleichterten.

Am 17. war Peter Russell bei uns zu Gast und hielt seinen Vortrag »Rechtzeitiges Erwachen«. Er lockte mit knapp 300 Zuhörern die bisher größte Menschenmenge in die St John's Church. Es ging um die Bedeutung, die das Bewusstsein für die Energiewende spielt, ein Thema, mit dem wir uns bis zu jenem Zeitpunkt noch nicht befasst hatten.

Sonntag, der 28., war der »Samen-Sonntag« der Energiewendebewegung. Wir hielten eine Samen-Tauschbörse ab, an der sich Hunderte von Menschen beteiligten und Samen von uralten Kul-

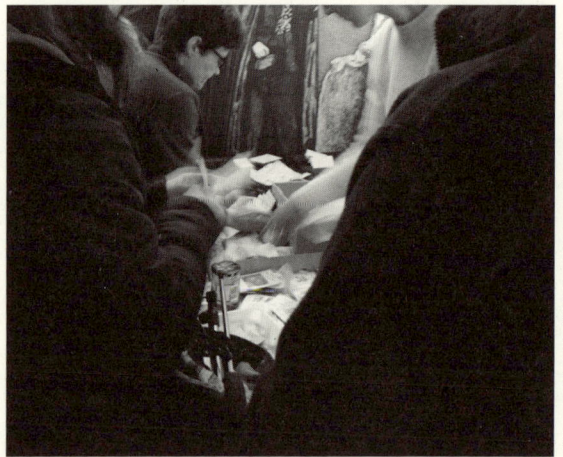

Foto: © Frankie Wellwood

Samen-Sonntag in Totnes, veranstaltet von der Energiewende-Initiative

turpflanzen und anderen merkwürdigen Gewächsen mitbrachten. Zu jener Zeit fand die Energiewendebewegung Totnes zum ersten Mal Beachtung in der überregionalen Presse. Im *Guardian* war der folgende Beitrag zu lesen:

»Die Vorstellung, dass den Einwohnern von Totnes, Devon, das Erdöl ausgegangen ist, beschwört Bilder von würdigen Matronen herauf, die per Anhalter nach Exeter fahren, und Ruheständlern, die am offenen Herdfeuer kochen. Aber der Stadt ist es bitterernst mit ihrer Absicht, ihre Lebensmittel vor Ort zu erzeugen, wenn das schwarze Gold versiegt. Sie hat sich zur ersten ›Energiewendestadt‹ Großbritanniens erklärt. Permakultur-Guru Rob Hopkins arbeitet an einem 25-Jahres-Plan, um festzustellen, wie sich Totnes ohne Erdöl am Leben erhalten kann. Die einheimische Erzeugung von Nahrung und Energie war Tagesordnungspunkt mehrerer Versammlungen. Eine lokale Energiegesellschaft ist vorgesehen, der Stadtentwicklungsplan soll umgeschrieben werden, und man möchte andere überreden, sich der Bewegung anzuschließen – was anscheinend von Erfolg gekrönt ist: Stroud in Gloucestershire und Lewes in East Sussex sind soeben dem Beispiel von Totnes gefolgt.«

Februar 2007

Die Energiewende-Initiative Totnes machte weiterhin rasante Fortschritte. Die Treffen der Arbeitsgruppe Projekthilfe, auf denen unter anderem Strukturfragen erörtert wurden, lieferten gute Ergebnisse. Im Februar fand im Schumacher College ein dreiwöchiger Kurs zum Klimawandel mit ausgezeichneten Referenten statt. Wir luden einige zu unseren öffentlichen Veranstaltungen ein, die wir in Zusammenarbeit mit South Hams Friends of the Earth, dem Schumacher College und der Totnes Renewable Energy Society organisierten.

Eröffnet wurde der Kurs von Aubrey Meyer, dem Leiter des Global Commons Institute und Verfasser des Buches *Contraction and Convergence*,

danach sprach Tony Juniper, Leiter von Friends of the Earth. Beide Veranstaltungen waren gut besucht. Während Tony Juniper am Schumacher College lehrte, nahm er auch an einem World Café für Gemeinderäte teil, das von der Verbindungsgruppe zur Kommunalverwaltung veranstaltet wurde. World Café ist vergleichbar mit Open Space, nur dass es straffer organisiert ist (Organisation eines World Cafés, vgl. S. 184 ff.). 23 Politiker aus Gemeinde, Stadt und Bezirk waren anwesend sowie Parlamentsmitglied Anthony Steen. Den Auftakt bildeten Erläuterungen zur Ölverknappung und zum Klimawandel. Anschließend wurde darüber diskutiert, dass die Gemeindeverwaltungen bei ihren Entscheidungen erstens davon ausgehen, dass der Erdölpreis noch eine ganze Weile stabil bleibt, dass sie sich zweitens einbilden, man brauche die Auswirkungen des Klimawandels noch nicht zu berücksichtigen, und dass sie drittens noch immer keinen Bedarf für lokales gemeinsames Handeln sehen.

Wir wollten wissen, wie denn ihre Planungen aussehen würden, wenn sie nicht von diesen Annahmen ausgingen. Es kam zu einer Fülle von Ideen zu so unterschiedlichen Bereichen wie Tourismus, Stadtplanung, Transport und Wirtschaft. Es wurde abgesprochen, dass alle Äußerungen auf dem Treffen zitiert werden durften, aber ohne Zuordnung zu einer bestimmten Person.

Wenige Tage später wurden die ersten Geldscheine des Totnes Pound (auf das ich später noch genauer eingehen werde) bei der Druckerei in Auftrag gegeben. Auf einer Seite sollte ein Faksimile der Banknote von Totnes aus dem Jahre 1810 abgebildet sein, die ich drei Monate zuvor in dem ehemaligen Bankgebäude gesehen hatte.

Ebenfalls erwähnenswert ist der Open-Space-Tag »Herz und Seele«. Die Besucherzahlen waren erfreulich hoch, und die Veranstaltung trug viel dazu bei, der Arbeit der Gruppe Gestalt zu geben. Im selben Monat traf sich die Arbeitsgruppe Energiewendegeschichten zum ersten Mal (vgl. S. 198 f.).

weiterer Punkt, den wir vermitteln müssen. Wir sind nicht auf dem Weg in eine neue Steinzeit oder in ein finsteres Mittelalter! Wir sind auf dem Weg in eine hellere Zukunft, in der mehr Sicherheit herrschen wird, in der Gemeinschaften wiederbelebt werden, in der die Luft- und Wasserverschmutzung der Vergangenheit angehören. Unsere Nahrungsmittelversorgung wird gesichert sein, es wird biologische Vielfalt herrschen, die Menschen werden lange und angenehm leben, die Energie wird für immer gesichert sein. Diese Aussichten zu vermitteln ist sehr schwierig, denn ein genaues Bild kann man immer nur von Vergangenem zeichnen.

Die Zeit vor dem Erdöl war eine Zeit des Elends. Die Menschen starben jung, Seuchen grassierten, der Lebensstandard war niedrig. Es besteht eine Tendenz, jene alten Verhältnisse in die Zukunft zu projizieren. In Wirklichkeit kann die Zukunft jedoch ganz anders aussehen. Dieses positive Zukunftsbild zu malen ist nicht leicht, weil wir nicht auf Erlebtes zurückgreifen können. Wir können den Menschen keinen Film davon zeigen. Dennoch sind das die Bilder, die wir vermitteln müssen.

Tony Juniper in einem Interview in Totnes, Februar 2007

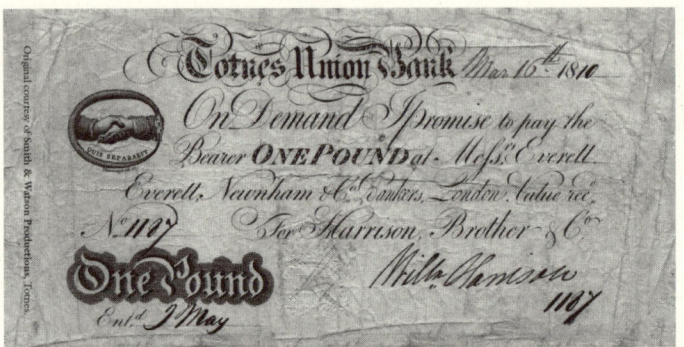

Das Original einer Pfundnote, die um 1810 gültiges Zahlungsmittel in Totnes war. Die Banknote hing im Büro der einheimischen Filmproduktionsgesellschaft und diente als Vorbild für das erste lokale Totnes Pound.

März 2007

In den ersten Märztagen hatte uns das Totnes-Pound-Fieber erfasst. Die Geldscheine mussten bis zum 7. März zur Verteilung fertig sein. Uns stand nur sehr wenig Zeit zur Verfügung, aber es gelang uns dennoch, 18 Geschäfte für das Experiment zu gewinnen. Der erste Geldschein wurde an das Museum von Totnes übergeben. Die Stadträte von Totnes hatten mich eingeladen, sie auf den neuesten Stand über die Energiewende-Initiative zu bringen. Mit der Bemerkung, dass ich normalerweise keine braunen Umschläge mit Geldscheinen an Stadträte verteile, in diesem Fall jedoch eine Ausnahme machen wolle, drückte ich

Einwohner der Stadt mit den nagelneuen Geldscheinen des lokalen Totnes Pound am Abend der Ausgabe

jedem am Ende meiner Ausführungen ein Totnes Pound in die Hand. Der später folgende einstimmige Beschluss des Stadtrats, die Arbeit der Energiewende-Initiative zu unterstützen, gab unserem Projekt großen Auftrieb.

Die übrigen Geldscheine wurden am 7. März auf der Veranstaltung »Lokales Geld, lokale Kulturtechniken, lokale Stärke« ausgegeben. Sprecherin war die Wirtschaftswissenschaftlerin Molly Scott Cato von »gaianeconomics. org«, Mitglied der sich bildenden Energiewende-Initiative Stroud. Es war eine großartige Reklame für das Totnes Pound, als unser Parlamentsabgeordneter Anthony Steen, die Hände voller Geldscheine schwenkend, fotografiert wurde. Es folgte ein Open-Space-Tag über Wirtschaftsfragen, bei dem viele Ideen zur Funktion des Totnes Pound entwickelt wurden, aber man diskutierte auch über Tauschringe, Zeitbanken und Kreditgesellschaften.

Ebenfalls im März wurden von uns auf Vire Island im Zentrum von Totnes fünf Mandel- und zwei Walnussbäume gesetzt. Die damalige Bürgermeisterin Pruw Boswell pflanzte einen der Bäume. In der Zeitung erschienen einige großartige Fotos zur Eröffnung der Initiative »Totnes, die Nussbaumstadt Großbritanniens«.

Später sprach Jerry Mander, Mitbegründer des International Forum of Globalisation, in seinem Vortrag über das Thema »Das Ende der Globalisierungsära: die Rückkehr zum Lokalen«. Er legte dar, warum die Globalisierung nur von beschränkter Dauer sein kann, und wandte sich dann der Relokalisierung zu.

April 2007

Am 5. April führten wir im Barn Cinema in Dartington den Schweizer Dokumentarfilm *A Crude Awakening* vor (*Ein unsanftes Erwachen*, auch unter dem Titel *The Oil Crash*). Der Abend war ausver-

Foto: © Arthur Kay

Die damalige Bürgermeisterin Pruw Boswell anlässlich der ersten Nussbaumpflanzung der Energiewende-Initiative Totnes

kauft, es war die erste Vorführung des Films im Südwesten des Landes. Im Anschluss an den ausgezeichneten Film über die Problematik des Ölfördermaximums wurde eine Diskussionsrunde mit interessierten Zuschauern veranstaltet.

Am 12. April hielt eine äußerst dynamische Gruppe, die aus der Kunstgruppe hervorgegangen war, ihr erstes Treffen ab. Sie nannte sich Arbeitsgruppe Nachhaltiges Handwerk, und ihre Teilnehmer waren Kunsthandwerker aller Richtungen. Sie wollten Wege finden, vor Ort hergestelltes nützliches Kunsthandwerk zu fördern.

Am 19. erhielt ich den sehr merkwürdigen Anruf einer mexikanischen Reporterin, die von der Energiewendestadt Totnes gehört hatte und darüber einen Artikel schreiben wollte. Ihre wichtigste Frage, die sie mehrfach wiederholte, lautete: »Bis zu welchem Grad entsprechen die Energiewendestädte John Lennons Song ›Imagine‹?« Was sollte man darauf antworten? Am Ende erschien ein sonderbarer Artikel in einer mexikanischen Zeitung und ein ziemlich witziger in der *Totnes Times* (vgl. S. 187).

Am 22. April führte die Arbeitsgruppe Energiewendegeschichten ihre erste Veranstaltung durch. Erzähler und Autoren sowie alle anderen mit kreativen Anwandlungen sollten die vielen Ereignisse der Energiewende in Erzählungen festhalten. Einige Tage vorher hatten wir eine Liste künftiger Begebenheiten der nächsten 25 Jahre in chronolo-

gischer Reihenfolge zusammengestellt. Als Peak-Oil-Zeitpunkt nahmen wir das Jahr 2010 an, die Rationierung fossiler Brennstoffe erfolgte nach unserer Zeittafel im Jahr 2012, und 2015 wurde der erste Parkplatz wieder zum Gemüsegarten. Die Teilnehmer sollten über irgendeines dieser Ereignisse einen Zeitungsartikel schreiben. Es entstanden sehr lustige, aber auch anrührende Texte.

Ergänzend zum Projekt Energiewendegeschichten veranstalteten wir einige Tage später einen Nachmittag für Lehrer im Schumacher College, um sie nach ihrer Meinung zu diesem Projekt zu befragen und mit ihnen zu überlegen, ob und wie es in der Schule einsetzbar war. Es waren Lehrkräfte aus Grund- und weiterführenden Schulen vertreten, die Diskussionen waren sehr fruchtbar.

Ende April überreichten Vertreter der Energiewendebewegung der Bibliothek von Totnes Bücher im Wert von über 1500 Pfund. Sie waren von einheimischen Geschäften und Privatpersonen gestiftet worden. Auch DVDs können seither kostenlos im lokalen DVD-Laden ausgeliehen werden. Mit einiger Verzögerung traf sich gegen Ende April auch endlich die Arbeitsgruppe Bauen und Wohnen. Auf der ersten, gut besuchten Zusammenkunft machte man sich miteinander bekannt und debattierte über die Ziele, die man ins Auge fassen wollte.

Mai 2007

Am 1. Mai veranstalteten wir im Gewerbegebiet von Totnes einen Tauschmarkt für Firmen. Nach dem Motto: »Was der eine wegwirft, kann der andere vielleicht brauchen« prüften verschiedene Unternehmer, was noch zu gebrauchen und was zu entsorgen war. Es kamen Vertreter verschiedener Firmen zusammen, und sie stellten fest, dass man in der Tat zusammenarbeiten konnte. Dank der finanziellen Unterstützung eines Bürgers von Totnes konnten wir in jener Woche die erste bezahlte Stelle im Rahmen unserer Initiative anbieten.

Energiewende-Instrumentarium 12:
Wie man World-Café-Veranstaltungen organisiert

Im World Café geht es darum, durch Unterhaltungen über ein bestimmtes Thema das Interesse und Engagement vieler zu wecken.[2] Dem World Café liegt der Gedanke zugrunde, dass die meisten Menschen am liebsten dort reden, wo sie entspannt sind, nämlich an einem Tisch in einem Café oder in der eigenen Küche, vor sich eine Tasse oder ein Glas und etwas zu essen. Deshalb geht es hier auch nicht so chaotisch zu wie bei einem Open Space, wobei allerdings World-Café-Veranstaltungen mehr Vorbereitung erfordern.

Im World Café bringen wir Menschen zusammen, um ihnen bestimmte Fragen zu stellen, im Unterschied zum Open Space, wo sie selbst Fragen stellen. Für das World Café wurden sieben Prinzipien aufgestellt, die das Verfahren verdeutlichen:

1. Rahmenbedingungen definieren
Das Geheimnis einer erfolgreichen World-Café-Veranstaltung liegt in der Vorbereitung. Dazu gehört neben den Überlegungen zum Thema, zur Fragestellung und zu den Anwesenden – und wie sie eingeladen werden sollen – auch, wo und wann die Veranstaltung stattfindet und welches Ergebnis die Organisatoren sich davon erhoffen.

2. Eine freundliche Atmosphäre schaffen
Der Ort für das World Café muss einladend sein. Ein steriles Konferenzzentrum oder das Schnellrestaurant einer Autobahnraststätte sind wahrscheinlich ungeeignet. Die Teilnehmer sollen sich geborgen und behaglich fühlen und darauf eingestimmt sein, ihre Ideen zu diskutieren. Die Einladung, die Sie an die Teilnehmer verschicken, sollte sich auffallend von sonstigen Briefsendungen abheben; nennen Sie darin die Fragen, um die es gehen wird. Stellen Sie runde Tische auf, an denen bis zu fünf Personen sitzen können. Die Tische sollten etwas ansprechend hergerichtet sein, in jedem Fall mit großen weißen Papiertischdecken zum Beschriften und einer ausreichenden Anzahl von Stiften.

Zum Erfolgsgeheimnis des World Café gehört, dass verschiedene Getränke und eine Kleinigkeit zu essen angeboten werden. Alles sollte vor dem Eintreffen der Teilnehmer bereit und immer in Reichweite stehen, so dass man sich jederzeit bedienen kann.

3. Fragestellungen bedenken
Die Fragen müssen wohlbedacht sein. Wie sie gestellt und formuliert werden, entscheidet über Erfolg oder Misserfolg der Veranstaltung. Man kann entweder eine allgemein gehaltene Frage stellen, die nach und nach präzisiert wird, oder mehrere Fragen zu einem Thema, die seine verschiedenen Aspekte beleuchten. Die Frage sollte die Teilnehmer interessieren, sie anregen,

nachzudenken und mögliche Antworten zu erwägen; sie sollte klar und deutlich gestellt sein.

In einem von Second Nature[3] im Cultivate Centre in Dublin organisierten World Café, an dem ich teilnahm, ging es um die Frage, wie Kommunen auch bei Erdöl-verknappung und Energiesen-kung prosperieren können. In vier Gesprächsrunden ging es im Dubliner World Café um fol-gende Fragestellungen:

Teilnehmer einer World-Café-Sitzung im Cultivate Centre in Dublin, die sich der Technik des Mind-Mapping bedienen, um ihre Ideen fest-zuhalten.

- Ist die Erdölverknappung eine Krise oder eine Chance für die Gemeinden?

- Wie wichtig ist das Modell einer Energie-senkung für mich?

- Wie kommunizieren wir unsere Antwor-ten auf die Energiekrise – sowohl für die eigene Kommune wie auch für andere Gemeinden?

- Was müssen wir lernen und üben, um uns auf den Energiemangel vorzu-bereiten?

4. Der Beitrag jedes Einzelnen ist wichtig
Alle Teilnehmer eines World Café bilden ein großes lebendes Netzwerk. Das World Café zielt auf die Maximierung der Kontakte zwi-schen den Menschen ab: Je mehr Kontakte hergestellt werden, umso mehr kollektive Intelligenz wird erschlossen. Um das zu gewährleisten, ertönt alle 15 Minuten ein Signal, und die Teilnehmer (bis auf den Tischgastgeber) müssen an einen anderen Tisch wechseln. Im Verlauf der Veranstal-tung lernt so jeder die meisten anderen, wenn nicht alle Teilnehmer im Raum ken-nen und kann sich mit ihnen austauschen.

5. Unterschiedliche Perspektiven verknüpfen
Wenn das Signal ertönt und die Teilnehmer am nächsten Tisch Platz nehmen, bringen sie die »Fäden« der Gespräche vom vorhe-rigen Tisch mit. Dadurch werden die Ge-sprächsrunden befruchtet, und das Netz-werk wird dichter. Zu Beginn bestimmt jeder Tisch einen Gastgeber, der für die ge-samte Dauer der Veranstaltung an seinem Tisch verweilt. Er notiert auf dem Papier-tischtuch alle Aspekte, die in den einzelnen Unterhaltungen erörtert werden, damit eine Art Protokoll der Diskussion entsteht (das gut lesbar sein sollte).

Bei jedem Wechsel teilt der Gastgeber der neuen Gesprächsrunde an seinem Tisch mit, worüber bereits diskutiert wurde, und die Neuankömmlinge informieren kurz darüber, was an den Tischen gesprochen wurde, an denen sie vorher saßen. Auf diese Weise wird ein Maximum an Gesprächen miteinander verknüpft.

6. Zuhören und auf Strukturen achten

Richtiges Zuhören gehört ebenfalls zum Erfolgsgeheimnis eines erfolgreichen World Café. Nicht viele von uns haben darin Erfahrung, aber man kann es lernen. Zuhören ist mehr, als nur zu schweigen und die Ohren aufzumachen. Theworldcafé.com[4] hat bestimmte Regeln für die Kunst des Zuhörens aufgestellt:

- Gehen Sie immer davon aus, dass der, der gerade spricht, auch etwas zu sagen hat.

- Seien Sie offen für Standpunkte, die nicht die Ihren sind.

- Versuchen Sie die Standpunkte der anderen als Teilaspekte eines größeren Gesamtbildes zu begreifen, das keiner allein zu erkennen in der Lage ist.

- Wenn Sie selbst sprechen, seien Sie klar und knapp. Wenn Sie zuhören, überlegen Sie bitte nicht, was Sie darauf antworten werden, sondern hören Sie aufgeschlossen zu, versuchen Sie auch zu erfassen, was nicht explizit gesagt wird, welche Strukturen sich abzeichnen und welche neuen Fragen sich ergeben.

7. Gemeinsame Erkenntnisse austauschen

Am Ende können die Ergebnisse der Veranstaltung auf unterschiedliche Weise ausgetauscht werden. Zunächst kann man die Papiertischtücher für alle sichtbar aufhängen. Jeder Gastgeber fasst die wichtigsten Punkte seines Tisches zusammen. Anschließend können die Teilnehmer über Verlauf und Ergebnis der Veranstaltung reflektieren. Und schließlich kann man die »Protokolle« der Diskussionen erfassen und den Teilnehmern per E-Mail schicken.

So sieht ein World Café[5] aus: Ein passender Ort, entspannte Atmosphäre, etwas für den Durst und Hunger, lebhafte Unterhaltungen und eine ständige Mischung der Teilnehmer führen zu einer Flut guter Ideen.

Keith Ellis von Moving Sounds[6] und der Energiewendestadt Lewes[7] kam nach Totnes, um den Teilnehmern eines eintägigen Filmkurses zu erklären, wie man mit Digitalkamera und Laptop Kurzfilme drehen und diese dann in YouTube einstellen kann. Leider hatte bis dato niemand den Energiewendeprozess von Totnes auf Video festgehalten. Einige Filmproduzenten hatten Interesse gezeigt, die Filmprojekte kamen aber nicht zustande, entweder weil die Finanzierung scheiterte oder weil sie aus einer Perspektive gedreht werden sollten, mit der wir nicht glücklich waren (daher hatten wir von unserer Initiative nur Fotos und schriftliche Aufzeichnungen). Keith' Herangehensweise ist deshalb so großartig, weil wir nun die verschiedenen Aspekte unserer Arbeit filmisch dokumentieren können. Während des Kurses, der sehr viel Spaß machte, entstanden vier Kurzfilme. Sie können sich einige davon auf YouTube ansehen, wenn Sie unter Transition Town Totnes suchen.

Am 8. Mai kam die international bekannte Permakultur-Referentin Penny Livingston-Stark ans Schumacher College, um dort einen Kurs zu leiten. An einem Abend im Rahmen der Energiewende-Initiative sprach sie über »Permakultur, Modellfall für die Energiewende«. Ihre Ausführungen über das Potenzial der Permakultur für die Gesellschaften nach dem Erdöl-Zeitalter waren sehr aufschlussreich.

Im Mittelpunkt der Abendveranstaltung am 15. Mai, »Spielgeld: Wie geht es weiter mit dem Totnes Pound?«, stand die Diskussion über die Aussichten für eine zweite Phase des Projekts. Die erste Phase sollte zwar erst einige Wochen später auslaufen, aber man wollte sich Gedanken über die Zukunft der Initiative machen. Die zahlreichen Teilnehmer hatten weitere freiwillige Helfer mitgebracht.

Der nächste große, gut besuchte Abendvortrag fand am 23. Mai statt. Es ging um »Neue Strategien für Passivhäuser«. Es sprachen Bob Tomlinson vom Living Villages Trust und der Architekt Bill Dunster, der das Londoner BedZed Centre (Beddington Zero Energy Development) erbaut hat.

Am 26. Mai veranstalteten wir den Planungstag für »Totnes, Nussbaumhauptstadt Großbritanniens«. Sechzehn Teilnehmer gingen der Frage nach, welche Standorte in Totnes für Nussbäume geeignet sind. Die Veranstaltung eröffnete Martin Crawford von der Stiftung Agroforestry Research Trust[8]. Er wies darauf hin, dass Walnüsse keine gute Wahl zur Anpflanzung in der Stadt wären,

Verwirrung in Mexiko

Die Energiewendestadt Totnes sorgte für Schlagzeilen im fernen Mexiko. – Wie kam es dazu? Und woher weiß man dort überhaupt von der Bewegung?

Die mexikanische Zeitung *Excelsior* widmete der Energiewende-Initiative Totnes eine Dreiviertelseite. Mr Transition – Rob Hopkins – und die ehemalige Bürgermeisterin Cllr Pruw Boswell hatten per E-Mail Kommentare für den Artikel geschickt. »Ich sehe, dass diese verwendet wurden, denn ich kann meinen Namen im Artikel erkennen«, sagte Cllr Boswell, »aber ich verstehe den Text nicht, da ich kein Spanisch kann. Auch Rob hat seinen Namen entdeckt, versteht aber ebenso wenig.«

Weiter sagte sie: »Wir fragen uns natürlich: Wie hat man in Mexiko von der Energiewendestadt Totnes überhaupt erfahren?« Sie ist auch über die dort abgebildete Karte erstaunt, auf der lediglich Liverpool, London und Totnes zu sehen sind, als gäbe es in Großbritannien nur diese wichtigen Städte.

Aus der Totnes Times, *Mai 2007*

EINE STADT FÜHRT IHRE EIGENE WÄHRUNG EIN

Nach einmonatigem Vorlauf unternahm eine Stadt im südlichen Devon einen entscheidenden Schritt auf dem Weg zur eigenen Währung.

300 Totnes Pound wurden im März ausschließlich zur Zirkulation in den Geschäften der Stadt gedruckt. Achtzehn Läden schlossen sich der Aktion an, die von der Bewegung Energiewendestadt Totnes organisiert wurde, deren Ziel eine größere wirtschaftliche Autonomie der Stadt ist. Dem gerade ausgelaufenen Experiment könnte zu einem späteren Zeitpunkt in diesem Jahr der Druck weiterer 3000 Geldscheine folgen.

Übernommen hat die Energiewendestadt Totnes die Idee einer eigenen Währung von der US-amerikanischen Region Southern Berkshire, Massachusetts. Dort ist es möglich, die Alternativwährung, die BerkShares, auf der Bank gegen Dollar einzutauschen. In Totnes gab man die 300 Geldscheine auf einer öffentlichen Veranstaltung im März dieses Jahres aus. Marjana Kos von der Energiewende-Initiative erläutert: »Das Geld bleibt vor Ort. Lokale Geschäfte werden dadurch unterstützt, so dass der lokale Handel am Leben bleibt.«

(Fortsetzung gegenüber)

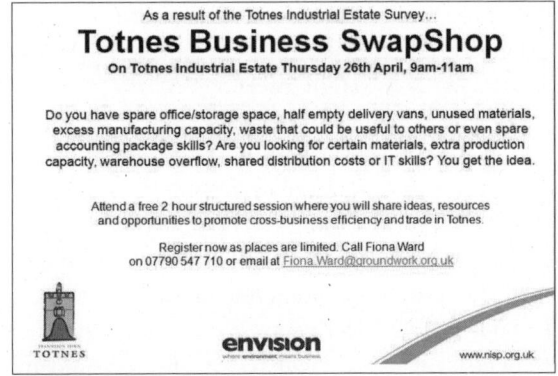

Aufruf an die Unternehmen in Totnes zu einer Tauschaktion, um die Effizienz von Industrie und Handel der Region zu steigern.

es sei denn, man wolle ständig Eichhörnchen vernichten! Er schlug Esskastanien und eine japanische Walnussart vor. Man teilte sich in kleine Gruppen auf und begutachtete die Innenstadt von Totnes auf der Suche nach geeigneten Standorten für Nussbäume.

Am 31. Mai endete die erste Phase des Totnes Pound. Wir befragten die Ladenbesitzer, sammelten die letzten Geldscheine ein und mussten uns dann dem Ansturm der Medien stellen. BBC Devon strahlte einen großartigen Beitrag in seinen Regionalnachrichten aus, und wir schafften es sogar in den *Daily Mirror*, ganz zu schweigen von einem Artikel im *Buenos Aires Herald* (mehr über das Totnes Pound später).

Juni 2007

Die nächste Veranstaltung, »Die neue Wirtschaft, vom Wachstum zum Wohlbefinden«, wurde von Andrew Simms und Nic Marks von der New Forest Foundation bestritten. In Simms' Beitrag ging es um die Herausforderungen des Klimawandels, und Marks stellte die »Glücksindikatoren« vor, eine neue Methode, Fortschritt zu messen. Bei steigendem Wohlstand fühlen wir uns nämlich seit den 1970er Jahren immer weniger glücklich.

Am 11. Juni fanden die beiden bislang größten Veranstaltungen in der Great Hall in Dartington

statt. Es ging um »Gutshöfe und Energiewende«. Dahinter stand die Überlegung, dass es keinen Sinn macht, praktische Energiewende-Arbeit zu betreiben, ohne das Umland von Totnes mit einzubeziehen. In früheren Zeiten war die Verbindung zwischen Stadt und Land erheblich enger gewesen. Gutsverwalter, Treuhänder und Geschäftsführer aus dem gesamten Südwesten wurden eingeladen. Es fanden sich Referenten aus den unterschiedlichsten Bereichen: David Furzedon, Vorsitzender der Country Landowners Association, Chris Skrebowski, Herausgeber des Blattes *Petroleum Review*, der Fachmann für Sonnenenergie Jeremy Leggett, Patrick Holden von der Soil Association – und der Verfasser. Ergänzt wurde das Programm durch Gruppendiskussionen im Open-Space-Stil.

Es war gelungen, die Arbeit der Energiewende-Initiative und ihre Ziele einem breiten Publikum vorzustellen. Das Thema des Abends lautete »Lebensmittel und Landwirtschaft im Übergang« und bot auch der Öffentlichkeit die Möglichkeit, Chris Skrebowski, Jeremy Leggett und Vandana Shiva zu hören. Die Great Hall war mit knapp 300 Besuchern überfüllt, leider mussten einige Interessenten abgewiesen werden. Die Redebeiträge über die Auswirkungen der Ölverknappung und des Klimawandels auf die Landwirtschaft sowie der Ausblick auf künftige Entwicklungen in der Landwirtschaft waren sehr anregend.

In dieser Zeit wurde auch über Pläne diskutiert, mit dem Totnes Pound in die zweite Runde zu gehen. Wir hatten dazugelernt: Die neuen Geldscheine sollten handlicher sein, es sollten mehr Scheine ausgegeben werden, sie sollten leichter zu bekommen und fälschungssicherer sein. Die Ausgabe des neuen Geldes erfolgte am 20. Juni in der Handelskammer von Totnes (sie war eine der Sponsoren). Am Abend dieses Tages führte im Schumacher College der Wirtschaftswissenschaftler Wolfgang Sachs noch einmal in das neue Geld ein. Das Projekt Totnes Pound wurde mit stürmischer Begeisterung begrüßt.

Einheimische Grundbesitzer und Gutsverwalter diskutieren im Rahmen eines World Café über die Probleme der Energieverknappung.

Zwei Tage später wurde der Lebensmittelwegweiser von Totnes der Öffentlichkeit vorgestellt und gleichzeitig das neue Totnes Pound ausgegeben. Der Leitfaden war von der Arbeitsgruppe Lebensmittelwegweiser herausgegeben worden, er hat den Titel »Das Fest einheimischer Lebensmittel«. Er enthält neben dem Verzeichnis der örtlichen Erzeuger auch Beiträge, Rezepte und einheimische Kreationen. Die Präsentation fand in strömendem Regen auf dem Civic Square statt; es war der regenreichste Tag des Jahres (im regenreichsten Juni seit den Wetteraufzeichnungen). Der städtische Ausrufer eröffnete die Feierlichkeiten, und dann sprach der neue Bürgermeister von Totnes über den gestiegenen Bedarf an einheimischen Lebensmitteln und übergab den Wegweiser und das Totnes Pound offiziell der Öffentlichkeit. Zum Abschluss trug eine einheimische Gesangsgruppe ein eigens für den Anlass komponiertes

Lied über einheimische Nahrungsmittel vor. Die Sänger verbrachten den Rest des Tages damit, den Wegweiser in der High Street zu verteilen.

In jener Woche wurden von der Arbeitsgruppe Herz und Seele die Wohlfühlgruppen gebildet, eine Initiative, die für die weitere Entwicklung der Energiewendebewegung wichtig werden könnte (auf die Wohlfühlgruppen gehe ich noch genauer ein). Die Reaktion auf den Abend war sehr positiv. Es bildeten sich zwei neue Gruppen, und eine bestehende Gruppe berichtete von ihren Erfahrungen.

Ende Juni kam ein Team von BBC Radio Scotland, das für einen ausführlichen Beitrag über die Energiewende-Initiative Totnes einige ihrer Schlüsselfiguren interviewte. Das letzte wichtige Ereignis dieses Monats war der Kurs, den Simon Snowden zum Thema Erdölabhängigkeit leitete. An der schon seit langem geplanten zweitägigen Veranstaltung nahmen 16 Interessenten teil. Drei von ihnen sollten im Juli 2007 Pilotprüfungen in Betrieben vornehmen. Die Energiewende-Initiative Totnes ist die erste, die auf diesem Gebiet ausbildet.

Juli 2007

Anfang Juli widmete unser Parlamentsabgeordneter Anthony Steen seine monatliche Kolumne in der Lokalpresse der Energiewende-Initiative, der Ölverknappung und der Relokalisierung. Er stellte darin folgende Fragen:

> »Was wird aus unserem Lifestyle ohne billiges Öl? Seit der Klimawandel an erster Stelle auf dem Programm globalen Handlungsbedarfs rangiert, müssen wir uns Gedanken über das ›Leben nach dem Öl‹ machen. Könnte weniger Öl dazu führen, dass die britische Landwirtschaft eine Renaissance erfährt und es wieder mehr kleine Unternehmen gibt? Könnte die Tatsache, dass wir den Peak Oil erreicht haben, zu einer anderen Einstellung beitragen? Könnte wieder ›Sozialkapital‹ aufgebaut werden, weil bisher getrennte Gruppen ein gemeinsames Problem in Angriff nehmen müssen?«

Louise King, Geschäftsführerin des Riverford Farm Shop in Totnes, führt aus: »Wir mögen unsere heimischen Produkte, da scheint es nur folgerichtig, auch eine einheimische Währung zu haben.« Was vielleicht auf den ersten Blick nach einer kriminellen Handlung aussieht, ist in Wirklichkeit völlig legal – die Geldscheine waren Kopien einer Pfundnote, die zuletzt 1810 im Umlauf war. Paul Hall von der Druckerei Colour Works, die das Geld druckte, sagt: »Etwas seltsam kam uns die Sache anfangs doch vor. Wir bekommen nicht alle Tage den Auftrag, Geld zu drucken. Als jedoch klar war, dass es sich um die Reproduktion eines Totnes Pound und nicht eines Pound der Bank of England handelt, stand dem Auftrag nichts mehr im Wege.«

Der Schein, auf dessen Vorderseite ein Faksimile der alten Pfundnote von Totnes abgebildet ist, trägt auf der Rückseite eine Liste der Geschäfte, die an dem Versuch teilnehmen.

In eines der Kästchen auf dem seitlichen Streifen trägt sich der jeweilige Besitzer des Geldscheins ein, so dass dem Schein auch zu entnehmen ist, wie häufig er den Besitzer gewechselt hat. Die einzigen Einwände, so ein Sprecher des Projekts, bezogen sich auf die Größe des Scheins. Sofern man später in diesem Jahr weiteres Geld drucke, werde es kleiner und schwieriger zu fälschen sein.

BBC News Online, 4. Juni 2007

AUSBAU DES WÄHRUNGS-PROJEKTS IN TOTNES

Die Stadt Totnes in Devon erweitert ihren Versuch, eine eigene Währung einzuführen. Es werden 10 000 Totnes Pound gedruckt, die in den kommenden sechs Monaten in Umlauf gelangen sollen.

In einer ersten Versuchsphase wurden 300 Totnes Pound ausgegeben. Die lokale Währung soll das Geld in der Stadt halten und dadurch die einheimische Wirtschaft fördern. Die vor Ort gedruckten Geldscheine sind ein legales Zahlungsmittel, vergleichbar mit Gutscheinen. Sie sind zu einem Kurs von 9,50 Pfund pro zehn Totnes Pound zu bekommen.

LEBENSMITTELWEGWEISER

Marjana Kos von der Energiewendestadt Totnes erläutert: »Das im Umfang erweiterte Experiment der zweiten Phase soll dazu dienen, ein auf Dauer angelegtes lokales Geldsystem zu entwickeln, das die einheimische Wirtschaft unterstützt und verhindert, dass Geld ›nach außen sickert‹.« Die Bewegung verfolgt das Ziel, der Stadt zu einer größeren wirtschaftlichen Autonomie zu verhelfen. Die Initiative hat auch einen neuen Wegweiser zusammengestellt, mit dem sie den Kauf und Verzehr einheimischer Lebensmittel fördern möchte. Biologische Produkte sind besonders gekennzeichnet, und es wird angegeben, in welcher Nähe zu Totnes die Erzeugnisse angebaut oder produziert werden.

BBC News Online, 22. Juni 2007

Foto: © Nevenka Mulej

Noni McKenzie (rechts) und David Horsburgh, der neue Bürgermeister von Totnes, stellen den Lebensmittelwegweiser von Totnes vor.

Zu den Rednern im Rahmen der Energiewende-Initiative im Juli gehörten unter anderem Alastair McIntosh, Autor von *Soul and Soil*[9], der die Bodenreform im Licht keltischer Spiritualität beleuchtete, und Marianne Williamson, die die Bewegung um eine spirituelle Dimension erweiterte. John Crofts Anregung aufgreifend, die alltägliche Arbeit der Energiewende-Initiative häufiger durch Feiern zu versüßen, hielten wir unser Sommerpicknick am Fluss Dart an einem sehr schönen Abend (am nämlichen Tag, als weite Gebiete der Midlands bei den schwersten Regenfällen seit Beginn der Wetteraufzeichnungen im Wasser versanken). Essen, Gespräche und Ballspiele dauerten bis spät in die Nacht.

Am 19. Juli fand in Bowden House bei Totnes das Internationale Jugendmusikfestival statt, bei dem Schüler der Totnes School of English (zum größten Teil aus Spanien) und einheimische Schüler sich zu einem Abend mit Musik, artistischen Nummern und anderer Unterhaltung trafen. Festivalthema war die Energiewendebewegung. Man schuf ein schönes Banner des Logos unserer Bewegung in fluoreszierenden Farben. Die für den Abend benötigte Energie war solaren Ursprungs, und das Festival war ein gutes Beispiel dafür, wie man Kulturaustausch und Feiern unter einen Hut bringen kann.

Ein Höhepunkt war der letzte Tag des Monats. Nachdem wir uns wochenlang mit bürokratischem Kleinstkram befasst hatten, konnte die Energiewende-Initiative endlich ihr eigenes Büro beziehen. Es war ein gutes Gefühl, im Zentrum der Stadt Wurzeln geschlagen zu haben.

August 2007

Im August versuchten wir, unsere jährliche Pause einzulegen, was uns gelang, wenn man von der Organisation des nächsten Veranstaltungsprogramms absieht. Die Sendung von BBC Radio Scotland erwies sich als der bisher beste Medienbeitrag über die Energiewendebewegung.[10] Anschließend hatten die Hörer und Hörerinnen Gelegenheit, beim Sender anzurufen. Die meisten begrüßten die Idee, und einige wollten sie gleich aufgreifen und eine Energiewende-Initiative in ihrem Gemeinwesen starten.

September 2007

Es tat gut, Anfang September im *Style Magazine* der *Sunday Times* zu lesen, dass »Gemeinschaftssinn wieder modern« sei. Duncan Law von der Energiewende-Initiative Brixton begrüßte in sei-

Studenten führen ein Theaterstück über die Geschichte des Erdöls auf dem Internationalen Jugendmusikfestival der Energiewende-Initiative Totnes auf.

nem Beitrag »Liebe deinen Nachbarn« die Tatsache, dass mit den eigenen Nachbarn zu reden »der neue Gucci« sei. Am 6. September feierte die Energiewende-Initiative Totnes ihren ersten Geburtstag im Royal Seven Stars Hotel. Das Ereignis war ausverkauft. Es wurden die Leistungen des vergangenen Jahres gewürdigt, und man blickte auch in die Zukunft. Das Jubiläum entsprach John Crofts Aufforderung, möglichst oft zu feiern. Bei gutem Essen, bei Musik und Tanz verbrachten wir einen fröhlichen Abend. Ein würdiger Abschluss eines außergewöhnlichen Jahres und ebenso ein würdiger Auftakt des nächsten.

Das neue Programm wurde mit Beiträgen von Herbert Girardet und Peter Lipman zum Thema »Umgestaltung unserer Städte für ein Leben nach dem Auto« eingeleitet. Unzählige Ideen wurden vorgetragen, wie Totnes seine innige Verbindung mit dem Auto beenden könnte. Anschließend fand ein Open Space zum Thema Transport statt.

Ende September wurde mit der Entwicklung eines Energiesenkungsplans für Totnes begonnen, bei dem die Energiewende-Initiative als Koalitionspartner eine wichtige Rolle bei der künftigen Nutzung des Geländes der Molkerei Dairy Crest spielen wird. Die Schließung des Betriebs, bislang der Hauptarbeitgeber der Stadt, hatte zu einem Verlust von 160 Arbeitsplätzen geführt.

Das Totnes Pound ist nach wie vor in Gebrauch. Wir stehen mit einem einheimischen Bauunternehmer in Verhandlungen, weil wir erreichen wollen, dass bei einem großen städtischen Wohnungsbauprojekt auch Energiewendegesichtspunkte berücksichtigt werden. Die Energiewende-Initiative Totnes hat eine umfangreiche Stellungnahme zum örtlichen Stadtentwicklungsplan unterbreitet, und die Totnes Renewable Energy Society nahm ihre Arbeit Anfang November auf. Die Arbeitsgruppe Energiewendegeschichten wird mit einer größeren Schülergruppe der KEVICC School arbeiten und streckt ihre Fühler auch zum örtlichen Art College und anderen Institutionen aus. Der Schwerpunkt des Programms für 2008

soll auf praktischen Projekten liegen. So wird u. a. ein Filmwettbewerb mit Fünf-Minuten-Filmen zum Thema »Totnes im Jahre 2030« stattfinden.

Die ersten Geburtstagskuchen für Transition Town Totnes. Man beachte an der Kuchenvorderkante die Nachbildungen des Totnes Pound in Marzipan!

Beispiele für die praktische Arbeit
der Energiewende-Initiative Totnes

Man kann überhaupt erst dann über die Anti-Globalisierung sprechen, wenn man realisierbare lokale Systeme vorweisen kann, die von den Gemeinwesen unterstützt werden ... und die im Ergebnis eine Steigerung der Lebensqualität bedeuten.

Die Energiewendestadt Totnes hat Modellcharakter. Sie führt für alle sichtbar vor, wie man zufriedenstellend auf nachhaltige Weise leben kann, und zwar nach erkennbaren Prinzipien und mit positiven Auswirkungen auf unsere Erde. Ohne solche Modelle geht es nicht. Ohne sie haben wir nichts Greifbares in der Hand, und alles bleibt reine Fantasie. Könnten wir keine Modelle vorweisen, müssten wir uns auf die Aufforderung beschränken: »Lasst uns das und das tun.« Und dann entgegnen alle: »Ja, aber wie?« Wenn wir den Leuten vorführen, wie es konkret geht, können sie es sich plötzlich vorstellen, und dann versuchen sie, es nachzumachen. Deshalb ist es unabdinglich, dass wir Modelle schaffen.

(Fortsetzung gegenüber)

Das Folgende ist nur eine Kostprobe der mannigfaltigen Initiativen seit dem offiziellen Startschuss. Inzwischen hat sich ihre Zahl noch erhöht. Ich hoffe aber, dass dieser Abriss einen guten Einblick in die Vielfalt der Projektarbeit gewährt.

1. Prüfung auf Erdölabhängigkeit

Die Überprüfung eines Betriebs auf seine Erdölabhängigkeit ist ein gutes Instrument, um das Interesse der Firmen an der Energiewendebewegung zu wecken, geht es doch dabei um ihr wirtschaftliches Überleben. Allerdings wäre es naiv anzunehmen, dass mehr als eine Handvoll Unternehmen sich dazu durchringt, betriebliche Prozesse aus ethischen Gründen zu verändern. Da müsste es schon zu einer Katastrophe kommen. Die meisten Firmen arbeiten unter höchster Auslastung, um sich über Wasser zu halten. Aber eine Energiewende-Initiative, die es versäumt, einheimische Betriebe mit ins Boot zu nehmen, würde ihre Erfolgsaussichten stark mindern.

Simon Snowdon von der Universität Liverpool hat eine Methode entwickelt, mit der sich die Erdölabhängigkeit von Betrieben erfassen lässt.[11] Dabei wird folgendermaßen vorgegangen: Man stellt fest, in welchen Bereichen die Firma Erdöl braucht, ob als Brennstoff, Schmierstoff, für den Transport, bei der Herstellung oder für die Verpackung usw. Der Prüfer macht sich ein genaues Bild vom Erdölverbrauch und kann dann hochrechnen, bei welchem Preis pro Barrel Öl die Existenz des Betriebs gefährdet ist: Bei 100, 120 oder 150 Dollar? Der Prüfer stellt auch fest, welcher Bereich des Betriebs am stärksten betroffen wäre: Der Transport, die Produktion?

Bei der Abhängigkeitsprüfung handelt es sich um ein Instrument der Risikobestimmung. Dabei kommt es nicht darauf an, welche Ansicht man selbst in der Klimadebatte vertritt oder wie man die Preisentwicklung persönlich bewertet. Dass die Ölpreise tendenziell steigen und nicht sinken, ist bekannt, desgleichen, dass die Wirtschaft immer stärker von der Preissteigerung betroffen sein wird. Totnes ist die erste Kommune, die eine solche Fortbildung anbietet, und zwar auch für einheimische Betriebe. Die Methode ist flexibel und vielseitig einsetzbar. Außer in der Wirtschaft kann sie auch bei der Stadtplanung sinnvoll angewendet werden, beispielsweise bei der Baulanderschließung.

2. Wissensaufrüstung für Energieabrüstung

In dem zehnwöchigen Abendkurs »Wissensaufrüstung für Energieabrüstung« werden Projekthelfer ausgebildet. Er findet einmal wöchentlich in Totnes statt und war bisher sehr gut besucht. Viele, die den Kurs zum Abschluss brachten, engagierten sich anschließend in der Energiewendebewegung. Das Programm des Kurses sieht folgendermaßen aus:

Erste Woche: Ölfördermaximum und Klimawechsel
Die Einführung dient als allgemeine Grundlage für den Kurs.

Zweite Woche: Prinzipien der Permakultur
In einem Crashkurs werden die Prinzipien der Permakultur vermittelt, es wird gezeigt, in welcher Weise die Energiewende-Initiative darauf beruht.

Teilnehmer des Kurses »Wissensaufrüstung für Energie-abrüstung« informieren einander im Schnellverfahren darüber, über welche Fertigkeiten sie verfügen und was sie gerne lernen möchten.

Dritte Woche: Lebensmittel

Es wird erläutert, wie erdölabhängig unsere gegenwärtige Nahrungsmittelversorgung ist und wie ein erdölfreies System aussehen könnte.

Vierte Woche: Energie

Man erfährt, welche Energiemengen wir heutzutage verbrauchen, wie man den Verbrauch einschränken und woher eine erdölunabhängige Siedlung ihre Energie gewinnen kann.

Fünfte Woche: Bauwesen

Thematisiert werden: der Unterschied zwischen »grünem« und »natürlichem« Bauen; das Potenzial, das in der Verwendung örtlich vorhandener Baumaterialien liegt, mit Beispielen; praktische Übungen im Mischen von Lehm, Stroh, Sand und Wasser.

Sechste Woche: Abfall, Wasser und Toiletten

Themen: das derzeitige Verschwendungssystem; Komposttoiletten; Urinsammlung im städtischen Bereich; Regenwassergewinnung vom Dach; Wasserschutz.

Siebte Woche: Wirtschaft

Was Geld ist und wohin es fließt; warum wir lokale Geldsysteme brauchen; Tauschringe, Zeitbanken, Totnes Pound.

Achte Woche: Bäume und Wälder

Gärten mit sieben Bepflanzungsebenen; die Notwendigkeit von Nuss- und Obstbäumen in der Stadt; Gestaltung eines Forest Garden; meine zehn Lieblingsbäume.

Neunte Woche: Psychologie der Veränderung

Warum ändern wir uns nicht von selbst, und wie können wir Menschen helfen, sich zu verändern? Wie kommt es zu Veränderungen, und wie kommt es zu ihrer Blockierung?

Zehnte Woche: Das Ganze im Zusammenhang

Wie alles, was wir in dem Kurs gelernt haben, die Energiewende-Initiative ergibt und umgekehrt.[12]

In dem Kurs gibt es außerdem Ballspiele, Diavorträge und Gruppenarbeit. Internet und Leselisten sollen das Lernpotenzial der Teilnehmer steigern. Ich habe vor, in der nahen Zukunft einen Leitfaden für Lehrer zu verfassen.

3. Totnes, die Nussbaumhauptstadt Großbritanniens

Wir sind in der glücklichen Lage, den Agroforestry Research Trust[13], einer der weltweit führenden Fachbetriebe auf dem Gebiet der zum Verzehr geeigneten Nuss- und anderer Nutzbäume, direkt vor unserer Haustür zu haben. In den vergangenen 15 Jahren beschäftigten sich seine Mitarbeiter mit der Zucht einer Reihe von Nussbaumarten, die im gemäßigten Klima Großbritanniens gut gedeihen. Esskastanie, Walnuss, japanische Walnuss, Haselnuss, Pekannuss, Mandel, Graunuss und Buartnuss (eine Kreuzungszüchtung von japanischer Walnuss und Graunuss – der Name klingt schrecklich, aber die Nüsse sind großartig).

Ich werde nicht müde, darauf hinzuweisen, dass wir uns erst in den vergangenen vierzig Jahren des billigen Erdöls den Luxus erlauben konnten, völlig nutzlose Landschaften anzulegen. Vorher waren unsere Stadtlandschaften durchzogen von Gemüsegärten, Blumengärten, Obstgärten usw. Der Inbegriff landschaftsgärtnerischer Fehlent-

Wenn man den Gedanken weiterspinnt, wird klar, dass auch regional neue Systeme entstehen müssen. Züge verkehren beispielsweise von hier bis ans andere Ende des Landes, es muss lebensfähige Verbindungen geben, wir müssen auch auf regionaler Ebene arbeiten und können uns nicht nur auf die lokale Ebene zurückziehen. In bestimmten Bereichen müssen wir sogar global denken; wir müssen globale Systeme haben, um mit globalen Katastrophen fertig zu werden…

Es gibt jede Menge Gründe für gemeinsame Interessen von internationaler und globaler Größenordnung, für die wir Systeme brauchen. Nur gehört die Wirtschaft nicht dazu. Entscheidend ist, ob wir lokale Systeme aufbauen können, die tatsächlich gut funktionieren. Wenn das der Fall ist, kann es keinen echten Widerstand dagegen geben, sich in diese Richtung zu bewegen.

Jerry Mander in einem Interview in Totnes, März 2007

Die Energiewendebewegung hat die Menschen unter anderem deshalb erreicht, weil sie in ihrem Kern positiv ist. Viele Befürworter der Wende sind nicht nur wegen des zu erwartenden Energiemangels motiviert, sondern weil selbstauferlegter sparsamer Umgang mit Energie und der Verzicht auf fossile Brennstoffe notwendig sind, wenn der Klimawandel positiv beeinflusst werden soll.

Die Energiewendebewegung hat die gedrückte Stimmung abgeschüttelt und sich positive, aktive Veränderungen auf ihre Fahnen geschrieben – Veränderungen, die von der Welt, wie sie nun einmal geworden ist, ausgehen und nicht von einer Welt, wie wir sie gern hätten, etwa, dass irgendjemand irgendwo schon die Lösung aus dem Hut zaubern wird, die uns unbegrenztes Wachstum in einer begrenzten Welt garantiert. Statt Versprechungen und unerfüllbarer Hoffnungen bietet sie der ganzen Gemeinschaft eine Beteiligung bei der Findung realistischer, funktionierender Lösungen.

Ob die Energiewendebewegung auch landesweit in Großstädten funktionieren kann, wird sich zeigen. Desgleichen, ob ihr Aufruf zu weniger Konsum sich auf die internationalen Handelssysteme und deren hohen Bedarf an fossilen Energien auswirken wird. Die Schaffung neuer Unternehmen und Landnutzungsinitiativen in Totnes legen jedoch die Vermutung nahe, dass die Energiewendebewegung keineswegs eine Eintagsfliege ist.

Melanie Jarman, »Voices
of Descent« in der Zeitschrift
Red Pepper

wicklung sind die Grünflächen, die um neue Industriegebiete herum angelegt werden. Bäume, die aus ästhetischen und nicht aus praktischen Erwägungen gewählt wurden, überragen pflegeleichte Bodendecker, die speziell dafür gezüchtet wurden, völlig nutzlos zu sein. Warum Zierkirschen pflanzen, wenn man fruchttragende Kirschbäume pflanzen könnte, die ja auch erst blühen müssen, um Früchte zu tragen? Durch die Anlage »ordentlicher«, steriler, wenig Pflege verursachender städtischer Grünflächen wurde die Gelegenheit versäumt, eine widerstandsfähige Begrünung zu schaffen.

Als ich vor Jahren in Italien lebte, besuchte ich an einem Herbsttag das auf einem Hügel gelegene Nachbardorf Santa Luce. Die Hauptstraße war beidseitig von ehrwürdigen alten Esskastanien gesäumt, deren reife Früchte den Weg bedeckten. Niemand sammelte sie auf. Ich fragte, warum das so sei, und erfuhr, dass man sich im Krieg von den Kastanien habe ernähren müssen und sie nun nicht mehr essen wolle. Das Bild dieser Dorfstraße habe ich noch immer vor Augen. Walnüsse und Esskastanien können pro Hektar ebenso viel Kohlehydrate und Protein liefern wie die meisten Getreidearten; außerdem speichern sie Kohlendioxid, sind ein guter Wetterschutz und wirken ausgleichend auf das städtische Klima.

Wir müssen möglichst viele Nuss- und Obstbäume in die Stadtlandschaft von Totnes integrieren. Walnüsse bieten sich dafür nicht unbedingt an, weil man der vielen Eichhörnchen Herr werden müsste, damit sich die Nussernte lohnt. Bei Esskastanien und japanischen Walnüssen bestehen bessere Aussichten auf reiche Erträge. Die Pflanzung von Walnuss- und Mandelbäumen in Totnes in Anwesenheit der Bürgermeisterin war ein erster Schritt. Später führten wir einen Stadtgestaltungstag durch. Den Teilnehmern wurden Stadtpläne in die Hand gedrückt, und sie sollten Stellen ausfindig machen, die sich für weitere Baumpflanzungen eignen. Die Initiative hat die Unterstützung des städtischen Baumbeauftrag-

ten. Im Dezember 2007 wurden 30 Bäume gepflanzt, im Februar 2008 weitere.

4. Der Lebensmittelwegweiser

Solche Leitfäden sind nicht neu. Im Rahmen der Local Agenda 21 sind viele Lebensmittelwegweiser entstanden. Es gibt sie für Kleinstädte, auch einige für Bezirke, andere für ganze Regionen. Sie sind ein sehr nützliches Instrument für den Prozess der Relokalisierung. Es gibt zwar einen Wegweiser für den South Hams District, die Stadt Totnes selbst hatte jedoch noch keinen. Die Arbeitsgruppe, die sich darum verdient gemacht hat, bildete sich nach dem Kurs »Wissensaufrüstung für Energieabrüstung«. Die Teilnehmer besuchten alle Betriebe und Gewerbe in der Stadt, die auf irgendeine Weise mit Nahrung zu tun haben, und

Der Lebensmittelwegweiser von Totnes

sammelten die Daten von dem, was sie anbauten, erzeugten oder verkauften. Die Supermärkte wurden bewusst nicht berücksichtigt, und man hatte sich auch vorgenommen, den Wegweiser ganz ohne Werbung zu machen. Es gelang, einen kleinen Betrag zur Deckung der Druckkosten zu sichern, und verschiedene einheimische Schriftsteller und Künstler stellten ihre Werke zur Verfügung. Der Wegweiser wird in allen Lebensmittelgeschäften der Stadt kostenlos abgegeben.

5. Das Totnes Pound

Bei der Relokalisierung kommt der Wirtschaft eine Schlüsselrolle zu. Es ist eine Tatsache, dass das Geld – das wir zur Verwirklichung unserer Ziele brauchen – nicht sprudelt, sondern aus den Töpfen der Kommunen sickert wie Wasser aus einem lecken Eimer.

Der Gedanke, in Totnes eine lokale Währung einzuführen, kam mir, als ich im Schumacher College einen Vortrag des alternativen Wirtschaftswissenschaftlers Bernard Lietaer hörte. Zwei seiner Argumente überzeugten mich. Zum einen, dass Relokalisierung nun dann möglich ist, wenn neben der nationalen Währung auch eine lokale im Umlauf ist; und zum anderen, das letztere von den einheimischen Geschäften akzeptiert werden müsse. Das war für mich eine einleuchtende Erklärung dafür, warum Tauschringe keine Relokalisierung der Wirtschaft bewirken können. Ihre Bedeutung ist zwar nicht zu unterschätzen, aber ihrer Dauerhaftigkeit sind in der Regel Grenzen gesetzt, und sie schaffen es nur selten, auch für die Wirtschaft eines Gemeinwesens von Nutzen zu sein. Wenn man sich die Dimensionen der Veränderungen vor Augen hält, die mit der Erdölverknappung anstehen, und wenn man weiß, wie dringend notwendig eine resiliente lokale Infrastruktur ist (manche sprechen sogar von einer »Mobilisierung der Bevölkerung wie zu Kriegszeiten«), leuchtet es ein, dass für Totnes mehr notwendig ist als nur ein Tauschring. Von allen

Initiativen hat das Totnes Pound die größte Beachtung in der Presse und in der Stadt gefunden. Die Initiative ist ein gutes Beispiel dafür, dass man manche Projekte einfach wagen sollte, statt gleich die Flinte ins Korn zu werfen.

Unsere Überlegungen im Anschluss an den Vortrag von Bernard Lietaer führten uns zu einer Währung, die nur vor Ort verwendet werden sollte. Wir informierten uns über die Rechtmäßigkeit einer lokalen Währung und erfuhren, dass nichts dagegen spreche, solange wir sie nicht als nationale Währung ausgeben. Wenn das so einfach geht, wundert es natürlich, warum nicht schon viele andere Kommunen ihr eigenes Geld gedruckt haben. Von den existierenden lokalen Währungsmodellen haben uns zwei überzeugt: die BerkShares[14] aus den USA, die in Berkshire im Süden von Massachusetts im Umlauf sind, und der Salt Spring Dollar[15], der auf Salt Spring Island nahe Vancouver gilt.

In beiden Fällen handelt es sich um Geldscheine im Wert von einem, fünf, zehn und zwanzig Dollar. Die Vorderseite des Scheins schmückt das Porträt eines Bürgers, der sich um das Gemeinwesen verdient gemacht hat, auf der Rückseite ist das Werk eines einheimischen Künstlers zu sehen. BerkShares und Salt Spring Dollars müssen gekauft werden. Die BerkShares sind zehn Prozent mehr wert als der US-Dollar (22 BerkShares für 20 Dollar). Diese »Subventionierung« des lokalen Geldes ist wichtig, damit es für den Käufer attraktiv und zu einem Förderinstrument einheimischer Geschäfte wird, die ja mit nationalen und internationalen Ladenketten konkurrieren müssen. Man weiß, dass etwa 25 Prozent der BerkShares von Besuchern als Souvenirs mitgenommen werden; das Geld, mit dem sie erworben wurden, steht also dem Gemeinwesen zur Verfügung.

Die ersten Geldscheine der Lokalwährung von Totnes trugen vorne ein Faksimile einer Banknote aus dem Jahr 1810 (damals durften die Banken von Totnes noch ihre eigene Währung ausgeben).

Vielleicht haftet [der Energiewendebewegung] ein wenig der Geruch an, als seien da Tugendbolde am Werk – Ökofreaks. Aber was ist dagegen einzuwenden? Das haben wir doch alles schon gehabt! Als im Zweiten Weltkrieg die Lebensmittel knapp wurden, hat uns die Regierung ans Herz gelegt, jedes Stückchen Land umzugraben, damit wir den Krieg gewinnen ... und wir haben zum Spaten gegriffen. Nie haben wir gesünder gelebt. Und es lässt sich nicht leugnen, dass die Menschen auf die Energiewende-Initiativen ansprechen. Im ganzen Land sind die Stadthallen und Gemeindesäle zum Bersten voll, wenn die »Energiewender« ihre Veranstaltungen abhalten.

Sie denken nicht, dass man sich darüber Gedanken machen muss? Sie gehen davon aus, dass die gegenwärtige Ölkrise nur ein weiterer inszenierter Schrecken ist und dass die Gefahr der Erwärmung des Erdklimas übertrieben wird? Vielleicht haben Sie ja Recht. Ich hoffe es. Aber wenn Sie Unrecht haben sollten, ergibt es da nicht mehr Sinn, sich vor Ort Gedanken zu machen, anstatt auf Politiker auf nationaler und internationaler Ebene zu bauen, damit sie uns aus dem Schlamassel herausführen, den sie mit eingebrockt haben?

John Humphrys im *Sunday Mirror*, 25. November 2007

Auf dem Markt bezahlt eine Kundin mit einem Totnes Pound.

Auf der Rückseite waren die achtzehn Geschäfte verzeichnet, die das Totnes Pound akzeptierten. Auf einem seitlichen Streifen sollten die jeweiligen Besitzer einen Vermerk in die Kästchen machen, wenn sie das Geld ausgaben, so dass wir nachvollziehen konnten, wohin die Scheine wanderten und wie oft sie den Besitzer wechselten (vgl. die Abbildung). Wir betexteten den Geldschein so, dass wir unsere Haut retten konnten, falls wir in juristische Schwierigkeiten kommen sollten: »Dies ist Privatgeld, es hat keinen offiziellen Wert. Sie können es – gegenseitiges Einverständnis vorausgesetzt – als etwa einem Pound Sterling entsprechend verwenden.« Wir hofften, dass eventuelle steuerliche Folgen für die Geschäfte dadurch vermieden wurden, dass die Geldscheine keinen spezifischen Wert hatten. Eine einheimische Druckerei war bereit, als Sponsor zu fungieren und 300 Noten in Farbe zu drucken.

Die offizielle Ausgabe des Totnes Pound fand am Mittwoch, dem 7. März statt. Der Abend stand unter dem Motto »Lokales Geld, lokale Kulturtechniken, lokale Stärke«. Es sprach die Wirtschaftswissenschaftlerin Molly Scott Cato, und es kam zur Bildung der Arbeitsgruppe »Wirtschaft und Lebensunterhalt«. An diesem Abend verteilten wir auch Totnes Pounds, nicht zuletzt deshalb, um den Saal zu füllen. Wirtschaftsthemen locken die Leute eher selten vom Sofa, und so kamen wir auf die Idee, sie dafür zu bezahlen, dass sie kamen! Wir drückten ihnen an der Tür ein Totnes Pound in die Hand.

Wir ermunterten die Anwesenden, die Geldscheine auch wirklich auszugeben, damit sie in der Stadt zirkulierten, aber ich habe den Verdacht, dass wahrscheinlich die Hälfte auf Kühlschranktüren landete, denn es sind schöne Sammelobjekte. Achtzehn Geschäfte – darunter ein Le-

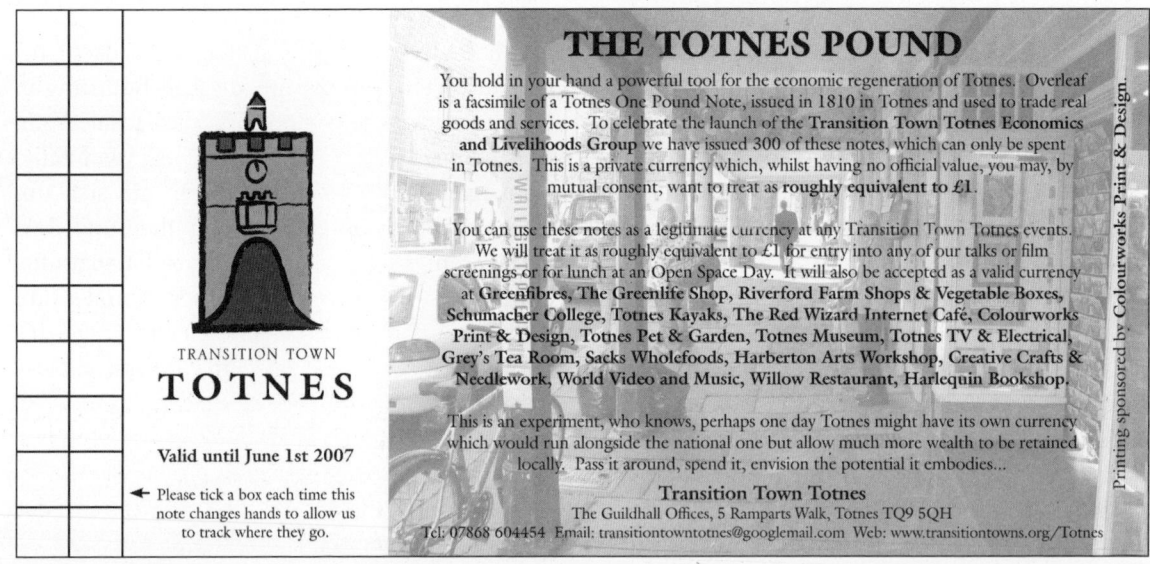

bensmittelladen, ein Laden, der Kajaks verkauft, einer, der Drucker anbietet, und ein Teeladen – hatten ihre Bereitschaft erklärt, das Geld zu akzeptieren. In den Schaufenstern standen Schilder mit dem Hinweis »Hier werden Totnes Pounds akzeptiert« und einer Liste, welche anderen Geschäfte das ebenfalls tun. Die Käufer ihrerseits sollten sich das Wechselgeld in Totnes Pound herausgeben lassen.

Anfangs waren einige Geschäftsleute beunruhigt, dass sie am Ende auf zu vielen Totnes Pounds sitzenbleiben würden. Es gelang uns, ihre Befürchtungen zu zerstreuen, indem wir auf die Werbewirksamkeit der Geldscheine hinwiesen, auf denen ja der Name ihres Ladens abgedruckt war, den Hunderte von Menschen sich merken würden. Später zeigte sich, dass sich nur in denjenigen Geschäften Totnes Pounds stauten, die an ihrer Kasse den Hinweis »Bitte verlangen Sie Totnes Pounds, wenn Sie Wechselgeld herausbekommen« nicht angebracht hatten. Nachdem wir diesen Läden entsprechende Hinweisschilder geliefert hatten, fragten die Leute nach Totnes Pounds. Gegen Ende der Experimentierphase war die Nachfrage nach Totnes-Geld größer als die zur Verfügung stehende Menge. Viele Touristen, die gerne einen Geldschein mit nach Hause genommen hätten, gingen leer aus.

Der Besitzer eines einheimischen Buchladens erzählte, wie eine Frau bei ihm ein Buch kaufte und dafür ihr Totnes Pound ausgab, zwei Minuten später wiederkehrte, abermals ein Buch kaufte, um mit dem Wechselgeld ihr Totnes Pound zurückzuerhalten. Auch einige Händler auf dem Markt nahmen das Totnes Pound an.

Wir hatten das Totnes-Geld von Anfang an als ein Pilotprojekt mit einer Laufzeit bis zum 1. Juni verstanden. Die zeitliche Beschränkung war bewusst gewählt, falls etwas schieflaufen sollte. Eine Woche vor Projektende befragten wir die Geschäftsleute, die daran teilgenommen hatten, und kamen zu dem Ergebnis: Es waren nicht genügend Scheine in Umlauf gewesen, sie waren in ihrer Größe zu unhandlich, Ladenbesitzer, Kunden und Touristen fanden sie einfach großartig.

Wir bildeten nun eine Arbeitsgruppe, die die bisherigen Erfahrungen berücksichtigen und einen größeren Versuch vorbereiten sollte.[16] Wir erwogen andere Wege der Geldeinführung. Gespräche mit dem Team der Lokalwährung Berk-Shares überzeugten uns, dass 10 Prozent eine zu hohe Verlustspanne für die lokalen Läden sind. Wir entschieden uns für 5 Prozent; so war noch ein Anreiz gegeben, das Totnes-Geld zu benutzen, aber die Belastung für die Geschäfte war geringer. Die Scheine sollten kleiner sein und aus robusterem Papier, es sollten mehr Geschäfte gewonnen werden.

Fünf Läden stellten sich als Ausgabestellen zur Verfügung. Zehn Totnes Pound kosteten 9,50 Pfund Sterling. Die Läden haben die Möglichkeit:

- die Totnes Pounds selbst in einem anderen am Experiment beteiligten Geschäft auszugeben,
- sie als Wechselgeld auszugeben (was die bevorzugte Option war),
- ihre Angestellten teilweise in Totnes Pound zu bezahlen,
- sie bei der Energiewende-Initiative einzutauschen und dafür 95 Pence pro Totnes Pound zu bekommen.

Wir hofften, dass der Verlust von 5 Prozent bei Umtausch ein Anreiz wäre, die Lokalwährung in Umlauf zu halten. Wir glauben, dass lokale Währungen ein großes Potenzial haben. Wohltätigkeitsorganisationen oder Gruppen, die sich um die kommunale Entwicklung bemühen und Geld investieren wollen, könnten ihre Finanzmittel durch die Verwendung des Totnes Poundes um 5 Prozent steigern. Es stellt sich die Frage, bis zu welchem Maß auch die Einwohnerschaft das Totnes Pound annimmt. Wird es benutzt, um den Babysitter zu bezahlen oder die Hilfe im Schrebergarten? Die Zeit wird es weisen.

Das Totnes Pound war eine sehr erfolgreiche Initiative gewesen. Eine Umfrage in der Stadt er-

Wir haben miterlebt, wie das Geld generierende System einen Status erreichte, der unanfechtbar schien. Früher war noch eine Debatte über verschiedene Organisationsformen der Wirtschaft möglich, plötzlich war Totenstille. Wer die herrschende Ideologie in Frage stellte, wurde als Verrückter abgetan. Die Währungskrisen, der wackelige Zustand des internationalen Finanzsystems, die Einführung des Euro, sie alle haben ihren Beitrag dazu geleistet, dass es nun wieder möglich ist, Fragen zu stellen.

David Boyle, (hs.) The Money Changers: Currency reform from Aristotle to e-cash, Earthscan, 2002

gab, dass mehr Einwohner vom Totnes Pound gehört hatten als von der Energiewendestadt Totnes! Die Geldscheine sind der Ausdruck eines neuen Verhältnisses zum Geld.

Die dritte Phase des Experiments lief im Januar 2008 an. In meinen Augen ist der jüngste Geldschein der bisher schönste. Der Wechselkurs beträgt 1:1, was hoffentlich dazu beiträgt, dass einige der Läden mit den höchsten Umsätzen bei der Ausgabe keine Schwierigkeiten haben. Die Propaganda für die Verwendung der Scheine liegt bei der Energiewendebewegung. Ich glaube, man ist begeistert von dem Potenzial, das in diesem Geld steckt. Es bleibt abzuwarten, wohin das alles führt.

6. Energiewendegeschichten

Diese Initiative will bewirken, dass sich die Menschen zuversichtlich auf eine Zukunft mit geringerem Energieverbrauch einstellen. Sie nutzt dazu das Geschichtenerzählen und das Potenzial positiver Visionen (vgl. Kapitel 7). Wir wollen die Fantasie der Kinder und Erwachsenen anregen. Die Erwachsenen haben wir aufgefordert, Ge-

Teilnehmer einer Veranstaltung der Arbeitsgruppe Energiewende-Geschichten im King Edward VI Community College in Totnes diskutieren darüber, was ihnen fehlen würde, wenn das Erdöl knapp wird, und worauf sie sich freuen würden.

schichten zu schreiben, die in der Zukunft spielen (einige Beispiele finden sich in Kapitel 7).

Die Arbeitsgruppe bietet bildenden Künstlern, Schriftstellern, Dichtern und kreativen Denkern viele Möglichkeiten. Ein vor kurzem abgehaltener Workshop in Totnes, der das Geschichtenerzählen rund um die Energiewende thematisierte, begann mit einem Crashkurs in kreativem Schreiben, den ein einheimischer Schriftsteller leitete. Die entstandenen Geschichten könnte man gesammelt herausbringen, beispielsweise in einer »Zukunftszeitung«, oder zur Illustration des Energiewende-Aktionsplans verwenden.

Die Arbeit mit Kindern erfordert einen anderen Ansatz. Wir haben ein Programm von Kursen zusammengestellt, in denen den Kindern gezeigt werden soll, was der Peak Oil bedeutet. Auf diese Weise sollen sie positive Bilder einer Zukunft entwickeln, in der das Erdöl knapper wird. Ein Pilotprojekt mit sehr ermutigenden Ergebnissen läuft im örtlichen King Edward VI Community College. Im April stehen Kurse für den gesamten Jahrgang der Elfjährigen auf dem Plan. Wir wollen auch andere Schulen ansprechen (vgl. S. 120 f.). Wir liebäugeln mit der Herausgabe einer Zeitung, die *Futures* heißen könnte, in der wir einige der Geschichten abdrucken wollen, von denen oben die Rede war.

7. Wohlfühlgruppen

Es ist schwierig, Veränderungen herbeizuführen, aber noch schwieriger, sie auf Dauer beizubehalten. Häufig fühlen wir den inneren Drang, etwas zu verändern, aber der Alltag behauptet sein Recht, und wir stellen unser Vorhaben zurück. In der jüngeren Zeit haben sich mehrere Initiativen mit der Frage der Nachhaltigkeit von Veränderungen befasst, insbesondere die Frauenbewegung in den 1970ern. Man experimentierte mit der Bewusstseinsbildung von Gruppen, deren Mitglieder einander in schwierigen Lebensphasen unterstützten. Die Friedensbewegung hat das Modell auf ihre Bedürfnisse angepasst, desgleichen die Männerbewegung.

Die Wohlfühlgruppen sind eine Initiative der Arbeitsgruppe Herz und Seele, die sich mit der Psychologie der Veränderung befasst. Die Gruppe macht sich Gedanken über diejenigen, die sich von Ausmaß und Folgen der Erdölverknappung und des Klimawandels überwältigt fühlen und denen es schwerfällt, sinnvolle Veränderungen in ihrem Leben vorzunehmen. Durch die Schaffung von Wohlfühlgruppen soll ein gewisses Maß an Unterstützung und Stärkung angeboten werden, die Umweltschützer eher selten erfahren. Wohlfühlgruppen definieren sich als »kleine, familiäre Gruppen, deren Mitglieder einander gut kennenlernen und die an einem Strang ziehen«. In diesen Gruppen ist es möglich, die Freude, Fertigkeiten, Ressourcen und die Energien zu teilen, deren es bedarf, um konkrete Veränderungen herbeizuführen.

In der Energiewende-Initiative sind einige Wohlfühlgruppen aus den zehnwöchigen Abendkursen »Wissensaufrüstung für Energieabrüstung« hervorgegangen. Die energetischen Kräfte dieses Kurses gehen in die Wohlfühlgruppen über; so können die Mitglieder einander bei der Durchführung der Veränderungen unterstützen, die durch den Kurs angeregt wurden.

Kapitel 13

Die rasante Verbreitung des Energiewendekonzepts

Sehen Sie die Welt um sich herum an. Sie scheint starr und unnachgiebig zu sein. Das trifft aber nicht zu. Nur ein kleiner Stups – an der richtigen Stelle – und sie kippt.

Malcolm Gladwell,
The Tipping Point

Die Energiewende-Initiativen in Totnes und Kinsale hatten gerade Wurzeln geschlagen, da breitete sich die Idee schon im ganzen Land aus. Wenige Wochen nach dem offiziellen Startschuss meldeten sich interessierte Einwohner anderer Orte bei uns. Landesweit wurden Veranstaltungen zum Thema Energiewende organisiert, unter anderem:

• Die Konferenz der Soil Association »One Planet Agriculture« im Januar 2007 in Cardiff. Schwerpunkte waren Peak Oil und Relokalisierung. Innerhalb der Bewegung hatte diese Veranstaltung die höchste Teilnehmerzahl.[1]

• Ein Vortrag in Lampeter, West Wales, organisiert von der West Wales Soil Association, bei dem 400 Zuhörer anwesend waren und die Gründung der Energiewende-Initiative Lampeter beschlossen wurde.[2] Lampeter hat seither schon einige Male eine Katalysatorfunktion für Nachbarstädte gehabt, die ebenfalls eine Initiative initiierten.

• Die Resonanz in den Medien: Das Independent Television Network berichtete über die Energiewendebewegung in seinen Nachrichten; sie wurde im *Guardian* erwähnt; BBC Wales widmete ihr eine ganze Sendung, ebenso BBC Radio Scotland[3].

• Der offizielle Startschuss der Energiewende-Initiative Lewes fand im Rathaus in Anwesenheit von 450 Menschen statt; in der Folge kam es in den umliegenden Gemeinden zu ähnlichen Bewegungen.

• Bei einer Begegnung mit Prince Charles in seiner Food and Farming Summer School in Highgrove wurde ihm ein Totnes Pound überreicht.

Das Energiewendemodell von Totnes wurde zum Vorbild für Kommunen nicht nur in ganz Großbritannien, sondern auch im Ausland. Das Interesse an der Bewegung ist so groß, dass wir, um eine möglichst effiziente Unterstützung anbieten zu können, The Transition Network aufbauten. Das Energiewendemodell ist nicht kompliziert, und jede Kommune, die sich anschließt, leistet einen wertvollen Beitrag zu seiner weiteren Entwicklung. Wir lernen dadurch besser, was machbar ist und was nicht und wie das Modell in einem größeren oder kleineren Rahmen, in einer anderen Umgebung oder einem anderen Kulturraum angepasst werden muss.

Im Folgenden werden sieben Energiewende-Initiativen in der Reihenfolge ihrer Gründung vorgestellt (die älteste ist gerade einmal zwei Jahre alt). Die Kurzporträts zeigen, wie unterschiedlich die Idee im jeweiligen Kontext umgesetzt werden kann.

Energiewende-Initiative Penwith

Der Distrikt Penwith liegt auf der westlichsten Halbinsel Großbritanniens. Hier leben 63000 Menschen (212 Menschen pro Quadratkilometer) in größeren Ortschaften und vielen kleinen Landgemeinden.

Die Bewegung kam zustande, als Jennifer Gray an einer Beratung von Fachleuten der Energiewendebewegung teilnahm, bei der auch ich zugegen war. Sie dachte, was wir in Totnes vorbereiteten (der offizielle Startschuss in Totnes stand damals noch bevor), müsste auch für Penwith machbar sein. Und als Richard Heinberg sein Kommen ankündigte, kam sie auf den Gedanken, die Energiewende in Penwith mit einem, wie sie es nannte, Big Bang beginnen zu lassen statt mit der Phase der Bewusstseinsbildung. Bis zu Heinbergs Vortrag wurde viel Zeit und Energie in Werbung investiert. Zahlreiche Vertreter der Gemeinden sowie verschiedener Organisationen erhielten Einladungen. Schließlich kamen über 400 Zuhörer, unter anderen ein Parlamentsmitglied der Region und die Bürgermeister von Penzance, St Just, Hayle und St Ives.

Die Veranstaltung war wochenlang Gesprächsthema Nummer eins. Das einleitende Programm von »Transition Penwith« lehnte sich eng an das von Totnes an, mit Vorträgen von David Fleming und mir sowie Filmvorführungen. Es bildeten sich spontan Arbeitsgruppen, auch wurde die Zusammenarbeit mit anderen Umweltorganisationen abgestimmt, um bereits geleistete Arbeit nicht noch einmal machen zu müssen. Transition Penwith hat seither viele Veranstaltungen gemeinsam mit Partnerorganisationen durchgeführt.

In folgenden Bereichen waren die Arbeitsgruppen der Energiewende-Initiative Penwith bereits erfolgreich tätig:

- Ermittlung des Energieverbrauchs und -bedarfs für das gesamte Gebiet.
- Besichtigung lokaler Einrichtungen für erneuerbare Energien.
- In Kursen wurden Kenntnisse vermittelt, wie man eine Wurmkiste baut, einen Sonnenkollektor montiert oder ein Hügelbeet anlegt. Auch der Bau einer Komposttoilette war Gegenstand eines Kurses.
- Durchführung eines 20-wöchigen Lehrgangs zum Thema erneuerbare Energien.
- Die Fortbildungsgruppe stellte eine Wanderausstellung zusammen, die in den abgelegenen Gebieten Penwith' in Gemeindesälen und Schulen gezeigt wurde.

Die Energiewendebewegung in Penwith und Falmouth wurde für viele Energiewende-Initiativen in Cornwall zum Vorbild. Beide haben die Unterstützung des District Council, der ihnen Räumlichkeiten und audiovisuelle Hilfsmittel zur Verfügung stellt.[4]

Energiewende-Initiative Falmouth

Lorely Lloyd, Stadträtin von Falmouth, nahm an der Permaculture Convergence 2006 in Dorset teil, wo sie meinen Vortrag über Peak Oil und das Energiewendekonzept hörte. Beeindruckt fuhr sie nach Falmouth zu-  rück. Bei einer Umweltschutzveranstaltung wenige Wochen später sprach sie Leute an, die für sie als Kern-gruppe für eine Energiewendebewegung in Frage kamen.

Später fuhr ich nach Falmouth und sprach vor der neuen Gruppe, der unter anderem der Stadtdirektor und der Manager des Town Centre sowie ein 13-jähriger Junge angehörten. Danach fanden alle vierzehn Tage Treffen statt, man zeigte Filme und diskutierte, organisierte eine energiebewusste Weihnachtsfeier. Arbeitsgruppen bildeten sich.

»Transition Falmouth« hat viel Zeit und Arbeit in Partnerschaften gesteckt wie zum Beispiel die Friends of the Earth, das Town Centre Forum und das Falmouth Green Centre. Wichtiges Ergebnis dieser Zusammenarbeit war, dass die High Street im Stadtzentrum in eine Fußgängerzone umgewandelt wurde. Die Herangehensweise, Peak Oil und Klimawandel als zusammenhängende Probleme zu betrachten, führte zur Zusammenführung von zuvor unabhängig voneinander arbeitenden Gruppen und zu entsprechend guten Resultaten.

Praktische Projekte von Transition Falmouth sind unter anderem:

Die Energiewendebewegung ist deshalb so attraktiv, weil sie eine einfache und unfehlbar positive Botschaft verkündet. Sie ist ortspezifisch, denn es geht ihr um die Sorgen und Nöte einzelner Gemeinwesen. Sie fragt sich, was getan werden kann, und befasst sich gar nicht erst mit der Möglichkeit, dass es eventuell bereits zu spät sein könnte, die Erde vor dem Klimawandel zu retten oder vor den Folgen der Ölkrise. … Sie reagiert auf die Zeit und liefert jedem die Antwort, der sich im Anschluss an den Film Eine unbequeme Wahrheit *danach fragte, was er tun könne. Die Energiewendebewegung hat den kollektiven Aufruf zu handeln für sich nutzbar gemacht. Sie ist der Leim, mit dem wir das zerrissene Gewebe unserer Gemeinwesen flicken können.*

Cliona O'Conaill, »Carbon Descent: The Transition movement is a local solution to a global crisis«, *Resurgence* Nr. 244, September/Oktober 2007

Foto: © Sally Stiles

Samen-Samstag der Energiewende-Initiative Falmouth

- Eine Handarbeitsgruppe, die Kenntnisse wie Stopfen, Stricken, Nähen und andere Handarbeiten vermittelt.
- Eine Initiative, die Falmouth zu einer plastiktütenfreien Stadt machen will.
- Eine Arbeitsgruppe Lebensmittel, deren erste Veranstaltung ein »Samen-Samstag« war, eine Tauschbörse für Samen.
- Eine Initiative, die die Schule von Falmouth ökologisch ausrichten will.

Nachdem im örtlichen Kulturzentrum der Film *Ein unsanftes Erwachen* (*A Crude Awakening*) gezeigt wurde und das Falmouth University College zusätzliche Vorträge zu Themen der Energiewende anbietet, konzentriert sich Transition Falmouth mehr auf die konkrete Projektarbeit und weniger auf die Organisation von Programmen. In Zusammenarbeit mit dem Stadtrat, dem Schrebergartenverein und dem Falmouth Green Centre will man ein Nachhaltigkeitszentrum einrichten, in dem Fortbildungsveranstaltungen, Kurse zur Wiederbelebung alter Kulturtechniken sowie Veranstaltungen zur Förderung des Gemeinschaftssinns stattfinden sollen. Auch sollen Mittel beschafft werden, um an Wegen Nutzbäumen anzupflanzen. In ihrem Rückblick auf das erste Jahr Transition Falmouth sagte Lorely Lloyd:

»Falmouth ist eine Touristen- und Hafenstadt mit einem hohen Anteil an älteren Menschen und an Studenten. Daher ist es nicht einfach, die Mehrheit der Einwohnerschaft anzusprechen. Aber die Energiewende erweist sich als wunderbarer Aufhänger für die verschiedensten Gruppen und Individuen. Wir bauen gerade ein Team auf, das Projekte und Partnerschaften in Angriff nehmen soll, die all jenen zusagen, die mit uns ein resilientes Gemeinwesen aufbauen wollen. Die Zusammenarbeit mit anderen Energiewendebewegungen hat sich als eine ausgezeichnete Idee erwiesen.«

Die Energiewendestadt Lewes

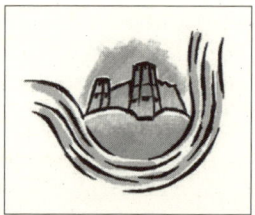

Zu den ersten Energiewendestädten gehört auch Lewes in Sussex. Vorbild für Lewes war Totnes. Adrienne Campbell hatte davon gehört, dass Totnes eine Energiewendestadt geworden sei. Sie fand die Idee so großartig, dass sie und einige andere eine Kerngruppe in Lewes bildeten.

Ihre erste Veranstaltungsreihe hieß »Die Energiewendebewegung kommt nach Lewes«. Es sprachen unter anderen Jeremy Leggett und Caroline Lucas, man zeigte die Filme *The End of Suburbia* und *The Power of Community*. Offizieller Start der Bewegung war am 24. April 2007. Über 400 Menschen nahmen daran teil. Der Stadtrat beendete seine Sitzung vorzeitig, um ebenfalls anwesend sein zu können. Am Veranstaltungsort waren auch andere lokale Gruppen mit ihren Ständen vertreten. Nach einer Einführung durch den Bürgermeister war ich an der Reihe, gefolgt von Chris Johnstone. Die Anwesenden waren begeistert. Seit ihrem offiziellen Startschuss hat die Energiewende-Initiative Lewes alle Hände voll zu tun. Es wurden Open-Space-Tage zu den Themen Lebensmittel, Wohnen und Energie sowie zum Energiewende-Aktionsplan veranstaltet. Sie wurden er-

Foto: © Adrienne Campbell

Die Energiewende-Initiative Lewes veranstaltet einen Schulkurs zum Thema Peak Oil und Klimawandel.

gänzt durch ein Programm zur Wiederbelebung alter Kulturtechniken, durch Vorträge, Filmvorführungen und Sonderveranstaltungen wie der Kochkurs Slow Food Feasts.

Zu den weiteren interessanten Projekten gehören:

- Die Arbeit in den örtlichen Schulen.
- Ein Club für Käufer von Sonnenkollektoren.
- Praktische Kurse im Gemüseanbau.
- Eine Stofftasche mit der Aufschrift »Tu was für Lewes, kaufe im Ort« auf der einen Seite und den Logos von zwanzig einheimischen Läden auf der anderen (auf 1000 Stück limitiert).

Weitere Projekte sind in Planung: das Lewes Pound, ein Autoclub, ein Buchprojekt[5] (Bücher sollen öffentlich ausliegen, gelesen und weitergegeben werden können), die kartografische Erfassung von Obstgärten, die Schaffung eines Forest Garden (mit sieben Bepflanzungsebenen) und die Gründung einer kommunalen Energiegesellschaft.

Lewes ist zwar nicht die erste Energiewendestadt, aber sie ist in bestimmten Bereichen Vorreiter geworden. Die Stadt hat den ersten der zwölf Schritte zur Energiewendestadt bereits umgesetzt

und einen provisorischen Vorstand mit automatischer Rücktrittsregelung eingesetzt (vgl. S. 148). Man hat die Kerngruppe, die die Bewegung durch die ersten Schritte führte, aufgelöst; Vertreter aus den Arbeitsgruppen führen nun die Initiative. Dieser Schritt soll nicht leicht gewesen sein. Die Leute der ersten Stunde mussten loslassen und darauf vertrauen, dass die Initiative keinen Schiffbruch erleiden würde. Wie Adrienne Campbell betont, war der Schritt sinnvoll:

»Nach dem offiziellen Startschuss erklärte sich ein Dutzend Leute bereit, Arbeitsgruppen zu bilden. Und eines Tages war dann unsere Ablösung im Gespräch. Zum Glück hatten wir Berater, die bei den Veränderungen halfen, indem wir neue Ziele und Grundsätze formulieren mussten, die – verantwortungsbewusst und offen angewendet – es den Arbeitsgruppen ermöglichen, selbstständig zu arbeiten. Für mich war der Rücktritt ein

TRANSITION TOWN LEWES

Programme of Events September – December 2007

TRANSITION TOWN
LEWES

'We have it in our power to build the world anew.'
– Thomas Paine

Wednesday 12 September, All Saints Centre, 8pm, suggested donation £3
Screening of award-winning new film, **Crude Impact**

Tuesday 18 September, Lewes Library 6pm, free
Reception to launch The Great Reskilling of Lewes
As well as Lewes Library's new collection of books on climate change and peak oil

Saturday 22 September, Southover School, Potters Lane
An Open Space Day 10-4pm; everyone welcome; lunch provided
Creating an Energy Descent Plan for Lewes

Sat 29/Sun 30 September, Lewes New School
Introduction to Permaculture: design tools for energy transition
With Pippa Johns of the Brighton Permaculture Trust. Bookings: 01273 611275

Solutions to Climate Change Series
Wednesday 10 October, Pelham House, 8pm, £3
Contraction and Convergence – a talk by Aubrey Meyer
Tradeable Energy Quotas – a talk by Shaun Chamberlin

Wednesday 24 October, All Saints Centre, 8pm, £3
Local Money, Local Skills, Local Power – the role of money in building resilience
A talk by Molly Scott Cato, economist and author of Market Schmarket

Saturday 27 October, Southover School, Potters Lane, 10-4, free
An Open Space Day, everyone welcome; lunch provided
The economic revival of Lewes: how can we build a sustainable, fair and healthy economy in Lewes?

Tuesday 13 November, Lewes Arms, 8.30pm, £3
Arts transition group presents: **Whales, weather, water and waste**
A pub quiz with an environmental twist. Great prizes! All welcome.

Sunday 25 November, Lewes Constitutional Club, 139 High St, 8pm, £3
Arts transition group presents: **Art from the Arctic**
David Hinton's film about artists, scientists and writers witnessing climate change

Solutions to Climate Change Series
Wednesday 28 November, Pelham House, 8pm, £3
Political responses to climate change
A talk by Tony Juniper, director of Friends of the Earth

Monday 3 December, The Ainsworth Room, Southover Grange, 7.30pm, £3
Food transition group presents: **Diet and climate change**
A debate with Martin Tebbutt (Boathouse Organics), Michael Bradford (Bradford Farms) & Tony Wardle of Viva.

Thursday 6 December, Market Tower, 6-9pm
Transition Town Celebration at Late Night Shopping
Come and join us for some seasonal cheer in the Market Tower passageway

Thursday 13 December, The Ainsworth Room, Southover Grange, 7.30pm, £3
Food transition group: **Rice with everything!**
An evening of talks on food production in Cuba during the 1990s Oil Crisis.

For more details visit www.transitiontowns.org/Lewes

schmerzhafter Prozess, eine Art Paradigmenwechsel, der mir sehr viel Vertrauen abverlangte. Einige der Kerngruppe haben die Bewegung verlassen, andere sind noch unschlüssig, aber ich finde, dass die Generalüberholung notwendig war, damit die Bewegung flügge wird.

Es bestand immer eine produktive Spannung zwischen den Leuten, die sich mehr vom Erdölaspekt, und denen, die sich mehr vom Klimaaspekt der Bewegung angesprochen fühlten. Dasselbe gilt für diejenigen, die den Wandel jetzt sofort kämpferisch durchsetzen wollen, und denjenigen, die sich dem planenden Ansatz von Energiewende und Permakultur verpflichtet fühlen. Wir führen ständig Diskussionen darüber, wie weit die Ansichten auseinanderklaffen dürfen und ob die Voraussetzung eines Lebens mit weniger Erdöl überhaupt als gegeben angenommen werden kann. Wenn nicht, welche Wende wollen wir dann herbeiführen? Die globale Dimension und die Tatsache, dass uns noch die Begriffe fehlen, um den zwangsläufigen Paradigmenwechsel zu beschreiben, machen das Gemeinschaftsprojekt zu etwas Großartigem, zugleich aber auch Erschreckendem, Beflügelndem und Unwirklichem.«[6]

Energiewende-Initiative Ottery St Mary

Die Initiative begann damit, dass Sara Drew im Januar 2007 einen Vortrag von Peter Russell im Rahmen des Programms von Totnes hörte. »Ich war von dem Schwung beeindruckt und dachte: Endlich einmal ein positiver und kein negativer Ansatz. Hier gerät niemand in Verzweiflung!« Zu Hause schrieb Sara Drew den folgenden Brief an die Lokalzeitung:

»Ich wohne in Ottery St Mary und habe viel über den Zustand unseres Planeten und die Energiekrise nachgedacht, insbesondere die des Erdöls. … Wenn man dann noch die Kohlendioxidemission, die schmelzenden Polkappen und den rasanten Klimawandel betrachtet, hat man das Gefühl, kurz vor einer Katastrophe zu stehen, die alles vernichten wird. Wir leben in einem System, das nicht überlebensfähig ist.

Vor kurzem habe ich jedoch einen Vortrag in Totnes gehört, wo sich alle gemeinsam daranmachen, praktische Wege zu entwickeln, um etwas gegen diesen Zustand zu tun. Das Projekt heißt Energiewendestadt Totnes. Es geht darum, Methoden vor Ort zu entwickeln, um den Energieverbrauch zu senken, eine bessere Gemeinschaft zu bilden und das eigene Leben selbst zu gestalten, um in einer Welt ohne Erdöl leben zu können. Die Ideen sind: regionale Landwirtschaft, bessere Auslastung der Transportmittel, effiziente Energienutzung. Derzeit schließen sich überall auf der Welt solche Gruppen zusammen. Ich bin sicher, wir können auch in Ottery bessere Lebensqualität erreichen, indem wir uns gemeinsam auf die Zeit nach dem Erdöl einstellen. Wer Interesse daran hat, dieses Ziel zusammen mit anderen anzustreben, der möge sich bitte bei mir melden.«

Einige Leute reagierten darauf, und die Kerngruppe der Energiewende-Initiative Ottery wurde gebildet. Sie besteht aus zwölf Mitgliedern, die nach dem Grundsatz arbeiten, nichts zu überstürzen, sondern sich die Zeit zu nehmen, um die Bewegung in der Kommune zu verwurzeln. Es wurde eine Veranstaltungsreihe organisiert: Der Film *Eine unbequeme Wahrheit* lockte über hundert Zuschauer an (die Filme *The End of Suburbia* und *The Power of the Community* sollen auch gezeigt werden). Man feierte einen »Grünen Familientag« mit einheimischen Produkten, mit Sonnenenergie und einem Computer, an dem man seinen persönlichen Kohlendioxidverbrauch errechnen konnte.

Programmschwerpunkt sind Veranstaltungen, die Familien mit Kleinkindern ansprechen, aber es besteht auch eine Zusammenarbeit mit dem örtlichen Later Life Forum, um die älteren Bürger der Kommune einzubeziehen. Im Sommer 2008 ist offizieller Startschuss der Initiative, die sich langsam, aber stetig etabliert, unter anderem durch die Vernetzung mit den bestehenden Gruppen (z. B. einheimische Kompostierungsgruppen und Nahrungsmittelerzeuger).[7]

Energiewende-Initiative Bristol

Die Energiewende-Initiative Bristol entwickelte sich aus einem Permakultur-Kurs, der 2006 dort angeboten wurde. Die Teilnehmer wollten sich irgendwie engagieren und kamen auf die Idee, einen Energiewende-Aktionsplan für die Stadt aufzustellen. Obwohl die schiere Größe dieser Aufgabe manchen entmutigte, wurde der Plan aufgestellt. Im Anschluss an einen späteren Permakultur-Kurs gründete sich die Arbeitsgruppe Transition City Bristol.

Niemand wusste, wie das Energiewendekonzept bei einer Stadt von der Größe Bristols funktionieren würde, aber alle wollten den Versuch wagen. Zunächst formierte sich die Kerngruppe und führte ein Programm zur Bewusstseinsbildung durch. Den ersten größeren Vortrag, der in den abendlichen Regionalnachrichten der BBC Erwähnung fand, hielt Chris Johnstone.

Im Mai 2007 sprach ich im Trinity Centre in Bristol. Wie viele Städte ist auch Bristol aus dem Zusammenschluss einiger Dörfer entstanden, von denen aber jedes bis heute noch seinen Charakter bewahrt hat. Die Anwesenden gruppierten sich also nach »Dorfzugehörigkeiten«, um die Energiewende auf dieser lokalen Ebene voranzutreiben. Für die praktische Arbeit in den Energiewende-Initiativen scheint das Dorf die ideale Größenordnung zu sein.

Informationswand zum Startschuss der Energiewendestadt Bristol

Foto: Tulane Blyth

Die Energiewende-Initiative Bristol arbeitet nun auf zwei Ebenen: Während auf der einen Ebene der Energiewendeprozess durchgespielt wird, um einen Energiewende-Aktionsplan für die gesamte Stadt zu erstellen, soll auf der »Dorfebene« ein Netz aufgebaut und unterhalten werden. Um das zu erreichen, werden monatliche Treffen organisiert, auf denen man sich darüber austauscht, was funktioniert und was nicht. Daneben gibt es ein Veranstaltungsprogramm, eine Website und die Initiative eines virtuellen städtischen Obstgartens, dessen Bäume man erwerben kann.

Eine Stadt mit 400000 Menschen ist etwas anderes als ein Dorf oder Marktflecken. Sehr nützlich beim Strategie-Entwurf waren die zwölf Schritte zur Energiewende, sagte Peter Lipman:

> »Sie halfen uns, die Dinge langsam anzugehen und mit dem Druck fertig zu werden, auf beiden Ebenen alles sofort machen zu wollen. Die Aufgaben sind sehr groß, daher der Druck. Hinzu kommt noch, dass man glaubt, alles sei äußerst dringlich. … Auch bei der Arbeit auf der zweiten Ebene haben uns die zwölf Schritte davor bewahrt loszupreschen, sondern im Auge zu behalten, wie wichtig eine breite Basis ist, und nicht davon auszugehen, dass das Bewusstsein für die Energiewende schon vorhanden ist.«

Ebenfalls nützlich war der Kriterienkatalog den Bristol den »dörflichen« Initiativen zugrunde legt. Die Energiewende-Initiative Bristol (offizieller Startschuss Frühjahr 2008) steht mit anderen Großprojekten, zum Beispiel Nottingham, in Kontakt, um Erfolgsrezepte auszutauschen.

Im November 2007 fand in Bristol die bisher größte Veranstaltung seit Beginn der Bewegung statt. Referenten waren Richard Heinberg, Jeremy Leggett, David Strahan, Chris Johnstone und ich. Daneben wurde ein komplettes Programm mit Workshops und vielen Veranstaltungen angeboten. 400 Teilnehmer sorgten für eine lebhafte, positive und anregende Einführung in das Energiewendekonzept.[8]

Energiewendestadt Brixton

Die möglicherweise größte Aufgabe, die sich Befürworter der Energiewendebewegung bisher stellten, dürfte der Londoner Stadtteil Brixton sein. Die Initiative wurde als Lambeth Climate Action Group gegründet, die sich nach der Vorführung des Films *Eine unbequeme Wahrheit* 2006 im Ritzy Cinema bildete. Anfang 2007 stieß das Gruppenmitglied Duncan Law[9] auf das Energiewendemodell. Ihn überzeugte der Gedanke, dass es besser sei, für etwas zu kämpfen als gegen etwas. Ebenso begeisterte ihn das Konzept, dass man viel Überzeugungsarbeit leisten konnte, wenn man Klima- und Energiedebatte verknüpfte.

Duncan Law schlug seiner Gruppe vor, sich zur Energiewende-Initiative umzubilden, was einstimmig beschlossen wurde. Man wollte zunächst etwas für die Bewusstseinsbildung tun. Bislang wurden fünf Filme gezeigt und etwa 20 Referenten eingeladen. Es wurden »Grüne Spaziergänge«

Wenn wir da, wo wir arbeiten, nicht auch wohnen, und nicht leben, wenn wir arbeiten, sind unser Leben und unsere Arbeit verschwendet.

Wendell Berry, *The Unsettling of America: Culture and Agriculture*, 1977

organisiert, man besichtigte interessante Projekte und veranstaltete Podiumsdiskussionen. Die Initiative wurde populär und fand in den überregionalen Medien Erwähnung. Es gelang, gute Kontakte zur Stadtverwaltung herzustellen und erste Arbeitsgruppen zu bilden.

Auf meine Frage, ob die zwölf Schritte bei diesen Arbeiten nützlich gewesen waren, sagte Duncan Law:

»Äußerst nützlich, nur kamen sie für uns etwas zu spät! Wir hatten schon unsere Kerngruppe für die Lambeth Climate Action Group gebildet, als noch nicht die Rede davon war, dass wir uns der Energiewendebewegung anschließen. An eine automatische Rücktrittsregelung hat damals niemand gedacht. Wir arbeiten noch daran, wie wir den ersten Schritt umsetzen können. In vielerlei Hinsicht sind wir noch nicht über das Stadium, in dem wir die Basis schaffen und bewusstseinsbildende Maßnahmen durchführen, hinaus.«

Ursprünglich war geplant, den offiziellen Startschuss gegen Ende des Sommers 2007 zu geben, aber man war zu der Überzeugung gelangt, dass dafür die Zeit noch nicht reif war, und vertagte sich auf das Jahr 2008.

Die Projektarbeit steckt noch in den Kinderschuhen. In Planung sind beispielsweise eine »Grüne Karte« von Brixton und ein Schulungszentrum für Gartenbau, dessen Standort schon feststeht. Das Hyde Farm Climate Action Network baut Gemüse in Vorgärten an und veranstaltet Kurse zum Thema Energiesparen. Daneben werden auch Filme gezeigt und Obst geerntet.

Ich fragte Duncan Law, worin seiner Meinung nach der Unterschied zwischen Brixton und anderen Städten besteht. Er sagte:

»Brixton hat keinerlei Infrastruktur, die noch auf die Zeit vor dem Erdöl zurückgeht. Es ist mit dem Erdöl entstanden. Deshalb lässt sich die Adaption des Energiewendemodells auf Brixton nicht mit der Situation anderer Städte vergleichen. Die Auswirkungen der Erdölverknappung werden für Brixton enorm sein. Mit dem Problem der Großstädte setzt sich niemand auseinander. Niemand fragt, wie man die Versorgung aufrechterhalten will; oder was geschieht, wenn die Arbeitslosigkeit steigt und die Immobilienpreise in den Keller fallen, wenn die Töpfe für Subventionen leer sind und den Gemeinden finanziell die Puste ausgeht. Wir legen den Kommunen nahe, jetzt in die neue Infrastruktur zu investieren. Wir befassen uns auch damit, wie man Kontakte zu den Bauern im Umland herstellt und Umschlagplätze für biologisch angebaute Lebensmittel aufbauen kann.«

Das Energiewendemodell den Erfordernissen der Großstädte anzupassen wird sich als Prüfstein der Bewegung erweisen, und der Informationsaustausch zwischen den verschiedenen Großprojekten wird immer wichtiger. Brixton, Bristol, Nottingham und andere städtische Projekte müssen einander beflügeln und ermutigen.[10]

Energiewende-Initiative Forest of Dean

Der Forest of Dean stellt völlig andere Anforderungen an die Energiewendebewegung als die Stadt Bristol. Das Gebiet erstreckt sich auf etwa 120 km², auf denen rund 75000 Menschen leben. Im Westen wird das Gebiet vom Fluss Wye (und von Wales) begrenzt, im Osten vom Fluss Severn. Die nördliche Grenze liegt nordwestlich der Stadt Gloucester im Vale of Leadon.

Die Umweltberater Sue und Andrew Clarke brachten die Energiewendebewegung in den Forest of Dean. Sie nahmen Kontakt mit dem Gemeinderat auf und erkundigten sich dort, was man gegen den Klimawandel unternehme. Nicht viel, hieß es, man sehe keinen Handlungsbedarf, da die Einwohner das Thema bislang noch nicht für wichtig halten. Sue Clarke tat sich um und stieß im März 2007 auf die Website von Transition Network. Dort wurde gerade das erste Treffen von Transition Network in Ruskin Mill bei Nailsworth angekündigt; sie meldete sich an.

Die Veranstaltung spornte sie an, die Energiewende-Initiative Forest of Dean zu gründen. Aller-

dings wollte sie nicht mit einer Kerngruppe starten, die nur aus »Grünen« bestand, sondern die das Gemeinwesen repräsentierte:

»Von unseren Mitgliedern kommen zwei aus dem Umwelt- und Wissenschaftsbereich, drei aus der Permakultur; einer gehört zu den Friends of the Earth, einer zu den ›Grünen‹, einer kommt aus der einheimischen Waldkooperative, einer ist von einer Wohnungskooperative. Dann haben wir noch einen Vertreter der Forest-Bewohner, der sich für die Erhaltung einheimischer Traditionen und Rechte engagiert (was für die Kommune sehr wichtig ist), und zwei engagierte Mitglieder, die dafür sorgen, dass wir nicht die Bodenhaftung verlieren.«

Die Forest-Bewohner leben weit verstreut in dem großen Waldgebiet, für das man gut 40 Minuten braucht, um es mit dem Auto zu durchqueren.

Nur in jenen Stunden leben wir wirklich, in denen unser Geist von der Schönheit gefesselt ist.

Richard Jefferies

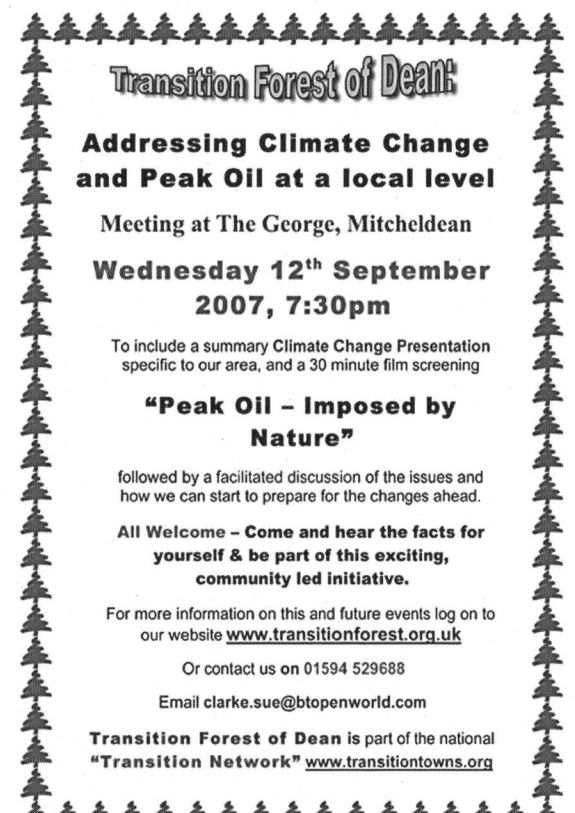

Deshalb erwartete die Gruppe nicht, dass die Leute zu ihr kommen würden, sondern dass sie sich zu ihnen aufmachen müsse. Man führte Filme in den Marktflecken vor, ermöglichte anschließend Diskussionen, organisierte Veranstaltungen zum Ölfördermaximum, zur Energiewende und zu den Auswirkungen des Klimawandels für den Forest of Dean.

Es gibt zwar Städte im Forest of Dean, aber die Kerngruppe weiß, dass sich die meisten Menschen dieser Gegend in erster Linie nicht als Stadt-, sondern als Waldbewohner verstehen.

Anfangs befürchtete die Gruppe, die Leute könnten denken, die Energiewende-Initiative Forest of Dean würde ihnen die ganze Arbeit abnehmen; aber inzwischen bieten sie ihre Hilfe an. Die meisten, die sich für die Bewegung interessieren,

gehören der mittleren Generation an; man versucht daher, mit den Veranstaltungen und der Werbung auch die Jugend und die Alten anzusprechen. Vertreter der Initiative wurden eingeladen, vor Schülern zu sprechen.

Einmal im Monat findet eine Zusammenkunft statt, um neue Kontakte zu knüpfen, und vierteljährlich wird ein Fest gefeiert, auf dem einheimische Lebensmittelerzeugnisse im Mittelpunkt stehen. Bei anderen Veranstaltungen ist die Energiewendebewegung mit einem eigenen Stand vertreten. Es heißt, von zwölf Schritten habe man drei erreicht. Es wurden einige Stromverbrauch-Monitore angeschafft, die Interessenten sich ausleihen können. Damit können sich die Menschen ihrer Gewohnheiten bewusst werden und ihren Stromverbrauch entsprechend einschränken.[11]

UNSER PARADOXES ZEITALTER

Unsere Häuser sind größer, aber unsere Familien sind kleiner; wir haben allen modernen Komfort, aber weniger Zeit.

Es gibt mehr akademische Grade, aber weniger Vernunft; unser Wissen ist größer, unsere Urteilskraft kleiner; wir haben mehr Experten, aber auch mehr Probleme; mehr Medikamente, aber weniger Gesundheit.

Wir haben den Weg zum Mond zurückgelegt, aber es fällt uns schwer, die Straße zu überqueren, um unseren neuen Nachbarn kennenzulernen.

Man baut mehr Rechner, die mehr Informationen enthalten für so viele Ausdrucke wie noch nie, aber unsere Kommunikation hat nachgelassen.

Wir haben zu viel Quantität, aber zu wenig Qualität.

Wir leben in einer Zeit des schnellen Essens und der langsamen Verdauung, großer Menschen, kleiner Charaktere; happiger Profite, seichter Beziehungen.

Wir leben in einer Zeit großer Fassaden, hinter denen die Räume leer sind.

Seine Heiligkeit, der 14. Dalai-Lama

Einige abschließende Gedanken

Erdölverknappung und Klimawandel sind Bedrohungen, die katastrophale Auswirkungen auf unser künftiges Leben haben können. Deshalb sind manche schnell dabei, sich düstere Bilder vom sozialen und ökologischen Zusammenbruch auszumalen, die ihnen dann den Schlaf rauben. Vielen von uns ist es so ergangen. Bei dem Denkansatz, den ich hier in diesem Buch geschildert habe, kann es zwar auch passieren, dass wir keinen Schlaf finden, aber aus anderen Gründen: Es gehen uns zu viele gute Ideen im Kopf herum, weil wir so viele Chancen sehen, was man künftig besser machen könnte. Die Tatsache, dass unsere Kultur sich besinnen und sich völlig umgestalten kann, stimmt optimistisch.

Eine Zukunft – in der wir weniger Energie verbrauchen, in der Nachbarschaftlichkeit wieder eine größere Rolle spielt, in der wir nicht länger nur Konsumenten, sondern auch Produzenten

sind, in der Lebensmittel, Energie und andere lebenswichtige Dinge wieder einheimische Erzeugnisse sind und in der wir gelernt haben, nicht über unsere Verhältnisse zu leben – muss uns keineswegs von etwas Unersetzlichem entfernen, sondern kann uns zu etwas Außergewöhnlichem hinführen.

Was genau wollen wir denn nicht loslassen? Eine Umfrage der New Economics Foundation hat folgende Erkenntnisse erbracht:

- Seit etwa 1961 machen uns höhere Einkünfte nicht unbedingt glücklicher.[12]

- Auf die Frage, in welchem Jahrzehnt die Befragten seit den 1950er Jahren am liebsten gelebt hätten, wurden am häufigsten die 60er Jahre genannt.[13]

- 62 Prozent der Menschen in Großbritannien finden ihre Arbeit uninteressant oder stressig.

- 87 Prozent der Briten sind der Auffassung, dass die Gesellschaft zu materialistisch geworden ist, dass zu viel Wert auf Geld gelegt wird, statt auf Dinge, auf die es wirklich ankommt.
- Unser Vertrauen zueinander hat seit den 1950er Jahren um die Hälfte abgenommen.[14]

Bei einer nationalen Verschuldung von 1,2 Billionen Pfund ist außerdem klar, dass wir uns dumm und dämlich zahlen und doch das, wonach wir streben, nicht bekommen, nämlich Glück, Sicherheit, Muße, befriedigende Arbeit und gesunde Nahrung.

Die Teilnehmer an der Energiewendebewegung (zu denen vielleicht auch Sie nun gehören) machen am weltweit wichtigsten Projekt mit. Sie versammeln Menschen um sich, die der Regierung Fragen stellen, auf die sie kaum Antworten hat, die aber für unser Überleben wichtig sind. Wer sich der Energiewendebewegung verschreibt, erkennt an, dass die eigentliche Wende in und mit uns beginnt und dass die Verantwortung bei uns liegt. Ich hoffe, Sie finden dieses Buch nützlich. Was Sie tun, wie Sie die Vorschläge umsetzen, bleibt Ihnen überlassen. Wir alle legen die Wege erst an, wenn wir wissen, wohin wir wollen.

Der zentrale Gedanke dieses Buches lautet: Eine Zukunft mit weniger Erdöl ist der Gegenwart vorzuziehen, sofern wir uns mit Fantasie und Kreativität ans Werk machen, und zwar jetzt. Ich habe diesen Gedanken wiederholt vorgetragen, denn er beinhaltet die Kernaussage des Energiewendekonzepts. Wie das Engagement im Detail aussieht, hängt vom jeweiligen Gemeinwesen ab. Die Vorstellung, dass sich jedes Dorf, jede Kleinstadt, jede Großstadt, jeder Weiler, jede Insel und jede Region der Energiewendebewegung anschließen kann, klingt vielleicht wirklichkeitsfremd – aber was spricht eigentlich dagegen? Die Zeit ist wirklich reif für diese Idee.

Als ich dieses Buch zu schreiben begann, kostete Erdöl um die 70 Dollar pro Barrel. Als wir im Sommer 2008 die zweite Auflage vorbereiteten, hatte sich der Preis verdoppelt. Die Internationale Energieagentur (IEA) schlägt Alarm. »Wir sollten das Öl verlassen, bevor es uns verlässt!«, rät IEA-Chefökonom Fatih Birol den Mitgliedsstaaten.[15] Das Zeitalter des billigen Erdöls ist vorbei. Wir leben an einem Wendepunkt der Geschichte.

Auf uns warten durch Erdölverknappung und Klimawandel noch nie da gewesene Herausforderungen, aber uns bieten sich auch noch nie da gewesene Chancen zu einer wirtschaftlichen, kulturellen und gesellschaftlichen Renaissance. Einheimische Unternehmen werden wieder aufblühen, traditionelle Fertigkeiten werden wieder gefragt sein, Kreativität und Erfindergeist werden Hochsaison haben. Wir werden wachsen bei dieser Wende; wir werden bescheidener sein und wieder enger mit der Natur verbunden leben – und letztlich weiser sein. Wenn wir Mobilität, Wachstum und Reichtum aufgeben sollen, müssen wir in der Lage sein, etwas Besseres an ihre Stelle zu setzen, etwas, das Nahrung für unsere Gefühle ist. Ich hoffe, Sie fühlen sich durch dieses Buch beflügelt, zum Katalysator zu werden, die neuen Möglichkeiten in Ihrem Leben, Ihrem Gemeinwesen, Ihrer Welt auszuschöpfen. Mögen sie Ihnen den Schlaf rauben – damit Sie nachdenken können.

Im tiefsten Winter machte ich endlich die Erfahrung, dass es einen unbesiegbaren Sommer in mir gibt.

Albert Camus

Das Totnes Pound 2008. Könnte eine solche lokale Währung künftig eine wesentliche Rolle in unserem Leben spielen?

Vielfalt statt Einfalt

Nachwort
von Annette Jensen

Von einer Massenbewegung zu sprechen wäre angesichts der Energiewende-Initiativen in Deutschland wahrlich noch übertrieben. Doch vielerorts haben sich hier Leute auf den Weg gemacht, die keine Lust haben auf »immer größer, immer mehr, immer schneller und immer monotoner«. Sie möchten mehr Einfluss gewinnen auf ihre Umgebung und die Dinge des täglichen Lebens. Sie wollen ihren Alltag nicht von Konzernen, fernen Politikern oder Sachzwängen bestimmen lassen. Vielfalt statt Einfalt, regional verschieden statt weltweit einheitlich, kleinteilig statt gigantisch, basisdemokratisch statt von oben vorgegeben – bei aller Unterschiedlichkeit scheint das ihr Leitbild zu sein.

Klimawandel, das absehbare Ende der weltweiten Erdölvorräte und die Ablehnung von Atomkraft spielen dabei zentrale Rollen. Doch es geht auch um die Identifikation mit dem eigenen Sprengel und die Lust, leibhaftig anwesende Menschen zu treffen.

Oft geben zunächst ein paar Überzeugungstäter den entscheidenden Anstoß. Nicht selten haben diese mit dem Image zu kämpfen, unmodern, rückwärtsgewandt oder einfach nur Spinner zu sein. Doch die Zeit arbeitet für sie: Die ökologischen, wirtschaftlichen und sozialen Verwerfungen des Öl- und Massenproduktionszeitalters lassen sich nicht mehr übersehen.

STROM

Elektrizitätswerk in Bürgerhand

Ursula Sladek ist so eine Überzeugungstäterin. Dass sie einmal ein bürgereigenes Elektrizitätswerk führen würde, hatte die Lehrerin und fünffache Mutter nicht geplant. Kurz nach dem GAU von Tschernobyl gründete sie in dem 2500-Seelen-Ort Schönau im Schwarzwald die Initiative »Eltern für eine atomfreie Zukunft« – und dabei kam ihr dann die Idee mit dem »Stromsparwettbewerb«. Sie stattete dem regionalen Stromversorger KWR einen Besuch ab und schlug vor, dem Einwohner mit dem geringsten Stromverbrauch einen Preis zu verleihen. Doch Ursula Sladek musste schnell erkennen, dass die Leute von der KWR keineswegs begeistert waren – im Gegenteil. Denn je mehr Strom das Unternehmen verkauft, desto mehr Geld verdient es. Und dass ein erheblicher Teil der Elektrizität in Schönau von AKWs stammte, nun ja, darin sahen die KWR-ler auch kein Problem.

Zwei Bürgerentscheide und eine bundesweite Spendensammlung unter dem Slogan »Ich bin ein Störfall« versetzten die Schönauer Stromrebellen 1997 in die Lage, das örtliche Netz selbst zu übernehmen. Seither gibt es in dem kleinen Ort im oberen Wiesental nur noch Elektrizität, die mit Sonnenenergie, Biomasse oder Wasserkraft produziert wird. Die Tarife der Elektrizitätswerke Schönau (EWS) sind so gestaffelt, dass sich Energiesparen lohnt. Und seitdem jeder Stromkunde in Deutschland das Recht hat, seinen Anbieter selbst zu wählen, kann man nun auch im Rest der Republik Schönauer Ökostrom beziehen (vgl. Anhang 1).

Vier Goliaths

Noch allerdings beherrschen in Deutschland vier Riesen den Markt: Vattenfall, E.ON, RWE und EnBW. Sie sind nicht nur Eigentümer zahlreicher Kraftwerke, sondern besitzen auch das überregionale Hochspannungsnetz. Zwar sind sie seit

Ende der 90er Jahre verpflichtet, auch den Strom der Konkurrenz durchzuleiten, und eine Regulierungsbehörde wacht darüber, dass sie dabei nicht allzu maßlos zulangen. Doch mehr als ein Drittel dessen, was der Stromkunde für die Kilowattstunde zahlt, fließt in die Kassen der Netzbetreiber. Dieses Geld perpetuiert nicht nur die wirtschaftliche Vormachtstellung der vier Giganten, sondern auch die von ihnen geprägte Struktur der Energieversorgung: Große Atommeiler und Kohlekraftwerke produzieren riesige Mengen Strom, die dann über weite Strecken zu den Kunden transportiert werden. Die Abwärme entschwindet meist ungenutzt in den Himmel oder heizt einen Fluss auf.

Verglichen mit diesen Kraftwerken sind Sonnenkollektoren, Kraft-Wärme-Kopplung, Photovoltaik- und Biomasseanlagen klein und technisch prädestiniert, ihre nahe Umgebung mit Strom oder Wärme zu versorgen. Theoretisch könnten sie die überregionalen Leitungen also überflüssig machen und damit die Macht der großen Vier von der Wurzel her anknabbern. Praktisch geschieht das aber noch nicht, weil es für die Betreiber von Windrädern, Solar- und Biomasseanlagen heute noch wesentlich günstiger ist, ihren Strom zu verkaufen statt ihn selbst zu verbrauchen; das Erneuerbare-Energien-Gesetz garantiert ihnen einen guten Preis.

Das Potenzial für eine autonome, dezentrale Stromversorgung haben die Anlagen. Und weil die Anschaffungspreise dafür spürbar sinken – und bei steigender Nachfrage weiter sinken werden –, sehen manche Graswurzelrevolutionäre bereits den Niedergang der großen Netzbetreiber als Vision am Horizont.

Durch die Erhebung eines »Sonnencents« ($1/2$, 1 oder 2 ct/kWh) unterstützen die Kunden des Schönauer Ökostroms den Bau weiterer »Rebellenkraftwerke«. So wird unter anderem auch in Potsdam und Bürstadt eifrig an der Energiewende gearbeitet. Hier haben sich Menschen zu Genossenschaften zusammengeschlossen. Diese Unternehmensform hat den großen Vorteil, dass sie für Großkonzerne uneinnehmbar ist (jedes Mitglied hat nur eine Stimme). Außerdem können Genossenschaften ständig neue Mitglieder aufnehmen. Und wenn wieder genügend Geld beisammen ist, kann auf einem weiteren Schul- oder Feuerwehrdach die von der Sonne gelieferte Energie eingesammelt werden.

WÄRME

Jühnde hat sich vom Weltmarkt abgekoppelt

Auch in Jühnde bei Göttingen haben sich die meisten Dorfbewohner entschlossen, eine Genossenschaft zu gründen, um den eigenen Energiebedarf durch regenerative Energieträger zu decken. Das Bioenergiedorf Jühnde erspart der Atmosphäre jedes Jahr 3300 Tonnen klimaschädliches CO_2 – und den Bürgern hohe Heizkosten. Die haben die Öltanks aus ihren Kellern rausgerissen und beziehen ihre Wärme nun vom gemeinschaftlichen Blockheizkraftwerk. Befeuert wird das mit Biogas (Methan), gewonnen aus Restholz aus der Umgebung sowie aus Stallmist, Gülle und Energiepflanzen, die von Jühnder Bauern geliefert werden. Die sind ebenfalls Genossen und haben jetzt nicht nur einen langfristigen und zuverlässigen Abnehmer, sondern müssen auch viel weniger Pestizide einkaufen, weil auch »Unkräuter« verarbeitet werden können. Auf klimaschädlichen Mineraldünger können sie ebenfalls weitgehend verzichten, denn diesen können die Gärreste aus der Biogasanlage ersetzen.

Kurzum: Jühndes Abkopplung vom Weltmarkt hat für den 1000-Seelen-Ort zahlreiche Vor- und keinerlei Nachteile. Für die Nutzer hat sich die Investition – dank hoher Ölpreise – schon nach kurzer Zeit amortisiert. Das Geld für die Rohstoffe bleibt in der Region und sichert dort Arbeitsplätze. Und schließlich hat das Projekt die ohnehin schon agile Dorfgemeinschaft noch weiter gestärkt. Das Beispiel Jühnde macht Schule: In Deutschland haben sich bislang etwa 20 weitere Gemeinden zu Bioenergiedörfern erklärt.

Häuser, die mehr Energie erzeugen als sie verbrauchen

Überzeugungstäter in puncto Energiewende tummeln sich viele in Freiburg. Einer von ihnen ist Rolf Disch. Lange hat der Architekt herumgetüftelt: Wie muss ein Haus konstruiert sein, das ohne Heizung auskommt, das nicht teurer ist als andere und in dem Menschen auch noch gerne wohnen? Inzwischen steht hinter seinem Büro eine bunte Reihenhaussiedlung, die mehr Energie erzeugt als sie verbraucht. Die Nord-Süd-Ausrichtung der Häuser, eine 40 Zentimeter dicke Isolierung der Wände und tief in die Rahmen eingelassene Fensterscheiben sorgen dafür, dass keine Wärme verloren geht. Schon die Anwesenheit eines Bewohners und eine Tasse Kaffee reichen aus, damit die Zimmer auch im Winter angenehm temperiert sind. Dennoch ist die Raumluft hervorragend: Innerhalb von zwei Stunden wird der Sauerstoff durch eine unauffällige Öffnung über der Terrassentür vollständig erneuert; ein durch die Erde geführtes Rohr und ein Wärmetauscher sorgen dafür, dass die einströmende Luft kaum kälter ist als die, die rausgeht. Weil das mit Photovoltaikmodulen gepflasterte Dach mehr Strom erzeugt als die Bewohner verbrauchen, ist die Energiebilanz der Häuser eindeutig positiv.

VERKEHR

Weniger Autos – mehr Lebensqualität

Wenige Schritte von der Plusenergie-Siedlung in Freiburg entfernt liegt der Stadtteil Vauban, das Zuhause für etwa 5000 Menschen. »Wir machen uns die Welt, wie sie uns gefällt«, hat jemand unter ein Bild von Pippi Langstrumpf an eine Hauswand gepinselt. Schilder informieren, dass hier Fußgänger die Straßen in ihrer ganzen Breite nutzen und Kinder überall spielen dürfen. Wer ein Auto hat, ist verpflichtet, einen teuren Stellplatz in einer Hochgarage am Rande der Siedlung zu kaufen. Die Wohnanlagen sind stellplatzfrei (man kann sich aber mit Carsharing behelfen).

Tatsächlich besitzt hier nur jeder siebte Einwohner einen eigenen Wagen; das ist eine sehr niedrige Quote angesichts der Tatsache, dass in Vauban fast ausschließlich Familien mit jüngeren Kindern wohnen. In der Hamburger Saarlandstraße oder in Münster-Weißenburg hat man das autofreie Wohnen allerdings noch konsequenter realisiert. Hier verzichten die Bewohner vollständig auf ein motorisiertes Gefährt und nutzen den Platz zwischen den Häusern ausschließlich zum Entspannen, Spielen und Flanieren.

Dergleichen vermissten die Einwohner im niedersächsischen Bohmte schon lange, ihnen ging die Dominanz der Autos auf die Nerven. Ununterbrochen donnerten Lkws durch die Hauptstraße, so dass sich die Anwohner vor ihren Haustüren nur schreiend verständigen konnten. Deshalb beschloss die Dorfgemeinschaft, sämtliche Verkehrsschilder und Ampeln abzumontieren und Fußgängern wieder mehr Raum zu geben. Den Effekt eines solchen Umbaus hatte eine Delegation zuvor bei einem Besuch mehrerer holländischer Dörfer studiert: Die unübersichtliche Lage führt nicht nur dazu, dass Brummifahrer den Ort möglichst meiden. Auch die Zahl der Unfälle verringerte sich deutlich, weil alle Verkehrsteilnehmer langsamer und aufmerksamer fahren. Inzwischen ist es in Bohmte hörbar ruhiger geworden, und auch ein Einkaufsbummel ohne Gehörschützer macht dort wieder Spaß.

Zu Fuß zum Einkauf

Immerhin können sich im Zentrum des 14 000-Einwohner-Städtchens noch ein paar Einzelhändler halten. In vielen anderen Ortschaften haben dagegen nach und nach alle Bäcker, Schlachter und Lebensmittelläden dichtgemacht: Gegen die Dumpingpreise der Supermärkte auf der grünen Wiese konnten sie nicht bestehen. Auf diese Weise haben viele Dörfer ihre wichtigsten Treffpunkte verloren. Und die Einwohner, die kein Auto haben, sind vom Einkauf zu Fuß abgehängt: Sie müssen mit dem Bus aus dem Zentrum raus fahren oder sich die Waren mitbringen lassen. Zugleich nimmt der motorisierte Verkehr zu.

Mittlerweile leben etwa acht Millionen Menschen in Deutschland so weit vom nächsten Lebensmittelladen entfernt, dass sie ihn nicht zu Fuß erreichen können. Diesen Trend könnten die steigenden Spritpreise umkehren, aber auch engagierte Bürger sorgen mancherorts für die Rückkehr des Dorfladens. Zum Beispiel in Ottenhausen im Landkreis Höxter. Dort haben sich 55 Einwohner zusammengeschlossen und eine alte Scheune umgebaut. Jetzt gibt es in dem 570-Leute-Dorf nicht nur wieder konventionelle Lebens- und Putzmittel zu kaufen, sondern auch Frisches aus der Umgebung. Außerdem bietet ein Café Platz für 60 Besucher, und immerhin vier Teilzeitkräfte haben einen Job gefunden.

NAHRUNGSMITTEL

Tiere und Pflanzen wie vom Fließband

Früher unterschieden sich das, was die Bauern in der einen oder anderen Gegend produzierten, noch deutlich von den Angeboten aus anderen Regionen. Die Landwirte züchteten jeweils Pflanzen und Tiere, die mit dem Klima, den Boden- und Wetterverhältnissen in ihrer Region möglichst gut zurechtkamen. So erwies sich beispielsweise das langlebige, genügsame Hinterwälder Rind als besonders geeignet für empfindliche Hanglagen im Schwarzwald, weil es weniger wiegt als seine Artgenossen. Da aber nur noch Hochleistungsrinder Profite versprachen, wäre das Hinterwälder beinahe ausgestorben. Eines der vielen Opfer der industriellen Landwirtschaft ist das deutsche Weide-

schwein; es war wetterfest, konnte bestens graben und sein Futter selbst finden. Ungeeignet für die profitorientierte Mast, ist es in den 70er Jahren ausgestorben. Was bleibt, ist die Einfalt der Massentierhaltung: Hühner, Enten, Schweine, die ihr Leben lang niemals die Sonne sehen, eingepfercht auf engstem Raum in einer Fabrik, deren Standort von der natürlichen Umgebung der Tiere völlig unabhängig ist.

Bei den Kulturpflanzen ist der Verlust an Vielfalt noch dramatischer: 90 Prozent der einst in Deutschland kultivierten Nutzpflanzensorten sind auf Nimmerwiedersehen verschwunden. Längst sind die kleinteiligen Felder früherer Zeiten zu riesigen Schlägen zusammengelegt worden, die mit großen Maschinen profitabler zu bearbeiten sind. Aber die Bedingungen für die wenigen Hochertragssorten müssen permanent künstlich hergestellt werden: Dünger, Pestizide und Bewässerung sorgen dafür, dass die natürliche Umgebung für das Wachstum so gut wie keine Rolle mehr spielt.

Die einstige gesunde und resistente Vielfalt ist einer hochproduktiven, aber äußerst anfälligen Monotonie gewichen. Mit großem Aufwand muss sie nun vor natürlichen Einflüssen geschützt werden. Evolution und Anpassung sind ausdrücklich unerwünscht. Überlebenschancen haben hier nur diejenigen, die bei einer erwünschten Eigenschaft besser sind als alle anderen. So stammen heute 80 Prozent der Hennen, die braune Eier legen, aus einem einzigen Zuchtbetrieb.

Retter alter Sorten und Rassen

Doch vielerorts wehren sich Menschen gegen diese Vereinheitlichung der Landschaft, des Lebens und dessen, was in ihren Kochtöpfen landet. Schon vor zwanzig Jahren schlossen sich in Deutschland Liebhaber alter Sorten zum »Verein zur Erhaltung der Nutzpflanzenvielfalt« zusammen. Sie stöberten letzte Reste des Gelben Winterkönigs, der Puffbohne oder des Frühlingsbarbenkrauts auf, und nun bauen »Paten« sie in ihren Gärten an. Diese beobachten, unter welchen Bedingungen die Pflanze gut gedeiht, und tauschen Saatgut und Erfahrungen später mit den anderen Vereinsmitgliedern aus.

Auch für alte Nutztierrassen setzen sich zunehmend engagierte Menschen ein. Dass es das Bunte Bentheimer Schwein – eine widerstandsfähige Rasse mit schwarzen Flecken, Schlappohren und einer besonders dicken Rückenschwarte – heute noch gibt, ist wohl einem einzigen Mann zu verdanken: Gerhard Schulte-Bernd aus Isterberg. Er sorgte jahrzehntelang dafür, dass ein kleiner Bestand dieser Schweine erhalten blieb, die nach dem Geschmack der 60er Jahre als zu fett galten. Inzwischen ist ihr Fleisch bei Feinschmeckern wieder beliebt und steht in mehreren Gasthöfen in der Grafschaft Bentheim auf der Speisekarte. Auch haben sich einige Dutzend Menschen zu einem Fanclub zusammengeschlossen, und so ist wohl der Fortbestand der Bentheimer Landschweine mittlerweile gesichert.

Damit es auch für das vom Aussterben bedrohte Brillenschaf, die Harzziege oder das Sachsenhuhn eine Zukunft gibt, erklärten sich bundesweit 70 landwirtschaftliche Betriebe zu »Archehöfen«, auf denen nun jeweils einige alte Rassen Unterschlupf finden und sich vermehren können (vgl. Anhang I).

Qualität schmeckt besser als abgepackter Einheitsbrei

Zwar liegt billige Abpackware aus aller Welt nach wie vor im Trend, sie wird in einheitlichen Supermärkten verkauft und ist dank globaler Vernetzung das ganze Jahr über gleichmäßig verfügbar. Die Menschen in Deutschland geben für Nahrungsmittel durchschnittlich nur zwölf Prozent ihres Einkommens aus – in kaum einem anderen Land ist den Verbrauchern das Essen so wenig wert. Doch auch hier gibt es seit einigen Jahren eine Gegenbewegung. Mancherorts haben sich

Kleinkäsereien oder handwerklich arbeitende Schlachtbetriebe angesiedelt, die Spezialitäten aus ihrer Region anbieten. Gourmets schätzen nicht nur die Frische, sondern auch das Unverwechselbare dieser Produkte.

Die aus Italien kommende »Slow food«-Bewegung hat in Deutschland mit 70 Basisgruppen Fuß gefasst (vgl. Anhang I). Neben Herstellern aus der jeweiligen Region organisieren sich darin auch Konsumenten, für die Genuss höchste Priorität hat und die sich durch ihre Kaufentscheidung als Co-Produzenten verstehen. Sie wollen wissen, wo und wie der Hase gelebt hat, dessen Rücken sie gerade sorgfältig zubereiten. »Qualität braucht Zeit und hat ihren Preis«, lautet das Kredo der kulinarischen Vereinigung. Optimistisch stimmt auch das Projekt »Erzeuger-fair-Milch« in Nordhessen. Es belegt, dass ein Großteil der Verbraucher durchaus bereit ist, fünf Cent mehr pro Liter Biomilch zu bezahlen, wenn das Geld den regionalen Bauern zugute kommt.

Noch direkter ist der Bezug zwischen Verbrauchern und Landwirten auf den neun Gemeinschaftshöfen, die es inzwischen in Deutschland gibt. Die aus Japan stammende Idee wird zum Beispiel in Lübnitz (zwischen Potsdam und Magdeburg) praktiziert. Die Vereinsmitglieder können mitbestimmen, was auf den Feldern angebaut wird, und dürfen für eine monatliche Pauschale so viele Biolebensmittel mitnehmen, wie der Hof gerade hergibt. Anders als die Kundschaft im Supermarkt merken sie, dass es im Winter keine Tomaten gibt – und im Sommer unter Umständen keine Kirschen, wenn es in der Region während der Blütezeit gehagelt hat. Dafür aber wissen sie genau, wie und wo das gewachsen ist, was später auf ihrem Esstisch steht. In der Regel dürfte das nicht nur wesentlich gesünder sein als die Supermarktangebote. Auch das Klima wird geschont, wenn Äpfel und Kartoffeln nicht um den halben Globus reisen.

PRODUKTION

Nutztiere und -pflanzen dienen dem Menschen nicht nur zur Ernährung, auch Textilien oder Chemikalien lassen sich daraus herstellen. Heute jedoch basiert vieles auf Erdöl; es wird unter hohem Energieeinsatz in vielseitig verwendbare, quasi gesichtslose Kohlenstoffketten zerlegt, damit Chemiker anschließend eine große Palette von Produkten daraus zusammenmixen können – beispielsweise 95 Prozent aller Lacke und Kleber.

In Braunschweig arbeitet schon seit 25 Jahren die Farbenfirma Auro mit nachwachsenden Rohstoffen. Wenn einer ihrer Chemiker ein neues Produkt entwickeln möchte, setzt er sich erst einmal in die umfangreiche Firmenbibliothek, in der Bücher über Nutzpflanzen und Verarbeitungstechniken aus dem 16. Jahrhundert bis heute stehen. Oft muss er dann bei Biologen nachfragen, ob die dort beschriebenen Sorten überhaupt noch existieren; auch hier ist ein Großteil der einstigen Artenvielfalt ausgestorben. Firmengründer Hermann Fischer ist überzeugt, dass seine Branche mittelfristig nur dann eine Chance hat, wenn sie auf eine große Diversität von Pflanzen zurück-

greifen kann. Deshalb liege die Pflege und Weiterentwicklung der biologischen Vielfalt von Nutzpflanzen im unmittelbaren Interesse der Chemieindustrie. Dagegen hat die Petrochemie ebenso wenig eine Zukunft wie das benzinbetriebene Auto: Erdöl geht über kurz oder lang zu Ende.

Vor dem Umbruch

Das aber scheinen viele Menschen und Unternehmen noch nicht mitbekommen zu haben – und sie verhalten sich so, als ob alles ewig so weiterfunktionieren werde wie bisher. Es sind aber schon an vielen Stellen Pioniere am Werk. Sie zeigen nicht nur, dass ein Umsteuern möglich ist. Vor allem beweisen sie, dass das Leben schöner, vielfältiger, reicher werden kann. Ob sich ihre Ideen im großen Maßstab durchsetzen werden, ist noch völlig ungewiss. Doch eines ist sicher: Was bislang als Norm gilt, hat keine Zukunft.

Am 11. August 2008 wurde in dem Berliner Bezirk Friedrichshain-Kreuzberg die erste Energiewende-Initiative der BRD offiziell gegründet. Was die Hauptstadt vormacht, sei zur Nachahmung für ganz Deutschland empfohlen.

Anhänge

Anhang 1

Deutsche Websites

Es gibt eine Fülle deutschsprachiger Internetseiten, die sich mit den Themenkreisen Klimawandel, Ölfördermaximum, Energiewende, lokale Energieautonomie und Relokalisierung der Wirtschaft befassen. Die im Zusammenhang mit diesem Buch wichtigsten Seiten sind:

energiewende.wordpress.com
ist die Seite der deutschen »Transition Town«-Bewegung. Hier finden sich neben Hintergrundinformationen zur Entstehung und zum Konzept der Bewegung aktuelle Nachrichten, u. a. der Hinweis, dass am 11. August 2008 im Berliner Bezirk Friedrichshain-Kreuzberg die in der BRD erste Energiewende-Initiative nach dem Transition-Towns-Modell gegründet wurde.

permakultur-akademie.de
Die Permakultur-Akademie ist dem Permakultur-Institut angeschlossen und bietet neben Informationen zur permakulturellen Philosophie und Gestaltung Aus- und Fortbildungskurse zum Thema.

energiekrise.de
ist die Seite von ASPO Deutschland, einem 2006 nach dem Vorbild der britischen »Association for the Study of Peak Oil and Gas« gegründeten Verein, der es sich zum Ziel gesetzt hat, die deutsche Öffentlichkeit für das Thema der künftigen Verfügbarkeit von Erdöl und Erdgas zu sensibilisieren.

energywatchgroup.org
Unter der Trägerschaft der Ludwig Bölkow Stiftung organisiertes internationales Netzwerk von Wissenschaftlern, die aus Studien zur Verknappung der fossilen Energieressourcen Strategien zur langfristigen Sicherung der Energieversorgung ableiten.

peakoil.de
Informationen und (eher düstere) Szenarien rund ums Thema Peak Oil

stadtlandgemuese.org
Seite des Kattendorfer Hofes in Schleswig-Holstein, einer Wirtschaftsgemeinschaft, die nach dem CSA-Konzept (Community Supported Agriculture / gemeinschaftlich unterstützte Landwirtschaft: Verbraucher übernehmen die laufenden wirtschaftlichen Kosten eines landwirtschaftlichen Betriebes und bekommen im Gegenzug alle auf dem Hof erzeugten Produkte) 150 Hektar Land bewohnt und bearbeitet und mit ihren Erträgen derzeit 600 Mitglieder versorgt.

buschberghof.de
Der Buschbergerhof bei Hamburg ist eine ebenfalls nach CSA-Prinzipien organisierte Selbstversorgergemeinschaft mit 100 Hektar Land, auf denen Viehwirtschaft und Ackerbau nach ökologischen Gesichtspunkten betrieben werden.

g-e-h.de
Die Gesellschaft zur Erhaltung alter und gefährdeter Haustierrassen (GEH) engagiert sich u. a. mit dem Arche-Hof-Projekt für die Erhaltung der 90 auf der Roten Liste stehenden Nutztierrassen. Da heute nur wenige Hochleistungssorten und -rassen die Nahrungsmittel der Menschheit produzieren, stirbt alle zwei Wochen eine an Klima und Standort angepasste Nutztierrasse aus.

eine-andere-welt-ist-pflanzbar.de
Forum der Bewegung Gemeinschaftsgärten, die aus ungenutzten urbanen Flächen gemeinschaftlich bearbeitete Gärten macht. Erklärte Ziele der Bewegung sind u. a.: Verbesserung der Stadtökologie,

Förderung der Artenvielfalt, urbane Raumaneignung und Stadtgestaltung von unten, ökologische Nahrungsmittel- und Heilpflanzenproduktion, Umsetzung von Subsistenzwirtschaft, nachbarliche Selbstorganisation, Ausprobieren von partizipativen Strukturen und Basisdemokratie in der Gruppe.

co-forum.de
CoForum ist eine offene Wissensbasis zur Unterstützung alternativer und kooperativer Projekte; hier werden Projekte gesammelt, dokumentiert und vernetzte Strukturen geschaffen und unterstützt.

die-klima-allianz.de
In der im April 2007 gegründeten Klima-Allianz haben sich über 90 Organisationen von Attac bis WWF zusammengeschlossen, um gemeinsame Aktionen zum Klimaschutz durchzuführen und sichtbar zu machen, dass Klimaschutz ein Anliegen aus der Mitte der Gesellschaft ist.

zukunftsrat.de
Der 1996 gegründete Zukunftsrat Hamburg ist ein Netzwerk von über 100 Vereinen, Initiativen, Instituten und Unternehmen, die unter dem Motto »Heute so leben, dass auch übermorgen alle leben können. Überall auf der Welt« eine global zukunftsfähige und generationengerechte Entwicklung fördern.

agrar.de/agenda
Link zum vollständigen Text der Agenda 21 in deutscher Sprache (in der offiziellen Übersetzung des Bundesumweltministeriums)

bund-hessen.de
Hier finden sich nützliche Informationen wie eine Liste vorbildlicher Energieprojekte von Kreisen und Kommunen in Hessen, eine Datenbank sparsamer Haushaltsgeräte oder eine Broschüre zur effizienten privaten Stromnutzung.

energiewende-ruesselsheim.de
Energiewende e.V. ist ein parteiunabhängiger Verein und arbeitet auf lokaler Ebene für eine grundsätzliche Umorientierung der Energieversorgung als Aufgabe der Kommunen. Zu den Leistungen, die der Verein anbietet, gehört die Erstellung von Gebäudebilanzen, Emissionsberechnung, Energieberatung, Solarberatung und der Verleih von Stromverbrauchsmessgeräten.

ews-schoenau.de
Die bürgereigenen Elektrizitätswerke Schönau (EWS) stehen hier als Paradebeispiel für viele sogenannte Rebellenkraftwerke, die »sauberen« Strom liefern, der sich derzeit zusammensetzt aus: 95% regenerative Energien (davon 18,3% EEG Strom), 5% Kraftwärmekopplung, 0% Atomstrom, 0% Kohlestrom.

steyerberg.de/internet/page.php?site=12000119&typ=2&rubrik=12000002
Informationen rund um die 2008 gegründete erste deutsche Gaia-Universität, die im niedersächsischen Steyerberg Bachelor- und Master-Studiengänge mit den Schwerpunkten Ökologie und Nachhaltigkeit, Gesundheit, Kultur und Soziales anbietet.

fal-ev.de
Der 1990 gegründete Verein zur Förderung angemessener Lebensverhältnisse (FAL e.V.) führt ökologische und soziale Projekte im Rahmen einer speziellen Regionalentwicklung durch. Der Verein bietet u. a. in seiner Europäischen Bildungsstätte Kurse und Seminare rund um das Thema Lehmbau an, z.B. in Kooperation mit dem Fachverband Strohballenbau Deutschland (**fasba.de**).

nachhaltigkeit.info
Lexikon der Nachhaltigkeit mit zahlreichen Links zu themenrelevanten Dokumenten wie die vom UN-Komitee für nachhaltige Entwicklung erarbeitete Liste von Nachhaltigkeitsindikatoren oder das Aktionsprogramm Umwelt und Gesundheit des Umweltbundesamtes.

spiegel.de/wissenschaft/natur/0,1518,575794,00.html
Der unter dieser Web-Adresse zu lesende Artikel über die Regierungsprognose zu den Folgen des Klimawandels für Deutschland enthält einen Link zu den im Auftrag des Bundesumweltamtes erarbeiteten »regionalen Klimaszenarien für Deutschland« vom August 2008.

Anhang 2

John Crofts vier Projektphasen

In Totnes fanden wir die von John Croft definierten vier Phasen so hilfreich, dass wir sie in unsere Arbeit einbeziehen, wo immer dies möglich ist. Der Mitbegründer der Gaia Foundation of Western Australia kam Anfang 2007 nach Totnes, wo er einen Vortrag über die Methode des »Drachenträumens« hielt, die er anhand seiner Beobachtungen in Hunderten von Umwelt-, Sozial- und Kommunalprojekten in aller Welt entwickelt hat. Er kam zu dem Schluss, dass jedes erfolgreiche Projekt vier Stadien durchläuft, die er folgendermaßen definiert:

- Träume und Visionen entwickeln,
- planen,
- handeln,
- bewerten und feiern.

Ihm fiel vor allem auf, dass 90 Prozent aller Projekte nicht über das erste Stadium – das Träumen – hinauskommen. Von den restlichen zehn Prozent kamen wiederum 90 Prozent nicht über das Planungsstadium hinaus. Das heißt: Nicht mehr als ein Prozent aller Projekte erreichen ihr ursprünglich angestrebtes Ziel. Um die Erfolgsquote zu verbessern, hat Croft die Drachentraummethode entwickelt. Sie geht davon aus, dass ein Projekt jedes der vier Stadien durchlaufen muss, wenn es erfolgreich vorangetrieben werden soll. Lässt man auch nur ein Stadium aus, ist das Ganze zum Scheitern verurteilt. Sehen wir uns nun die vier Stadien genauer an:

1.) Träume und Visionen entwickeln

Jedes Projekt ist ein Aufeinandertreffen seines Initiators und des Umfelds, von Theorie und Praxis. Wenn man das Projekt als Energiefluss betrachtet, so geht die Fließrichtung am Anfang vom »Träumenden« zu seiner Umgebung und zu der Gemeinschaft, in der er lebt. In dieser Phase kommt nur wenig zurück. Das Ganze ist fast ausschließlich Theorie, denn die dazugehörige Praxis muss noch entwickelt werden. Mit der Zeit erreichen den Träumenden Reaktionen aus dem Umfeld, die ihm sagen, dass sein Projekt Fuß gefasst hat, dass es realisierbar ist. Würden Sie beispielsweise ein Produkt entwickeln und die von Ihnen ins Auge gefassten Zielkunden würden Ihnen zu verstehen geben, dass sie es nicht erwarten können, Ihr Produkt zu kaufen, wüssten Sie, dass Sie einen Volltreffer gelandet haben; das Umfeld hat wunschgemäß reagiert. Wäre die Reaktion dagegen verhalten, so würden Sie sich gezwungenermaßen ans Reißbrett zurückbegeben. Vielleicht haben Sie Ihre Zielkundschaft falsch eingeschätzt; vielleicht haben Sie den Preis zu hoch angesetzt.

Jedenfalls muss in dieser Phase zwischen dem Initiator mit seiner Idee und dem Umfeld, in dem diese Idee umgesetzt werden soll, ein Gleichgewicht hergestellt werden, bevor das nächste Stadium eingeläutet werden kann. Parallel dazu nimmt die Theorie allmählich konkrete Formen an, sie wandelt sich von einer Idee zu etwas Wirklichem, Greifbarem. In dieser Phase geht es um Fragen wie die Folgenden:

- Was würde passieren, wenn …?
- Wie könnte ein solches Projekt aussehen?
- Findet ihr die Idee gut?
- Könnt ihr euch das für unsere Stadt vorstellen?
- Wäre es nicht großartig, wenn die Leute Zugang zu … hätten?

Die Traumphase ist der notwendige erste Schritt, aber damit die Sache weitergeht, muss das Planungsstadium folgen.

2.) Planen

In dieser entscheidenden Phase wird die Idee konkretisiert, erste Recherche- und Vorbereitungsarbeiten werden geleistet. Fragen, um die es in diesem Stadium geht, sind zum Beispiel:

- Wie verwirklichen wir unsere Pläne?
- Gibt es bereits vergleichbare Projekte?
- Gibt es erfolgreiche Vorbilder, von denen wir lernen können?
- Wer gestaltet den Entwurf?
- Wie viele Leute nehmen wir ins Boot?
- Wie sieht es mit der Finanzierung aus?

Die Idee verlässt die rein gedankliche Existenz und tritt in die wirkliche Welt ein.

3.) Handeln

Nun werden die Ideen und Pläne umgesetzt. Sie haben sich ein Projekt vorgenommen und sehen jetzt, wie es sich in der praktischen Umsetzung verhält. Sie haben die Fragen der beiden vorangehenden Phasen nach bestem Vermögen beantwortet, nun müssen sich die Träume und Pläne in der Praxis bewähren. In der dritten Phase sind die Verträge unterzeichnet, die Mitarbeiter eingeteilt und die Kontakte geknüpft: Ihr Baby ist lebendig geworden. Aus der Theorie wird Praxis, und Letztere wird Ihnen bald zur zweiten Natur, so dass Sie schnell vergessen, dass alles einmal bloße Theorie war.

4.) Feiern und auswerten

Dies ist die letzte Phase. Nun feiern Sie den Erfolg des Projekts und blicken zurück auf die Fehler und Schwierigkeiten, bevor der Zyklus von vorn beginnt. Dann wird – sofern es eine solche gibt – die nächste Stufe des Projekts erträumt, geplant, ausgeführt und gefeiert. Dieser Prozess kann sich über lange Zeit fortsetzen, indem die einzelnen Projektziele nacheinander verwirklicht werden. Der Prozess hat eine fraktale Struktur: Jede Stufe beinhaltet auch die anderen drei Phasen des Prozesses.

- Hat sich das Projekt erwartungsgemäß entwickelt?
- Haben Sie die gesteckten Ziele erreicht?
- Haben Sie Ihre Zielgruppe erreicht?
- Können oder müssen Sie mehr tun oder müssen Sie einen Schritt zurückgehen?
- Welche Phasen des Projekts liefen gut, welche waren schwierig?
- Hat der Einsatz für das Projekt Spaß gemacht?
- Haben alle Beteiligten einen angemessenen Beitrag geleistet oder musste einer sich verausgaben und mit seinem Einsatz das Projekt allein vorantreiben?
- Sind die Beteiligten persönlich gewachsen, haben sie sich durch ihr Engagement neue Fähigkeiten angeeignet?
- Haben alle gebührende Anerkennung erhalten?

Wenn Sie diese Fragen beantwortet und die Auswertung abgeschlossen haben, kann der Prozess weiter fortschreiten. Sie werden feststellen, dass Sie ihn mit mehr Energie und Kreativität beginnen, weil Sie jetzt Erfahrung mitbringen. Sie können entschiedener ans Werk gehen und sich größere Ziele vornehmen.

Aber zunächst können Sie feiern! Sie haben ein Etappenziel erreicht. Für Sie persönlich und für die ganze Gruppe ist es wichtig, das Bewusstsein, die Fähigkeiten und Sicherheiten, die Sie alle neu erworben haben, zu feiern. Sie müssen nur noch die angemessene Form des Feierns finden. Wenn Sie das als lästige Pflicht empfinden, wissen Sie, an welchem Teil des Projekts Sie noch arbeiten müssen!

Naresh Giangrande (Berater und Trainer
für Energiewende-Initiativen)

Anhang 3

Entwicklung eines Energiewende-Aktionsplans

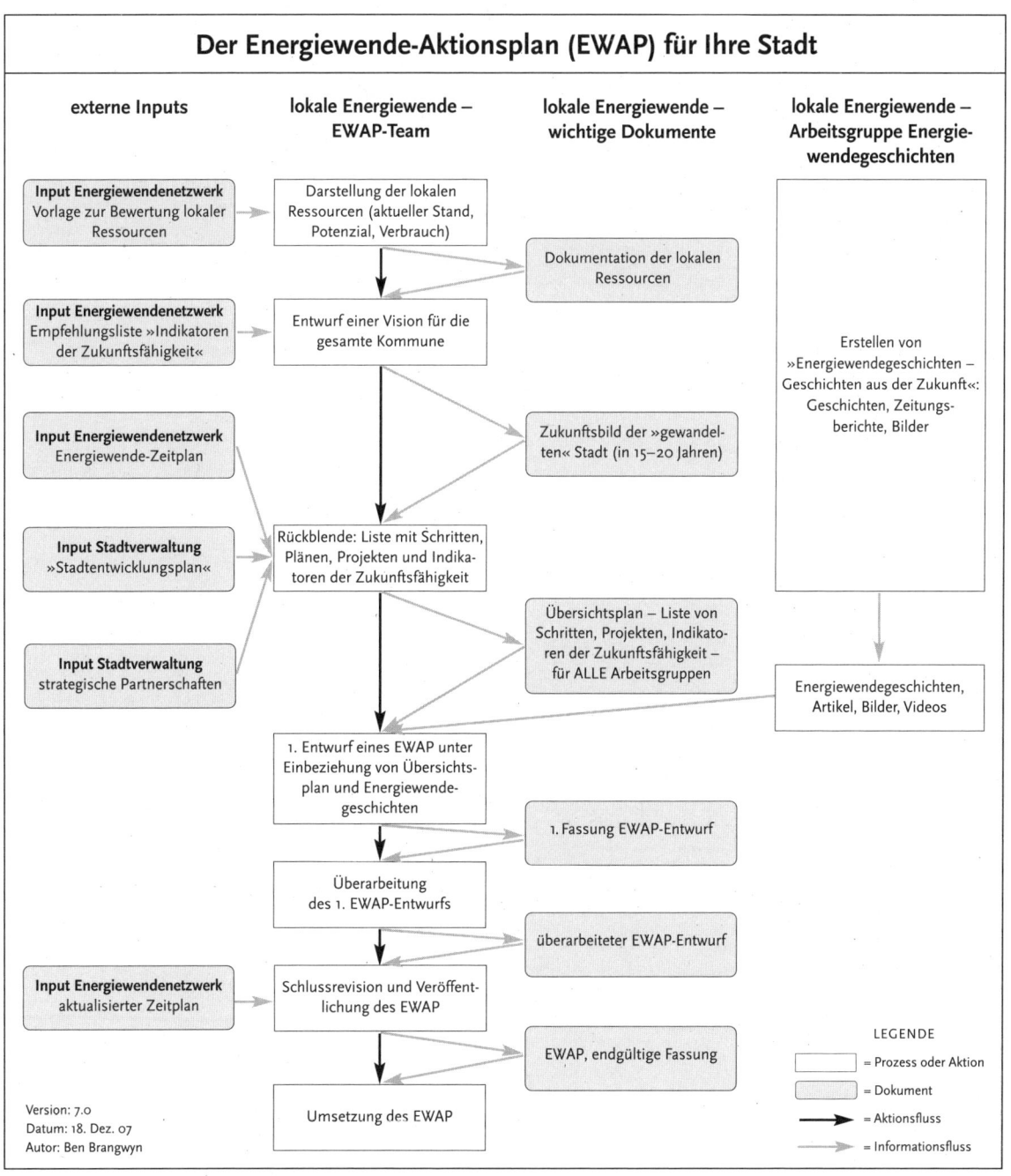

Der Energiewende-Aktionsplan (EWAP) für Ihre Stadt

externe Inputs

Input Energiewendenetzwerk
Vorlage zur Bewertung lokaler Ressourcen

Input Energiewendenetzwerk
Empfehlungsliste »Indikatoren der Zukunftsfähigkeit«

Input Energiewendenetzwerk
Energiewende-Zeitplan

Input Stadtverwaltung
»Stadtentwicklungsplan«

Input Stadtverwaltung
strategische Partnerschaften

Input Energiewendenetzwerk
aktualisierter Zeitplan

lokale Energiewende – EWAP-Team

Darstellung der lokalen Ressourcen (aktueller Stand, Potenzial, Verbrauch)

Entwurf einer Vision für die gesamte Kommune

Rückblende: Liste mit Schritten, Plänen, Projekten und Indikatoren der Zukunftsfähigkeit

1. Entwurf eines EWAP unter Einbeziehung von Übersichtsplan und Energiewendegeschichten

Überarbeitung des 1. EWAP-Entwurfs

Schlussrevision und Veröffentlichung des EWAP

Umsetzung des EWAP

lokale Energiewende – wichtige Dokumente

Dokumentation der lokalen Ressourcen

Zukunftsbild der »gewandelten« Stadt (in 15–20 Jahren)

Übersichtsplan – Liste von Schritten, Projekten, Indikatoren der Zukunftsfähigkeit – für ALLE Arbeitsgruppen

1. Fassung EWAP-Entwurf

überarbeiteter EWAP-Entwurf

EWAP, endgültige Fassung

lokale Energiewende – Arbeitsgruppe Energiewendegeschichten

Erstellen von »Energiewendegeschichten – Geschichten aus der Zukunft«: Geschichten, Zeitungsberichte, Bilder

Energiewendegeschichten, Artikel, Bilder, Videos

LEGENDE

☐ = Prozess oder Aktion

▭ = Dokument

→ = Aktionsfluss

→ = Informationsfluss

Version: 7.0
Datum: 18. Dez. 07
Autor: Ben Brangwyn

Anhang 4

Kursangebote »Transition Training«

Das wachsende Interesse neu gegründeter Energiewende-Initiativen an Kursen, in denen die Philosophie der Bewegung und die für ein Gelingen notwendigen praktischen Fähigkeiten und Voraussetzungen vermittelt werden, hat zur Entwicklung des Kursangebots »Transition Training« geführt. Bisher sind im Rahmen dieses 2007 begonnenen Programms zwei Kurse verfügbar:

Energiewende-Training (Training for Transition)

Dieser Workshop führt in die Fähigkeiten und Techniken ein, die für die erfolgreiche Gründung, Entwicklung und Aufrechterhaltung einer Energiewende-Initiative in Ihrer Kommune wichtig sind. Das Kursangebot richtet sich an diejenigen, die an ihrem Wohnort eine Energiewendegruppe bilden wollen oder bereits ins Leben gerufen haben. Am Ende des zweitägigen Kurses werden die Teilnehmer

- eine klare Vorstellung der aktuellen Weltlage und der Möglichkeiten haben, die sich aus Klimawandel und schwindenden Öl- und Gasvorräten ergeben
- wissen, was das Energiewendemodell beinhaltet – einschließlich der zwölf Schritte von der Idee über die Bildung einer Gründungsgruppe bis zur Entwicklung effektiver Arbeitsgruppen
- durchgespielt haben, wie man gemeinsame Visionen entwickelt
- wissen, wie man Veranstaltungen wie Vortragsabende, Open-Space-Tage und themenorientierte Gruppenarbeit organisiert und moderiert
- den Zweck und die Grundlagen eines Energiewende-Aktionsplans kennen
- in der Lage sein, einen informativen und anregenden Vortrag über die Energiewendebewegung zu halten

- Kontakte zu anderen Energiewende-Initiativen geknüpft und Mitglieder der Initiative Totnes und des Energiewende-Netzwerks kennengelernt haben
- einen Aktionsplan für ihre eigene Stadt oder Gemeinde aufgestellt haben.

Der Workshop basiert auf dem Prinzip Lernen durch Handeln, und die Teilnehmer sollen sowohl ihre eigenen Erfahrungen einbringen als auch aus den in der Gruppe vorgestellten Projekten anderer Gruppen lernen.

Wie man einen Energiewendevortrag hält

Ein wichtiger Aspekt im Energiewendeprozess ist es, den Menschen das, was in der Welt vor sich geht, ins Bewusstsein zu rufen und sie mit einer positiven Zukunftsvision zum Umdenken und Handeln anzuregen. Wir haben das Wissen und die Erfahrung derjenigen, die solche Vorträge auf Tagungen, vor Geschäftsleuten, kommunalen Gruppen und politischen Gremien gehalten haben, zusammengefasst und daraus einen eintägigen Kurs entwickelt, in dem man lernt, einen informativen, lebendigen und mitreißenden Vortrag zu halten.

Die Initiatoren und Leiter der »Transition Training«-Workshops sind Naresh Giangrande und Sophy Banks, beide Gründungsmitglieder der Energiewende-Initiative Totnes. Die Kurse finden an verschiedenen Veranstaltungsorten in Großbritannien (in englischer Sprache) statt, nähere Informationen über Kursangebote, Anmeldung und Teilnahmegebühren erhalten Sie unter www.transitiontowns.org/TransitionNetwork/TransitionTraining.

Anmerkungen

Erster Teil & Kapitel 1

1 Richard Heinberg, *The Oil Depletion Protocol: A Plan to Avert Oil Wars, Terrorism and Economic Collapse*, Clairview Publications, 2006

2 Chris Skrebowski ist Herausgeber der Zeitschrift *Petroleum Review*. Zitat aus einem Gespräch zwischen ihm und R. Heinberg im April 2006

3 Diese Formulierung stammt von Jeremy Leggett

4 Als Einführung in das Peak-Oil-Problem sei die anschauliche Darstellung von R. Heinberg empfohlen: *The View from Oil's Peak*, 2005. www.richardheinberg.com/museletter/184

5 Dr. Seuss, *Der Lorax*, Rogner & Berhard bei Zweitausendeins, Frankfurt 2000

6 Eine knappe Darstellung der Ölentstehung findet sich in Colin Campbell, *Oil Crisis*, Multi-Science Publishing Ltd., 2005, S. 29–51

7 Lee Siegel, *Bad Mileage: 98 tons of plants per gallon: study shows vast amounts of ›buried sunshine‹ needed to fuel society*, University of Utah, 2003. www.eurekalert.org/pub_releases/2003-10/uou-bm9102603.php

8 FEASTA, *The Great Emissions Rights Giveaway*, 2007. www.feasta.org

9 Ebd.

10 H. Frances, »Global Energy Demand Trends«, Vortrag auf der ASPO 6 Konferenz, Cork, Irland, 17. September 2007

11 Richard Heinberg, *The Party's Over: oil, war and the fate of industrial societies*, Clairview Books, 2003, S. 31

12 Ebd.

13 Ebd., S. 44

14 Vortrag in Dartington Hall während der Konferenz »Food and Farming in Transition«, die von Transition Town Totnes organisiert wurde. Eine aktualisierte Fassung findet sich unter www.transitionculture.org/2007/06/12/chris-skrebowski-at-estates-in-transition/

15 Mehr über Hubbert findet sich in David Strahan, *The Last Oil Shock: The Imminent Extinction of Petroleum Man*, John Murray Publishing, 2007

16 Dave Cohen, *The Perfect Storm*. ASPO-USA / Energy Bulletin, 31. Oktober 2007. www.energybulletin.net/36510.html

17 Energy Watch Group, *Crude Oil: The Supply Outlook*. EWG Series No. 3, 2007. Auf Seite 46 heißt es: »Es findet keine Steigerung der Produktion mehr statt, das Förderungsniveau bleibt mehr oder weniger gleich, und dies trotz des historischen Höchststands der Ölpreise.«

18 David Strahan, *The Last Oil Shock: The Imminent Extinction of Petroleum Man*, John Murray Publishing, 2000, S. 62

19 Energy Watch Group, *Crude Oil: The Supply Outlook*. EWG Series No. 3, 2003, S. 101

20 Die Angaben in der Literatur sind uneinheitlich, sie reichen von drei Barrel (D. Strahan, »What Stern really got wrong«, *Prospect*, 16. Mai 2007) bis sechs oder mehr Barrel Verbrauch pro Barrel Erschließung. Colin Campbell von ASPO hat mir (private E-Mail-Korrespondenz, 13. September 2007) die folgenden Zahlen genannt: 5,2 Gigabarrel (Gb) Gesamtvolumen der Erschließung neuer Vorkommen in 2006, Weltverbrauch (nach Angaben von BP) 30,56 Gb – das wäre ein Verhältnis von 1:6. Campbell wies aber auch darauf hin, dass genaue Zahlen über die Entdeckung von Lagerstätten nicht vorliegen.

21 Weitere Informationen über die Hedberg-Konferenz finden sich in D. Strahan, *Private Industry Conference finds much less oil*. www.LastOilShock.com. 28. September 2007

22 John Mawdsley, Jenny Mikhareva und Joel Tennison, *The Oil Sands of Canada: the world wakes up: first to peak oil, second to the oil sands of Canada*, Equity Research of Canada, Raymond James, 2001

23 Vgl. meine Kritik zu den Ölsanden in Alberta, die in der Reihe »In Business« von BBC Radio 4 gesendet wurde. www.transitionculture.org/2006/01/27/the-alberta-oil-rush-on-radio-4/

24 Greenpeace Canada, *Questions and Answers about the Alberta Tar Sands*, 2007. www.greenpeace.org/canada/en/recent/tarsandsfaq#4

25 Vgl. Julian Darley, *High Noon for Natural Gas: The New Energy Crisis*, Chelsea Green Publishing Company, 2004

26 Matthew R. Simmons, *Tough Times Ahead for Energy*. Financial Sense Newsletter, 2006. www.financialsense.com/transcriptions/2006/0429Simmons.html

27 Chris Nelder, *Tar Sands: The Oil Junkie's Last Fix, Part Two*, The Oil Drum, 9. September 2007. www.canada.theoildrum.com/node/2915 (eine Kritik an der Ölsandausbeutung)

28 Vgl. Mark Morrison, *Plenty of Oil – Just Drill Deeper: The discovery of reserves in the Gulf of Mexico means supply isn't topping out*, BusinessWeek.com, 7. September 2006

29 Dave Cohen, *Jack-2 and the Lower Tertiary of the Deepwater Gulf of Mexico*. Vgl. The OilDrum.com, www.theoildrum.com/story/2006/9/8/11274/83638

30 International Energy Agency, *Medium Term Oil Market Report*. 10. August 2007. www.omrpblic.iea.org/currentissues/full.pdf. Zur Einschätzung dieses Berichts vgl. D. Cohen, *Inside the IEA's Medium Term Oil Market Report*, ASPO USA, 2007. www.aspo-usa.com

31 Andrew Leonard, *If It Smells Like Peak Oil, It Probably Is*. www.salon.com/tech/htww/2007/07/09/iea_report/

32 David Strahan, »Why BP and Shell are bound to merge«, *The Independent*, 15. Juli 2007

33 David Pauly, *Slow, Steady Liquidation of the World Oil Industry*, Bloomberg.com, 1. Oktober 2007. www.bloomberg.com/apps/news?pid=20601039&sid=akIQ2arQB4Qs&refer=columnist_pauly

34 John S. Herold Inc., *2007 Global Upstream Performance Review*, John S. Herold Inc. & Harrison Lovegrove & Co., 2007

35 Ich informiere mich ständig auf www.energybulletin.net und www.theoildrum.com

36 Die wichtigste Arbeit dazu ist M. Simmons, *Wenn der Wüste das Öl ausgeht. Der kommende*

Ölschock in Saudi-Arabien. Chancen und Risiken, München 2006. Sehr hilfreich auch die ständig aktualisierte Untersuchung der saudischen Produktion durch Stuart Staniford. Vgl. www.the oildrum.com

37 George Monbiot, »Crying Sheep: we had better start preparing for a decline in global oil supply«, *The Guardian*, 27. September 2005

38 Thomas Homer-Dixon, *The Upside of Down: Catastrophe, Creativity and the Renewal of Civilisation*, Souvenir Press, 2007

39 Kenneth S. Deffeyes, *Beyond Oil: The View from Hubbert's Peak*, Hill & Wang, 2005

40 Das Gespräch ist unter dem Titel *The Peak of World Oil Production: Thanksgiving Day, 2005* bei www.globalpublicmedia.com als Audio-Datei verfügbar. Deffeyes hat seine Prognose auch in dem Beitrag *Join Us As We Watch The Crisis Unfolding* bekräftigt. Vgl. www.princeton. edu/hubbert/current-events-05-11.html

41 R. Heinberg, *The View from Oil's Peak*. Museletter #184, August 2007. www.richardheinberg. com/museletter/184

42 Oil Depletion Analysis Centre, *Oil field mega projects: E&P Review*, 2004. Verfügbar unter www.odac-info.org/bulletin/documents/MEGA PROJECTSREPORT.pdf

43 Colin J.Campbell, *Peak Oil: an Outlook on Crude Oil Depletion*, 2002. Vgl. www.greatchange.org/ ov-campbell,outlook.html

44 Chris Skrebowski, Herausgeber von *Petroleum Review*, im Interview mit Julian Darley, 11. April 2005. Vgl. www.globalpublicmedia.com/inter views/378

45 Jean Laherrère, »Hydrocarbons Resources Forecast of oil and gas supply to 2050«, *Petrotech Conference*, New Delhi 2003. Vgl. www.hubbert peak.com/laherrere/Petrotech090103.pdf

46 Peter M. Jackson, *Why the »Peak Oil« Falls Down: Myths and the Future of Oil Resources*, Cambridge Energy Research Associates, 2007. Vgl. eine Zusammenfassung auf Deutsch: www.erdoel-vereinigung.ch/UserContent/Do cuments/Oilfacts/STudien/06_cera_peakoil% 20fall%20down_abstract_d.pdf

47 Dave Cohen, *Does the Peak Oil »Myth« Just Fall Down?: Our Response to CERA*. www.theoil drum. com/story/2006/11/15/83857/186

48 Carl Mortished, »Total chief says world will find

oil target tough«, *The Times*, 8. September 2006. Vgl. http://business.timesonline.co.uk/ tol/business/industry_sectors/natural_resour ces/article631985.ece

49 Tom Bergin, »Total sees peak oil output around 2020«, Reuters, 2006. Vgl. www.energybulle tin.net/16850.html

50 David Strahan, Andrew Murray-Watson, »Oil industry sleep walking into crisis«, *The Independent*, 17. September 2007. Vgl. www.david strahan.com/blog/?p=46

51 Energy Watch Group, *Crude Oil; The Supply Outlook. Report to the Energy Watch Group*. Oktober 2007. EWG-Series No. 3/2007. www.energy watchgroup.com

52 Jonathan Leake, »The Road Fix«, *Sunday Times*, 9. August 2007. Vgl. www.newstatesman.com/ politics/2007/08/road-nata-cost-transport

53 Prime Minister's Office, »The Government's response to the Peak Oil Petition«, 3. Oktober 2007. www.pm.gov.uk/output/Page13388.asp

54 www.globalcool.org

55 Sharon Astyk, »How fast is global warming happening?« Vgl. http://casaubonsbook.blog spot. com, 27. September, 2007

56 Michael McCarthy, »What's happening to our weather?«, *The Independent*, 28. August 2007

57 Jonathan Leake, Joanne Carpenter, »Britain's Atlantis Under the North Sea«, *Sunday Times*, 2. September 2007

58 James Hansen, Larissa Nazarenko, Reto Ruedy, Makiko Sato, Josh Willis, Anthony Del Genio, Dorothy Koch, Andrew Lacis, Ken Lo, Surabi Menon, Tica Novakov, Judith Perlwitz, Gary Russell, Gavin A. Schmidt, Nicholas Tausnev, »Earth's Energy Imbalance: Confirmation and implications«, *Science*, 308, 2005, S. 1431–1435. Vgl. www.sciencemag.org/cgi/content/full/111 0252/DC1

59 Catherine Brahic, »Sea level rise outpacing key predictions«, *New Scientist*, News Service, 1. Februar 2007. www.environment.newscien tist.com/article/dn11083

60 Im 2007 veröffentlichten Sachstandsbericht 4 des IPCC heißt es, man sei sich »in hohem Maße sicher«, dass »die Auswirkungen menschlicher Aktivitäten seit 1750 weltweit zu einer Erwärmung führten«. Vgl. IPCC Summary for Policymakers, S. 3

61 Mark Lynas, *Six Degrees: our future on a hotter planet*, Fourth Estate, 2007

62 Robin McKie, »Arctic thaw opens fabled trade route«, *The Observer*, 16. September 2007

63 Alok Jha, »Boiled Alive«, *The Guardian*, 26. Juli 2006

64 George Monbiot, *Heat: how to stop the planet burning*, Penguin, 2006

65 James Hansen, Makiko Sato, Pushker Kharecha, Gary Russell, David W. Lea, Mark Siddall, »Climate change and trace gases«, *Philosophical Transactions of The Royal Society A*, Volume 365, Nr. 1856, 15. Juli 2007. http:// pubs.giss. nasa.gov/docs/2007/2007_Hansen_ etal_2.pdf

66 IPCC, *Global climate projections, Climate Change 2007: The Physical Sciences Basis*, 2007

67 David Spratt, »The Big Melt: lessons from the Arctic Summer of 2007«, *Carbon Equity*, 2007. Vgl. www.garnautreview.org.au/

68 Christian Bjornes, *International polar day*, Cicero, 17. September 2007. www.cicero.uio.no/ webnews/index_e.aspx?id=10868

69 Andrew C. Revkin, »Retreating Ice: A blue Arctic Ocean in summers by 2013?«, *International Herald Tribune*, 1. Oktober 2007. www.iht. com/articles/2007/10/01/sports/arcticweb.php

70 Michael Kahn, »Sudden sea level surges threaten 1 billion«, Reuters, 19. April 2007. Vgl. http://uk.reuters.com/article/reutersEdge/idU KZWE03304120070420

71 James Hansen, Larissa Nazarenko, Reto Ruedy, Makiko Sato, Josh Willis, Anthony Del Genio, Dorothy Koch, Andrew Lacis, Ken Lo, Surabi Menon, Tica Novakov, Judith Perlwitz, Gary Russell, Gavin A. Schmidt, Nicholas Tausnev, »Earth's energy imbalance: Confirmation and implications«, *Science*, 308, 2005, S.1431–1435

72 David Spratt, »The Big Melt: lessons from the Arctic Summer of 2007«, *Carbon Equity*. 2007. Vgl. www.garnautreview.org.au/

73 Das ist die Grundannahme in der Arbeit von George Monbiot, *Heat: how to stop the planet burning*

74 Global Commons Institute, »A Briefing for Channel Four«, 2007. www.gci.org.uk/brie fings/Channel_Four.pdf

75 Zur Frage, welche Grenzwerte wir uns leisten können, vgl. D. Spratt, P. Sutton, »Target Prac-

tice: where should we aim to avoid dangerous climate change?«, Carbon Equity / GreenLEAP Strategic Institute, 2007. Verfügbar unter www.carbonequity.info/PDFs/targets.pdf

76 Zit. n. einer Mitschrift der Antworten von Monbiot bei einer Diskussion in Lampeter. Vgl. Transition Culture, 10. April 2007, »George Monbiot on Peak Oil and Transition Towns«. www.transitionculture.org/2007/04/10/george monbiot-on-peak-oil-and-transition-towns

77 Ebd.

78 George Monbiot, »What if the oil runs out?«, *The Guardian*, 29. Mai 2007. www.monbiot.com

79 Interview mit Tony Juniper. www.transitioncul ture.org, 23. Februar 2007

80 Jeremy Leggett, »Peak time viewing«, *The Guardian*, 15. März 2006

81 Environmental News Service, *New York Tallies Its Greenhouse Gas Emissions*, 2007. www.ens newswire.com/ens/apr2007/2007-04-11-03.asp

82 BBC News Online, »Sweden aims for oil-free economy«, 8 Februar 2006. Vgl. www.news. bbc.co.uk/1/hi/sci/tech/4694152.stm

83 Rob Hopkins, »In Praise of ASPO 6. #4. Eamon Ryan«, 2007. www.transitionculture.org/2007/ 09/26/aspo-6-in-praise-of-5-eamon-ryan/

84 Richard Heinberg, *The Oil Depletion Protocol: A Plan to Avert Oil Wars, Terrorism and Economic Collapse*, Clairview Books, 2006

85 N. Stern, S. Peters, V. Bakhshi, A. Bowen, C. Cameron, S. Catovsky, D. Crane, S. Cruickshank, S. Dietz, N. Edmonson, S.-L. Garbett, L. Hamid, G. Hoffman, D. Ingram, B. Jones, N. Patmore, H. Radcliffe, R. Sathiyarajah, M. Stock, C. Taylor, T. Vernon, H. Wanjie, und D. Zenghelis, *Stern Review: The Economics of Climate Change. Part III The Economics of Stabilisation*, HM Treasury, London 2006, S. 185

86 Richard Heinberg, »Bridging Peak Oil and Climate Change Activism«, Museletter # 177, Januar 2007. www.richardheinberg.com/muse letter/177

87 Chris Nelder, »Peak Oil Hits the Third World: high oil prices bring energy shortages«, Energy andcapital.com, 10. August 2007. www.energy andcapital.com/articles/peak+oil+renewable+ energy-shortages/490

88 Robert L. Hirsch, R. Bezdek, R. Wendling, »Peaking of World Oil Production: Impacts, Mitiga-

tion and Risk Management«, National Energy Technology Laboratory, US Department of Energy, 2005

89 R. L. Hirsch, »Robert Hirsch on Peak Oil Mitigation«, Global Public Media, 2005. www.netl. doe.gov/publications/others/pdf/Oil_Peaking_ NETL.pdf

90 Interview mit Richard Heinberg in Stroud, Gloucestershire, März 2007

91 Rob Hopkins, »ASPO 5: Robert Hirsch Scares Me Out of My Wits«, Transition Culture, 18. August 2006

92 Lester Brown, *Plan B: Rescuing a Planet Under Stress and a Civilization in Trouble*, W. W. Norton/Earth Policy Institute, 2003

Kapitel 2

1 Die vier Szenarien finden sich in David Holmgren, »The End of Suburbia or Beginning of Mainstream Permaculture?«, *Permaculture Magazine 46*, 2005, S. 7ff.

2 Art Kleiner, *The Age of Heretics*, Nicholas Brealey Publishers, 1996

3 Gilberto C. Gallopin, »Planning For Resilience: Scenarios, Surprises and Branch Points«, in: Lance H. Gunderson und C. S. Holling, *Panarchy: Understanding Transformations in Human and Natural Systems*, Washington, Island Press, 2002, verfügbar unter http://books.google.de; David Holmgren, »What is Sustainability?«, Sustainability Network Update 31E, 9. September 2003; Richard Heinberg, *Powerdown: Options and actions for a Post-Carbon World*, Clairview Books, 2004; Andrew Curry, Tony Hodgson, Rachel Kelnar und Alister Wilson, *Intelligent Infrastructure Futures: The Scenarios – Towards 2055*, 2005, Foresight, Office of Science of Technology, FEASTA, *Energy Scenarios Ireland*. FEASTA, 2006

4 Eine Zusammenfassung dieser Argumentation bieten Daniel Howden, »World oil supplies are set to run out faster than expected, warn«, *The Independent*, 14. Juni 2007, vgl. www.indepen dent.co.uk/news/science/; Richard Heinberg, »The View from Oil's Peak«, Museletter #184, August 2007. www.richardheinberg.com/muse letter/184

5 Jared Diamond, *Kollaps: Warum Gesellschaften*

überleben oder untergehen, Fischer, Frankfurt a. M. 2005

6 William R. Catton, *Overshoot: The Ecological Basis of Revolutionary Change*, Chicago (University of Illinois Press) 1982

7 Den Begriff »Lean Economy« hat David Fleming 1995 eingeführt und seither in zahlreichen Publikationen erläutert, vgl. *After Growth – Climax: Rising Unemployment as the Cue for Evolution to the Lean Economy*, European Environment, 1998, Bd. 8, S. 41–49. Das Konzept geht auf das japanische System einer »schlanken Produktion« (lean production) zurück. Flemings Buch *Lean Logic: The Book of Environmental Manners* erscheint demnächst. Vgl. www.theleaneconomyconnection.net

8 Der Begriff »Powerdown« stammt von Richard Heinberg, *Powerdown: options and actions for a postcarbon world*, Clairview Books, 2004

9 City of Portland Peak Oil Task Force, »Descending the Oil Peak: Navigating the Transition from Oil and Natural Gas«, 2004. Vgl. www. portlandonline.com/shared/cfm/image.cfm?id =145732

10 Vandana Shiva, »Tsunami Teachings: Reflections for the New Year«. www.zmag.org, 23. Januar 2005

11 Deborah DuNann Winter und Susan M. Kroger, *The Psychology of Environmental Problems*, New Jersey, Lawrence Erlbam Associates, 2004

12 David C. Korten, *The Post Corporate World: Life After Capitalism*, Berrett-Koehler Publishers, 2000

13 Sharif Abdullah, *Creating a World That Works For All*, Berrett-Koehler Publishers, 1999

14 Das Zitat findet sich häufig im Internet, leider ohne Quellenangabe. Vgl. z. B. www.quote. robertgenn.com/auth_search.php?authid=636

15 FEASTA, »The Great Emissions Rights Give Away«, FEASTA, März 2006

16 Charles Hall, »Provisional Results from EROI Assessments«, State University of New York, 2008 (unveröffentlichter Entwurf), vgl. www. theoildrum.com/node/3810

17 Sarah Palcer, Mike C. Herweyer und C. Hall, »Crude Oil Imported to the United States« (Anhang zu C. Hall, s. o.), 2008

18 Chris Nelder, »Peak Oil Hits the Third World: High Oil Prices Bring Energy Shortages«, www.

energyand capital.com, 10. August 2007. Vgl. www.energyandcapital.com/articles/peak+oil renewable+energy-shortages/490

19 Genaueres in Richard Heinberg, *Peak Everything: Waking Up to the Century of Declines*, New Society Publishers, 2007

20 Neben der fundierten Arbeit von Charles Hall (2008) sei noch verwiesen auf: Cutler J. Cleveland, Robert Constanza, Charles A. S. Hall und Robert Kaufmann, »Energy and the U.S. Economy: A Biophysical Perspective«, *Science* 225, 1984, S. 890–897; Charles A. S. Hall, Cutler J. Cleveland und Robert Kaufmann, *Energy and Resource Quality: The Ecology of the Economic Process*, John Wiley & Sons, Inc., 1986, S. 221–228; Cutler Cleveland, »Net energy obtained from extracting oil and gas in the United States«, *Energy* 30, 2005, S. 769–782

21 Howard T. Odum und Elisabeth C. Odum, *A Prosperous Way Down: principles and policies*, University Press of Colorado, 2001

22 Robert L. Hirsch, R. Bezdek, R. Wendling, *Peaking of World Oil Production: Impacts, Mitigation and Risk Management*, National Energy Technology Laboratory, US Department of Energy, 2005

23 David Holmgren, *What Is Sustainability?*, Sustainability Network Update 31E, 9. September 2003, CSIRO Sustainability Network. www.bml.csiro.au/susnetnl/netwl31Eb.pdf

24 Ted Trainer, *Renewable Energy Cannot Sustain a Consumer Society*, Springer Verlag, 2007

25 Ebd., S. 9

26 Zuerst erschienen in Rob Hopkins, »Energy Descent Pathways: evaluating potential responses to peak oil«, Diss. University of Plymouth, 2007. Verfügbar unter www.transitionculture.org

Kapitel 3

1 B. Walker, C. S. Hollinger, S. R. Carpenter und A. Kinzig, »Resilience, Adaptability and Transformability in Social-ecological Systems«, *Ecology and Society* 9 (2), 2004, S. 5

2 Die Lkw-Fahrer-Aktionen werden beschrieben in David Strahan, *The Last Oil Shock: A Survival Guide to the Imminent Extinction of Petroleum Man*, John Murray, 2007

3 Department of Environment, Food and Rural Affairs. Pressemitteilung anlässlich der Royal Show 2003

4 David Fleming, *Lean Logic, a Dictionary of Environmental Manners*, unveröffentlichtes Manuskript, 2007

5 Vgl. Simon A. Levin, *Fragile Dominion*, Perseus Books Group, 1999

6 Vgl. die Kritik von Vandana Shiva, *Monocultures of the Mind: Biodiversity, Biotechnology and Scientific Agriculture*, London 1998

7 Freundlicher Hinweis von David Fleming

8 Brian Walker und David Salt, *Resilience Thinking: Sustaining Ecosystems and People in a Changing World*, Island Press, 2007

9 Ebd., S. 121

10 New Economics Foundation, »Clone Town Britain: The survey results on the bland state of the nation«, 2007. Vgl. www.neweconomics.org/gen/z_sys_publicationdetail.aspx?pid=206

11 Charles Dickens, *Große Erwartungen*, Stuttgart 1993, S. 302

12 Aldo Leopold, *Round River*, Oxford University Press, 1972

13 James Howard Kunstler, *The Long Emergency: surviving the converging catastrophes of the twenty-first century*, Atlantic Monthly Press, 2005

14 Vgl. die DVD *The End of Suburbia: Oil Depletion and the Collapse of the American Dream*, Electric Wallpaper Company

15 Ich danke David Heath für seine Hilfe bei der Erforschung der Geschichte von Heath's Nursery, ebenso Alan Langmaid vom Totnes Museum sowie dem Totnes Image Bank and Rural Archive für vielfältige Anregungen.

16 Dartington Rural Archive, *Horsepower*, Spindle Press, 1985

17 Zum Thema Kohle vgl. B. Freese, *Coal: A Human History*, Arrow Books, 2006

18 Andrew Simms, *Ecological Debt: The Health of the Planet and the Wealth of Nations*, Pluto Press, 2005

19 Alan F. Wilt, *Food for War: Agriculture and Rearmament in Britain before the Second World War*, Oxford University Press, 2001

20 Juliet Gardiner, *Wartime Britain 1939–1945*, Headline Book Publishing, 2004

21 Ebd.

22 Richard James Hammond, *Food and Agriculture in Britain 1939–45*, Food Research Institute, Stanford University Press, 1954

Kapitel 4

1 Davis Fleming, *Lean Logic: The Dictionary of Environmental Manners*, unveröffentlicht (2007)

2 John Talberth et. al., *Building a Resilient and Equitable Bay Area: towards a coordinated strategy for economic localisation*, 2006. Vgl. www.regionalprogress.org

3 Helena Norberg-Hodge, *Ancient Futures: learning from Ladakh*, Rider Books, 2000

4 Paul Ekins, *The Living Economy: New Economics in the Making*, Routledge, 1989

5 Kirkpatrick Sale, *Human Scale*, Coward, McCann and Geoghegan, 1980

6 George Monbiot, »I Was Wrong About Trade«, *The Guardian*, 24. Juni 2003

7 Vandana Shiva, Vortrag auf dem Kongress der Soil Association in Cardiff, Januar 2007. Vgl. www.soilassociation.org/web/sa/saweb.nsf/(UNID)/6BB05A7D57DAF6A28025727200416A64?OpenDocument

8 David C. Korten, *The Great Turning: From Empire to Earth Community*, Berrett-Koehler Publishers, 2006

9 Jenny Bird, »Energy Security in the UK: an IPPC Factfile«, Institute for Public Policy Research, 2007. www.ippr.org.uk/publicationsandreports/publication.asp?id=555

10 Department for Transport, *Transport Statistics Great Britain: 2006 Edition*, The Stationery Office, London 2006

11 Herman Daly, »The Perils of Free Trade«, *Scientific American*, November 1993

12 Zit. n. Paul Hawken, *Blessed Unrest: How the Largest Movement in the World Came into Being, and Why No One Saw it Coming*, Viking, 2007

13 Department of Transport, *Road Freight Statistics*, DoT Juni 2006. Zit. n. www.dft.gov.uk/162259/162469/221412/221522/222944/coll_roadfreightstatistics2005in/roadfreightstatistics2005int5135

14 George Monbiot, *Heat: How to Stop the Planet Burning*, George Unwin Press, 2006

15 David Strahan, *The Last Oil Shock: A Survival Guide to the Imminent Extinction of Petroleum Man*, John Murray, 2007

16 Kenneth Mellanby, *Can Britain Feed Itself?*, Merlin Press, 1975

17 Caroline Lucas vertritt als Abgeordnete der *Green Party* den Südwesten Englands im Europaparlament; vgl. C. Lucas, A. Jones, C. Hines, »Fuelling a Food Crisis«, 2006. Verfügbar auf www.carolinelucasmep.org.uk

18 Vgl. Joseph J. Romm, *The Hype About Hydrogen: Fact and Fiction in the Race to Save the Climate*. Island Press, 2005

19 David Strahan, *The Last Oil Shock: A Survival Guide to the Imminent Extinction of Petroleum Man*. London 2007

20 James Howard Kunstler, *The Long Emergency: Surviving the Converging Catastrophes of the 21st Century*. Atlantic Monthly Press, 2005

21 Energy Watch Group, *Coal: Resources and Future Production*, EWG, 2007. Vgl. www.energywatchgroup.org/files/coalreport.pdf

22 George Monbiot, *The New Coal Age*. www.monbiot.com, 9. Oktober 2007. www.monbiot.com/archives/2007/10/09/the-new-coal-age/

23 Jeremy Leggett, *Half Gone: Oil, Gas, Hot Air and the Global Energy Crisis*, Portobello Books, 2005

24 George Monbiot, »A Lethal Solution«, *The Guardian*, 27. März 2007

25 Department of Trade and Industry, *Energy Trends June 2006*. Vgl. www.dti.gov.uk/files/file30881.pdf. Chris Vernon hat diesen Report kritisch kommentiert, vgl. *UK Energy Trends, Coal*. Beitrag auf The Oil Drum Europe, www.theoildrum.com/story/2006/7/5/15249/17646

26 Vgl. John Vidal, »The Looming Food Crisis«, *The Guardian*, Beilage G2, 29. August 2007, S. 5–9

27 Paul Chefurka, »Mexico: peak oil in action«, 2007. Vgl. www.paulchefurka.ca/Mexico%20and%20the%20Problematique.html

28 Richard Girling, »Goodbye Beautiful Britain«, *Sunday Times*, 26. August 2007

29 Vgl. »Hilary Benn announces action to monitor impact of EU Agriculture Council's decision on 0% set aside rate for 2008«, DEFRA Pressemitteilung vom 26. September 2007. www.defra.gov.uk/news/2007/070926b.htm

30 David Fleming, *Energy and the Common Purpose: descending the energy staircase with Tradable Energy Quotas*, Lean Connection Press, London 2005

31 Department of Environment, Food and Rural Affairs, *Achieving a Better Quality of Life: review of progress towards sustainable development*, 2002

Zweiter Teil & Kapitel 5

1 Gary Snyder, »Vier Wandlungen«, in: *Schildkröteninsel*, Berlin 2006, S. 185–196, S. 194f.

2 Ted Trainer, *Renewable Energy Cannot Sustain a Consumer Society*, Dordrecht 2007

3 Shivas Erwiderung auf eine Frage an das Podium auf der Soil Association Conference in Cardiff, Januar 2007

4 Richard Heinberg, *Peak Everything. Waking Up to the Century of Declines*, Gabriola Island (B.C.) 2007

5 Richard Heinberg, *Powerdown. Options and Actions for a Post-carbon World*, Gabriola Island (B.C.) 2004

6 Vgl. »Why the Survivalists Have Got It Wrong«, unter: transitionculture.org/2006/09/04/

7 Strouts unterrichtet Permakultur am Kinsale Further Education College und betreibt die Website www.Zone5.org

Kapitel 6

1 Carlo C. DiClemente, *Addiction and Change. How Addictions Develop and Addicted People Recover*, New York 2003

2 Chris Johnstone, *Find Your Power. Boost Your Inner Strengths, Break Through Blocks and Achieve Inspired Action*, London 2006; Johnstones Newsletter unter: www.greatturningtimes.org

3 Vgl. z. B. William R. Miller, Stephen Rollnick, *Motivierende Gesprächsführung. Ein Konzept zur Beratung von Menschen mit Suchtproblemen*, Freiburg im Breisgau 1999

4 »Amerika ist süchtig nach Öl, das oft aus instabilen Teilen der Welt importiert wird«, so die berühmte Bemerkung von George W. Bush in seiner Rede zur Lage der Nation 2006. Vgl. www.whitehouse.gov/news/releases/2006/01/20060131-10.html

5 William R. Miller, V. C. Sanchez, »Motivating Young Adults for Treatment and Lifestyle Change«, in: George S. Howard, Peter E. Nathan (Hg.), Alcohol Use and Misuse by Young Adults, Notre Dame 1994

6 Robin Clayfield, Skye, *Manual of Teaching Permaculture Creatively*, Maleny (QLD) 1995

7 Nach Georg Kremer, »Früherkennung und Kurzintervention – ein neues Heilmittel?«, unter: www.lwl.org/ks-download/downloads/fred/tagung_potsdam/Kremer_Vortrag.pdf. Unter »Selbstwirksamkeit« wird in der Psychologie die Überzeugung verstanden, etwas Bestimmtes zu können, was die Wahrscheinlichkeit des Erfolgs erhöht. (A. d. Ü.) Vgl. auch Sarah James, Torbrjn Lahti, *The Natural Step for Communities. How Cities and Towns Can Change to Sustainable Practices*, Gabriola Island (B.C.) 2004

Kapitel 7

1 Tom Atlee, Rosa Zubizarreta, *The Tao of Democracy. Using Co-intelligence to Create a World That Works For All*, Cranston (RI) 2003

2 Chris Johnstone ist auch Autor von Find Your Power, a. a. O.

2a Vgl. als reale Bezugspunkte die folgenden Websites: www.southernsolar.co.uk/; www.lewes.gov.uk/environment/8261.asp; www.zerowaste.co.nz/

2b Vgl. www.guardian.co.uk/environment/2006/dec/06/politics.greenpolitics

2c Vgl. zu einem ökologischen Siedlungsprojekt in Deutschland das Quartier Vauban, unter: www.de.wikipedia.org/wiki/Vauban_%28Freiburg%29

2d Vgl. »Bruttonationalglück«, unter: www.en.wikipedia.org/wiki/Gross_national_happiness

2e Vgl. www.business.scotsman.com/topics.cfm?tid=605&id=1868722006

2f Vgl. die gemeinnützige Initiative zur Wiederverwertung gebrauchter Möbel, Furniture Now, unter: www.furniturenow.org.uk

2g Vgl. www.stroudcommunityagriculture.org/promoting-CSA.php

2h Zur »Dig for Victory«-Kampagne der britischen Regierung im Zweiten Weltkrieg zur Gewährleistung der Nahrungsmittelversorgung vgl. www.bbc.co.uk/dna/h2g2/A2263529

2i Vgl. www.cyclestation.co.uk/home/

2j Vgl. www.carplus.org.uk/

3 Tom Atlee, *The Tao of Democracy*, a.a.O; die Zeitschrift hieß *The Ecotopian Grapevine Gazette*, vgl. www.co-intelligence.org/Imagineering.html

4 Interview mit Peter Russell, 5. Februar 2007, unter: http://transitionculture.org/2007/02/05/

5 James Lovelock, *Gaias Rache. Warum die Erde sich wehrt*, Berlin 2007

6 Stephan Harding, *Lebendige Erde: Gaia. Vom respektvollen Umgang mit der Natur*, Kreuzlingen/München 2006

7 Interview mit Stephan Harding, 14. Juni 2006, unter: http://transitionculture.org/2006/07/12/

8 Brian Goodwin, *Der Leopard, der seine Flecken verliert*, München 1997

9 Interview mit Brian Goodwin, 8. Mai 2006, unter: http://transitionculture.org/2006/05/29/

10 Interview mit Fritjof Capra, 10. Mai 2006, unter: http://transitionculture.org/2006/05/10/

11 Margaret J. Wheatley, *Quantensprung der Führungskunst. Die neuen Denkmodelle der Naturwissenschaften revolutionieren die Management-Praxis*, Reinbek bei Hamburg 1997

12 Interview mit Margaret J. Wheatley, 13. September 2006, unter: http://transitionculture.org/2006/09/13/

13 Interview mit Tony Juniper, 1. Teil: »Peak Oil, Climate Change and the Role of Local Communities«, 23. Februar 2007, unter: http://transitionculture.org/2007/02/23/

14 Die Studie *The Limits to Growth* zur Zukunft der Weltwirtschaft wurde im Auftrag des Club of Rome von Dennis Meadows und seinen Mitarbeitern durchgeführt und 1972 veröffentlicht. Dafür erhielt der Club of Rome 1973 den Friedenspreis des Deutschen Buchhandels. Von dem Buch (dt. *Die Grenzen des Wachstums – Berichte des Club of Rome zur Lage der Menschheit*, München 1972) wurden weltweit über 30 Millionen Exemplare verkauft.

15 Interview mit Dennis Meadows, Koautor von *Die Grenzen des Wachstums*, 18. September 2006, unter: http://transitionculture.org/2006/09/18/

Kapitel 8

1 Vgl. Caroline Lucas et al., »Fuelling a Food Crisis. The Impact of Peak Oil on Food Security«, unter: www.carolinelucasmep.org.uk/2006/12/08/

2 Vgl. z. B. Fachagentur Nachwachsende Rohstoffe e. V., unter www.energiepflanzen.info/; www.agroforst.uni-freiburg.de/; Badgersett Research Corporation unter www.badgersett.com; Agroforestry Research Trust unter www.agroforestry.co.uk

3 Vgl. z. B. www.starke-pferde.de/Pferdearbeit/Landwirtschaft.htm; Cart Horse Machinery, www.carthorsemachinery.com

4 Vgl. z. B. Anbieter wie www.werde-wesentlich.de/oekologisches-bauen/; www.abwshop.de; www.thermo-hanf.de/; www.horstmueller-galabau.de/bauliches/lehmbaustoffe.htm; pageperso-orange.fr/olivier.duport/documents/prospectus.pdf sowie den Artikel von Paul Shearer »The Weetabix house. This Eco-charity's New HQ Is Packed with Bales of Natural Fibre«, *The Times*, 10. November 2006, unter: www.property.timesonline.co.uk/article/0,,14049-2443927,00.html

5 Vgl. z. B. www.gamu.de; www.pilzfarm-baerenbrunnermuehle.de; www.tobebalanced.com

6 Vgl. z. B. www.hempro.com/hanf_textilien.html; Bioregional Development Group, www.bioregional.com/programme_projects/pap_fibres_prog/hemp%20textiles/hemp_reports.htm#project; www.naturtextil.com; www.hanffaser.de

7 Vgl. z. B. www.energieportal24.de/p_bioenergie.php; www.frsw.de/biogas.htm oder den Bericht über erneuerbare Energien in Irland von Kevin Healion, *Case Study: Camphill Community Ballytobin, Co. Kilkenny, Ireland*, unter www.sei.ie/uploadedfiles/RenewableEnergy/Task29CamphilCommunityBallytobin.pdf

8 Vgl. z. B. Frank Lohrberg, *Stadtnahe Landwirtschaft in der Stadt- und Freiraumplanung*, Dissertation, Stuttgart 2001, unter: http://elib.uni-stuttgart.de/opus/volltexte/2001/908/pdf/part_1.pdf; Heide Hoffmann, *Urbane Landwirtschaft am Beispiel der Organopónicos in Havanna/Kuba*, 1999, unter: http://ftp2.de.freebsd.org/pub/tropentag/proceedings/1999/referate/STD_C11.pdf sowie André Viljoen et al., *Continuous Productive Urban Landscapes. Designing Urban Agriculture for Sustainable Cities*, Amsterdam u. a. 2005 und die Website von Lesley Bryson, Andy Jones, Lawrence Beedle und Adam York, *The Glebelands – Unicorn Model. A Cooperative Approach to Sustainable Urban Food Supply*, unter: www.unicorn-grocery.co.uk/glebelands_model.php

9 Vgl. David Fleming, *Energy and the Common Purpose. Descending the Energy Staircase with Tradable Energy Quotas (TEQs)*, London 2005; Erläuterungen zu dem Modell unter: www.bergius.blogg.de/eintrag.php?id=108

10 Vgl. Rudy Chiappini, *Christo and Jeanne-Claude. Revealing an Object by Concealing It*, Ausstellungskatalog, Mailand 2006

11 Vgl. die 2005 von Greenpeace veröffentlichte detaillierte Vision für Großbritannien: *Decentralising Power. An Energy Revolution for the 21st Century* unter: www.greenpeace.org.uk/MultimediaFiles/Live/FullReport/7154.pdf; vgl. zu Woking www.woking.gov.uk/council/planning/publications/climateneutral2/energy.pdf

12 Solche Geräte gibt es bereits im Elektronikfachhandel, man kann sie sogar kostenlos ausleihen, beispielsweise bei den örtlichen Stadtwerken.

13 Rob Scot McLeod, *PassivHaus, Local House. An Integrated Approach to Zero Carbon Housing*, Diplomarbeit an der Universität von East London in Zusammenarbeit mit dem Centre for Alternative Technology (CAT)

14 Informationen zum Konzept des autarken Hauses unter: www.dhofmann.de/energiehaus.htm und www.hausverein.ch/artikel/Autarkes+Wohnen/

15 »Chapter 7« bezieht sich auf Kapitel 7 der Agenda 21, »Förderung einer nachhaltigen Siedlungsentwicklung«. Unter dem Motto »Das Land gehört uns« setzt sich die Gruppe für eine Landreform auf der Basis von Nachhaltigkeit und sozialer Gerechtigkeit ein. Ihr Büro ist eine der wichtigsten Anlaufstelle für Initiativen und Privatleute, die Probleme mit ländlichen Genehmigungsbehörden haben. Vgl. www.tlio.org.uk/chapter7/index.html

16 Diese Übungen wurden von Chris Salisbury von Wildwise entwickelt, eine exzellente lokale Organisation zur Umwelterziehung. Vgl. www.wildwise.co.uk

17 Vgl. das letzte Video der Energiewende-Geschichten unter: www.youtube.com/v/9c6ubbq4Hzo&rel=1

18 Das ist kein Scherz, sondern – wie Caroline Schönnings hervorragende Studie zeigt: *Urine Diversion: hygienic risks ans microbial guidelines.* Vgl.www.who.int/water_sanitation_health/was tewater/urineguidelines.pdf

Kapitel 9

1 Vgl. die Homepage der Fachhochschule Kinsale: www.kinsalefurthered.ie
2 Sarah James, Torbrjn Lahti, *Natural Step for Communities. How Cities and Towns Can Change to Sustainable Practices,* Gabriola Island (B.C.) 2004; Richard Heinberg, *Powerdown. Options and Actions for a Post-Carbon World,* Gabriola Island 2004; Bill Mollison, Dave Holmgren, *Permakultur. Leben und Arbeiten im Einklang mit der Natur,* Reinbek bei Hamburg 1985
3 Umfassende Informationen zum Thema finden sich bei Wikipedia oder unter www.sowi-online.de/methoden/lexikon/open-space-boett ger.htm
4 Als Download im pdf-Format verfügbar unter www.transitionculture.org (Englisch)
5 Ein Interview mit Richard Heinberg von dieser Konferenz findet sich unter www.globalpublic media.com/richard_heinberg_on_the_lifeboat _radio_show
6 Vgl. z. B. www.indymedia.ie/article/69510; Video des Vortrags von Colin Campell unter www. leechvideo.com/video/view2157132.html
7 Eine Einführung in das City Repair Project, das in Kiezprojekten Bewohner und Gestalter zusammenbringt, damit die Bürger ihre eigenen Begegnungsorte gestalten können, findet sich einschließlich eines Videos über »Village Building Convergence« unter www.cityrepair.org/ wiki.php/
8 Ein Interview mit Catherine Dunne kann man bei Global Public Media nachhören: www.glo balpublicmedia.com/catherine_dunne_transiti on_design
9 Für weitere Informationen vgl. www.willitseco nomiclocalization.org
10 Ein Lagebericht zum aktuellen Stand der Dinge in Kinsale findet sich in einem Interview vom Oktober 2007 mit Klaus Harvey von der Energiewende-Initiative Kinsale, zu hören unter www.globalpublicmedia.com/kinsale_two_ years_on (Englisch)

11 Sechs Monate nach Veröffentlichung des Aktionsplans für eine Energiewende in Kinsale war die Idee schon um die Welt gereist, vgl. http://transitionculture.org/2006/02/13/
12 Aus Joel Barkers DVD *Die Kraft von Visionen,* erhältlich unter www.trainingmedia.de/

Dritter Teil & Kapitel 10

1 »The transition economy: a future beyond oil«, Rede von David Miliband (damals Umweltminister) vor Studenten der Universität Cambridge am 5.März 2007.Vgl. www.defra.gov.uk/ corporate/ministers/speeches/david-miliband/ dm070305.htm
2 Herbert A. Shepard, »Rules of Thumb for Change Agents«, 1974, nachgedruckt unter www.nickheap.co.uk
3 Andrew McNamara, Interview mit Andi Hazelwood von Global Public Media am 19. September 2007. Vgl. www.globalpublicmedia.com/ new_queensland_sustainability_minister_on_t he_future_with_less_oil
4 David Holmgren, »What is Sustainability?«, in *CSIRO Sustainability Network,* 9. September 2003. Vgl. www.bml.csiro.au/susnetnl/netwl31 Eb.pdf
5 Ursprünglich entwickelt in Bill Mollison und David Holmgren, *Permakultur. Landwirtschaft und Siedlungen in Harmonie mit der Natur,* Darmstadt 1984, überarbeitet und ausführlich definiert in David Holmgren, *Permaculture. Principles and Pathways Beyond Sustainability,* Hepburn 2003
6 Informationen über permakulturelle Aktivitäten und Permakultur-Kurse erhält man über das Permakultur Institut e.V.: www.permakul tur.de bzw. www.permakultur-akademie.net
7 Eric Stewart, »A Second Challenge to the Movement«, in *Permaculture Activist,* Nr. 57, Herbst 2005
8 *The Guardian,* 22. Oktober 2007
9 *The Guardian,* 23. Oktober 2007
10 Ausführlich beschäftig sich mit dieser Thematik die Pionierin der Tiefenökologie Joanna Macy in *Coming Back to Life. Practices to Reconnect Our Lives, Our World,* New Society Publishers, Gabriola Island 1998

11 *What a Way to Go. Life at the End of Empire,* von Tim Bennett und Sally Erickson. Ein Dokumentarfilm, in dem die wichtigsten Aspekte des weltweiten Rückgangs der Erdölförderung beleuchtet werden. Als DVD zu bestellen unter www.whatawaytogomovie.com
12 Zur Gaia Foundation vgl. www.gaia.iinet.net.au
13 Vgl. David Morris und Karl Hess, *Neighbourhood Power. The New Localism,* Beacon Press, Boston 1975
14 Zur Energiewende-Intiative Bristol vgl. www. transitioncitybristol.org
15 Mick Winter, *Peak Oil Prep. Prepare for Peak Oil, Climate Change and Economic Collapse,* Westsong Publishing, Napa Valley 2006
16 Einen Überblick über das Programm amerikanischer Großstädte bietet Daniel Lerch in *Post Carbon Cities: Planning for Energy and Climate Uncertainty; A Guidebook on Peak Oil and Global Warming for Local Governments,* Post Carbon Institute, Washington 2008, zu beziehen über www.postcarboncities.net

Kapitel 11

1 Zur Open-Space-Methode vgl. www.openspace world.org/german/index.html
2 Harrison Owen, *Open Space Technology: Ein Leitfaden für die Praxis,* dt. von Maren Klostermann, Stuttgart 2001
3 Die Diskussionsmethode, auch »Fish-Bowl« und »Zwiebel« genannt, wird in pädagogischen Zusammenhängen (Schulunterricht, Seminare) verwendet. Sie wird unter dem Stichwort »4 + 1 für alle« unter www.learn-line.nrw.de/ angebote/methodensammlung/karte.php?kart e=114 beschrieben.
4 Das britische Energiewende-Netzwerk arbeitet zurzeit am Entwurf eines Musterblatts hierfür sowie eines »Zeitplans«, nach dem Veranstaltungen organisiert werden können.

Kapitel 12

1 Zu finden unter www.transitiontowns.org/Tot nes/
2 www.theworldcafe.com
3 www.secondnature.ie
4 www.theworldcafe.com. »From Café-Principles

in Action«, www.theworldcafe.com/know-how.htm#explore

5 Weitere wichtige Quellen zum Thema World Café sind: World Café Community, *Café to Go!, A quick reference guide for putting conversations to work*, Whole Systems Associates, 2002, erhältlich von www.theworldcafe.com/articles/cafe-togo.pdf; J. Brown, D. Isaacs & The World Cafe Community, *The World Cafe: Shaping Our Futures Through Conversations That Matter*, Berrett-Koehler Publishing, 2005. Weitere Hinweise unter www.theworldcafe.com/hosting.htm.

6 www.movingsounds.org

7 Der Werbefilm, den Keith für die Energiewendebewegung Lewes als Vorbereitung für den offiziellen Startschuss drehte, ist auf YouTube zu sehen. Er wurde zwei Monate lang als Vorfilm im Kino seines Wohnorts gezeigt.

8 Agroforestry Research Trust, 46 Hunters Moon, Dartington, Totnes, Devon TQ9 6JT, www.agroforestry.co.uk

9 A. McIntosh, Soil and Soul: People versus Corporate Power, Aurum Press, 2004

10 Die Sendung von BBC Radio Scotland ist zu hören auf www.transitiontowns.org/TransitionNetwork/TransitionNetwork

11 University of Liverpool Oil Depletion Impact Group.www.liv.ac.uk/managementschool/odig/index.htm

12 Weitere Einzelheiten unter: www.transitionculture.org/skilling-up-for-powerdown-course-notes/

13 www.agroforestry.co.uk

14 www.berkshares.org

15 www.saltspringtoday.com

16 Hilfreich beim Entwerfen des Totnes Pound war: B. Lietaer & G. Hallsmith, *Community Currency Guide*, Global Community Initiatives. Kann kostenlos heruntergeladen werden unter www.lyttelton.net.nz/documents/timebank/community_currency.pdf

Kapitel 13

1 Podcasts der Konferenz sind zu hören unter: www.soilassociation.org/conference. Das Booklet, das für die Veranstaltung herausgegeben wurde, ist zu finden unter www.transitionculture.org/2007/01/30/one-planet-agriculture-the-case-for-action-download-the-booklet/

2 Um den Fortschritt zu verfolgen, gehen Sie zu www.lampeter.org/english/tt/index.html

3 Online zu hören unter www.transitiontowns.org/TransitionNetwork/TransitionNetwork

4 www.transitionpenwith.com

5 Vergleichbar mit www.bookcrossing.com

6 www.transitionstowns.org/Lewes

7 www.transitiontowns.org/Ottery-St-Mary

8 www.transitionbristol.org

9 Kurzer Film von Duncan Law über die Energiewendebewegung in Brixton: www.transitionculture.org/2007/08/30/duncan-law

10 www.transitiontownbrixton.org

11 www.transitionforest.org.uk

12 Ausführlicher in S. Thompson, S. Abdullah, N. Marks, A. Simms & V. Johnson, *The European unHappy Planet Index: an index of carbon efficiency and well being in the EU*, New Economics Foundation, London, 2007

13 www.news.bbc.co.uk/1/hi/magazine/6676967.stm

14 Statistische Angaben nach D. Boyle, C. Cordon, R. Potts & A. Simms, *Are You Happy?* New Economics Foundation, London, 2007

15 Fatih Birol in einem Interview mit Astrid Schneider, in: Internationale Politik, IP, April 2008; Astrid Schneider ist Sprecherin der Bundesarbeitsgemeinschaft Energie von Bündnis 90/Die Grünen und Mitglied im wissenschaftlichen Beirat der EnergyWatchGroup. Zu ihren Initiativen zählte u. a. das »solare Regierungsviertel« in Berlin. Das Interview ist als PDF verfügbar unter www.internationalepolitik.de/archiv/jahrgang-2008/april/

Zur Vertiefung

Abdullah, Sharif M., *Creating a World That Works For All*, mit einer Einführung von Václav Havel, Berrett-Koehler, San Francisco 1999

Ableman, Michael, *On Good Land: The Autobiography of an Urban Farm*, Chronicle Books, 1998. Ableman ist Gründer des Center for Urban Agriculture at Fairview Gardens, eines kalifornischen Informations- und Ausbildungszentrums für kleinbäuerliche und urbane Landwirtschaft; für sein Engagement in der nachhaltigen Landwirtschaft erhielt er 1997 den Environmental Leadership Award des Gouverneurs von Kalifornien und 2001 den Sustie Award.

Alexander, Christopher, *The Nature of Order: An Essay on the Art of Building and the Nature of the Universe (4 volume series)*, Centre for Environmental Structure, Berkeley, Kalifornien, 2002–2005; eine Einführung (dt.) in seine Architekturtheorie bietet http://gonzo.uni-weimar.de/~donath/c-alexander98/ca98-html.htm

Alexander, Christopher et al, *Eine Muster-Sprache. Städte, Gebäude, Konstruktion*, übersetzt von Hermann Czech, Löcker Verlag, Wien 1995

Bartholomew, Mel (2006) *All New Square Foot Gardening: Grow More in Less Space!*, Cool Springs Press, 2006; einen Eindruck (dt.) vom Quadratgarten bietet www.squarefootgardening.com/html/German/german_body_index.htm

Braungart, Michael, und William McDonough, *Einfach intelligent produzieren*, Berlin 2003. »Die These: Öko-Effizienz wird die Welt leise, beharrlich und vollständig zerstören! Denn sie erlaubt es der Industrie, nach alten Mustern weiterzumachen anstatt sich wirklich neu zu orientieren, wie die Verfasser argumentieren. Ziel dürfe nicht ein Auto sein, das ein bisschen weniger Abgas emittiert als das Vorläufermodell, sondern müsse eines sein, das die Luft reinigt.

Die Verfasser nennen das ›Öko-Effektivität‹. Ein Haus solle nicht möglichst wenig Energie brauchen, sondern mehr Energie produzieren als es benötigt; eine Fabrik soll das Abwasser so aufbereiten, dass es Trinkwasserqualität hat, und Transportmittel sollen künftig im Idealfall die Lebensqualität erhöhen, anstatt sie wie heute zu senken.« (ETH Zürich)

Berger, John, *SauErde. Geschichten vom Lande*, übersetzt von Jörg Trobitius, Hanser, München 1982

Borer, Pat, und Cindy Harris, *The Whole House Book*, CAT Publications. Machynlleth, 1998

Brown, Lester Russell, *Plan B 2.0: Mobilmachung zur Rettung der Zivilisation*, übersetzt von Verena Gajewski, Kai Homilius Verlag, Berlin 2007; *Plan B 3.0*, übersetzt von Verena Gajewski, erscheint im September 2008.

Campbell, Colin J., Frauke Liesenborghs, Jörg Schindler und Werner Zittel, *Ölwechsel! Das Ende des Erdölzeitalters und die Weichenstellung für die Zukunft*, Aktualisierte Ausgabe, übersetzt von Helga Roth, dtv, 2002. Umfassende Darstellung der geologischen, historischen und ökologischen Hintergründe und Auswirkungen des Erdöls.

Cavanagh, John, und Jerry Mander, *Alternatives to Economic Globalisation: a better world is possible*, Berrett-Koehler, 2004. Mitglieder des International Forum on Globalisation (IFG) stellen hier dem beobachtbaren Prozess ökonomischer Globalisierung alternative Modelle zur verantwortlicheren Gestaltung der Globalisierung auf Basis von Nachhaltigkeitskriterien gegenüber.

Couto, D., »How Resilience Works«, *Harvard Business Review* Vol. 80, No. 5. May 2002

Dawson, Jonathan, *Ecovillages: New Frontiers for Sustainability*. Schumacher Briefing no. 12, Green Books. Auf www.kurskontakte.de/article/show/article_415c162d2e5c2.html beschreibt Jonathan Dawson das lokale Wirtschaften am Beispiel der Ökodörfer Findhorn in Schottland und Damanhur in Italien (dt.).

Day, Christopher, *Bauen für die Seele. Architektur im Einklang mit Mensch und Natur*, Ökobuch Verlag, Freiburg 2002

Diamond, Jared, *Kollaps: Warum Gesellschaften überleben oder untergehen*, übersetzt von Sebastian Vogel, Fischer, Frankfurt 2005. Das Buch untersucht die Bedingungen einer globalen ökologischen Katastrophe und die Frage, wie man ihr entgegenwirken kann. Die Ansatzfragestellung lautet: Warum gehen Gesellschaften unter? Dafür führt der Autor vier Faktoren an: Klimaveränderungen – seit neuestem menschengemachter Art –, die Freundlichkeit beziehungsweise Feindseligkeit von Nachbarn und Handelspartnern, zuletzt die intellektuellen oder organisatorischen Fähigkeiten einer Gesellschaft, auf Umweltschäden zu reagieren.

DiClemente, Carlo C., *Addiction and Change: how addictions develop and addicted people recover*, Guilford Press, New York 2003

Douthwaite, Richard, und Hans Dieffenbacher, *Jenseits der Globalisierung. Handbuch für lokales Wirtschaften*, Mainz 1998

Douthwaite, Richard, *The Growth Illusion: How Economic Growth Has Enriched the Few, Impoverished the Many and Endangered the Planet*, Green Books, 1999

Dow, Kirstin, und Thomas E. Downing, *Weltatlas des Klimawandels. Karten und Fakten zur globalen Erwärmung*. Mit einen Vorwort von Hans

Joachim Schellnhuber, übersetzt von Julia Ritter und Heidi Krohn, Hamburg 2007

Fell, Hans-Joachim, und Carsten Pfeiffer, *Chance Energiekrise. Der solare Ausweg aus der fossil-atomaren Sackgasse*, Berlin 2006. Das Buch bietet eine Bestandsaufnahme der Rohstoffe hinsichtlich Verfügbarkeit und Bereitstellungspreis mit Schwerpunkt der Erdölvorkommen, betont die Notwendigkeit einer Abkehr von fossilen und atomaren Energieträgern, zeigt, wie regenerative Energien auch kurzfristig als Ersatz verfügbar gemacht werden können oder bereits verfügbar sind.

Gelpke, Basil, und Ray McCormack (Regisseure), *A Crude Awakening. The Oil Crash*, Dokumentarfilm, 94 Minuten, Schweiz 2006

Gladwell, Malcolm, *Der Tipping-Point: Wie kleine Dinge Großes bewirken können*, übersetzt von Malte Friedrich, Berlin 2000

Gore, Al, *Eine unbequeme Wahrheit. Die drohende Klimakatastrophe und was wir dagegen tun können*, München 2006

Graichen, Patrick, *Kommunale Energiepolitik und die Umweltbewegung – Eine Public-Choice-Analyse der »Stromrebellen« von Schönau*, Campus Verlag, Frankfurt 2003

Gründinger, Wolfgang, *Die Energiefalle: Ein Rückblick auf das Erdölzeitalter*, Beck, München 2006

Gründinger, Wolfgang, *Öko-Realismus. Die Krise der Umwelt und die solare Revolution*, Oldenburg 2002

Guggenheim, Davis (Regie), *Eine unbequeme Wahrheit*, Dokumentarfilm, 100 Minuten, USA 2006

Harding, Stephan, *Lebendige Erde. Gaia – vom respektvollen Umgang mit der Natur*, Sphinx, Basel 2008

Heinberg, Richard, *The Party's Over. Das Ende der*

Ölvorräte und die Zukunft der industrialisierten Welt, mit einem Nachwort von Hans-Peter Dürr, München 2004

Holman, Peggy, und Tom Devane, *Change Handbook: Zukunftsorientierte Großgruppen-Methoden*, übersetzt von Astrid Hildenbrand, Heidelberg 2006

Holmgren, David, und Bill Mollison, *Permakultur*, Darmstadt 1984 (überarbeitet: David Holmgren, *Permaculture. Principles and Pathways Beyond Sustainability*, Hepburn 2003)

Hopkins, Rob, *Energy Descent Pathways: evaluating potential responses to peak oil*. Dissertation, University of Plymouth, verfügbar unter www.transitionculture.org

Hyams, Edward, *Der Mensch – ein Parasit der Erde. Kultur u. Boden im Wandel der Zeitalter*, übersetzt von Felicitas Scholand, Düsseldorf 1956

Jenner, Gero, *Energiewende. So sichern wir Deutschlands Zukunft*, Propyläen, Berlin 2006

Jenner, Gero, *Das Ende des Kapitalismus. Triumph oder Kollaps eines Wirtschaftssystems?*, Frankfurt a. M. 1999

Kennedy, Margrit, und Bernard A. Lietaer, *Regionalwährungen. Neue Wege zu nachhaltigem Wohlstand*, übersetzt von Elisabeth Liebl, München 2004

Larkcom, Joy, *Der Gemüsegarten. Salatgemüse von Artischocke bis Zwiebel; Kräuter, Keime und Sprossen; Anzucht und Pflege, Rezepte*, übersetzt von Doria Philipps, München 1995

Leggett, Jeremy, *Peak Oil. Die globale Energiekrise, die Klimakatastrophe und das Ende des Ölzeitalters*, Kiepenheuer & Witsch, Köln 2006. Unterhaltsam geschrieben, vermittelt das Buch grundlegendes Wissen über einen Rohstoff, der unser Leben unbemerkt ganz fundamental beeinflusst, und gibt Einblick in die Zukunft der erneuerbaren Energien.

Lietaer, Bernard, *Das Geld der Zukunft. Über die zerstörerische Wirkung des existierenden Geldsystems und Alternativen hierzu*, übersetzt von Heike Schlatterer und Ursel Schäfer, München 2002

Lovelock, James, *Gaias Rache: Warum die Erde sich wehrt*, übersetzt von Hartmut Schickert, Ullstein, Berlin 2008

Lynas, Mark, *Sturmwarnung. Berichte von den Brennpunkten der globalen Klimakatastrophe*, übersetzt von Gisela Kretzschmar, München 2004

Macy, Joanna, und Norbert Gahbler, *Fünf Geschichten, die die Welt verändern. Einladung zu einer neuen Sicht der Welt*, mit Zeichnungen von Sabine Stellmann, Paderborn 2008

Macy, Joanna, und Molly Young Brown, *Die Reise ins lebendige Leben. Strategien zum Aufbau einer zukunftsfähigen Welt*, mit einem Grußwort des Dalai-Lama, übersetzt von Norbert Gahbler, Paderborn 2003

Mander, Jerry, und Edward Goldshmith, *Schwarzbuch Globalisierung. Eine fatale Entwicklung mit vielen Verlierern und wenigen Gewinnern*, übersetzt von Ursel Schäfer und Helmut Dierlamm, Riemann Verlag, München 2002. Wir sollen glauben, dass Entwicklungsprozesse, die bisher Armut verursacht und den Planeten verwüstet haben, sich genau entgegengesetzt und extrem positiv auswirken, wenn sie jetzt beschleunigt und ohne Beschränkungen überall stattfinden können – also globalisiert werden. Das ist die schlechte Nachricht. Die gute lautet: Es ist noch nicht zu spät, den Kurs zu ändern.

Miller, William R., und Stephen Rollnick, *Motivierende Gesprächsführung*, Freiburg im Breigau 2004

Monbiot, George, *Hitze. Wie wir verhindern, dass sich die Erde weiter aufheizt und unbewohnbar wird*, übersetzt von Gisela Kretzschmar, München 2007

Morgan, Faith (Regisseu), *The Power of Community. How Cuba Survived Peak Oil*, Dokumentarfilm, USA 2006

Norberg-Hodge, Helena, *Faszination Ladakh*, mit einem Vorwort des Dalai-Lama, übersetzt von Gunhild Becht-Naudascher, Freiburg im Breisgau 2004

Otte, Max, *Der Crash kommt: Die neue Weltwirtschaftskrise und wie Sie sich darauf vorbereiten*, Ullstein, Berlin 2008

Owen, Harrison, *Open space technology. Ein Leitfaden für die Praxis*, übersetzt von Maren Klostermann, Stuttgart 2001

Pearce, Fred, *Wenn die Flüsse versiegen*, übersetzt von Gabriele Gockel und Barbara Steckhan, Kunstmann, München 2007

Pearce, Fred, *Das Wetter von morgen: Wenn das Klima zur Bedrohung wird*, übersetzt von Gabriele Gockel und Barbara Steckhan, Kunstmann, München 2007

Perkins, John, *Bekenntnisse eines economic hit man. Unterwegs im Dienst der Wirtschaftsmafia*, übersetzt von Hans Freundl und Heike Schlatterer, München 2007

Rahmstorf, Stefan, und Hans-Joachim Schellnhuber, *Der Klimawandel. Diagnose, Prognose, Therapie*, C. H. Beck, München 2007

Scheer, Hermann, *Energieautonomie. Eine neue Politik für erneuerbare Energien*, Kunstmann, 2005. Der Autor beschreibt die vielfältigen mentalen Barrieren, die »Macht des tradierten Energiedenkens«, zeigt aber auch, wie der Wechsel zu erneuerbaren Energien gelingen und unumkehrbar gemacht werden kann. Der archimedische Punkt dafür ist »Energieautonomie« – als vielfältig realisierbares politisches, technologisches und wirtschaftliches Konzept. Energieautonomie ist nur mit erneuerbaren Energien realisierbar – und kann sofort und überall ins Werk gesetzt werden: dezentral, individuell, mit unmittelbar spürbaren Folgen. Die von Scheer entwickelte »neue Politik für erneuerbare Energien« führt die Energiediskussion aus dem geistigen Gefängnis des spezialisierten Energiedenkens heraus. Ein idealer und praktischer Leitfaden für die längst fällige Energiewende.

Seifert, Thomas, und Klaus Werner, *Schwarzbuch Öl. Eine Geschichte von Gier, Krieg, Macht und Geld*, Wien 2005.

Seligman, Martin E. P., *Der Glücks-Faktor. Warum Optimisten länger leben*, übersetzt von Siegfried Brockert, Bergisch Gladbach 2005

Simmons, Matthew R., *Wenn der Wüste das Öl ausgeht. Der kommende Ölschock in Saudi-Arabien. Chancen und Risiken*, übersetzt von Horst Fugger, FinanzBuch Verlag, München 2006. Der Erdölexperte Matthew Simmons ist Chef einer Investmentbank in Houston, Texas; er gehört zum Energie-Task-Force um Vizepräsident Dick Cheney. Simmons sagt in seinem Buch *Twiligth in the Desert: The coming Saudi Oil Shock and the World Economy* (2005) eine Steigerung des Ölpreises auf 250 Dollar pro Barrel voraus.

Solnit, Rebecca, *Hoffnung in der Dunkelheit. Von den Möglichkeiten, die Welt zu verändern*, übersetzt von Michael Mundhenk, Frankfurt am Main 2006

UN-Weltklimareport. Bericht über eine aufhaltsame Katastrophe, hg. von Michael Müller, Ursula Fuentes und Harald Kohl, KiWi, Köln 2007

Whitefield, Patrick, *Das große Handbuch Waldgarten. Biologischer Obst-, Gemüse- und Kräuteranbau auf mehreren Ebenen*, übersetzt von Miriam Großmann, Kevelear 2007

Whitefield, Patrick, *Permakultur kurz & bündig. Schritte in eine ökologische Zukunft*, übersetzt von Helge Ruben, Kevelaer 2007

Wissenschaftlicher Beirat der Bundesregierung Globale Umweltveränderungen (WBGU), *Sicherheitsrisiko Klimawandel*, Heidelberg 2008. Das Buch beschreibt das aktuelle Klimageschehen und Szenarien für weitere Entwicklungen. Die Beiträge sind wissenschaftlich fundiert und ausgewogen (einige der Autoren haben parallel am Bericht des Weltklimarats mitgewirkt), in ihnen wird die Entwicklung einzelner Regionen betrachtet und herausgestellt, welche Klimaänderungen wo zu welchen Problemen und Konflikten im Zusammenhang mit der gesellschaftlichen und wirtschaftlichen Situation führen und welche politische Handlungsoptionen und Zeitrahmen zur Verfügung stehen.

Register

Bücher und Filme über den Einfluss von Politik und Wirtschaft auf unser Leben. Nur bei Zweitausendeins.

»Dies ist ein Buch mit einer großen Idee, groß genug, um das politische Denken zu verändern.« JOHN CAREY, The Times

RICHARD WILKINSON und KATE PICKETT

Gleichheit ist Glück

Ungleichheit, so wollen uns Wirtschaftsexperten einreden, sei eine gute Sache: Sie fördert den Wettbewerb und animiert den Einzelnen zu mehr Leistung. Die weniger Betuchten versuchen so zu werden wie die Begüterten, und die Tüchtigen geben den Takt vor. In einer freien Wirtschaft entfalten sich durch diesen Wettbewerb die produktivsten Kräfte. Und wo die Wirtschaft boomt, geht es allen gut.

Ist das wirklich so? Die britischen Epidemiologen Kate Pickett und Richard Wilkinson haben in jahrzehntelanger Arbeit Daten zum Zustand entwickelter Gesellschaften gesammelt und ausgewertet. Sie untersuchten unter anderem die geistige Gesundheit, den Drogenkonsum, die Zahl der Selbstmorde, die Höhe der Lebenserwartung, fragten nach dem Bildungsniveau, nach Schwangerschaften von Minderjährigen und natürlich nach der sozialen Mobilität.

Die Erkenntnis der beiden Autoren: Lebenserwartung, Gesundheit, Bildungschancen und Kriminalität stehen im eindeutigen Zusammenhang mit der sozialen Ungleichheit einer Gesellschaft, und nicht etwa mit der Höhe des Durchschnittseinkommens.

Pickett und Wilkinson können aber auch beweisen, dass die Ungleichheit die ganze Gesellschaft krank macht – nicht nur die Armen, es trifft alle sozialen Schichten: In den USA, wo das reichste Fünftel der Gesellschaft das Neunfache des ärmsten Fünftels verdient, ist die Zahl der psychischen Erkrankungen fünfmal so hoch wie in den skandinavischen Ländern. »Das heißt: Das angeblich so bequeme Millionärsdasein schützt nicht vor Ängsten« (Süddeutsche Zeitung). Briten sind doppelt so häufig übergewichtig wie Schweden, Amerikaner sogar sechsmal häufiger als Japaner. In Japan und Schweden verdienen die Topverdiener nur das Zwei- bis Dreifache der ärmeren Landsleute ... Dieses Buch bietet eine völlig neue, empirisch belegte Basis für das ehemals »linke« Ziel einer gerechten Gesellschaft. Denn Ungleichheit führt zu Statusangst auf allen Ebenen einer Gesellschaft, und diese macht krank und dick und gewalttätig und drogensüchtig.

Wilkinson: »Die Reichen mauern sich ein. Das verschafft vielleicht ein vermeintliches Gefühl der Geborgenheit. Doch die Leute bemerken nicht, dass ihre soziale Umgebung nicht mehr funktioniert. Der Stress kommt durch die Hintertür wieder herein. Es ist die Angst, etwas zu verlieren.« Der englische Economist resümiert: »Die Fakten sind nicht zu widerlegen.« Pickett und Wilkinson zeigen: Unsere Gesellschaft braucht nicht mehr Ungleichheit, Konsum und sozialen Stress, sondern mehr Gleichheit der Chancen und der Lebensverhältnisse. Für den Londoner Guardian ist ihre Analyse »vielleicht das wichtigste Buch des Jahres«.

Kate Pickett und Richard Wilkinson »Gleichheit ist Glück«. Aus dem Englischen von Edgar Peinelt und Klaus Binder. 320 Seiten. Fester Einband. Tolkemitt Verlag. 19,90 €. Nummer 250010.

Dieser vielfach ausgezeichnete Dokumentarfilm fragt: Warum dürfen Kapitalgesellschaften mehr Macht haben als frei gewählte Parlamente?

The Corporation. DVD.

Diese Dokumentation, berichtete die N.Y. Sun nach der Premiere, gilt als »einer der spannendsten Filme dieses Jahres aller Genres … sensationell.«

»The Corporation« stellt die Frage nach der geistigen Gesundheit einer Institution, die im Geschäftsverkehr die Rechte eines Menschen genießt, ohne sich um menschliche Werte zu kümmern. Der Film führt den psychopathischen Charakter der Institution »Großkonzern« anhand von haarsträubenden Fallstudien vor. Diese zeigen, wie Unternehmen uns beeinflussen, unsere Umwelt, unsere Kinder, unsere Gesundheit, die Medien, die Demokratie und selbst unsere Gene.

Unter den 40 im Film Interviewten sind Konzernchefs und leitende Manager aus verschiedenen Wirtschaftsbereichen: Öl- und Pharmaindustrie, Reifenherstellung, Schwerindustrie, PR, Branding, Werbung und verdecktes Marketing. Darüber hinaus stehen ein mit dem Nobelpreis ausgezeichneter Ökonom, der erste Managementguru, ein Industriespion sowie eine Reihe von Wirtschaftswissenschaftlern, Kritikern, Historikern und Intellektuellen Rede und Antwort.

The Economist, das renommierte Wirtschaftsmagazin, fasst zusammen: »Beide Lager der Globalisierungsdebatte sollten aufmerken. The Corporation ist ein überraschend rationaler und intelligenter Angriff auf die wichtigste Institution des Kapitalismus.« Das Online-Magazin des Spiegel stellt fest: »Intelligenter als Michael Moore … beachtenswert gut durchargumentiert.«

»The Corporation« wurde mit 34 internationalen Preisen ausgezeichnet, allein 10 davon sind Publikumspreise, u.a. der Publikumspreis für Dokumentarfilm beim Sundance Film Festival 2004. Es gibt die DVD in Deutschland exklusiv bei Zweitausendeins. Original mit deutschen Untertiteln. Film von Achbar, Abbott und Bakan. DVD. 145 Minuten. Format 16:9. Dolby Digital. FSK ab 12. 9,90 €. Nummer 230 022.

Warum ist der »Coffee to go« so teuer? Und warum sind afrikanische Kaffeebauern so arm?

Schwarzes Gold. DVD.

Kaffee gehört zu unserem Lifestyle und ist weltweit das zweitwichtigste Handelsgut – direkt nach Erdöl. Wenige transnationale Konzerne kontrollieren diesen lukrativen Markt, von dessen Gewinnen nur ein Bruchteil bei den Produzenten ankommt. Aus einem Kilo Bohnen lassen sich in Paris oder Los Angeles ungefähr 230 Dollar umsetzen. Die Bauern der Oromia-Kaffee-Kooperative in Äthiopien, wo die erlesensten Kaffeesorten der Erde angebaut werden, erhalten dagegen pro Kilo bloß 50 Cent. Tadesse Meskela, Geschäftsführer einer Kooperative von 70 000 Kaffeebauern, reist unermüdlich durch Europa und die USA, um seine hochwertige Ware direkt an Röster wie Dallmayr oder Starbucks zu verkaufen und so einen fairen Verkaufspreis aushandeln.

»Schwarzes Gold« spannt einen weiten Bogen – von den Bauern im Süden Äthiopiens, die ihre Familien kaum ernähren können, bis zur »World Barista Championship« in Seattle, wo die besten Kaffeebrüher zum Wettstreit antreten. Der Kontrast zwischen der glitzernden Welt hochglanzpolierter Espresso-Maschinen und der mühsamen Arbeit auf afrikanischen Kaffeeplantagen könnte kaum größer sein.

»Schwarzes Gold« lief im Rahmen des Filmfestivals »ueber arbeiten« der Gesellschafter-Aktion Mensch in Kooperation mit Oxfam Deutschland e.V. und TransFair. GB 2006. Regie: Marc & Nick Francis. DVD. 78 Min. *Englisch/Oromo/Landessprachen mit deutschen Untertiteln.* FSK ab 6. 9,90 €. Nummer 230081.

»Ist es sinnvoll, dass eine aus Steuermitteln privatisierte Bahn verkauft wird, wenn sie endlich schwarze Zahlen schreibt?« Taz

Bahn unterm Hammer. DVD.

Der Börsengang der Bahn ist nicht vom Tisch: Zwar schreibt die Bahn im Güterverkehr Verluste, aber mit Preiserhöhungen im Personentransport soll das Unternehmen wieder fit gemacht werden. Gleichzeitig spart das Unternehmen bei der Wartung und Instandhaltung der Züge und Anlagen. Ziel ist es, die Bahn attraktiv für Kapitalinvestoren zu machen. Die Interessen der Bahnkunden, so die Befürchtungen, bleiben dabei auf der Strecke, und Generationen von Steuerzahlern werden um ihre Investitionen betrogen.

Der Film »Bahn unterm Hammer« hat Bahnexperten ebenso wie globalisierungskritische Gewerkschafter befragt:

Welche Chancen bietet die Privatisierung? Wem nützt der Verkauf der Bahn? Den Kunden, dem verschuldeten deutschen Staat, dem Wettbewerb? Oder nur den Investoren, die die Bahn wie in Großbritannien filetieren, ausnehmen und dann verkommen lassen (was dort zu einer Serie verheerender Bahnunglücke führte)?

»Bahn unterm Hammer«. D 2006. Eine Dokumentation von Herdolor Lorenz und Leslie Franke. DVD. 110 Minuten. FSK o.A. 5,90 €. Nummer 230065.

Preise können sich ändern und einzelne Titel ausverkauft sein.

Stand 02/10